U0146062

· *Lectures of Bohr* ·

作为一位科学思想家，玻尔所以有这么惊人的吸引力，在于他具有大胆和谨慎这两种品质的难得融合；很少有谁对隐秘的事物具有这一种直觉的理解力，同时又兼有这样强有力的批判能力。他不但具有关于细节的全部知识，而且还始终坚定地注视着基本原理。他无疑是我们时代科学领域中最伟大的发现者之一。

——爱因斯坦

玻尔对我们时代的理论和实验研究的影响，大于任何其他物理学家。

——玻恩

如果谁不为量子论而感到困惑，那他就是没有理解量子论。

——玻尔

本书列入“十三五”国家重点图书出版规划

科学元典丛书

The Series of the Great Classics in Science

主　　编　任定成

执行主编　周雁翎

策　　划　周雁翎

丛书主持　陈　静

科学元典是科学史和人类文明史上划时代的丰碑，是人类文化的优秀遗产，是历经时间考验的不朽之作。它们不仅是伟大的科学创造的结晶，而且是科学精神、科学思想和科学方法的载体，具有永恒的意义和价值。

Lectures of Bohr

[丹麦] 玻尔 著　戈革 译

图书在版编目(CIP)数据

玻尔讲演录/（丹）玻尔著；戈革译. —北京：北京大学出版社，2017. 7
（科学素养文库）
ISBN 978-7-301-28440-7

Ⅰ. ①玻… Ⅱ. ①玻… ②戈… Ⅲ. ①原子物理学—文集 Ⅳ. ①O562-53

中国版本图书馆 CIP 数据核字（2017）第 143376 号

书　　名	玻尔讲演录 BO'ER JIANGYAN LU
著作责任者	［丹麦］玻尔　著　戈革　译
丛书策划	周雁翎
丛书主持	陈　静
责任编辑	唐知涵　吴卫华　陈　静
标准书号	ISBN 978-7-301-28440-7
出版发行	北京大学出版社
地　　址	北京市海淀区成府路 205 号　100871
网　　址	http://www.pup.cn　　新浪微博：@北京大学出版社
微信公众号	科学与艺术之声（微信号：sartspku）
电子信箱	zyl@ pup.pku.edu.cn
电　　话	邮购部 62752015　发行部 62750672　编辑部 62753056
印 刷 者	北京中科印刷有限公司
经 销 者	新华书店
	787 毫米 × 1092 毫米　16 开本　26. 25 印张　插页 8　600 千字
	2017 年 7 月第 1 版　2020 年 12 月第 2 次印刷
定　　价	89. 00 元

弁　　言

· Preface to the Series of the Great Classics in Science ·

这套丛书中收入的著作，是自文艺复兴时期现代科学诞生以来，经过足够长的历史检验的科学经典。为了区别于时下被广泛使用的“经典”一词，我们称之为“科学元典”。

我们这里所说的“经典”，不同于歌迷们所说的“经典”，也不同于表演艺术家们朗诵的“科学经典名篇”。受歌迷欢迎的流行歌曲属于“当代经典”，实际上是时尚的东西，其含义与我们所说的代表传统的经典恰恰相反。表演艺术家们朗诵的“科学经典名篇”多是表现科学家们的情感和生活态度的散文，甚至反映科学家生活的话剧台词，它们可能脍炙人口，是否属于人文领域里的经典姑且不论，但基本上没有科学内容。并非著名科学大师的一切言论或者是广为流传的作品都是科学经典。

这里所谓的科学元典，是指科学经典中最基本、最重要的著作，是在人类智识史和人类文明史上划时代的丰碑，是理性精神的载体，具有永恒的价值。

一

科学元典或者是一场深刻的科学革命的丰碑，或者是一个严密的科学体系的构架，或者是一个生机勃勃的科学领域的基石，或者是一座传播科学文明的灯塔。它们既是昔日科学成就的创造性总结，又是未来科学探索的理性依托。

哥白尼的《天体运行论》是人类历史上最具革命性的震撼心灵的著作，它向统治西方思想千余年的地心说发出了挑战，动摇了“正统宗教”学说的天文学基础。伽利略《关于托勒密与哥白尼两大世界体系的对话》以确凿的证据进一步论证了哥白尼学说，更直接地动摇了教会所庇护的托勒密学说。哈维的《心血运动论》以对人类躯体和心灵的双重关怀，满怀真挚的宗教情感，阐述了血液循环理论，推翻了同样统治西方思想千余年、被“正统宗教”所庇护的盖伦学说。笛卡儿的《几何》不仅创立了为后来诞生的微积分提供了工具的解析几何，而且折射出影响万世的思想方法论。牛顿的《自然哲学之数学原理》标志着17世纪科学革命的顶点，为后来的工业革命奠定了科学基础。分别以惠更斯的《光论》与牛顿的《光学》为代表的波动说与微粒说之间展开了长达200余年的论战。拉瓦锡在《化学基础论》中详尽论述了氧化理论，推翻了统治化学百余年之久的燃素理论，这一智识壮举被公认为历史上最自觉的科学革命。道尔顿的《化学哲学新体系》奠定了物质结构理论的基础，开创了科学中的新时代，使19世纪的化学家们有计划地向未知领域前进。傅立叶的《热的解析理论》以其对热传导问题的精湛处理，突破了牛顿的《自然哲学之数学原理》所规定的理论力学范围，开创了数学物理学的崭新领域。达尔文《物种起源》中的进化论思想不仅在生物学发展到分子水平的今天仍然是科学家们阐释的对象，而且100多年来几乎在科学、社会和人文的所有领域都在施展它有形和无形的影响。《基因论》揭示了孟德尔式遗传性状传递机理的物质基础，把生命科学推进到基因水平。爱因斯坦的《狭义与广义相对论浅说》和薛定谔的《关于波动力学的四次演讲》分别阐述了物质世界在高速和微观领域的运动规律，完全改变了自牛顿以来的世界观。魏格纳的《海陆的起源》提出了大陆漂移的猜想，为当代地球科学提供了新的发展基点。维纳的《控制论》揭示了控制系统的反馈过程，普里戈金的《从存在到演化》发现了系统可能从原来无序向新的有序态转化的机制，二者的思想在今天的影响已经远远超越了自然科学领域，影响到经济学、社会学、政治学等领域。

科学元典的永恒魅力令后人特别是后来的思想家为之倾倒。欧几里得的《几何原本》以手抄本形式流传了1800余年，又以印刷本用各种文字出了1000版以上。阿基米德写了大量的科学著作，达·芬奇把他当作偶像崇拜，热切搜求他的手稿。伽利略以他的继承人自居。莱布尼兹则说，了解他的人对后代杰出人物的成就就不会那么赞赏了。为捍卫《天体运行论》中的学说，布鲁诺被教会处以火刑。伽利略因为其《关于托勒密与哥白尼两大世界体系的对话》一书，遭教会的终身监禁，备受折磨。伽利略说吉尔伯特的《论磁》一书伟大得令人嫉妒。拉普拉斯说，牛顿的《自然哲学之数学原理》揭示了宇宙的最伟大定律，它将永远成为深邃智慧的纪念碑。拉瓦锡在他的《化学基础论》出版后5年被法国革命法庭处死，传说拉格朗日悲愤地说，砍掉这颗头颅只要一瞬间，再长出这样的头颅100年也不够。《化学哲学新体系》的作者道尔顿应邀访法，当他走进法国科学院会议厅时，院长和全体院士起立致敬，得到拿破仑未曾享有的殊荣。傅立叶在《热的解析理论》中阐述的强有力的数学工具深深影响了整个现代物理学，推动数学分析的发展达一个多世纪，麦克斯韦称赞该书是“一首美妙的诗”。当人们咒骂《物种起源》是“魔鬼的经典”“禽兽的哲学”的时候，赫胥黎甘做“达尔文的斗犬”，挺身捍卫进化论，撰写了《进化论与伦理学》和《人类在自然界的位置》，阐发达尔文的学说。经过严复的译述，赫胥黎的著作成为维新领袖、辛亥精英、“五四”斗士改造中国的思想武器。爱因斯坦说法拉第在《电学实验研究》中论证的磁场和电场的思想是自牛顿以来物理学基础所经历的最深刻变化。

在科学元典里，有讲述不完的传奇故事，有颠覆思想的心智波涛，有激动人心的理性思考，有万世不竭的精神甘泉。

二

按照科学计量学先驱普赖斯等人的研究，现代科学文献在多数时间里呈指数增长趋势。现代科学界，相当多的科学文献发表之后，并没有任何人引用。就是一时被引用过的科学文献，很多没过多久就被新的文献所淹没了。科学注重的是创造出新的实在知识。从这个意义上说，科学是向前看的。但是，我们也可以看到，这么多文献被淹没，也表明划时代的科学文献数量是很少的。大多数科学元典不被现代科学文献所引用，那是因为其中的知识早已成为科学中无须证明的常识了。即使这样，科学经典也会因为其中思想的恒久意义，而像人文领域里的经典一样，具有永恒的阅读价值。于是，科学经典就被一编再编、一印再印。

早期诺贝尔奖得主奥斯特瓦尔德编的物理学和化学经典丛书“精密自然科学经典”从1889年开始出版，后来以“奥斯特瓦尔德经典著作”为名一直在编辑出版，有资料说目前已经出版了250余卷。祖德霍夫编辑的“医学经典”丛书从1910年就开始陆续出版了。也是这一年，蒸馏器俱乐部编辑出版了20卷“蒸馏器俱乐部再版本”丛书，丛书中全是化学经典，这个版本甚至被化学家在20世纪的科学刊物上发表的论文所引用。一般把1789年拉瓦锡的化学革命当作现代化学诞生的标志，把1914年爆发的第一次世界大战称为化学家之战。奈特把反映这个时期化学的重大进展的文章编成一卷，把这个时期的其他9部总结性化学著作各编为一卷，辑为10卷“1789—1914年的化学发展”丛书，于1998年出版。像这样的某一科学领域的经典丛书还有很多很多。

科学领域里的经典，与人文领域里的经典一样，是经得起反复咀嚼的。两个领域里的经典一起，就可以勾勒出人类智识的发展轨迹。正因为如此，在发达国家出版的很多经典丛书中，就包含了这两个领域的重要著作。1924 年起，沃尔科特开始主编一套包括人文与科学两个领域的原始文献丛书。这个计划先后得到了美国哲学协会、美国科学促进会、科学史学会、美国人类学协会、美国数学协会、美国数学学会以及美国天文学学会的支持。1925 年，这套丛书中的《天文学原始文献》和《数学原始文献》出版，这两本书出版后的 25 年内市场情况一直很好。1950 年，沃尔科特把这套丛书中的科学经典部分发展成为“科学史原始文献”丛书出版。其中有《希腊科学原始文献》《中世纪科学原始文献》和《20 世纪(1900—1950 年)科学原始文献》，文艺复兴至 19 世纪则按科学学科(天文学、数学、物理学、地质学、动物生物学以及化学诸卷)编辑出版。约翰逊、米利肯和威瑟斯庞三人主编的“大师杰作丛书”中，包括了小尼德勒编的 3 卷“科学大师杰作”，后者于 1947 年初版，后来多次重印。

在综合性的经典丛书中，影响最为广泛的当推哈钦斯和艾德勒 1943 年开始主持编译的“西方世界伟大著作丛书”。这套书耗资 200 万美元，于 1952 年完成。丛书根据独创性、文献价值、历史地位和现存意义等标准，选择出 74 位西方历史文化巨人的 443 部作品，加上丛书导言和综合索引，辑为 54 卷，篇幅 2 500 万单词，共 32 000 页。丛书中收入不少科学著作。购买丛书的不仅有“大款”和学者，而且还有屠夫、面包师和烛台匠。迄 1965 年，丛书已重印 30 次左右，此后还多次重印，任何国家稍微像样的大学图书馆都将其列入必藏图书之列。这套丛书是 20 世纪上半叶在美国大学兴起而后扩展到全社会的经典著作研读运动的产物。这个时期，美国一些大学的寓所、校园和酒吧里都能听到学生讨论古典佳作的声音。有的大学要求学生必须深研 100 多部名著，甚至在教学中不得使用最新的实验设备，而是借助历史上的科学大师所使用的方法和仪器复制品去再现划时代的著名实验。至 20 世纪 40 年代末，美国举办古典名著学习班的城市达 300 个，学员 50 000 余众。

相比之下，国人眼中的经典，往往多指人文而少有科学。一部公元前 300 年左右古希腊人写就的《几何原本》，从 1592 年到 1605 年的 13 年间先后 3 次汉译而未果，经 17 世纪初和 19 世纪 50 年代的两次努力才分别译刊出全书来。近几百年来移译的西学典籍中，成系统者甚多，但皆系人文领域。汉译科学著作，多为应景之需，所见典籍寥若晨星。借 20 世纪 70 年代末举国欢庆“科学春天”到来之良机，有好尚者发出组译出版“自然科学世界名著丛书”的呼声，但最终结果却是好尚者抱憾而终。20 世纪 90 年代初出版的“科学名著文库”，虽使科学元典的汉译初见系统，但以 10 卷之小的容量投放于偌大的中国读书界，与具有悠久文化传统的泱泱大国实不相称。

我们不得不问：一个民族只重视人文经典而忽视科学经典，何以自立于当代世界民族之林呢？

三

科学元典是科学进一步发展的灯塔和坐标。它们标识的重大突破，往往导致的是常规科学的快速发展。在常规科学时期，人们发现的多数现象和提出的多数理论，都要用科学元典中的思想来解释。而在常规科学中发现的旧范型中看似不能得到解释的现象，其重要性往往也要通过与科学元典中的思想的比较显示出来。

在常规科学时期，不仅有专注于狭窄领域常规研究的科学家，也有一些从事着常规研究但又关注着科学基础、科学思想以及科学划时代变化的科学家。随着科学发展中发现的新现象，这些科学家的头脑里自然而然地就会浮现历史上相应的划时代成就。他们会对科学元典中的相应思想，重新加以诠释，以期从中得出对新现象的说明，并有可能产生新的理念。百余年来，达尔文在《物种起源》中提出的思想，被不同的人解读出不同的信息。古脊椎动物学、古人类学、进化生物学、遗传学、动物行为学、社会生物学等领域的几乎所有重大发现，都要拿出来与《物种起源》中的思想进行比较和说明。玻尔在揭示氢光谱的结构时，提出的原子结构就类似于哥白尼等人的太阳系模型。现代量子力学揭示的微观物质的波粒二象性，就是对光的波粒二象性的拓展，而爱因斯坦揭示的光的波粒二象性就是在光的波动说和粒子说的基础上，针对光电效应，提出的全新理论。而正是与光的波动说和粒子说二者的困难的比较，我们才可以看出光的波粒二象性说的意义。可以说，科学元典是时读时新的。

除了具体的科学思想之外，科学元典还以其方法学上的创造性而彪炳史册。这些方法学思想，永远值得后人学习和研究。当代诸多研究人的创造性的前沿领域，如认知心理学、科学哲学、人工智能、认知科学等，都涉及对科学大师的研究方法的研究。一些科学史学家以科学元典为基点，把触角延伸到科学家的信件、实验室记录、所属机构的档案等原始材料中去，揭示出许多新的历史现象。近二十多年兴起的机器发现，首先就是对科学史学家提供的材料，编制程序，在机器中重新做出历史上的伟大发现。借助于人工智能手段，人们已经在机器上重新发现了波义耳定律、开普勒行星运动第三定律，提出了燃素理论。萨伽德甚至用机器研究科学理论的竞争与接受，系统研究了拉瓦锡氧化理论、达尔文进化学说、魏格纳大陆漂移说、哥白尼日心说、牛顿力学、爱因斯坦相对论、量子论以及心理学中的行为主义和认知主义形成的革命过程和接受过程。

除了这些对于科学元典标识的重大科学成就中的创造力的研究之外，人们还曾经大规模地把这些成就的创造过程运用于基础教育之中。美国几十年前兴起的发现法教学，就是在这方面的尝试。近二十多年来，兴起了基础教育改革的全球浪潮，其目标就是提高学生的科学素养，改变片面灌输科学知识的状况。其中的一个重要举措，就是在教学中加强科学探究过程的理解和训练。因为，单就科学本身而言，它不仅外化为工艺、流程、技术及其产物等器物形态，直接表现为概念、定律和理论等知识形态，更深蕴于其特有的思想、观念和方法等精神形态之中。没有人怀疑，我们通过阅读今天的教科书就可以方便地学到科学元典著作中的科学知识，而且由于科学的进步，我们从现代教科书上所学的知识甚至比经典著作中的更完善。但是，教科书所提供的只是结晶状态的凝固知识，而科学本是历史的、创造的、流动的，在这历史、创造和流动过程之中，一些东西蒸发了，另一些东西积淀了，只有科学思想、科学观念和科学方法保持着永恒的活力。

然而，遗憾的是，我们的基础教育课本和不少科普读物中讲的许多科学史故事都是误讹相传的东西。比如，把血液循环的发现归于哈维，指责道尔顿提出二元化合物的元素原子数最简比是当时的错误，讲伽利略在比萨斜塔上做过落体实验，宣称牛顿提出了牛顿定律的诸数学表达式，等等。好像科学史就像网络上传播的八卦那样简单和耸人听闻。为避免这样的误讹，我们不妨读一读科学元典，看看历史上的伟人当时到底是如何思考的。

现在，我们的大学正处在席卷全球的通识教育浪潮之中。就我的理解，通识教育固然要对理工农医专业的学生开设一些人文社会科学的导论性课程，要对人文社会科学专业的学生开设一些理工农医的导论性课程，但是，我们也可以考虑适当跳出专与博、文与理的关系的思考路数，对所有专业的学生开设一些真正通而识之的综合性课程，或者倡导这样的阅读活动、讨论活动、交流活动甚至跨学科的研究活动，发掘文化遗产、分享古典智慧、继承高雅传统，把经典与前沿、传统与现代、创造与继承、现实与永恒等事关全民素质、民族命运和世界使命的问题联合起来进行思索。

我们面对不朽的理性群碑，也就是面对永恒的科学灵魂。在这些灵魂面前，我们不是要顶礼膜拜，而是要认真研习解读，读出历史的价值，读出时代的精神，把握科学的灵魂。我们要不断吸取深蕴其中的科学精神、科学思想和科学方法，并使之成为推动我们前进的伟大精神力量。

任定成
2005 年 8 月 6 日
北京大学承泽园迪吉轩

▲ 玻尔（Niels Bohr，1885—1962）

丹麦物理学家，哥本哈根学派的创立者，他对量子力学和原子结构理论的贡献深深影响了物理学的发展。

▲ 丹麦哥本哈根市

玻尔出生和成长于此，图为市内的克里斯蒂安运河。

▲ 玻尔的父亲克里斯蒂安（Christian Bohr，1855—1911）

哥本哈根大学的生理学教授。玻尔的父亲常在家中与许多优秀的科学家、学者聚会，良好的家庭背景使玻尔从小就能接触到欧洲各领域最先进的思想和学说。

▲ 玻尔的弟弟海拉德（Harald Bohr，1887—1951）

海拉德与玻尔感情很好，兄弟俩从小一起参加体育运动，一起研讨科学问题。海拉德后来成为一名优秀的数学家，在玻尔领导的哥本哈根理论物理研究所旁边创建了数学研究所。

▲ 哥本哈根大学主楼

1903年，18岁的玻尔进入哥本哈根大学攻读物理学。

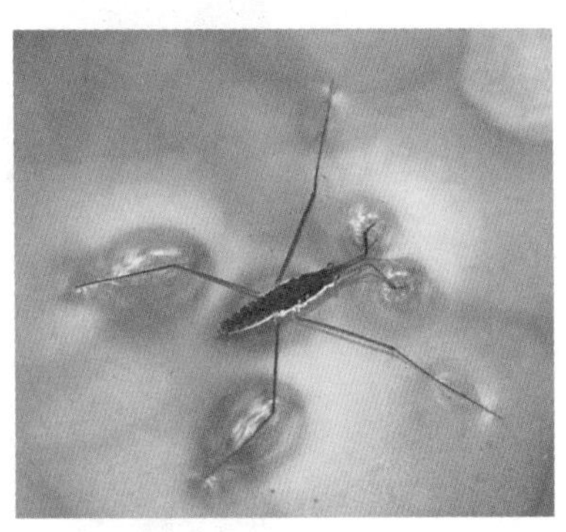

◀水黾利用液体表面张力站立在液体表面

玻尔在哥本哈根大学就读期间，曾因测量水的表面张力获得1905年丹麦皇家科学文学院金质奖章。

◀汤姆逊（J.J. Thomson，1856—1940）

英国物理学家，电子的发现者，卡文迪许实验室第三任主任。玻尔来到剑桥后即拜会了汤姆逊，但是他和汤姆逊气质不合，二人的交往不深。

▲ 剑桥大学卡文迪许实验室入口

从哥本哈根大学毕业后，玻尔来到了剑桥大学卡文迪许实验室深造。

◀ 曼彻斯特大学

1912年早春时节，玻尔离开剑桥，来到曼彻斯特。在这里，他才真正如鱼得水，不仅赢得了一位出色的导师卢瑟福，而且取得了他梦寐以求的研究进展。

▼ 1911年玻尔与玛格丽特订婚照

▲ 卢瑟福（Ernest Rutherford，1871—1937）

英国物理学家，原子核的发现者。玻尔初次见到卢瑟福，就决定要跟随他一起从事研究。卢瑟福对科学的敏锐与为人的宽厚都对玻尔产生了强烈的吸引力。

▶ 玻尔和他的五个儿子

▲ 哥本哈根研究所

玻尔回到哥本哈根大学后于1920年创办哥本哈根理论物理研究所（今更名玻尔研究所）。在玻尔的领导下，这里聚集了来自世界各地最优秀的量子物理学家，被誉为物理学的“麦加”。他们共同组成了哥本哈根学派，以其共同的精神广受赞誉：高度的智力活动、大胆的涉险精神、深奥的研究内容和快活的乐天主义。

▲ 获得诺贝尔奖时的玻尔

1922年，由于对原子结构和原子放射性研究的贡献，玻尔被授予诺贝尔物理学奖，时年37岁。

▲ 阵容强大的哥本哈根学派

玻尔领导的哥本哈根学派以他的互补原理、玻恩（Max Born，1882—1970）的概率解释、海森伯的不确定原理共同奠定了量子物理的理论基础。图为1935年玻尔与海森伯（Werner Heisenberg，1901—1976）、泡利（Wolfgang Pauli，1900—1958）在哥本哈根研究所休息室。

▲ 1927年第五届索尔维会议

在这次会议上，玻尔与爱因斯坦（Albert Einstein，1879—1955）就量子力学的不确定原理与互补原理展开了争论。

◀ 普林斯顿大学

玻尔在这里揭开了链式反应的秘密。

▶ 玻尔在中国

玻尔曾于1937年来到中国，在他的心中有较浓重的中国情结，他喜爱中国的文化，曾经收藏了一套唐太宗昭陵六骏的拓片。而他后来用作家族徽章的图案也是取自中国的八卦。

◀ 蚊式轰炸机

第二次世界大战期间，德国占领丹麦后，玻尔一家逃到瑞典避难。不久，玻尔被一架蚊式轰炸机载去英国，此后，他参与了英美两国对原子弹的研制工作。

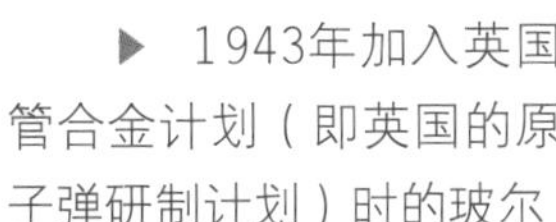

▶ 1943年加入英国管合金计划（即英国的原子弹研制计划）时的玻尔

◀ 1943年魁北克会议

罗斯福（Franklin Roosevelt，1882—1945）与丘吉尔（Winston Churchill，1874—1965）在加拿大魁北克会晤并签订了全面合作协议，确立了英美两国共同研制原子弹的计划（即“曼哈顿计划”）。会后，玻尔与两位领导人及其他政要都有交流，对推动原子弹的研制发挥了重要的作用。

◀ 美国曼哈顿计划废料处置场

玻尔对于原子和原子核的理论研究，以及对链式反应原理的揭示，对曼哈顿计划的成功功不可没。

▲ 玻尔外套臂章上的八卦图案，代表了玻尔的互补原理。

▲ 晚年的玻尔与家人

Niels Bohr

▲ 玻尔签名

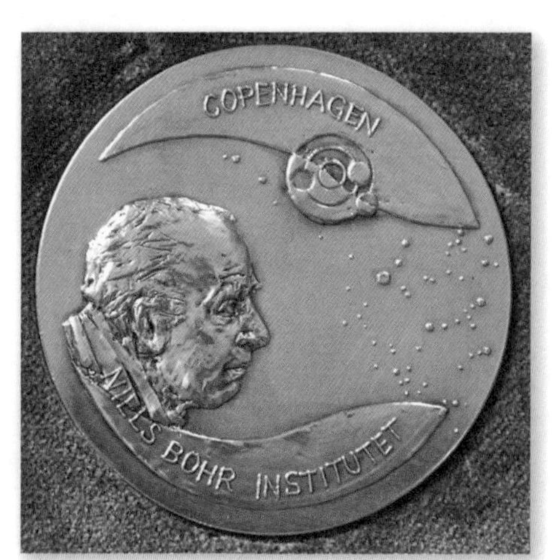

▲ 玻尔研究所奖章正面和反面

2010年设立，旨在奖励拥有玻尔精神的优秀研究人员，以促进国际合作和知识交流。

目　录

原子弹爆炸时产生的巨大蘑菇云

导　读

杨建邺

（华中科技大学物理系教授）

· *Introduction to Chinese Version* ·

原子时代的到来，在很大程度上有赖于他的科学研究，以及他所发挥的作用。从对于同时代人和整个世界的生活发挥指导作用这一点来说，很少有人能够比得上他。

——穆耳①

① Ruth Moore，《尼尔斯·玻尔传》一书作者。——本书编辑注

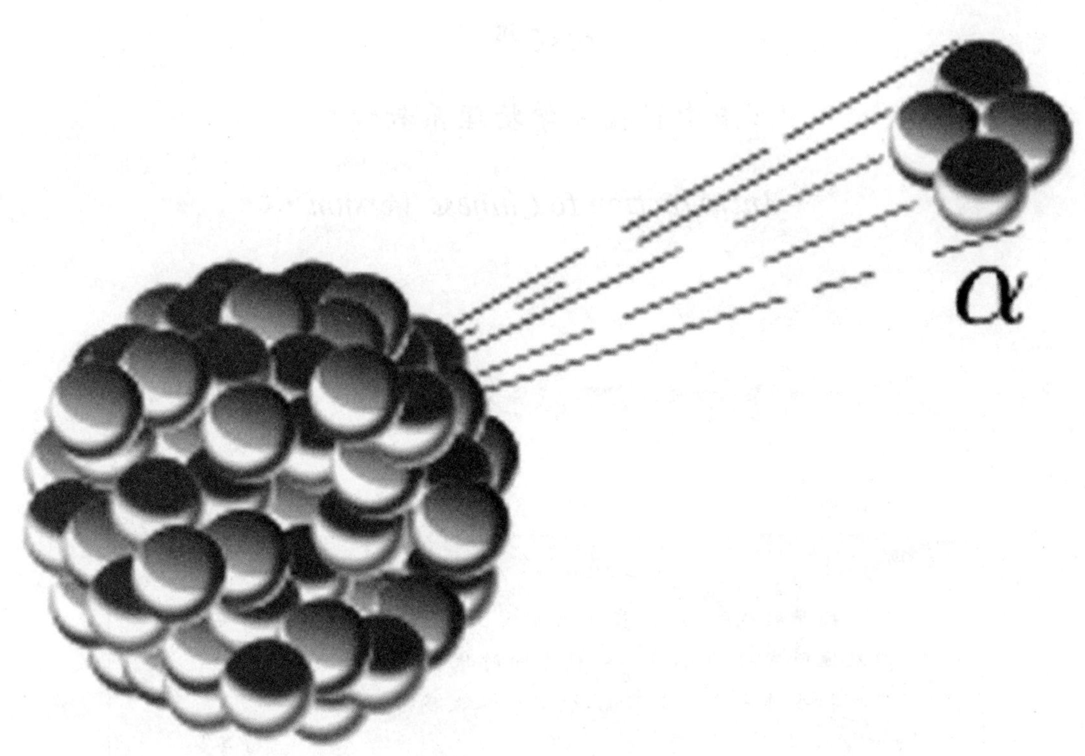
α

1885 年 10 月 7 日星期五，这是一个寒冷的日子，丹麦哥本哈根大学克里斯蒂安教授的大儿子尼尔斯·玻尔(Niels Bohr，1885—1962)诞生了。

这是丹麦人从此再也不能忘怀的光荣的日子；全世界的人也不能忽视这个值得纪念的日子。这是因为尼尔斯·玻尔后来为人类科学、文化、和平事业，作出了伟大的贡献。一位美国传记作家穆耳(Ruth Moore)曾经在她写的《尼尔斯·玻尔传》中充满激情地写道：

能改变世界历史进程的人是为数不多的。

然而，尼尔斯·玻尔却使历史进程发生了一次改变。原子时代的到来，在很大程度上有赖于他的科学研究，以及他所发挥的作用。从对于同时代人和整个世界的生活发挥指导作用这一点来说，很少有人能够比得上他。

而且，玻尔还差一点就使历史进程又一次改变。在改变(“二战”)战后纷乱的、天晓得会把世界引向何处的核军备竞赛上，他是功败垂成的。玻尔所宣传的“另一条道路”是否能够消除冷战，是否能够制止核力量的成倍增长呢？谁也无法作出回答。唯一明确的是，当玻尔所提的有关进行有效的国际合作的建议遭到拒绝——其主要原因是听命于丘吉尔一人的英国政府作出了决定——之后，玻尔预言的危险就真的出现了。

一个人能起这样的作用，真是令人难以置信。何况这个人性格谦和，又出生在政治上并非强盛的丹麦这样一个乐天的小国里！

我们当代人，不知道爱因斯坦(A. Einstein，1879—1955)的人几乎很少，都知道他的相对论对 20 世纪科学发展产生的巨大价值，但不少科学大师在评价玻尔对科学的贡献时，认为玻尔的贡献还大于爱因斯坦。如德国物理学家、1932 年诺贝尔物理学奖得主海森伯(Werner Heisenberg，1901—1976)于 1963 年说：“玻尔对我们这个世纪的物理学和物理学家的影响比任何人都大，甚至大过阿尔伯特·爱因斯坦。”

另一位德国物理学家、1954 年诺贝尔物理学奖得主玻恩(Max Born，1882—1970)于 1923 年说：“玻尔对我们时代的理论和实验研究的影响，大于任何其他物理学家。”

我们也许应当注意，玻恩与爱因斯坦的私交比与玻尔的私交好得多，这说明玻恩的说法比较可信。我们还可以提到一位美国物理学家、1946 年诺贝尔物理学奖得主布里奇曼(Percy W. Bridgman，1882—1964)说的话，他在 1924 年写给一位朋友的信中说：

在几乎整个欧洲，玻尔现在被当作一尊科学上帝敬奉着。

一个远在欧洲北方，在波罗的海和北海之间由 400 多个岛屿组成，其国土总面积只有 4.3 万多平方公里，人口只有 500 多万，而且在近代和现代史上，一直受到欧洲腹地诸国不断侵略、国土日益缩小的小国，竟出现了这样一位世界超级科学明星，丹麦人民和丹麦政府不会感到巨大的荣耀吗？全世界人民不会为此瞩目这个小小的岛国吗？固然，不少学者对于如此“过高”评价玻尔有不同看法，并提出批评性的意见，但是，玻尔对物理学

◀α 衰变

的贡献在 1913 年提出的《三部曲》里，确实是一件非常了不起的、对量子理论的发展起了不可替代的贡献的事，这是任何研究物理学历史的人都无法否认的。

玻尔能够作出如此重大的贡献，与他的导师、当时在英国曼彻斯特大学的物理学家卢瑟福（Ernest Rutherford，1871—1937，1908 年获得诺贝尔化学奖）有很大的关系。1912 年 3 月，玻尔来到曼彻斯特。他当时也许并没有料到，半年之后他就会脱颖而出，不久就成了世界科学界一颗最明亮的新星。这正是："安知清流转，忽与前山通。"

《三部曲》的提出

玻尔在 1913 年 8 月 27 日完成的《三部曲》，是人类第一次正确研究氢原子构造的论文。论文第一部分的标题是《正核对电子的束缚》。

玻尔首先讨论的是最简单的原子，即由带一个正电的核和一个电子组成的氢原子。

在 2 月以前，玻尔已经洞察到用经典物理理论不可能解决原子结构的稳定性问题，只有在量子论里才能寻求到出路。玻尔在获诺贝尔奖演说时这样谈到稳定态（stable state）问题：

在原子系统可能的运动状态中，设想存在着一种"稳定态"。在这些状态中，粒子的运动虽然在很大程度上遵守经典力学的规律，但是，这些状态的稳定性不能用经典力学来解释。

稳定性问题让许多科学大师[包括荷兰的洛伦兹（H. A. Lorentz，1953—1928，1902 年获得诺贝尔物理学奖）、J. J. 汤姆逊（J. J. Thomson，1856—1940，1906 年获得诺贝尔物理学奖）、卢瑟福和玻尔本人]感到束手无策，几乎到了无可奈何的地步。玻尔从普朗克（Max Planck，1858—1947，1918 年获得诺贝尔物理学奖）和爱因斯坦的工作中得到启发，认识到人们之所以束手无策，是因为把解决问题的钥匙仍然盯在经典物理学上，如果打破这种观点，事情也许会简单得像哥伦布如何把鸡蛋立起来一样。于是玻尔决定用量子理论来解决稳定态的问题。

普朗克提出的能量不连续性概念，虽然在普朗克那儿带有很大的局限性，但却使玻尔得到很大的启发。能量既然是不连续的，只能采取某些符合普朗克公式（$E=nh\nu$）的分立值，而在原子里每一个电子在某一轨道上运动既然也具有相应的能量，那么这能量当然也应该只采取某些分立值。这样，电子就不可能有无限多的轨道，我们可以用普朗克公式作为一个"筛子"，筛选出符合公式的轨道，承认这些轨道是实际存在的，其他轨道都在客观上根本不存在；而这些承认其存在的轨道运动，就被玻尔称为"稳定态"，玻尔还宣称：稳定态的稳定性问题绝对不能用经典物理理论解释。

亚伯拉罕·派斯（Abaraham Pais）在评价玻尔的第一个假设时说："这是引入物理学中的最大胆假设之一。"

玻尔走到了这一步之后，徘徊了许久，无法继续前进。1913 年 2 月，当他知道了巴尔末公式（Balmer formula）以后，他第二次获得了灵感。我们知道，氢谱线可以精确地用巴尔末公式表示：

$$\nu = K\left(\frac{1}{n_1^2} - \frac{1}{n_2^2}\right)$$ （式中 K 是常数，n_1 和 n_2 是两个整数）

我们知道，$h\nu$ 代表普朗克公式中分立的能量值，于是玻尔立即意识到上式两端乘以普朗克常数 h，则上式右端的差，实际上是能量的差，而左端正好是发射频率为 ν 的电磁辐射（如在合适频率下则为可见光）。而这"能量的差"则被玻尔认为是电子从一个稳定态"跃迁"到另一个稳定态时所需之能量。

这就是说，用量子化这个神秘的筛子，筛去了两相邻稳定态之间的所有轨道后，两相邻稳定态之间就被一条似乎"不可逾越的鸿沟"所隔离。

但是，玻尔又说，电子可以逾越这条鸿沟，从一个稳定态"跃迁"到另一个稳定态上去。有了这一关键性的思想突破，玻尔在《三部曲》中又提出了第二个假设：

与经典电磁理论相反，稳定态不发生辐射，只有在两个稳定态之间的跃迁才发生辐射，辐射的特性相当于以恒定频率作谐振动的带电粒子，按经典规律产生的辐射，但频率 ν 与原子粒子的运动不是单一的关系，而是由下面的关系来决定：

$$h\nu = E' - E''$$

式中 h 为普朗克常数，E' 和 E'' 是原子在两个稳定态（即辐射过程中的初态和末态）的能量值。反之，用这种频率的电磁波照射原子时，可以引起吸收过程，使原子从后一个稳定态跃迁回到前一个稳定态。

如果说，玻尔的第一个假设让许多德高望重、名闻遐迩的老一辈科学家们大不以为然的话，那么第二个假设就让他们觉得这位年轻的丹麦博士太"过分"了，太"异想天开"了！简直不知天高地厚，把经过几代人努力才建立起来的"发光机制"一下子彻底推翻了。经典电磁理论认为，电磁波起因于带电体的振动，而且在一般情形下，电磁波的频率就是带电体振动的频率。这是人们早已视为"金科玉律"、不可动摇的法则了，但玻尔却说：不对，事情根本不是这么一回事！线光谱的出现，不是起因于带电体的振动，而是原子内部电子在跃迁时辐射出来的，而且辐射的频率一般也不等于振动的频率，而是由不同稳定态之间的能量差来决定！

啊哟，这一下子全都乱了套！但是玻尔真是一颗福星，他的"不知天高地厚"的狂妄理论居然在不久之后被两位实验物理学家在无意中证实了！

弗兰克-赫兹实验证实了玻尔的理论

中国有句民间谚语："有心栽花花不发，无心插柳柳成荫。"在玻尔正设法寻求精密的实验来证实他"怪异"的氢原子理论时，却意外地发现了一个绝好的实验证明，这个实验就是"弗兰克-赫兹实验"，它现在被人们称为"现代物理学中的关键性实验"之一。

弗兰克-赫兹实验是由德国物理学家弗兰克（J. Franck，1882—1964）和赫兹（G. L. Hertz，1887—1975，是发现电磁波的 H. R. 赫兹的侄子）两人合作完成的，他们两人也因为这一实验"意外地"证实了玻尔氢原子理论而获得 1925 年诺贝尔物理学奖。但他们自己却不知好歹地在很长一段时间里，居然否认他们自己的实验证实了玻尔的氢原子理论。

1911 年，弗兰克和赫兹对气体放电的研究有了兴趣。当时人们对电子、原子和分子间的碰撞过程的研究，已经取得了一些重要结果。例如，不论通过什么外力给原子以足够的能量，一个电子或几个电子就能够从原子里挣脱出来，原子就成了离子。如果利用加速电子碰撞的方法使原子获得能量，那么使原子电离的能量就很容易被测定，因为我们只需知道使原子发生电离时加速电子的电位差就行了（即 $E=eV$）。现在我们都称使原子发生电离的电位差为“电离电位”。电离电位的测定对研究原子性质有重要的意义，但是在 1911 年前后，人们虽说对电离电位作过许多测量，但这些测量大部分是间接的，其测定的值不仅彼此相差太大，而且各人所依据的理论也很不一致，其结果十分令人生疑。

在确定选取哪一种实验方案测定原子电离电位的时候，弗兰克和赫兹最看重德国物理学家勒纳德（Philipp Lenard，1862—1947，1905 年获得诺贝尔物理学奖）的实验方法，因为勒纳德根据碰撞中非弹性碰撞的理论，使电子与分子碰撞时实现能量的传递。我们在力学中即已知道，弹性碰撞只改变相互碰撞的粒子的速度，但不改变粒子的内能；而非弹性碰撞则可以改变相互碰撞的粒子的内能，从而改变它们的状态。弗兰克和赫兹认为，只要改进一下勒纳德的实验装置，就有可能测出某种气体的电离电位。

他们改进后测出了水银蒸气的电离电位为 4.9V，并于 1914 年在柏林发表了他们的实验研究报告。他们确信他们已经正确地测出了汞原子的电离电位。

玻尔看到了弗兰克和赫兹的论文以后，立即意识到，他们两人对实验结果的解释与自己的原子结构理论有重要分歧。按玻尔的原子结构理论，汞的电离电位是可以推算出来的，算出的结果是 10.5V，这与弗兰克和赫兹测出的 4.9V 相差悬殊，两者之中肯定有一个错了。

玻尔对自己的理论抱有充分信心，于是在 1915 年撰文批评了弗兰克和赫兹对他们实验结果所作的解释。

玻尔认为弗兰克和赫兹测出的 4.9V 并不是汞的电离电位，而是中性原子中的电子从一种稳定态跃迁到另一种稳定态时所需的电位，即“激发电位”，而且从玻尔理论可以算出汞原子的最低激发电位正好是 4.9V！

如果玻尔的批评是正确的话，那弗兰克和赫兹实验的价值就大大提高，因为它将是第一个强有力且直接证实玻尔原子理论的关键性实验。事实上，他们两人也正因为这一贡献才获得了诺贝尔奖。可惜，在当时弗兰克和赫兹没有认识到这一点，却在 1916 年撰文表示，他们不能接受玻尔的批评，还“不识好歹”地进一步肯定 4. 9V 就是汞原子的电离电位。

这显然是对玻尔原子结构理论的一个严峻的挑战。玻尔深刻地认识到，这是一个大是大非的问题，关系到他的氢原子理论的命运。1919 美国哥伦比亚大学的戴维斯（B. Davis）和古切尔（F. S. Goucher）在改进了弗兰克和赫兹的实验设备后，得出了与玻尔相同的结论，证实了玻尔对弗兰克和赫兹的批评是完全正确的。

1919 年，第一次世界大战结束了，弗兰克和赫兹从战场上回到他们钟爱的研究上来。他们重新审查了 1914 年试验后，证明 4.9V 电位差正如玻尔理论所预言的那样，的确是汞原子的最低激发电位。

一场规模不算太大、持续时间也不算太长的争论到此结束，一个划时代的原子理论却“歪打正着”地被实验证实了。弗兰克和赫兹的实验价值大大地高于他们原来的设想，被认为是20世纪关键性实验之一，他们因此获得诺贝尔物理学奖。在获奖演说中弗兰克说：

当时，我们没有认识到玻尔理论的重大意义，甚至在有关的文章中一次也没有提到这一理论。关于这一点，我自己简直不能理解。很遗憾，我们未能及时纠正我们的错误和澄清实验中依然存在的不确切之处。……后来我们认识到了玻尔理论的指导意义，一切困难才迎刃而解。我们清楚地知道，我们的工作之所以会获得广泛的承认，是由于它和普朗克，特别是和玻尔的伟大思想和概念有了联系。

哥本哈根大学理论物理研究所

玻尔从英国回到哥本哈根大学以后不久，就在哥本哈根大学建立了一个此后闻名于世的“理论物理研究所”。研究所刚成立时规模很小，连所长玻尔在内只有四个人：一个科学助理克拉默斯(H. A. Kramers，1894—1952)，一名训练有素的机械工奥尔逊，他负责金工车间的管理和大楼日常的保养维修，一位叫贝蒂·舒尔兹的女士当玻尔的秘书(她后来成了玻尔的终身秘书)。专职人员虽然很少，但在各种形式的资助下来到理论物理研究所工作的学者却川流不息，为研究所带来了无穷尽的创造力和活力，使研究所在很长一段时间曾一度成为世界原子物理学家集会(或“朝圣”)之处，也是举世公认的世界量子物理研究的中心之一，领导着量子物理学发展的方向，并在物理学界形成了举世闻名的“哥本哈根学派”。

研究所成立后不久，玻尔就设法将世界各国有才华的年轻学者请到哥本哈根来工作、讲学。1920年4月，赫维西(G. Hevesy，1885—1966)离开了动乱的匈牙利来到哥本哈根，玻尔动用了各种基金把赫维西留在研究所工作了六年。1923年，他与正在研究所工作的荷兰化学家科斯特(Dirk Coster，1889—1950)一起发现了化学元素铪，后来在1943年获诺贝尔化学奖。

1921年，玻尔将哥廷根大学新任命的实验物理学教授弗兰克请到研究所，为研究所安装研究电子与原子碰撞的设备，并向丹麦学者介绍这种碰撞技术。弗兰克这时对玻尔已经敬佩得五体投地，他甚至说与玻尔不能接触太久，否则你将觉得自己过分无能而陷于失望和沮丧之中。

许多年轻学者如瑞典的奥斯卡·克莱因(Oskar Klein，1894—1977)、比利时的列昂·罗森菲尔德(Léon Rosenfeld，1904—1974)、奥地利的沃尔夫冈·泡利(Wolfgang Pauli，1900—1958，1945年获得诺贝尔物理学奖)和奥托·弗里施(Otto Frisch，1904—1979)等许多年轻科学家，都把哥本哈根大学的理论物理研究所当作物理学的麦加圣地，他们称自己去玻尔那儿访问是“朝圣”，而称他们自己为“朝圣者”。这些来自世界各地的朝圣者将他们各自不同的学术风格和学术观点带到了哥本哈根，而这些各有所长的风格、观点在哥本哈根这个温度适宜、土壤肥沃的园地里迅速发育、滋长和壮大，并经玻尔的特有风格、观点的调节、补充后，形成了独特的、以集体讨论和自由探索为特征的研究风格,这种风格被赞誉为"哥本哈根精神"(Copenhagen spirit)。

1962年玻尔去世以后,理论物理研究所于1965年改名为"尼尔斯·玻尔研究所",仍隶属于哥本哈根大学。半个世纪以来,这个研究所为世界培养出了一批杰出的物理学家,在现代物理学发展史上占有举足轻重的地位。我们甚至可以说,那个时代世界各国几乎没有哪位物理学家不曾直接或间接受到过玻尔思想的熏陶。

哥廷根的"玻尔节"

德国中部有一座小城,人口不足10万,这个小城就是在科学史上大有名气的"大学城"哥廷根。哥廷根之所以是人们心目中的圣城,就是因为它有哥廷根大学。一个人口不足10万的小城,大学生竟占了二三万人,不是大学城还能是什么城?

1922年6月12至14日、19至22日,玻尔接受哥廷根大学的邀请,来到这所大学作了"关于原子结构理论"的七篇演讲。在哥廷根演讲时,听众中不仅有哥廷根的科学家,还有从慕尼黑来的索末菲(Arnold Sommerfeld,1868—1951)和他的研究生海森伯(Werner Heisenberg,1901—1976,1932年获得诺贝尔物理学奖)及助手泡利,有从法兰克福来的阿尔弗雷德·朗德(Alfred Landé,1888—1975)和沃尔特·盖拉赫(Walther Gerlach,1889—1979),从荷兰的莱顿则来了艾伦菲斯特(Paul Ehrenfest,1879—1933)。总共约有100来人听了玻尔的演讲。由于玻尔的演讲大受欢迎,所以人们高兴地把玻尔的演讲的日子说成是"玻尔节"。

梅拉(J. Mehra)和雷森堡(H. Rechenberg)在他们写的《量子理论的历史发展》一书中曾高度评价了"玻尔节"的意义。他们写道:

新的哥廷根时代是以一桩戏剧性的事件开始的:在1922年6月间,玻尔发表了"关原子结构理论的七篇演讲"。在演讲中,他向听众介绍了这一"课题最新研究的详细进展"。玻尔在哥廷根的访问和演讲后来被称之为"玻尔节"(Bohr's Festival),它不但使几位青年与会者确定了他们未来的事业,而且也唤起了一些年龄较大的像玻恩这些人的热情,开始对玻尔理论进行积极的研究。就这样,它引发了最后的一个发展阶段:在这一发展阶段中,普朗克、爱因斯坦、玻尔和索末菲的量子理论被量子力学的新体系所替代了。

玻尔的七篇演讲,虽然每一篇都不长,但所论述的内容却相当全面。前三讲主要讲述的是原子理论基础的基本原理和对氢光谱的应用,论述了存在于原子结构的量子理论中的奇特局面,并在第三讲中强调了对应原理(Correspondence Principle)的作用;从第四讲开始,玻尔介绍了用原子结构理论来解释元素周期表;最后一讲中,他通过讨论X射线谱,证明他的原子结构理论经受住了严峻的考验。他说:

到此为止,在我们的探索中,我们曾经企图通过考虑电子的逐个俘获来深入到原子结构问题中去。事实上,这是一种合理的处理方式,但是,这种方式并不是充分的,因为原子的稳定性在自然界中要受到很不相同的考验。作为例子,我们只需回想到X射线和X射线对原子的影响也就够了。原子的稳定性在这种可怕的干扰中也同样应当得到保持，因此我们转而来考虑X射线谱。我们立即可以看到，我们的假设足以利用X射线谱来解释稳定性条件，在我看来，这或许是对我们看法的正确性最强有力的支持。X射线谱对（我的）理论来说有巨大的重要性。

玻尔的演讲由于他那种直观领悟真理的方式，所以不必将它译成包括数学在内的人类语言，从而较少使用数学方法。这种思考方式与哥廷根强调的公理化思考方式简直相差太远，一开始很难为哥廷根学派的科学家接受。尤其是希尔伯特，他几乎无法认真考虑玻尔的论断，所以他似乎没有从玻尔那儿学到什么东西。

但是，与会者都承认玻尔已经抓住了原子世界中最本质的奥秘。虽然玻尔那种非常慎重的措词，常常弄得听众感到玻尔讲述的图像犹如在云雾缭绕之中，显得似显似隐、神秘兮兮的，然而，也正是这种模糊的神秘性大吊青年学者的胃口，显示出强大的诱惑力。

后来，成为哥本哈根学派一员干将的海森伯，在回忆中把当时的感受活灵活现地写了下来。他写道：

1922年初夏，哥廷根这个位于海茵山脚下布满了别墅和花园的友好小城镇里，到处都是葱绿的灌木、争奇斗艳的玫瑰园和舒适的居处。这座美丽的小城也似乎赞同后来人们给这些奇妙的日子所取的名称——“玻尔节”。我永远忘不了玻尔的第一次演讲。大厅里挤满了人，那位伟大的丹麦物理学家站在讲台上，他的体魄表明他是一位典型的斯堪的纳维亚人。他轻轻地向大家点头，嘴角上带着友好和多少有点不好意思的微笑。初夏的阳光从敞开的窗户射进来。玻尔的语调相当轻，略带丹麦口音，温和而彬彬有礼地讲着。当他解释他的理论中的一些假设时，他非常慎重地斟词酌句，比索末菲要慎重得多。他用公式表示的每一个命题都显示出一系列潜在的哲学思想，但这些思想只是含蓄地暗示着，从不充分明晰地表达出来。我发现这种方式非常激动人心；他所讲的东西好像是新颖的，但又好像不完全是新颖的。我从索末菲那儿学过玻尔理论，而且知道有关的一些内容，但是听玻尔本人亲自讲却又似乎完全不同。我们清楚地意识到，他所取得的研究成果主要不是通过计算和论证，而是通过直觉和灵感，而且他也发现，要在哥廷根著名的数学派面前论证自己的那些发现是很不容易的。

玻尔在哥廷根的演讲为物理学界带来了重要的历史影响，它不仅向当时世界物理大国——德国的科学家们传播了他的原子结构理论，而且还有两项最有成效的收获，而这两项收获又直接影响了不久将获得重大发展的量子力学。

两项最有成效的收获是：不仅唤起了一批年轻科学家（海森伯和泡利等）的热情，决定了他们未来的事业，而且也使一些年龄较大的物理学家开始重视玻尔的理论，并取得了决定性的研究成果，其中最突出的是玻恩和弗兰克。他们两人都比玻尔大3岁，又都是哥廷根大学的教授。关于弗兰克，我们在前面讲弗兰克和赫兹实验时曾比较详细地谈到过他，他开始不相信玻尔的理论，但后来尤其是这次演讲后，对玻尔的崇拜几乎有点过分。玻恩在他的《我的一生》一书中回忆道：

弗兰克是玻尔的热烈崇拜者，而且像信奉物理学最高权威那样崇拜他，有时真有些令人生气。有几次我们在彻底讨论某个问题并作出结论后几天，当我问他：“你开始作那个实验了吗？”他会回答说：“啊，还没有呢，我给玻尔写了信，可是他还没有回信。”

玻恩本人的研究也在此后逐渐转到玻尔指出的方向上，而且协同海森伯建立起量子力学，并作出量子力学的概率诠释。由于后一贡献，玻恩在他 72 岁时获得 1954 年诺贝尔物理学奖。

1922 年 11 月初，玻尔接到《政治家》报一位记者的电话，说他从私下渠道获悉，玻尔将被授予 1922 年诺贝尔奖。玻尔当天也许半信半疑，因为从 1917 年起他就被提名为诺贝尔奖获奖候选人，此后年年有人提他的名；但是，爱因斯坦到那时还没有获得诺贝尔奖，如果爱因斯坦没获奖而他获奖，那简直让玻尔无法想象。

哪知这消息果然是真的，玻尔成了丹麦第五个获诺贝尔奖、第一个获诺贝尔物理学奖的人。不过，让玻尔感到格外高兴的是，瑞典皇家科学院决定把上一年（1921 年）的诺贝尔物理学奖授予爱因斯坦。他立即写信给爱因斯坦：

亲爱的爱因斯坦教授：

对于您荣获诺贝尔奖，我愿表示衷心的祝贺。……我能够和您同时被提名获得诺贝尔奖，这是我能从外界获得的最大荣誉和欣慰。我知道我是何等地受之有愧，但是我愿意说，我感到最大的幸运是在我被考虑授予这一荣誉之前，您对于我在里面工作的那个更专门的领域里所作出的贡献（即使抛开您对人类思想界的伟大贡献不谈），也像卢瑟福和普朗克的贡献一样得到了承认，而且是完全公开地得到了承认。

互补原理

1925 年以前，玻尔像许多物理学家一样，鉴于辐射的波动性被众多实验精确地证实，因而他倾向于波动性是物质最本质的特性，不愿承认爱因斯坦的光子概念；即使当康普顿于 1923 年发现了他那著名的“康普顿效应”（Compton Effect）以后，很多人以此为光子的“判决性实验”，但玻尔仍然对光子持怀疑态度。这其中的原因是玻尔深知“波粒二象性”（即物质同时具有波动性和粒子性）将会给物理学家带来多么严重的困扰。直到 1925 年遭到多次失败的探讨后，玻尔才终于承认波粒二象性的事实，即光的本性有粒子性的一面，也有波动性的一面。后来德布罗意（Louis de Broglie）的物质波理论提出来以后，玻尔又坚决不同意薛定谔（Erwen Schrödinger，1887—1961，1933 年获得诺贝尔物理学奖）片面地把波动性视为量子力学中唯一决定因素的极端想法。在这种左右开弓、两面作战的离奇过程中，玻尔深深地认识到，波动和粒子的两重性是物质的一种内在属性。

1927 年夏天，玻尔全身心地投入发展和完善互补性（complementarity）这一新的思想中，并在奥斯卡·克莱因的帮助下探讨互补性概念将对量子力学产生什么后果。

9 月中旬，在意大利的科莫（Como）湖边将举行一次会议，是以纪念意大利科学家伏特（A. Volta，1745—1827）逝世 100 周年的名义召开的，许多一流物理学家，如玻恩、德布罗意、康普顿、泡利、海森伯、普朗克、卢瑟福等人都将参加（爱因斯坦受到邀请但因故没有参加）。玻尔决定在科莫会议上第一次正式向科学界阐述他的互补性的思想原理。

玻尔指出，在经典物理（也包括相对论）中，人们通常总是认为在观察客体时根本不考虑观察手段对客体的干扰，但在量子理论中却再也不能忽略这种干扰了。例如在显微镜中要观察电子，光子就会深深地影响电子的行为（即干扰了电子）。因此“量子公设意味着对原子现象的任何观察，都必将（使得被观察现象）涉及一种不可忽略的和观察仪器的相互作用。这就不可避免地使得被观察的现象和观察仪器不能再具有通常物理意义下的独立实在性了”。

接着，玻尔分析了时空描述和因果描述之间的关系：

量子论的本性使我们不得不承认时空标示和因果要求是依次代表着观察的理想化和定义的理想化的一些互补而又互斥的特点，而时空标示和因果要求的结合则是经典理论的特征……确实，量子公设给我们提出了这样一个任务，即要发展一种“互补性”的理论，该理论的无矛盾性只能通过权衡定义和观察的可能性来加以判断。

玻尔的意思十分明确：自然现象服从严密的因果要求以及要用空间、时间描述客体的一切现象这两大经典要求，不可能同时得到满足。这两者代表原子现象的互相排斥而又互相补充的两个方面。

我国著名物理学家卢鹤绂教授用下面的话说明玻尔的互补性概念，十分简洁易懂：

经典理论用空间、时间描述客体的各个现象的因果关系，供选择的这两者之间有统计上的关系。玻尔的互补性原理和对量子理论的诠释，以后被以玻尔为首的哥本哈根学派的物理学家们接受，并称之为“哥本哈根（学派）诠释”。

玻尔与爱因斯坦的争论

科莫会议结束后不久，1927 年 10 月 24 日到 29 日在比利时的布鲁塞尔将召开第五届索尔维会议，会议的主题是“电子和光子”。由于这次会议玻尔和爱因斯坦都要参加，所以大家都以激动而紧张的心情参加这次会议，爱因斯坦会怎么看待玻尔的互补原理呢？他会反对玻尔的诠释吗？所有的人都急于想了解。人们知道，在此之前他们两人对有关量子理论的看法就有过分歧，但没有激化和充分暴露。那么，这一次爱因斯坦会怎么样？

爱因斯坦在听完玻尔的表述以后，立即表示他不喜欢不确定原理；至于互补原理，也是不能接受的。他指出：“这个理论的缺点在于：它一方面无法与波动概念发生更密切的关系，另一方面又用基本物理过程的时间和空间来碰运气。”

爱因斯坦发言完毕后，会场秩序大乱，都喊着要发言，洛伦兹已经无法维持会议秩序。艾伦菲斯特见事不妙，突然计上心头。他跑到黑板上写了一句让大家哄然大笑的话：“上帝果真让人们的语言混杂起来了！”

这句话源于《圣经·旧约全书》中《创世纪》第 11 章。巴比伦人想要建造一座通天高塔，上帝耶和华知道以后又惊又怒，于是他使天下人的语言混乱，彼此语言不能相通，只好扔下建筑工具奔向世界各地。

玻尔在后来的答辩中力图把爱因斯坦争取过来，说互补原理也曾出现在爱因斯坦的理论中。1905 年爱因斯坦不是指出光既是光子又是波吗？1917 年爱因斯坦不是给出一个表示概率的原子自发辐射吗？……但爱因斯坦不为所动，仍然用一个又一个的思想实验来向哥本哈根学派的诠释挑战。

后来爱因斯坦又用了好几个思想实验来反驳玻尔，但基本上都没有成功。玻尔和爱因斯坦之间，虽经长期争论仍未取得具体的一致结论，但这并不奇怪，因为双方争论的内容庞大而复杂，而且又涉及许多认识论方面的问题，使人们不易于作出简单的判断。而且，在当时也许除了玻尔以外，基本上没有人真正懂得互补原理。例如，后来对传播互补原理最热心的罗森菲尔德也表示自己看不出和感觉不到互补原理的任何微妙之处。当时参加过会议的匈牙利物理学家尤金·维格纳（Eugene P. Wigner，1902—1995）曾经总结互补原理对物理学家们的影响："这篇演讲不会让我们中的任何人改变自己关于量子力学的见解。"

爱因斯坦也曾经说："尽管花了很大的精力，我还是不能得出玻尔互补原理的确切表述。"

连量子力学阵营里主力军之一的保罗·狄拉克（Paul A. M. Dirac，1902—1984）都埋怨说："我没有弄懂玻尔说的那些思想，尽管我曾经尽了最大的努力想弄懂它们。"

如果大家都弄不懂互补原理的思想，那么奢谈它多么重要就没有什么意义了。互补原理之所以引起人们的重视，恐怕与爱因斯坦对玻尔互补原理的多次诘难以及玻尔的巧妙回击过程有很大的关系。

哥本哈根精神

德国物理学家维克多·韦斯可夫（Victor Weisskopf，1908—2002）在回忆玻尔的文章中写道：

玻尔并不单独一个人工作，而是同其他人一起合作。他的最大能力是把世界上最活跃、最富有天资、最敏锐的物理学家集合在自己的周围。……玻尔树立了自己的风格——"哥本哈根精神"，这是一种对物理学有很大影响的独特风格。我们知道，他在同事们中最为年长，但他活跃、健谈，像年轻人一样地生活；他自信、诙谐，待人热情；他以进取精神、摆脱俗习的精神以及难以描述的乐观精神，去揭示最深奥的自然之谜。这里确实存在一种特殊的生活方式，那些正准备创建一门新科学的年轻科学家，不落俗套、充满风趣，并对世间其他一切极为轻视，然而对他们所面临的著名问题都给以深切的关注。玻尔常说："有些事情严肃得使你只能对它们开玩笑。"

维克多·韦斯可夫这里提到人们十分熟悉的一个词"哥本哈根精神"。人们由于对玻尔以及他周围的一帮年轻人对物理学所作出伟大贡献的尊敬和羡慕，因此对"哥本哈根精神"的含义十分感兴趣。

那么，到底什么是"哥本哈根精神"呢？恐怕"哥本哈根精神"和"互补原理"一样，很难找到一个确切的定义。有许多不同的说法：

"完全自由的判断与讨论的美德。"

"哥本哈根精神是玻尔思想的一种表达，既具有不可超越的想象力，又具有极大的灵活性和完整的智慧鉴赏能力。"

"哥本哈根精神或许可以很好地被表征为玻尔给人的一种鼓舞和指导,……使他周围的人的聪明才智充分发挥出来。"

我国著名科学家周光召说:"玻尔倡导的,以集体讨论和自由探索为特征的研究风格,被人们赞为哥本哈根精神。"又说:"(玻尔)研究所既是一个严肃认真的研究场所,又是一个充满生趣和亲密无间的大家庭。开玩笑和恶作剧成为研究生活的一个有益的补充。以强调合作和不拘小节、完全自由的争论和独立的判断为特征的研究风格,被人们誉为哥本哈根精神。"

要想真正了解哥本哈根精神,上面不同人的种种说法当然会为我们提供很有益的一些信息,让我们从各种不同的角度了解哥本哈根精神的实质。但要想真切了解这种为人们赞不绝口的精神,最有益和生动的办法是讲一些哥本哈根的趣闻轶事。这些轶闻对上面抽象的说法将是大有益处的补充。

轶事一:枪战。

有一天晚上,玻尔和从俄罗斯来的物理学家乔治·伽莫夫(George Gamow,1904—1968)等人在看电影时发生了争论。电影中的恶棍先动手掏枪,但好人总是更为敏捷,把坏蛋打死了。在回家的路上,玻尔坚持说,这正好说明意志反射和条件反射的区别。按照他的理论,恶棍是想到要把自己的手枪掏出来,而那个好人却连想也不用想就发生反应。他的这套理论,几乎没有人表示赞同。

第二天一早,固执的伽莫夫找到了一家玩具店,买了两支玩具手枪,决心当面证明玻尔的理论并不能成立。玻尔拿一支枪充当那个好人,伽莫夫拿另外一支,把它装在一个当枪套用的袋子里。他们决定搞一场突然袭击比赛。

下午已快过去,这件事早被遗忘了,人们该有多少问题需要争论和解决,哪能总记得这件玩笑般的小事呢。可是伽莫夫没有忘记,他成心要让玻尔丢一次脸。他趁玻尔没注意时,突然伸手掏枪,但玻尔的动作更快,正和别人说话的当儿,他的枪已在伽莫夫之先对准了伽莫夫。伽莫夫吐了一下舌头说:"是我挑起这场争斗的,没想到他倒把我给'嘣'了!"

这场"枪战"故事在物理学界广为流传,它是许多个"是真是假,自己干干再说",即"不入虎穴焉得虎子"的故事之一。

轶事二:游戏中的哲学。

玻尔喜欢作哲学概括,往往一些最简单的游戏能引起他在这方面的癖好。有一次,海森伯在空无一人的街上,向远处一根电线杆上扔了块石头,出乎意料地击中了。玻尔由此说道:

"存心要击中那么远的物体,根本就不可能;但是冒冒失失瞄都瞄不准就扔出去,而且还荒唐地希望能击中,反倒成功了。所以,'也许会成功'的想法比实践和意愿更有力。"

后来,在一次玩滚木球游戏时,玻尔的话又神奇般地被证实过。滚木球游戏分两个队,玻尔和同事贝西科维奇是一个队,他弟弟海拉德和另一同事哈代是另一个队。由于海拉德和哈代玩得热情而认真,所以两个队争得十分激烈。贝西科维奇是个生手,得分少得可怜，所以玻尔那个队落后了几分；不过，还有最后一次投球机会是贝西科维奇的。他觉得毫无取胜的希望，竟把球朝后从肩膀上扔了出去。使众人大吃一惊的是，木球竟然分毫不差地击中了！

海森伯也在场。他对此说道："我想起了玻尔以前对我说过的话，但我却没有对它深入思考。"

这样的例子实在太多，举不胜举，这儿就此打住，读者可以根据以上提供的资料自己琢磨什么是哥本哈根精神。或者在有关玻尔的传记里寻到更多的故事。

为了人类和平事业

1945 年 8 月 6 日上午 8 点 15 分(日本时间)，第一颗用作战争武器的原子弹，在日本广岛上空爆炸，6.4 万人在 4 个月内死去；8 月 9 日上午 11 点 02 分，第二颗原子弹又在日本长畸上空爆炸，3.9 万人又死于非命。对日战争一下子就此结束。

8 月 11 日，英国《泰晤士报》刊登了玻尔的文章《科学和文明》。这篇文章是 8 月 6 日以后写的，还没写完，第二颗原子弹又爆炸了。在这篇文章中玻尔写道：

通过原子裂变所释放的巨大能量，意味着人类力量的一种真正革命。这种可能性的实现在每个人心中必然呈现出一个问题：自然科学正把文明引向何方？

……人类已经能够获得的这种可怕的破坏力量，有可能变成致命的威胁。人类文明正面临一场可能是空前严重的挑战；人类的命运将取决于人类是否能团结起来，消除共同危险，并协同行动，以便从科学的进步所提供的机会中获得利益。

在这种新的破坏力量面前，没有什么东西能抵挡得住。出路只有一条：全世界通力合作，阻止任何一种违背把这种新力量用于为全人类服务的作法。

如果没有权利索取一切科学情报，没有权利对一切可能成为灾祸根源的活动进行国际监督，一切控制显然都不会有什么效果。

在法兰克福特(Felix Frankfurter，1882—1965，时任美国最高法院助理法官)的建议下，玻尔写了一篇类似的文章登在美国《科学》杂志上。

玻尔确信原子时代已经来临，他应立即为丹麦和北欧几个国家的未来作好准备。他决心扩大研究所，更新设备，并立即培养年轻人在这个方面进行研究。差不多一年之后，扩大了的研究所终于落成，实验室庞大的设备足以使研究所进行核实验方面的研究。到 1946 年秋，国外的大学毕业生们又一次云集哥本哈根，战前美好的生活再次降临研究所。玻尔不禁微闭双眼，默默感谢上苍的恩惠。

在继续培养科技人才的同时，玻尔仍然坚持不懈地宣传科学在大范围(甚至是国际范围)内的合作，并着手建立这种合作。

1950 年 7 月，玻尔写了一封致联合国的公开信，在信中他再次呼吁科学上的国际合作，他写道：

这封公开信里所要讲的和所考虑的是，由于科学进步给人类带来的资源革命，已经给国家之间创造了进一步了解和合作的唯一机会。我所要强调的是，尽管过去的事不尽如人意，但机会仍然继续存在，我们应当集中所有的希望和努力以促使它们的实现。

在公开信将结束时，玻尔强调：

国际合作的所有支持者包括个人的和国家的努力，需要在所有国家内形成一种意见，以不断增强清晰而有力量的言语呼吁，要求建立一个开放的世界。

玻尔的这种坚持不懈的呼吁和后来的行动，使玻尔不仅在认识宇宙奥秘中改变了人类认识的进程，而且当科学的发展深深影响到政治活动时，他又成为"创立科学家政治运动的先驱人物"。1951 年，玻尔邀请当时已分散在世界各地的而以前曾在哥本哈根研究所工作过的朋友们，再次聚会于哥本哈根。玻尔向来自天涯海角的朋友们呼吁：建立一个国际物理中心。物理学家们手中的啤酒杯里啤酒泡沫翻腾，他们的内心又一次在受到战争扭曲之后苏醒了。玻尔给了他们温暖和信心。大家热情响应了玻尔的呼吁。

1952 年，14 个欧洲国家的代表聚会哥本哈根，经过积极的商讨终于达成一致意见：成立"欧洲核原子研究委员会"，即 CERN(Conseil Europeen pour la Recherche Nucleaire)。1952 年 2 月 15 日，CERN 正式开始办公，并决定在 7 年之内建成一个有两台大加速器的大型先进实验室，其设备专门用于自然科学研究，不为商业和军事服务。实验室地址确定在瑞士的日内瓦；在建成之前，其理论物理小组在哥本哈根，并参加玻尔研究所的研究工作。玻尔还被选为 CERN 主席。

玻尔又可以展示他那迷人的微笑了。在他的可敬可佩的努力下，欧洲物理学家又一次超越国界，超越政治，会聚在一个科学团体里。

1954 年，美国新任总统艾森豪威尔(Dwight Eisenhower，1890—1969)终于感受到玻尔思想中真理的威力，破天荒地提出"共同享有原子能的知识将会促进原子能的和平利用"。于是，当年 12 月在联合国内设立了"国际原子能机构"(IAEA，即 International Atomic Energy Agency)。

1955 年 8 月，代表 72 个国家的 1200 名代表在日内瓦，为商讨国际合作和平利用原子能而聚集一堂。这是人类在经历了一次可怕的原子灾难后，又重新为全人类最关切的事情进行磋商。玻尔虽然深刻感到距他想象的目标还非常远，但毕竟迈出了可喜的一步！这是他 11 年前就追求的目标，可是那一次的追求以残酷的笑剧落幕，而这一次人类和平利用原子能前景的帷幕，总算令人欣慰地缓缓拉开了。

玻尔应邀在大会上作了《物理学与人类的位置》的报告。玻尔再次提醒与会者们注意：

由于知识的增进会使我们进一步把握住自然力，我们就会有新的责任。

在目前形势下，我们的整个文明确实正面临一场最严肃的挑战，这就要求调整各国之间的关系，以求确保消除现存的空前危险，使所有怀着同一目标的人们，能够朝着用科学的进步增进全球人类福利的方向奋力前进。

1957 年美国总统艾森豪威尔授予玻尔"原子用于和平奖金"，在授奖的时候艾森豪威尔特别指出：

在向玻尔博士表示敬意之时，……我们公认了他作为科学家和伟大公民的地位。因为他在全世界迫切需要的原则上，即在以友好精神进行科学探索和使和平利用原子能以满足人类的需要方面，他作出了榜样！

我们想想，从1944年玻尔因为建议原子弹秘密共享而遭受盟国特工人员的监视，到1957年美国总统的衷心赞誉玻尔为和平和合作而奋不顾身和卓有成效的精神，玻尔经历了多少艰辛和苦难啊！

玻尔不仅仅是20世纪一位伟大的科学家，他还是一位为世界和平事业勇敢献身的战士！

在阅读这本百年前(或近百年前)文献的时候，我们要牢记和感谢这位伟大的科学家为和平奋斗所作出的伟大贡献！

第一集

三部曲

——论原子构造和分子构造

(1913)

· *Part One* ·

如果谁不为量子论而感到困惑，那他就是没有理解量子论。

——玻尔

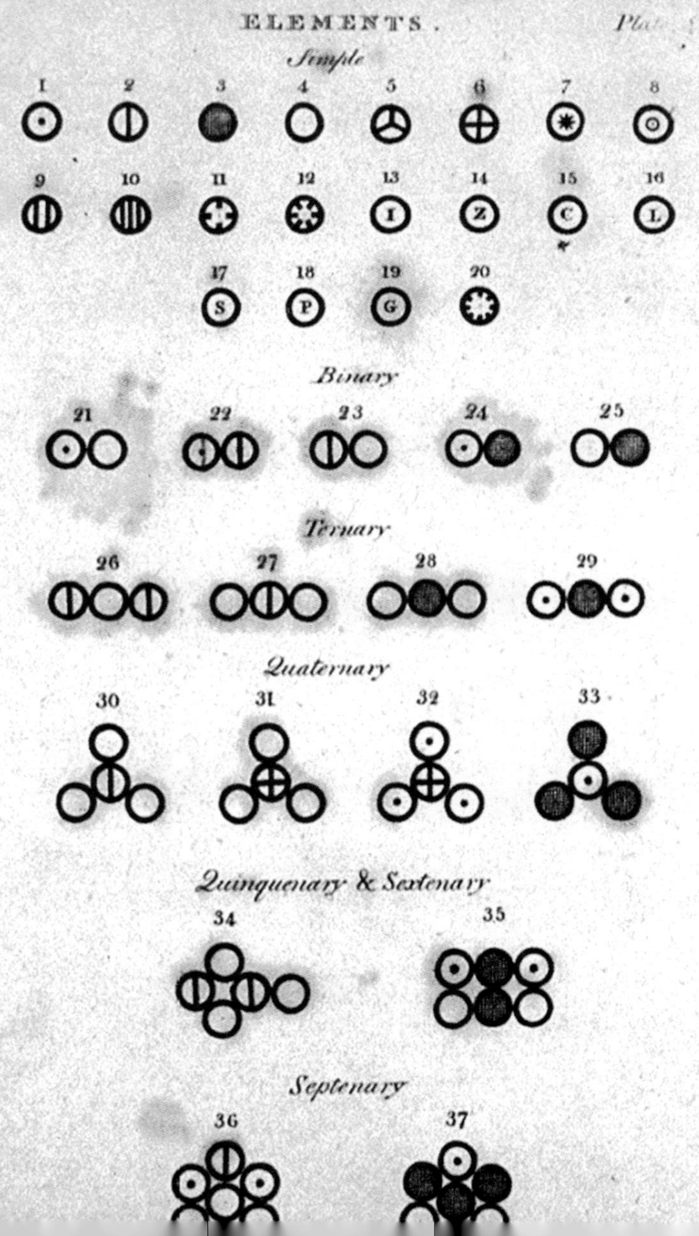

ELEMENTS. *Plate*

Simple

1 2 3 4 5 6 7 8

9 10 11 12 13 14 15 16

17 18 19 20

Binary

21 22 23 24 25

Ternary

26 27 28 29

Quaternary

30 31 32 33

Quinquenary & Sextenary

34 35

Septenary

36 37

PLATE IV. This plate contains the arbitrary marks or signs chosen to represent the several chemical elements or ultimate particles.

Fig.			Fig.		
1	Hydrog. its rel. weight	1	11	Strontites - - - -	46
2	Azote, - - - - -	5	12	Barytes - - - - -	68
3	Carbone or charcoal, -	5	13	Iron - - - - - -	38
4	Oxygen, - - - - -	7	14	Zinc - - - - - -	56
5	Phosphorus, - - - -	9	15	Copper - - - - -	56
6	Sulphur, - - - - -	13	16	Lead - - - - - -	95
7	Magnesia, - - - - -	20	17	Silver - - - - - -	100
8	Lime, - - - - - -	23	18	Platina - - - - -	100
9	Soda, - - - - - -	28	19	Gold - - - - - -	140
10	Potash, - - - - -	42	20	Mercury - - - - -	167

21. An atom of water or steam, composed of 1 of oxygen and 1 of hydrogen, retained in physical contact by a strong affinity, and supposed to be surrounded by a common atmosphere of heat; its relative weight = - - - - - - 8
22. An atom of ammonia, composed of 1 of azote and 1 of hydrogen - - - - - - - - - - - 6
23. An atom of nitrous gas, composed of 1 of azote and 1 of oxygen - - - - - - - - - - 12
24. An atom of olefiant gas, composed of 1 of carbone and 1 of hydrogen - - - - - - - - - - 6
25 An atom of carbonic oxide composed of 1 of carbone and 1 of oxygen - - - - - - - - - 12
26. An atom of nitrous oxide, 2 azote + 1 oxygen - 17
27. An atom of nitric acid, 1 azote + 2 oxygen - - 19
28. An atom of carbonic acid, 1 carbone + 2 oxygen 19
29. An atom of carburetted hydrogen, 1 carbone + 2 hydrogen - - - - - - - - - - - - - - 7
30. An atom of oxynitric acid, 1 azote + 3 oxygen 26
31. An atom of sulphuric acid, 1 sulphur + 3 oxygen 34
32. An atom of sulphuretted hydrogen, 1 sulphur + 3 hydrogen - - - - - - - - - - - - - 16
33. An atom of alcohol, 3 carbone + 1 hydrogen - 16
34. An atom of nitrous acid, 1 nitric acid + 1 nitrous gas - - - - - - - - - - - - - - - 31
35. An atom of acetous acid, 2 carbone + 2 water - 26
36. An atom of nitrate of ammonia, 1 nitric acid + 1 ammonia + 1 water - - - - - - - - - 33
37. An atom of sugar, 1 alcohol + 1 carbonic acid - 35

引　论

我从索末菲那儿学过玻尔理论，而且知道有关的一些内容，但是听玻尔本人亲自讲却又似乎完全不同。我清楚地意识到，他所取得的研究成果主要不是通过计算和论证，而是通过直觉和灵感。

——海森伯

为了解释关于物质对 α 射线的散射的实验结果，卢瑟福教授[1]曾经提出了一种原子结构理论。按照这一理论，原子包括一个带正电的核，由一组电子围绕着，各电子被来自核的吸引力保持在一起；各电子的总负电荷等于核的正电荷。核被假设为原子质量的主要部分的所在之处，而且核的线度[2]远小于整个原子的线度。经推知，原子中的电子数近似地等于原子量的一半。这种原子模型应该引起巨大的兴趣；因为，正如卢瑟福已经证明的，这里所谈的这种关于原子核的假设，对于解释有关 α 射线的大角散射的实验结果看来是必要的[3]。

但是，当企图在这种原子模型的基础上解释物质的某些性质时，我们却遇到由电子系的表现不稳定性引起的性质严重的困难：在以前考虑过的原子模型中，例如在 J. J. 汤姆逊(J. J. Thomson)爵士[4]所提出的原子模型中，这些困难是故意被避开了的。按照后者的理论，原子包括一个均匀的正电球，各电子就在球内沿圆形轨道在运动着。

由汤姆逊和由卢瑟福提出的原子模型之间的主要区别就在于，汤姆逊原子模型中作用在电子上的力允许电子有某些组态和运动，对于这种组态和运动来说体系是处于稳定平衡中的，但是这种组态对于第二种原子模型却显然并不存在。所谈的这种区别的本性，或许可以通过注意一个事实而最清楚地看出来，那就是，有一个具有长度量纲并和原子的线度同数量级的量——电球的半径——出现在表征第一种原子的那些量中，而这样一个长度却并不出现在表征第二种原子的那些量即电子和正核的电荷和质量之中，而且也不能仅仅借助于这些量来确定出来。

但是，考虑这种问题的方式近年来却经历了重大的改变；这要归功于能量辐射理论的发展以及在该理论中引入的新假设的直接证实，这种证实是在关于比热、光电效应、伦琴射线等等很不相同现象的实验中被发现了的。讨论这些问题的结果，似乎是一种普遍的承认，即经典电动力学在描述原子规模的体系的性能时是不适用的[5]。不管电子的运动定律会有什么改变，看来都必须在所谈的定律中引入一个不属于经典电动力学的量，这个量就是普朗克常量(Planck constant)，或者正如通常所说的是基本作用量子(essential action quanta)。通过这个量的引入，原子中电子的稳定组态问题发生了本质的变化，因为这个常量具有适当的量纲和大小，使得它与粒子的质量和电荷一起就能够确定一个具有所需数量级的长度。

本论文企图证明，上述想法对卢瑟福原子模型的应用，能够为原子构造理论提供一个基础。而且即将进一步证明，从这一理论我们会被引到一种分子构造理论。

在本论文的第一部分中，将联系到普朗克理论来讨论一个正核对电子进行束缚的机

◀放射性探测器下的 α 源

① E. Rutherford, *Phil. Mag.* xxi. p. 669(1911).

② 线度指大小或尺寸。——本书编辑注

③ 参阅 Geiger and Marsden, *Phil. Mag.* April 1913.

④ J. J. Thomson, *Phil. Mag.* vii. p. 237(1904).

⑤ 参阅'Théorie du ravonnement et les quanta'. Rapports de la réunion *à* Bruxelles, Nov. 1911. Paris, 1912.

制。文中将证明，从所采用的观点来以一种简单的方式说明氢的线光谱定律是可能的。而且，对一个主要假说提出了一些理由，而以下各部分中的那些考虑就是建筑在这一假说上的。

卢瑟福教授对这一工作给予了关怀和鼓舞，在此谨致谢意！

第一部分

正核对电子的束缚

我永远忘不了玻尔的第一次演讲。大厅里挤满了人，那位伟大的丹麦物理学家站在讲台上，他的体魄表明他是一位典型的斯堪的纳维亚人。

——海森伯

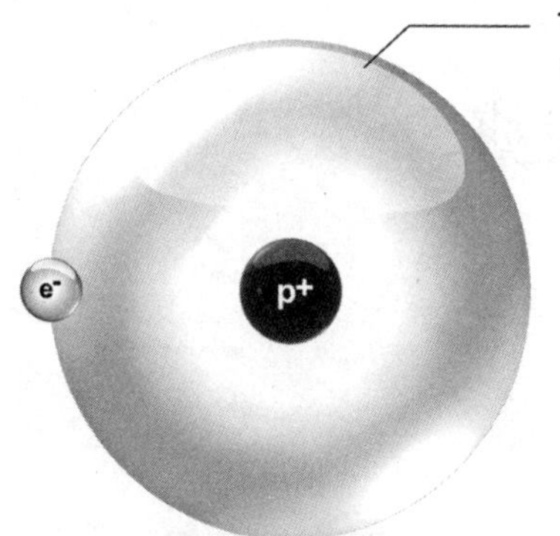

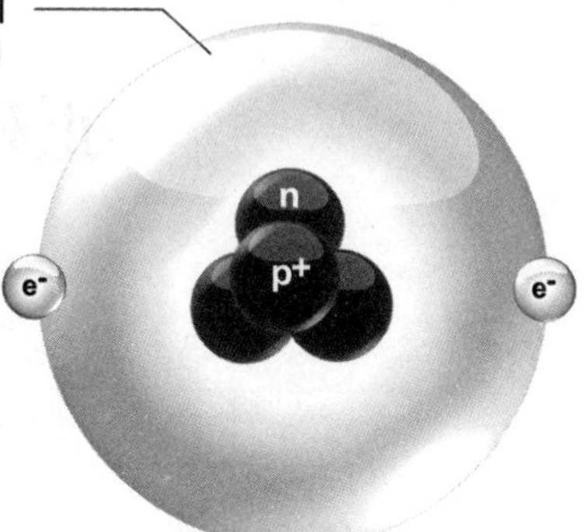

Hydrogen, H
Atomic number: 1
Mass number: 1
1 electron

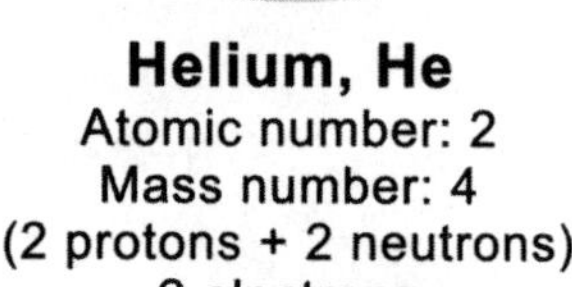

Helium, He
Atomic number: 2
Mass number: 4
(2 protons + 2 neutrons)
2 electrons

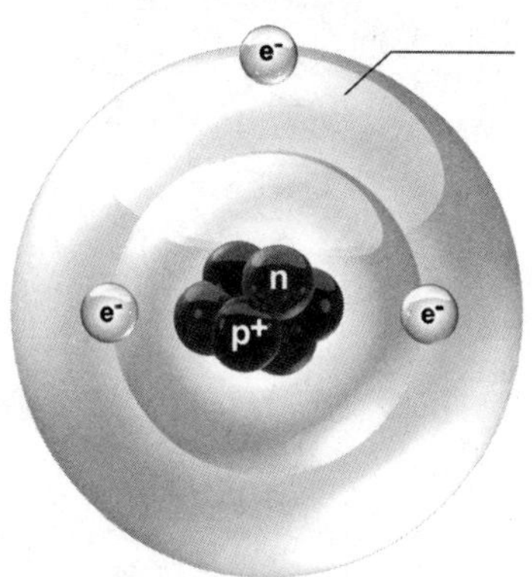

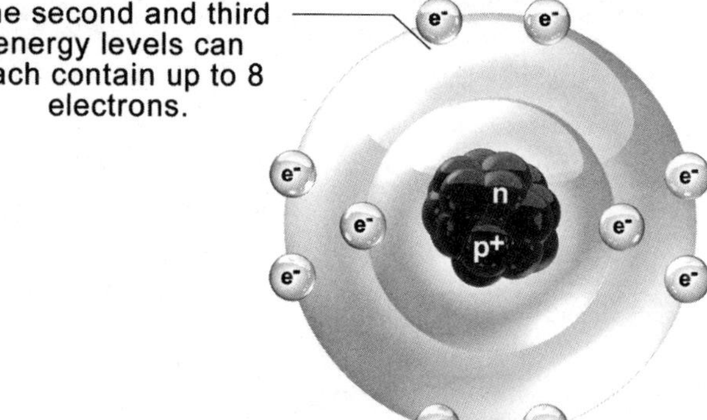

Lithium, Li
Atomic number: 3
Mass number: 6
(3 protons + 3 neutrons)
3 electrons

Neon, Ne
Atomic number: 10
Mass number: 20
(10 protons + 10 neutrons)
10 electrons

1 一般考虑

如果我们考虑由一个线度很小的带正电的核和一个在它周围描绘着闭合轨道的电子所组成的简单体系，经典电动力学在按照卢瑟福模型那样的原子模型来说明原子的性质时的不适用性就将显得是很突出的。为了简单，让我们假设电子的质量和核的质量相比是小得可以忽略不计的，此外并假设电子的速度远小于光速。

让我们首先假设不存在能量辐射。在这种情况下，电子将描绘稳定的椭圆轨道。绕转频率 ω 和轨道长轴 $2a$ 将依赖于为了把电子移到离核无限远处而必须传给体系的那一能量 W。分别用 $-e$ 和 E 代表电子和核的电荷，并用 m 代表电子的质量，我们就得到

$$\omega = \frac{\sqrt{2}}{\pi}\frac{W^{3/2}}{eE\sqrt{m}},\quad 2a = \frac{eE}{W} \tag{1}$$

而且，可以很容易地证明，在整整一次绕转中计算的电子动能的平均值等于 W。我们看到，如果 W 的值并未给定，就不存在任何作为所论体系之特征的 ω 值和 a 值。

但是，现在让我们把按照普通方式由电子的加速度算得的能量辐射的效应考虑在内。在这种情况下，电子将不再描绘稳定的轨道。W 将不断地增大，而电子则以越来越大的频率描绘着尺寸越来越小的轨道而向核接近；平均说来，电子将在整个体系损失能量的同时得到动能。这一过程将继续进行，直到轨道的线度变得和电子的线度或核的线度同数量级时为止。简单的计算表明，在所考虑的过程中辐射出去的能量，和在普通的分子过程中辐射出去的能量相比是极其巨大的。

显而易见，这样一个体系的性能将和出现在自然界中的原子体系的性能很不相同。首先，在其持久态中，实际的原子似乎具有绝对确定的线度和频率。再者，如果我们考虑任何一种分子过程，则其结果似乎永远是这样：在作为所考虑体系之特征的某一数量的能量被辐射出去以后，体系就将再次在一种稳定的平衡态中安定下来；在这种平衡态中，各粒子之间的距离和过程前的距离是同数量级的。

普朗克辐射理论中的主要一点就在于，从原子体系辐射出去的能量，不是按照经典电动力学中所假设的那种连续方式进行的，而相反地却是按照明确划分的发射来进行的，在一次单独发射中，从频率为 ν 的原子振子发出的能量等于 $\tau h\nu$，此处 τ 是整数，而 h 是一个普适常量[①]。

◀描述氢、氦、锂和氖中电子能级的模型

---

① 参阅 M. Planck，*Ann. d. Phys.* xxxi. p. 758(1910)；xxxvii. p. 642(1912)；*Verh. deutsch. Phys. Ges.* 1911，p. 138.

当回到前面考虑的一个电子和一个正核的简单情况时，让我们假设，电子在和核发生相互作用的开始时期是离核很远的，而且相对于核是没有可觉察的速度的。让我们进一步假设，当相互作用已经发生以后，电子就已经在围绕核的稳定轨道上安定了下来。为了以后即将提到的原因，我们将假设所讨论的轨道是圆形的；但是，在只包含一个电子的体系的计算中，这一假设并不带来任何变动。

现在让我们假设，在电子的束缚过程中，发射了一种频率为 ν 的单频辐射，其频率 ν 等于电子在终末轨道上绕转频率的一半；于是，按照普朗克理论，我们可以预期在所考虑的过程中发射出去的能量等于 $\tau h\nu$，此处 h 是普朗克常量而 τ 是一个整数。如果我们假设发出的辐射是单频的，那就很容易想到关于辐射频率的第二条假设，因为电子在发射开始时的绕转频率是 0。但是，关于两条假设的严格适用性问题，以及普朗克理论的应用问题，将在§3 中更仔细地加以讨论。

令

$$W = \tau h \frac{\omega}{2} \tag{2}$$

借助于公式(1)，我们就得到

$$W = \frac{2\pi^2 me^2 E^2}{\tau^2 h^2}, \omega = \frac{4\pi^2 me^2 E^2}{\tau^3 h^3}, 2a = \frac{\tau^2 h^2}{2\pi^2 meE} \tag{3}$$

如果我们在这些公式中给 τ 以不同的值，我们就对应于体系的一系列组态得到一系列 W 的、ω 的和 a 的值。按照以上的考虑，我们就被引导着假设，这些组态就对应于体系的一些态，在这些态中是不存在能量的辐射的；从而这些态就是稳定的，只要体系没有受到外界的干扰。我们看到，如果 τ 取其最小的值 1，W 的值就是最大的。因此这一情况就将对应于体系的最稳定的态，即对应于电子的一种束缚，要打破这一束缚就要求最大的能量。

在以上这些表示式中令 $\tau=1$ 和 $E=e$，并引入实验值。

$$e = 4.7 \times 10^{-10}, \frac{e}{m} = 5.31 \times 10^{17}, h = 6.5 \times 10^{-27}$$

我们就得到

$$2a = 1.1 \times 10^{-8}\ \text{厘米}, \omega = 6.2 \times 10^{15}\ \frac{1}{\text{秒}}, \frac{W}{e} = 13\ \text{伏特}$$

我们看到，这些值是和原子线度、光学频率及电离电势同数量级的。

普朗克理论在讨论原子体系的性能时的普遍重要性，最初是由爱因斯坦①指出的。爱因斯坦的考虑曾经得到发展并应用于一些不同的现象，特别是在史塔克(Stark)、能斯特(W. Nernst)和索末菲手中。原子的频率及线度的观测值和按照类似于上述的考虑而得出的这些量的计算值之间的数量级符合性，曾经是屡经讨论的一个课题。这种符合性是由哈斯(A. E. Hass)②首先指出的，他曾企图借助于氢原子的线度和频率来在 J. J. 汤姆

① A. Einstein, *Ann. d. Phys.* xvii. p. 132(1905); xx. p. 199(1906); xxii, p. 180(1907).

② A. E. Haas, *Jahrb. d. Rad. u. El.* vii. p. 261(1910). 并参阅 A. Schidlof, *Ann. d. Phys.* xxxv. p. 90(1911); E. Wertheimer, *Phys. Zeitschr.* xii. p. 409(1911), *Verb. deutsch. Phys. Ges.* 1912, p. 431; F. A. Lindemann, *Verb. deutsch. Phys. Ges.* 1911, p. 482, 1107; F. Haber, *Verh. deutsch. Phys. Ges.* 1911, p. 1117.

逊原子模型的基础上阐明普朗克常量的意义和量值。

在本论文所考虑的这种体系中，粒子间的力是反比于距离的平方而变化的；这种体系曾由J. W. 尼科尔逊(J. W. Nicholson)①联系到普朗克理论而加以讨论。这位作者曾在一系列论文中证明，通过假设某些有着确切指定的构造的元素在星云和日冕中的存在，看来能够说明星云光谱和日冕光谱中迄今未知其起源的一些谱线。这些元素的原子被假设为简单地包含一个具有少数几个电子的环，围绕着一个线度微不足道的正核。他把对应于所论各谱线的那些频率之间的比值和对应于电子环的不同振幅的那些频率之间的比值进行了比较。尼科尔逊曾经得到了和普朗克理论的关系，他证明，日冕光谱中不同谱线组的波长之比，可以通过假设体系能量和电子环转动频率之比等于普朗克常量的整数倍来很准确地加以说明。尼科尔逊称之为能量的那个量等于我们在以上用W来代表的那个量的两倍。在所引用的最晚近的论文中，尼科尔逊已经发现有必要给予理论以更复杂的形式，但他仍然用一个简单的整数函数来表示能量和频率之比。

所论各波长之比的计算值和观测值之间的良好符合，似乎是支持尼科尔逊计算基础的合理性的一种有力论据。但是，可以提出严重的反驳来反对这一理论。这些反驳是和所发射辐射的单频性问题密切地联系着的。在尼科尔逊的计算中，是把线光谱中各谱线的频率和一个力学体系在明确指定的平衡态中的振动频率等同看待的。由于使用了普朗克理论中的一个关系式，我们就可以预期辐射是以量子的形式发射的；但是，在所考虑的这种体系中，频率是能量的函数，这样的体系并不能发射有限数量的单频辐射，因为，辐射一开始发射，体系的能量从而还有体系的频率就改变了。此外，按照尼科尔逊的计算，体系对某些振幅来说是不稳定的。除了这样一些——可能只是纯形式上的(参阅第[21]页)——反驳以外还必须指出，在所给的形式下，理论似乎并不能说明众所周知的联系着普通元素的线光谱各谱线频率的巴尔末定律和里德伯定律。

现在我们将试图证明，如果我们以本论文所采用的观点来考虑问题，所谈到的那些困难就不存在了。在着手讨论以前，简短地重述一下表征着第[10]页上的计算的那些想法可能是有用的。所用的主要假设是：

(1) 体系在稳定态中的动力学平衡可以借助于普通的力学来加以讨论，而体系在不同稳定态之间的过渡则不能在这样的基础上进行处理。

(2) 后一种过程是由单频辐射的发射所伴随的，对于这种辐射来说，频率和所发射的能量之间的关系式就是由普朗克理论给出的那一关系式。

第一条假设似乎是不言而喻的，因为已经知道普通的力学不能具有一种绝对的有效性，而是只有在计算电子运动的某些平均值时才能成立。另一方面，当在各粒子并无相对位移的稳定态中计算动力学平衡时，我们却没有必要区分实际的运动和它们的平均值。第二条假设显然是和普通的电动力学概念对立的，但为了说明实验事实，这条假设却显得是必要的。

在第[10]页上的计算中，我们还用到了一些更特殊的假设：那就是，不同的稳定态对应于不同数目的普朗克能量子的发射，而且，当体系从还没有能量被辐射出去的态过渡

① J. W. Nicholson, *Month. Not. Roy. Astr. Soc.* lxxii. pp. 49, 139, 677, 693, 729(1912).

到稳定态中的一个态时，所发射辐射的频率等于后一态中电子的绕转频率的一半。但是，我们也可以通过利用形式稍许不同的假设（见§3）来得到适用于稳定态的表示式(3)。因此我们将暂缓讨论那些特殊假设，而首先指明我们怎样借助上述的主要假设以及适用于稳定态的表示式(3)就能说明氢的线光谱。

2 线光谱的发射

氢的光谱——一般的证据表明，氢原子简单地就是单独一个电子围绕着电荷为 e 的一个正核在转动[①]。因此，当电子已经被移到离核很远的距离处时——例如通过真空管中放电的效应，氢原子的再形成就将对应于在第[10]页上考虑了的那种正核对一个电子的束缚过程。如果我们在(3)中令 $E=e$，我们就得到通过一个稳定态的形成而辐射出去的总能量

$$W_\tau = \frac{2\pi^2 me^4}{h^2\tau^2}$$

于是，体系从对应于 $\tau=\tau_1$ 的态过渡到对应于 $\tau=\tau_2$ 的态时所发射的能量就是

$$W_{\tau_2} - W_{\tau_1} = \frac{2\pi^2 me^4}{h^2}\left(\frac{1}{\tau_2^2} - \frac{1}{\tau_1^2}\right)$$

如果现在我们假设所谈到的辐射是单频的，而且所发射的能量等于 $h\nu$，此处 ν 是辐射的频率，那么我们就得到

$$W_{\tau_2} - W_{\tau_1} = h\nu$$

而且由此就得到

$$\nu = \frac{2\pi^2 me^4}{h^3}\left(\frac{1}{\tau_2^2} - \frac{1}{\tau_1^2}\right) \tag{4}$$

我们看到，这一表示式能够说明联系着氢光谱中各谱线的那一定律。如果我们令 $\tau_2=2$ 而让 τ_1 变化，我们就得到普通的巴尔末线系。如果令 $\tau_2=3$，我们就得到以前曾由里茨(W. Ritz)猜测过的并由帕申(F. Paschen)[②]观察到的红外域中的线系。如果我们令 $\tau_2=1$ 和 $\tau_2=4,5,\cdots$，我们就分别得到远紫外域和远红外域中的线系；这些线系还没有被观察到，但是它们的存在是可以预料的。

这里的符合既是定性的又是定量的。令

$$e = 4.7\times 10^{-10}, \frac{e}{m} = 5.31\times 10^{17}, h = 6.5\times 10^{-27}$$

我们就得到 $$\frac{2\pi^2 me^4}{h^3} = 3.1\times 10^{15}$$

① 参阅 N. Bohr, *Phil. Mag.* xxv. p. 24(1913). 在所引论文中得出的结论，受到一个事实的有力支持：那就是，在 J. J. 汤姆逊爵士的阳极射线实验中，氢是唯一不会带着一个正电荷而出现的元素，该正电荷和损失多于一个的电子相对应(参阅 Phil. Mag. xxiv. p. 672(1912)).

② F. Paschen, *Ann. d. Phys.* xxvii. p. 565(1908).

公式(4)中括号外面的因子的观测值是

$$3.290 \times 10^{15}$$

理论值和观测值之间的符合,位于由理论值表示式中各常量实验误差所引起的不确定性的范围之内。我们将在§3中回头考虑所谈这一符合的可能重要性。

可以指出,在真空管实验中不曾观察到巴尔末线系中多于12条的谱线,而在某些天体的光谱中却观察到33条谱线,这一事实正是我们根据上述理论所应预期的。按照方程(3),不同稳定态中的电子轨道的直径是和 τ^2 成正比的。对于 $\tau=12$,直径等于 1.6×10^{-6} 厘米,或者说等于压强约为7毫米汞柱高的气体中分子之间的平均距离;对于 $\tau=33$,直径等于 1.2×10^{-5} 厘米,这对应于压强约为0.02毫米汞柱高时的分子平均距离。因此,按照理论,出现许多条谱线的必要条件就是很小的气体密度;为了同时得到一种足以观测的强度,气体所充满的空间必须是很大的。因此,如果理论是对的,我们就永远无法期望能够在用真空管作的实验中观察到和氢发射光谱的巴尔末线系中的高序数相对应的谱线;但是,通过研究这种气体的吸收光谱却有可能观察到这些谱线(参阅§4)。

可以注意,我们用上述方法并没有得到一般认为属于氢的其他线系,例如由皮克灵(E. C. Pickcring)①在船尾座 ζ 星的光谱中首次观察到的线系,以及近来由福勒(A. Fowler)②通过用充有氢氦混合物的真空管所作的实验而发现的一组线系。但是我们却将看到,借助上述理论,我们能够很自然地说明这些线系,如果我们认为它们属于氦的话。

按照卢瑟福的理论,氦元素的一个中性原子包括一个电荷为 $2e$ 的正核和两个电子。现在,当考虑氦核对单独一个电子的束缚时,在第[10]页上的表示式(3)中令 $E=2e$ 并完全像以上一样地进行推理,我们就得到

$$\nu=\frac{8\pi^2me^4}{h^3}\left(\frac{1}{\tau_2^2}-\frac{1}{\tau_1^2}\right)=\frac{2\pi^2me^4}{h^3}\left(\frac{1}{\left(\frac{\tau_2}{2}\right)^2}-\frac{1}{\left(\frac{\tau_1}{2}\right)^2}\right)$$

如果在这一公式中令 $\tau_2=1$ 或 $\tau_2=2$,我们就得到远紫外域中的线系。如果令 $\tau_2=3$ 并让 τ_1 变化,我们就得到一个线系,它包含着由福勒观察到的两个线系;福勒把这两个线系叫作氢光谱的第一和第二主线系。如果我们令 $\tau_2=4$,我们就得到由皮克灵在船尾座 ζ 星的光谱中观察到的线系。在这一线系中,每隔一条谱线就有一条谱线和氢光谱巴尔末线系中的一条谱线重合;因此,氢在所考虑的星中的存在就能说明这些谱线比线系中其他谱线具有更大的强度这一事实。这个线系也在福勒的实验中被观察到了,在他的论文中这一线系被称为氢光谱的锐线系。如果最后我们在上述公式中令 $\tau_2=5,6,\cdots$,我们就得到一些线系,它们那些强谱线应被预期为位于红外域中。

所考虑的光谱之所以没有在普通的氦管中被观察到,可能是由于在这样的管子中氦的电离不像在所考虑的星中或在福勒的实验中那样完全;在福勒的实验中,是通过氢氦混合物进行了强烈的放电的。按照上述的理论,出现这种光谱的条件是氦原子要存在于失去了两个电子的态中。我们必须假设,从氦原子取走第二个电子时所用的能量比取走第一个电子时所用的能量大得多。而且,由关于阳极射线的实验已经知道氢原子可以得

① E. C. Pickcring, *Astrophys. J.* iv. p. 369(1896); v. p. 92(1897).

② A. Fowler, *Month. Not. Roy. Astr. Soc.* 1xxiii. Dec. 1912.

到一个负电荷；因此，氢在福勒实验中的存在，就可能造成一种效果，即从氦原子取走的电子比只存在氦时取走的更多。

其他物质的光谱——在体系含有更多电子的情况中，我们必须预期有比以上考虑了的定律更加复杂的关于线光谱的定律——而这也是和实验结果相一致的。我将试图证明，以上采用的观点至少可以使我们对观察到的定律得到某种理解。

按照——经里茨[①]推广过的——里德伯(J. R. Rydberg)的理论，和一种元素光谱的各条谱线相对应的那些频率，可以表示成

$$\nu = F_r(\tau_1) - F_s(\tau_2)$$

式中 τ_1 和 τ_2 是整数；而 $F_1, F_2, F_3, \cdots$ 是 τ 的函数，它们近似地等于$\frac{K}{(\tau+a_1)^2}, \frac{K}{(\tau+a_2)^2}, \cdots$；$K$ 是一个普适常量，等于关于氢光谱的公式(4)中括号外面的因子。如果我们令 τ_1 或 τ_2 等于一个固定的数而让另一个变化，就会得到不同的线系。

频率可以写成整数的两个函数之差这一事实，就使我们想到所论光谱中各谱线的起源和我们针对氢所假设的起源相仿，就是说，各谱线和体系在两个不同的稳定态之间进行过渡时发出的辐射相对应。对于包含着多于一个电子的体系来说，详尽的讨论可以是很繁复的，因为将存在可以作为稳定态来加以考虑的许多不同的电子组态。这就可能说明从所考虑元素发出的线光谱中的不同的线系组。在这儿，我只将试图指明，怎样借助于理论就能简单地解释一件事实，即出现在里德伯公式中的常量 K 对所有的物质都相同。

让我们假设，所讨论的光谱和在一个电子的束缚过程中发射的辐射相对应；让我们再假设，包括所考虑的电子在内的那个体系是中性的。当离开核和早先束缚了的电子都很远时，作用在电子上的力将和上述那种氢核对电子的束缚情况中的力很近似地相同。因此，对于大 τ 来说，对应于一个稳定态的能量将很近似地等于由第[10]页上的表示式(3)所给出的能量，如果我们令 $E=e$ 的话。因此，对于大 τ，我们就得到

$$\lim\{\tau^2 \cdot F_1(\tau)\} = \lim\{\tau^2 \cdot F_2(\tau)\} = \cdots = \frac{2\pi^2 me^4}{h^3}$$

这是和里德伯的理论相一致的。

3　一般考虑(续)

现在我们将回来讨论在推导第[10]页上的表示式(3)时所用到的那些特殊假设，该表示式是适用于包含一个绕核转动的电子的体系的稳定态的。

第一，我们曾经假设，不同的稳定态对应于不同数目的能量子的发射。但是，当考虑频率是能量的函数的那种体系时，这一假设就会被看成不太可能的；因为一旦有一个量

① W. Ritz, *Phys. Zeitschr.* ix. p. 521(1908).

子被发射出去，频率就改变了。现在我们将看到，我们可以离开所用的假设而仍然保留第[10]页上的方程(2)，从而也保留和普朗克理论的形式上的类似性。

首先，可以看到，为了借助于有关稳定态的表示式(3)来说明光谱定律，不曾有必要假设在任一情况下被发出的是和多于单独一个能量子 $h\nu$ 相对应的辐射。关于辐射频率的进一步信息，可以通过比较在上述假设的基础上和在普通力学的基础上关于缓慢振动范围内的辐射能量的计算来得到。如所周知，在力学基础上进行的计算在上述范围内是和有关辐射能量的实验相符的。

让我们假设，所发射的总能量和电子的绕转频率之比，对于不同的稳定态来说是由方程 $W=f(\tau)\cdot h\omega$ 来给出而不是由方程(2)来给出的。按照和以上相同的办法来进行推理，我们在这种情况下得到的就不是(3)而是

$$W=\frac{\pi^2 me^2 E^2}{2h^2 f^2(\tau)},\omega=\frac{\pi^2 me^2 E^2}{2h^3 f^3(\tau)}$$

像从前一样假设，当体系从对应于 $\tau=\tau_1$ 的稳定态过渡到对应于 $\tau=\tau_2$ 的稳定态时所发射的能量等于 $h\nu$，我们就得到代替(4)式的

$$\nu=\frac{\pi^2 me^2 E^2}{2h^3}\left(\frac{1}{f^2(\tau_2)}-\frac{1}{f^2(\tau_1)}\right)$$

我们看到，为了得到和巴尔末线系形式相同的表示式，我们必须令 $f(\tau)=c\tau$。

为了确定 c，现在让我们考虑体系在对应于 $\tau=N$ 和 $\tau=N-1$ 的两个相邻稳定态之间的过渡；引入 $f(\tau)=c\tau$，我们就得到所发射辐射的频率

$$\nu=\frac{\pi^2 me^2 E^2}{2c^2 h^3}\cdot\frac{2N-1}{N^2(N-1)^2}$$

关于发射以前和发射以后的电子绕转频率，我们有

$$\omega_N=\frac{\pi^2 me^2 E^2}{2c^3 h^3 N^3}\quad 以及\quad \omega_{N-1}=\frac{\pi^2 me^2 E^2}{2c^3 h^3 (N-1)^3}$$

如果 N 很大，则发射前后的频率之比将很近似地等于 1；而且，按照普通的电动力学，我们从而就应该预期辐射频率和绕转频率之比也将很近似地等于 1. 这一结果只有当 $c=\frac{1}{2}$ 时才能满足。但是，令 $f(\tau)=\frac{\tau}{2}$，我们就又得到方程(2)，并从而得到适用于稳定态的表示式(3)。

如果我们考虑体系在对应于 $\tau=N$ 和 $\tau=N-n$ 的两个稳定态之间的过渡，而这里的 n 远小于 N，那么，当令 $f(\tau)=\frac{\tau}{2}$ 时，我们就在和以上相同的近似程度下得到

$$\nu=n\omega$$

发射这种频率的辐射的可能性，也可以根据和普通电动力学的类比来进行诠释，因为绕着一个核而沿椭圆轨道转动的电子将发射一种辐射，这种辐射可以按照傅立叶定理分解成一些单频分量，其频率为 $n\omega$，如果 ω 是电子的绕转频率的话。

于是我们就被引导着假设，方程(2)的诠释不是说不同的稳定态对应于不同数目的能量子的发射，而是说，在体系从尚无能量辐射出去的态过渡到不同稳定态中的一个态的过程中，所发射的能量的频率等于 $\frac{\omega}{2}$ 的不同倍数，此处 ω 是电子在所考虑的态中的绕转频率。我们由这一假设就得到和以前完全相同的适用于稳定态的表示式，而且由这些

表示式借助第[11]页上的主要假设就得到同样的关于氢光谱定律的表示式。因此,我们可以把第[10]页上的初步考虑看成只是理论结果的一种简单表达形式。

在结束这一问题的讨论之前,我们将暂时回到出现在氢光谱巴尔末线系表示式(4)中的那个常量的观测值和计算值之间的符合性的意义问题。由上面的考虑可以推知,当把氢光谱定律的形式取作出发点并假设不同的谱线对应于在不同稳定态之间的过渡中发射的单频辐射时,我们将得到和(4)所给出的完全相同的关于该常量的表示式,只要我们假设:① 辐射是以量子 $h\nu$ 的形式被发射出去的,② 在缓慢振动的范围内,当体系在相邻稳定态之间进行过渡时发射的辐射的频率和电子的绕转频率相重合。

由于在理论的后一种表达方式中所用到的一切假设都可以说带有定性的特点,我们就有理由预期——如果整个的考虑方式是一种可靠的方式的话——所论常量的计算值和观测值之间的一种绝对的符合,而不仅仅是一种近似的符合。因此,公式(4)就可能在讨论各常量 e、m 和 h 的实验测定结果方面是有用的。

尽管显然谈不到本论文所给出的计算的力学基础问题,但是,借助从力学得来的符号,却能够对第[10]页上的计算结果给出一种很简单的诠释。用 M 代表电子绕核的角动量,对于圆形轨道我们就立即得到 $\pi M=\dfrac{T}{\omega}$,式中 ω 是电子的绕转频率,而 T 是它的动能;对于圆形轨道,我们又有 $T=W$(参阅第[9]页),从而我们由第[10]页上的(2)式就得到

$$M=\tau M_0$$

式中

$$M_0=\frac{h}{2\pi}=1.04\times10^{-27}$$

因此,如果我们假设稳定态中电子的轨道是圆形的,第[10]页上的计算结果就可以用一个简单条件来表示:在体系的一个稳定态中,电子绕核的角动量等于一个普适值的整数倍,而不依赖于核上的电荷。角动量在联系普朗克理论来讨论原子体系时可能的重要性,是由尼科尔逊[①]强调了的。

除了通过考察辐射的发射和吸收以外,我们并不能观察不同稳定态的巨大数目。在大多数别的物理现象中,我们所观察的只是处于单独一个特稳定态中的物质原子,那就是低温下的原子的态。根据以上的考虑,我们立即被引导到一个假设:“持久态”就是稳定态中的那样一个态,在该态的形成中发射出去的能量最大。按照第[10]页上的方程(3),这就是对应于 $\tau=1$ 的那个态。

4 辐射的吸收

为了说明基尔霍夫定律,必须引入和我们在考虑发射时所用到的那些假设相对应的

① J. W. Nicholson, *loc. cit*. p. 679.

关于辐射的吸收机制的假设。例如，我们必须假设，由一个核和一个绕核转动的电子所构成的体系，在某些情况下可以吸收一种辐射，其频率等于当体系在不同稳定态之间进行过渡时所发射的单频辐射的频率。让我们考虑当体系在两个稳定态 A_1 和 A_2 之间进行过渡时所发射的辐射，两个稳定态对应于 τ 等于 τ_1 和 τ_2 的值，$\tau_1>\tau_2$。因为发射这种辐射的必要条件就是存在处于态 A_1 中的体系，所以我们必须假设，吸收这种辐射的必要条件就是存在处于态 A_2 中的体系。

这些考虑似乎是和关于气体中的吸收的实验相一致的。例如，在普通条件下的氢气中，并不存在其频率和这种气体的线光谱相对应的那种辐射的吸收；这样的吸收只有在发光态的氢中才能观察到。这正是我们根据以上的考虑所应预期的。我们在第[12]页上曾经假设，这样的辐射是当体系在对应于 $\tau\geqslant 2$ 的稳定态之间进行过渡时发射出来的。但是，在普通条件下，氢气中各原子的态应该对应于 $\tau=1$；此外，氢原子在普通条件下会结合成分子，也就是结合成一些体系，该体系中的电子具有和在原子中时不同的频率（参阅第三部分）。另一方面，某些物质在非发光状态下也吸收和该物质线光谱中各谱线相对应的辐射，例如钠蒸气就是这样；我们由这种情况就得到结论，所讨论的这些谱线是当体系在两个态之间进行过渡时发射出来的，而其中一个态是持久态。

以上的考虑和建立在普通电动力学上的诠释有多大差别，或许可以最清楚地用下述事实来表明：我们曾经不得不假设，一个电子系将吸收一种辐射，其频率不同于按普通方法计算的电子振动的频率。在这方面，提到上述那些考虑的一种推广可能是有趣的；我们是被光电效应引导到这种推广的，而且这种推广也许能够给所讨论的问题带来某些光明。让我们考虑体系的一个态，在这个态中电子是自由的，就是说电子具有足以达到离核无限远处的动能。如果我们假设电子的运动是受普通力学支配的，而且不存在任何（可觉察的）能量辐射，则体系的总能量将是恒定的——正如在以上考虑的稳定态中一样。此外，在这两种态之间将存在完全的连续性，因为相邻稳定态中的体系频率之间和体系线度之间的差值都将随着 τ 的增大而无限地减小。在以下的考虑中，我们为了简单而把所谈到的这两种态叫作“力学态”；这种说法的应用只是要强调一个假设，即这两种情况下的电子运动都可以利用普通的力学来加以说明。

现在，追索着这两种力学态之间的类似性，我们就可以预期一种辐射吸收的可能性，这种吸收不但对应于体系在两个不同的稳定态之间的过渡，而且对应于一个稳定态和一个具有自由电子的态之间的过渡；而且和以上一样，我们可以预期这一辐射的频率是由方程 $E=h\nu$ 来确定的，式中 E 是体系在两个态中的总能量之差。正如可以看到的，这样一种辐射的吸收恰恰就是在关于由紫外光和伦琴射线引起的电离的实验中观察到的吸收。显然，我们用这种办法就导出关于通过光电效应而从原子中逸出的电子的动能表示式，和爱因斯坦①所导出的表示式相同，即 $T=h\nu-W$，式中 T 是逸出电子的动能，而 W 是在电子的原始束缚过程中发出的总能量。

上述考虑也可以说明 R. W. 伍德②关于钠蒸气对光的吸收的某些实验的结果。在这

① A. Einstein, *Ann. d. Phys.* xvii. p. 146(1905).

② R. W. Wood, *Physical Optics*, p. 513(1911).

些实验中，观察到了和钠光谱主线系中许多谱线相对应的一种吸收，此外还有从线系头开始一直延伸到远紫外域的一种连续的吸收。这恰恰是我们按照上述类似性所应预料的，而且我们即将看到，上述各实验的进一步研究将允许我们进一步追索这种类似性。正如在第[13]页上所提到的，对于和 τ 的大值相对应的稳定态来说，电子的轨道半径将比普通的原子线度大得多。这一事实已被用来作为某些谱线在用真空管作的实验中之所以不出现的一种解释，各该谱线是对应于氢光谱巴尔末线系中的很高序数的。这一点也是和关于钠的发射光谱的实验相一致的；在这种物质的发射光谱的主线系中，观察到的谱线相当少。在伍德的实验中压强是不很低的，从而对应于高 τ 值的态不可能出现；而在吸收光谱中却发现了大约 50 条谱线。因此，在所讨论的这些实验中，我们观察到的是一种辐射的吸收，而这种吸收并不是和不同稳定态之间的完全跃迁相伴随的。按照现在这种理论，我们必须假设在这一吸收之后会出现能量的发射，在发射过程中体系会回到原来的稳定态。如果不存在不同体系之间的碰撞，这种能量就将作为和被吸收辐射频率相同的辐射而被发射出去，从而就不会存在真实的吸收而只存在原有辐射的散射；真实吸收将不会发生，除非所讨论的能量通过碰撞而转化为自由粒子的动能。与此类似，我们现在可以由上述的实验得出结论：辐射的频率一旦大于 W/h，一个束缚电子——也是在不存在任何电离的情况下——就会对单频辐射有一种吸收（散射）影响，此处 W 是在电子的束缚过程中发射的总的能量。这一点将大大有利于前面概述了的这种理论，因为在这样的情况中根本谈不到辐射频率和电子的一个特征振动频率相重合的问题。而且进一步可以看到，将存在和两个不同力学态之间的跃迁相对应的任何辐射的吸收这一假设，是和一般用到的关于自由电子将对任何频率的光具有吸收（散射）作用的假设完全类似的。关于辐射的发射，对应的考虑也成立。

在本论文中所用的一个假设就是，线光谱的发射起源于原子在失去一个或多个轻度束缚的电子以后的重新形成；和这一假设相类似，我们可以假设单频伦琴射线是在这样一种过程中被发射的：体系在例如通过阴极射线粒子①的碰撞而失去一个牢固束缚的电子以后重新安定下来。在处理原子构造的本论文下一部分中，我们将更仔细地考虑问题，并试图证明建立在这一假设上的计算是和实验结果定量地符合的；在这儿，我们将只简单地提到我们在这样一种计算中所遇到的一个问题。

关于 X 射线现象的实验使我们想到，不但辐射的发射和吸收是不能借助于普通的电动力学来处理的，而且甚至其中有一个是束缚在原子中的两个电子的碰撞结果也是不能这样处理的。这一点，或许可以通过近来由卢瑟福②发表的关于从放射性物质发出的 β 粒子的能量的一些很有启发性的计算来最清楚地加以表明。这些计算很强烈地暗示着，一个速度很大的电子在通过原子并和束缚电子发生碰撞时，将按照确定的有限的量子形式而损失能量。正如可以立即看到的，假如碰撞结果是由通常的力学定律来支配的，这种情况就和我们所预期的很不相同了。经典力学在这样一种问题中的失效，也可以根据自由电子和原子中的束缚电子之间不存在任何类似于动能均分的现象而事先预料到。

---

① 参阅 J. J. Thomson, *Phil. Mag.* xxiii. p. 456(1912).

② E. Rutherford, *Phil. Mag.* xxiv. pp. 453 & 893(1912).

但是，我们从“力学态”的观点可以看到，下述的假设——它和上述的类比是相容的——或许能够说明卢瑟福的计算结果，并说明动能均分的不存在；这一假设就是：两个互相碰撞的电子，不论是束缚电子还是自由电子，在碰撞之前和之后都将处于力学态中。显然，这样一条假设的引入，不会使两个自由粒子的碰撞的经典处理发生任何必要的改动。但是，当考虑一个自由电子和一个束缚电子的碰撞时，那就可以推知，束缚电子通过碰撞而得到的能量不可能小于和相邻稳定态相对应的能量差，而且由此可知，和它碰撞的那个自由电子也不能损失那么小的能量。

以上这些考虑的初步性和假说性是用不着强调的。但是，我们的目的却是要指明，以上概略叙述了的稳定态理论的这种推广，有可能提供一种表示若干不能借助普通电动力学来加以解释的实验事实的简单基础；而且，所用的各条假设看来并不和有关某些现象的实验相矛盾，那些现象是曾经通过经典动力学和光的波动理论而得到了满意的解释的。

5　原子体系的持久态

现在我们将回到这篇论文的主要目的——讨论由核和束缚电子所构成的体系的“持久”态。对于由一个核和一个绕核转动的电子所构成的体系，这个态按照以上所述要由一个条件来确定，即电子绕核的角动量等于$\frac{h}{2\pi}$。

按照本论文的理论，唯一包含单独一个电子的中性原子就是氢原子。这一原子的持久态应该和在第[10]页上算出 a 及 ω 的值相对应。但是，可惜的是，由于常温下氢分子的离解度很小，因而我们对于氢原子的性能所知甚少。为了和实验进行更仔细的比较，有必要考虑更复杂的体系。

试考虑有更多的电子受到正核束缚的一个体系。可想而知，作为持久态的一种电子组态就是各电子绕核排列成环的一个组态。当在普通电动力学的基础上讨论这一问题时，我们——除了能量辐射问题以外——就遇到由环的稳定性问题引起的新的困难。我们暂时不管这种困难，而首先联系普朗克辐射理论来考虑体系的线度和频率。

让我们考虑一个环，由绕着电荷为 E 的核而转动的 n 个电子组成，各个电子按照相等的角间隔而排列在半径为 a 的圆周上。

由电子和核构成的体系的总势能是

$$P=-\frac{ne}{a}(E-es_n)$$

式中

$$s_n=\frac{1}{4}\sum_{s=1}^{s=n-1}\csc\frac{s\pi}{n}$$

关于核和其他电子作用在一个电子上的径向力，我们得到

$$F=-\frac{1}{n}\frac{\mathrm{d}P}{\mathrm{d}a}=-\frac{e}{a^2}(E-es_n)$$

用 T 代表一个电子的动能并略去各电子的运动所引起的力(参阅第二部分),令作用在电子上的离心力等于径向力,我们就得到

$$\frac{2T}{a}=\frac{e}{a^2}(E-es_n)$$

或者写成

$$T=\frac{e}{2a}(E-es_n)$$

由此我们就得到绕转频率的表示式

$$\omega=\frac{1}{2\pi}\sqrt{\frac{e(E-es_n)}{ma^3}}$$

为了把各个电子移到离核为无限远并彼此相距为无限远处,必须传给体系的总能量是

$$W=-P-nT=\frac{ne}{2a}(E-es_n)=nT$$

即等于各个电子的总动能。

我们看到,在上一公式和适用于单独一个电子在核周围沿圆形轨道运动的公式之间,唯一的差别就在于 E 和 $E-es_n$ 的代换。也可以直接看到,和一个电子在核周围沿椭圆轨道的运动相对应,将有 n 个电子的一种运动,在这种运动中每一个电子都沿着以核为一个焦点的椭圆轨道在转动,而且在任何时刻 n 个电子都是按相等的角间隔排列在一个以核为心的圆上的。对于这种运动来说,各单个电子的轨道长轴和频率将由第[9]页上的表示式(1)给出,如果我们用 $E-es_n$ 来代替 E 而用 $\frac{W}{n}$ 来代替 W 的话。现在让我们假设,沿着一个圆而绕核转动的 n 个电子所构成的体系,是按照和针对绕核转动的单独一个电子所设想的那种方式相类似的方式形成的。于是我们就假设,各电子在受到核的束缚以前是位于离核甚远的地方而并不具备任何可觉察的速度的,而且在束缚过程中是有一种单频辐射被发射出去的。正如在单独一个电子的情况中一样,我们在这儿就有,在体系的形成过程中发射出去的总能量,等于各电子的末动能。如果我们现在假设,在体系的形成过程中,各电子在任何时刻都按照相等的角间隔位于一个以核为心的圆周上,那么,按照和第[10]页上那种考虑的类比,我们在这儿就被引导着假设存在一系列稳定组态,在这种组态中每个电子的动能等于 $\tau h\ \frac{\omega}{2}$,此处 τ 是整数,h 是普朗克常量,而 ω 是绕转频率。和以前一样,已经发射出最大能量的那个组态,就是 $\tau=1$ 的组态。我们假设这个组态就是体系的持久态,如果各电子在这个态中是排列在单独一个环上的话。正如对于单独一个电子的情况那样,我们得到每一电子的角动量都等于 $\frac{h}{2\pi}$。可以指出,与其考虑各单个电子,我们也可以把环看成一个整体。但是这将导致相同的结果,因为在这种情况下,绕转频率 ω 将换成按照普通电动力学算出的来自整个环的辐射的频率 $n\omega$,而 T 将换成总动能 nT。

可以有许多别的稳定态,对应于形成体系的别的方法。关于存在这样的态的假设,看来对于说明多于一个电子的体系的线光谱是必要的(第[14]页);这一假设也是由第[11]页上提到的尼科尔逊理论提示了的,我们很快就会回到这一理论上来。但是,就我所能看到的来说,光谱的考虑并没有给出存在那样一些稳定态的任何指示,在那种稳定

态中，所有的电子都排列在一个环上，而且各该稳定态比我们在前面曾经假设为持久态的那个态对应着所发射总能量的更大的值。

此外，也可能存在由 n 个电子和一个电荷为 E 的核构成的体系的一些稳定组态，在这种组态中并不是所有的电子都排列在单独一个环上。但是，这种稳定组态的存在问题对于我们确定持久态来说是无关紧要的，只要我们假设各个电子在体系的持久态中是排列在单独一个环上。和更复杂的组态相对应的体系将在第[22]页上加以讨论。

借助于上面的关于 T 和 ω 的表示式，我们利用关系式 $T=h\frac{\omega}{2}$ 就得到对应于体系持久态的 a 值和 ω 值，它们和第[10]页上表示式(3)所给之值的差别只在于 E 和 $E-es_n$ 的代换。

关于绕正电荷转动的电子环的稳定性问题，曾由 J. J. 汤姆逊[①]很仔细地讨论过。关于这里所考虑的绕着一个线度微不足道的核而转动的环的情况，一种汤姆逊分析法的修订形式曾由尼科尔逊[②]给出。所讨论的问题的探讨，很自然地分成两部分：一部分关系到对各电子在环平面上的位移而言的稳定性，另一部分关系到对垂直于该平面的位移而言的稳定性。正如尼科尔逊的计算所证明的，稳定性问题的答案在所讨论的两种情况中是相差很大的。尽管如果电子数不大则环对后一种位移来说一般是稳定的，但是在尼科尔逊所考虑过的一切情况中，环对前一种位移来说却全都不是稳定的。

但是，按照这篇论文所采用的观点来看，对电子在环平面上的位移而言的稳定性问题却是和电子的束缚机制问题联系得最密切的，而且也像那种机制一样是不能在普通动力学的基础上加以处理的。我们在下面即将采用的假说是，一个绕核转动的电子环的稳定性，是由上面的两个条件来加以保证的：一个就是角动量的普适恒定性，另一个就是粒子组态应为在形成中放出了最大能量的那个组态。正如即将证明的，从对垂直于环面的电子位移而言的稳定性问题来看，这一假说是和普通力学计算中所用的假说等价的。

当回到尼科尔逊关于在日冕光谱中观察到的那些谱线的起源的理论时，我们现在将看到在第[11]页上提到的那些困难可能只是形式上的困难。首先，从上面考虑的观点看来，关于体系对电子在环面上的位移而言的不稳定性的驳难可能并不正确。其次，关于辐射按量子而发射的驳难将和所讨论的计算不相干，如果我们假设在日冕光谱中我们对付的不是辐射的真实发射而只是辐射的散射。这一假设看来是可能的，如果我们考虑到所讨论的天体中的条件的话；因为，由于那里的物质极其稀薄，从而可能存在的碰撞较少，以致不足以干扰各个稳定态并引起和不同稳定态之间的跃迁相对应的光的真实发射，而另一方面，日冕中将存在各种频率的光的强烈照射，这就可以激发不同稳定态中的体系的自然振动。如果上述假设是对的，我们就立即能够理解那些联系着尼科尔逊所考虑的谱线的定律和那些联系着本论文所考虑的普通线光谱的定律为什么形式完全不同了。

当进而考虑成分更加复杂的体系时，我们将利用可以很简单地被证明的下述定理：

“在核为静止而各电子以远小于光速的速度沿圆形轨道运动的每一个由电子和正核

① 前引文献。

② 前引文献。

构成的体系中，动能将在数值上等于势能的一半。”

借助于这一定理，我们就——正如在以前那种绕核转动的单一电子或电子环的情况中一样——得到，从各粒子相距无限远而各粒子彼此之间又没有相对速度的一个组态开始，通过体系的形成而发射的总能量等于各电子在末组态中的动能。

按照和单独一个环的情况的类比，我们在这里就被引导着假设，对应于任何一个平衡组态，将存在体系的一系列几何上相似的稳定组态，在这些稳定组态中，每一个电子的动能等于绕转频率乘以$\frac{\tau}{2}h$，此处τ是整数而h是普朗克常量。在任何这样的稳定组态系列中，对应于最大发射能量的组态就是每一个电子的τ等于1的那个组态。因此，考虑到一个沿圆形轨道转动的电子的动能和频率之比等于π乘以绕轨道中心的角动量，我们就得到在第[16]和[20]页上提到的那些假说的简单推广如下：

“在任何由正核和电子构成的各个核为相对静止而电子沿圆形轨道运动的分子体系中，每一电子绕其轨道中心的角动量在体系的持久态中将等于$\frac{h}{2\pi}$，此处h是普朗克常量。”①

按照和第[21]页上那些考虑的类比，我们将假设满足这一条件的组态是稳定的，如果体系的总能量比在任何满足有关电子角动量的同样条件的任何相邻组态中都要小的话。

正如在引论中提到过的，在以下的论述中，上述假说将被用作一种关于原子构造和分子构造的理论的基础。我们即将证明，这种假说导致一些结果，它们似乎是和关于若干不同现象的实验相一致的。

以上完全是从和普朗克辐射理论的联系方面来寻求这一假设的基础的；借助于以后提出的一些考虑，我们将试图从另一种观点来对它的基础作一些阐述。

1913年4月5日

① 在导致这一假说的那些考虑中，我们曾经假设各电子的速度远小于光速。这一假设的适用范围将在第二部分中加以讨论。

第二部分

只包含单独一个原子核的体系

我能够和您(爱因斯坦)同时被提名获得诺贝尔奖,这是我能从外界获得的最大荣誉和欣慰。我知道我是何等地受之有愧,但是我愿意说,我感到最大的幸运是在我被考虑授予这一荣誉之前,您对于我在里面工作的那个更专门的领域里所作出的贡献(即使抛开您对人类思想界的伟大贡献不谈),也像卢瑟福和普朗克的贡献一样得到了承认,而且是完全公开地得到了承认。

——玻尔

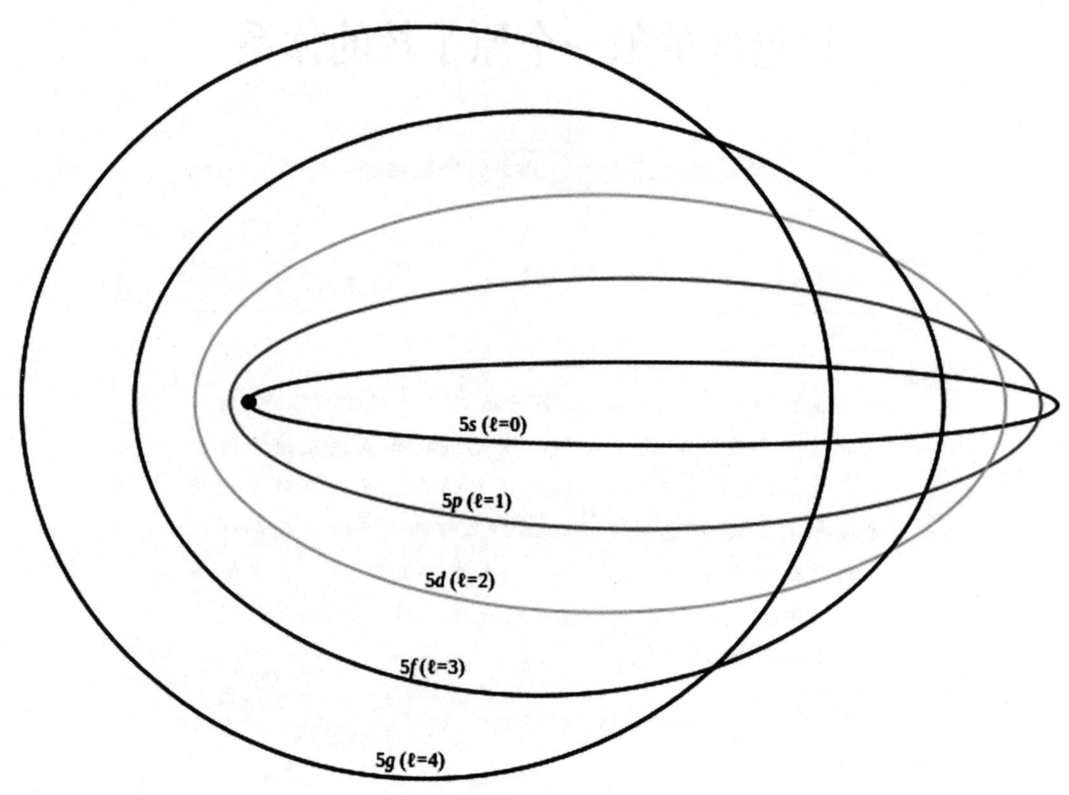
5s (ℓ=0)
5p (ℓ=1)
5d (ℓ=2)
5f (ℓ=3)
5g (ℓ=4)

1 普遍假设

遵循着卢瑟福的理论，我们将假设各元素的原子包括一个带正电的核和核周围的一团电子。核是原子质量的主要部分的所在之处，其线度远小于周围电子团中各电子之间的距离。

和在上一篇论文中一样，我们将假设电子团是通过核对起初近似地处于静止的各个电子的逐步束缚而形成的，与此同时，能量就被辐射出去。这种过程将继续下去，直到被束缚电子的总负电荷在数值上等于核上的正电荷时为止；这时体系将是中性的，而且对离核距离远大于束缚电子的轨道线度的电子不再能作用可觉察的力。我们可以把由 α 射线形成氦的过程看成这种过程的一个观察到的例子；按照这一观点，一个 α 粒子是和氦原子的核相等同的。

由于核的线度很小，核的内部结构将不会对电子团的构造有什么可觉察的影响，从而也不会对原子的普通的物理性质和化学性质有什么影响。按照这一理论，这些性质将完全依赖于核的总电荷和质量，核的内部结构将只影响放射性现象。

根据和 α 射线大角散射有关的实验结果，卢瑟福[①]求得了核上的电荷，它对应于和原子量的一半近似相等的每原子的电子数。这一结果似乎和根据伦琴射线的散射实验算出的每原子的电子数相符[②]。全部的实验证据都支持一个假说[③]，即除少数特例以外，中性原子中的实际电子数等于在按原子量递增顺序排列的元素序列中指示着对应元素的位置的那个序数。例如，按照这种看法，在序列中占第八位的氧的原子，具有 8 个电子和一个带有 8 个单位电荷的核。

我们将假设，各电子是按照相等的角间隔排列在一些同轴的环上而绕核转动的。为了确定各环的频率和线度，我们将利用第一篇论文的主要假说，那就是，在一个原子的持久态中，每一个电子绕其轨道中心的角动量都等于一个普适值 $\frac{h}{2\pi}$，此处 h 是普朗克常量。我们将把下述情况看成稳定性的一个条件，即体系的总能量在所谈到的组态中比在满足电子角动量的相同条件的相邻组态中要小。

如果，核上的电荷和不同环上的电子数都为已知，那么，正如在 § 2 中所证明的，关于

◀具有相同能量和量子化角动量的椭圆轨道

① 参阅 Geiger and Marsden, *Phil. Mag.* xxv. p. 604(1913).

② 参阅 C. G. Barkla, *Phil. Mag.* xxi. p. 648(1911).

③ 参阅 A. v. d. Broek, *Phys. Zeitschr.* xiv. p. 32(1913).

电子角动量的条件就将完全确定体系的组态，即完全确定各个环的绕转频率和线度。但是，对应于电子在各个环上的不同分布，一般将有不止一种组态既满足角动量条件又满足稳定性条件。

在§3和§4中即将证明，根据有关原子的形成过程的一般看法，我们会被引导到关于电子在各个环上的安排的一些指示，这些指示似乎是和由对应元素的化学性质所暗示的安排相一致的。

在§5中即将证明，根据理论来计算产生来自元素的特征伦琴射线所必需的最低阴极射线速度是可能的，而且这种计算值和实验值近似地符合。

在§6中，将联系理论来简略地考虑放射性现象。

2 体系的组态和稳定性

让我们考虑一个电子，其电荷为 e 而质量为 m，以远小于光速的速度 v 沿一个半径为 a 的圆形轨道而运动。让我们用$\frac{e^2}{a^2}F$ 来代表作用在电子上的径向力；F 一般将依赖于 a。动力学平衡条件给出

$$\frac{mv^2}{a} = \frac{e^2}{a^2}F$$

引入电子角动量的普适恒定性条件，我们就有

$$mva = \frac{h}{2\pi}$$

现在我们由这两个条件就得到

$$a = \frac{h^2}{4\pi^2 e^2 m}F^{-1}, v = \frac{2\pi e^2}{h}F \tag{1}$$

从而对于绕转频率就有

$$\omega = \frac{4\pi^2 e^4 m}{h^3}F^2 \tag{2}$$

如果 F 是已知的，则对应轨道的线度和频率简单地由(1)和(2)来确定。对于绕着一个电荷为 Ne 的核而转动着的由 n 个电子组成的环，我们有(参阅第一部分，第[19]页)

$$F = N - s_n$$

式中 $s_n = \frac{1}{4}\sum_{s=1}^{s=n-1}\csc\frac{s\pi}{n}$，从 $n = 1$ 到 $n = 16$ 的 s_n 值，列在第[28] 页上的表中。

对于由核和电子构成的、前者处于静止而后者以远小于光速的速度沿圆形轨道而运动的那种体系，我们曾经证明(参阅第一部分，第[22]页)各电子的总动能等于体系从一个原始组态形成的过程中所发射的总能量，在原始组态中所有电子是静止的而且彼此相距为无限远。因此，用 W 代表这一能量，我们就得到

$$W = \sum \frac{m}{2}v^2 = \frac{2\pi^2 e^4 m}{h^2}\sum F^2 \tag{3}$$

在(1),(2)和(3)中代入 $e=4.7\times10^{-10}$,$\frac{e}{m}=5.31\times10^{17}$ 和 $h=6.5\times10^{-27}$,我们就得到

$$\left.\begin{aligned}&a=0.55\times10^{-8}F^{-1}, v=2.1\times10^{8}F, \omega=6.2\times10^{15}F^{2}\\&W=2.0\times10^{-11}\sum F^{2}\end{aligned}\right\}\tag{4}$$

当忽略由电子的运动而引起的磁力时,我们在第一部分中曾经假设粒子的速度远小于光速。上面的计算表明,为使这一点能够成立,F 必须远小于 150。正如即将看到的,这一条件对于低原子量元素的原子中的一切电子都得到满足,而且对于包含在其他元素的原子中的大多数电子也得到满足。

如果电子的速度并非远小于光速,角动量的恒定性就不再导致能量和绕转频率之间的恒定比值。因此,不引入新的假设,我们就不能在这一情况下再在第一部分中那些考虑的基础上确定体系的组态。但是,以后即将提出的考虑却使我们想到,角动量恒定性就是主要的条件。将这一条件应用于并不远小于光速的速度,我们就得到和(1)所给出的相同的 v 表示式;而 a 和 ω 的表示式中的 m 这个量则要换成$\frac{m}{\sqrt{1-v^2/c^2}}$,而且 W 的表示式中的 m 要换成

$$m\cdot2\frac{c^2}{v^2}\left(1-\sqrt{1-\frac{v^2}{c^2}}\right)$$

正如在第一部分中所叙述的,建筑在普通力学上的计算给出这样的结果:围绕正核而转动的电子环通常对于环平面内的电子位移来说是不稳定的。为了避免这一困难,我们曾经假设,普通的力学定律在讨论所谈的问题时并不比在讨论与此有关的电子的束缚机制问题时更能适用。我们也曾假设,对这种位移而言的稳定性,是通过引入电子角动量的普适恒定性假说来加以保证的。

正如很容易证明的,后一假设已包括在§1中的稳定性条件中。试考虑绕核转动的一个电子环,并假设体系处于动力学平衡,而且环的半径为 a_0,各电子的速度为 v_0,总动能为 T_0,而势能为 P_0。正如在第一部分中(第[20]页)所证明的,我们有 $P_0=-2T_0$。其次考虑体系的一个组态,在该组态中,各电子在外来力的作用下沿着半径为 $a=\alpha a_0$ 的环以相同的角动量绕核转动。在这一情况中,我们有 $P=\frac{1}{\alpha}P_0$,并由于角动量的均匀性而有 $v=\frac{1}{\alpha}v_0$ 和 $T=\frac{1}{\alpha^2}T_0$。利用关系式 $P_0=-2T_0$,我们就得到

$$P+T=\frac{1}{\alpha}P_0+\frac{1}{\alpha^2}T_0=P_0+T_0+T_0\left(1-\frac{1}{\alpha}\right)^2$$

我们看到,新组态的总能量大于原有组态的总能量。因此,按照§1中的稳定性条件,体系对所考虑的位移来说就是稳定的。在这方面可以指出,我们在第一部分中曾经假设,体系所发射或吸收的辐射的频率,并不能根据借助于普通力学算出的各电子在轨道平面内的振动频率来加以确定。相反地,我们曾经假设,辐射的频率是通过条件式 $h\nu=E$ 来确定的,此处 ν 是频率,h 是普朗克常量,而 E 是和体系的两个不同"稳定态"相对应的能量差。

当考虑绕核转动的电子环对垂直于环平面的电子位移而言的稳定性时,试设想各电子分别得到了 $\delta z_1,\delta z_2,\cdots\delta z_n$ 各位移的一个体系组态,并假设各电子在外来力的作用下以

和以前相同的角动量沿相同半径的、平行于原有平面的圆形轨道而绕着体系的轴线在转动。动能并不由于这种位移而有所变动，而且，略去 $\delta z_1, \cdots \delta z_n$ 的二次以上的乘幂，体系势能的增量就由下式给出：

$$\frac{1}{2}\frac{e^2}{a^3}N\sum(\delta z)^2-\frac{1}{32}\frac{e^2}{a^3}\sum\sum\left|\csc^3\frac{\pi(r-s)}{n}\right|(\delta z_r-\delta z_s)^2$$

式中 a 是环的半径，Ne 是核上的电荷，而 n 是电子数。按照§1 中的稳定性条件，体系对所考虑的位移来说是稳定的，如果上一表示式在 $\delta z_1, \cdots \delta z_n$ 的任意值下都为正。通过简单的计算可以证明，后一条件是和下面的条件等价的；

$$N>p_{n,0}-p_{n,m} \tag{5}$$

式中 m 是(小于 n 的)那样一个整数，对于它来说表示式

$$p_{n,k}=\frac{1}{8}\sum_{s=1}^{s=n-1}\cos 2k\frac{s\pi}{n}\csc^3\frac{s\pi}{n}$$

具有最小值。这一条件和借助于普通力学的考虑而推得的对垂直于环平面的电子位移而言的稳定性条件相等同①。

通过设想所考虑的位移是由沿着平行于环轴的方向而作用在电子上的外来力所引起的，就能得到一个发人深思的例子。如果位移是无限缓慢地产生的，各电子的运动就将在任意时刻都平行于原始的环平面，而且每一个电子绕其轨道中心的角动量显然将等于它的原有值；体系势能的增量将等于外来力在位移过程中所作的功。由这样的考虑，我们就被引导着假设，普通的力学可以用来计算垂直于环平面的电子振动——和环平面内的振动的情况相反。这一假设为和观测结果的显然符合性所支持，这种符合性是尼科尔逊在他的日冕光谱和星云光谱中各谱线的起源理论中得到的(参阅第一部分，第[11]和[21]页)。此外，以后还将证明，这一假设似乎也和关于色散的实验相符合。

下表列举了从 $n=1$ 到 $n=16$ 的 s_n 的值和 $p_{n,0}-p_{n,m}$ 的值。

n	s_n	$p_{n,0}-p_{n,m}$	n	s_n	$p_{n,0}-p_{n,m}$
1	0	0	9	3.328	13.14
2	0.25	0.25	10	3.863	18.13
3	0.577	0.58	11	4.416	23.60
4	0.957	1.41	12	4.984	30.80
5	1.377	2.43	13	5.565	38.57
6	1.828	4.25	14	6.159	48.38
7	2.305	6.35	15	6.764	58.83
8	2.805	9.56	16	7.379	71.65

我们由表看到，可以在单独一个环上绕着电荷为 Ne 的核而转动的电子数，是随着 N 的增大而很慢地增大的：对于 $N=20$，n 的最大值为 $n=10$；对于 $N=40$，$n=13$；对于 $N=60$，$n=15$。而且我们看到，n 个电子不可能在单独一个环上绕着电荷为 ne 的核而转动，除非 $n<8$。

以上我们曾经假设电子是在恒定的径向力作用下运动的，而且它们的轨道是确切圆

① 参阅 J. W. Nicholson, *Month. Not. Roy. Astr. Soc.* 72. p. 52(1912).

形的。第一个条件将不满足,如果我们考虑一个包含着几个以不同频率转动的电子环的体系的话。但是,如果环间的距离并不远小于它们的半径,而且它们的频率之比并不接近于1,则离开圆形轨道的偏差或许是很小的,而且电子的运动也许在很好的近似下和根据一个假设得到的运动相同;那假设就是,电子的电荷是均匀地分布在环的周线上的。如果环半径之比并不接近于1,根据这一假设得到的稳定性条件也就可以看成充分条件。

我们在§1中曾经假设,原子中的各个电子是在一些同轴环上转动着的。计算表明,只有在体系含有很多个电子时各个环的平面才不相同;在体系含有中等数目的电子的情况下,所有的环都将位于单独一个通过核的平面上。因此,为了简单,我们在这儿将只考虑后一情况。

让我们考虑均匀分布在半径为 a 的圆周上的一个电荷 E。

在离环平面的距离为 z 而离环轴线的距离为 r 的一个点上,静电势由下式给出:

$$U=-\frac{1}{\pi}E\int_0^{\pi}\frac{\mathrm{d}\vartheta}{\sqrt{(a^2+r^2+z^2-2ar\cos\vartheta)}}$$

在这一表示式中令 $z=0$ 和 $\frac{r}{a}=\tan^2\alpha$,并利用符号

$$K(\alpha)=\int_0^{\frac{\pi}{2}}\frac{\mathrm{d}\vartheta}{\sqrt{(1-\sin^2\alpha\cos^2\vartheta)}}$$

我们就得到作用在环平面上一点处的电子上的径向力

$$e\frac{\partial U}{\partial r}=\frac{Ee}{r^2}Q(\alpha)$$

式中
$$Q(\alpha)=\frac{2}{\pi}\sin^4\alpha\{K(2\alpha)-\cot\alpha K'(2\alpha)\}$$

在离环心的距离为 r 而离环平面有一小距离 δz 处,对应的垂直于环平面的力由下式给出:

$$e\frac{\partial U}{\partial z}=\frac{Ee\delta z}{r^3}R(\alpha)$$

式中
$$R(\alpha)=\frac{2}{\pi}\sin^6\alpha\{K(2\alpha)+\tan(2\alpha)K'(2\alpha)\}$$

在第[30]页上,列了关于函数 $Q(\alpha)$ 和函数 $R(\alpha)$ 的一个简表。

其次考虑包含几个同心电子环的体系,这些环是在同一平面上绕着电荷为 Ne 的核在转动的。设各环的半径为 $a_1,a_2,\cdots$ 而不同环上的电子数为 $n_1,n_2,\cdots$。

令 $\frac{a_r}{a_s}=\tan^2(\alpha_{r,s})$,我们就得到作用在第 r 个环的一个电子上的径向力 $\frac{e^2}{a_r^2}F_r$,式中

$$F_r=N-s_n-\sum n_sQ(\alpha_{r,s})$$

求和遍及除所考虑的环以外的所有的环。

如果我们已知各电子在不同环上的分布,那么,借助于以上的论述,我们就能由第[26]页上的关系式(1)确定出 $a_1,a_2,\cdots$ 计算可以从一组 a 值开始而按逐步近似法进行,由这些值求出各个 F,然后利用关系式(1)重新确定各个 α,以得出 $\frac{F_s}{F_r}=\frac{a_r}{a_s}=\tan^2(\alpha_{r,s})$,余类推。

正如在单独一个环的情况中一样,这里假设体系对于各电子在其轨道平面上的位移

来说是稳定的。在类似于第[27]页上的那种计算中,各环的相互作用应该严格地照顾到。这种相互作用将使各个 F 量不再像在单独一个绕核转动的环的情况中那样是恒量,而是将随着环的半径而改变;但是,如果各环半径之比并不很近于 1,各个 F 的改变量就将很小,从而对计算结果不会有多大影响。

当考虑体系对垂直于各环平面的电子位移而言的稳定性时,有必要区分两种位移:一种是并不改变各单个环中电子的重心的位移,而另一种是同一环上的电子都沿同一方向移动时的位移。对于前一种位移而言的稳定性条件由第[28]页上的条件式(5)来给出,如果我们针对每一个环都把 N 换成一个量 G_r 的话;量 G_r 由下述条件来确定:$\frac{e^2}{a_r^{\ 3}}G_r\delta z$ 等于一个力的垂直于环平面的分量,该力就是当一个电子发生了一个小位移 δz 时——由核和其他环上的电子——作用在该电子上的那个力。利用和以上相同的符号,我们就得到

$$G_r = N - \sum n_s R(\alpha_{r,s})$$

如果一个环上的所有电子都借助于外来力而沿相同的方向发生了移动,则这种位移将引起其他环上各电子的对应位移;从而这一相互作用将对稳定性有所影响。例如,试考虑在一个平面上绕电荷为 Ne 的核而转动着的 m 个同心环,并且让我们假设不同环上的电子分别发生了垂直于平面的位移 $\delta z_1, \delta z_2, \cdots, \delta z_m$。按照上面的符号,体系势能的增量由下式给出:

$$\frac{1}{2}N\sum n_r \frac{e^2}{a_n^3}(\delta z_r)^2 - \frac{1}{4}\sum\sum n_r n_s \frac{e^2}{a_r^3}R(\alpha_{r,s})(\delta z_r - \delta z_s)^2$$

稳定性条件是,这一表示式对于 $\delta z_1, \cdots, \delta z_m$ 的任意值都为正。这一条件可以按通常方法简单地求出。和对以上所考虑的位移而言的稳定性条件相比,这一条件并无显著影响,只有在体系含有几个由少数电子组成的环的情况下是例外。

下表包含从 $\alpha=20°$ 到 $\alpha=70°$ 的每隔 5° 的 $Q(\alpha)$ 值和 $R(\alpha)$ 值;此表给出了关于这些函数的数量级的一种估计:

α(°)	$\tan^2\alpha$	$Q(\alpha)$	$R(\alpha)$
20	0.132	0.001	0.002
25	0.217	0.005	0.011
30	0.333	0.021	0.048
35	0.490	0.080	0.217
40	0.704	0.373	1.549
45	1.000	……	……
50	1.420	1.708	4.438
55	2.040	1.233	1.839
60	3.000	1.093	1.301
65	4.599	1.037	1.115
70	7.548	1.013	1.041

$\tan^2\alpha$ 表示各环半径之比$\left(\tan^2(\alpha_{r,s})=\frac{a_r}{a_s}\right)$。$Q(\alpha)$ 的值表明,除非各环半径之比接近于 1,较外环对较内环的线度的影响是很小的,而且较内环对较外环的对应影响就在于近

似地把对应于环上电子数的一部分核电荷中和掉。$R(\alpha)$的值表明，较外环对较内环的稳定性的影响是小的——虽然比对线度的影响大一些，但是，除非半径之比很大，较内环对较外环的稳定性的影响却比中和一部分对应核电荷要大一些。

最内环能够包含而不致成为不稳定的最大电子数，近似地等于第[28]页上针对单独一个绕核转动的环而算出的最大电子数。但是，对于较外的环来说，如果我们用核上电荷和较内环上各电子电荷之和来代替 Ne，我们就得到比条件式(5)所确定的小得多的电子数。

如果说在单一平面上绕核转动的一组环对于垂直于该平面的微小电子位移是稳定的，一般说来却不存在各环不位于这一平面上而又满足电子角动量恒定性条件的稳定的环组态。包含相等数目的电子的两个环这一特殊情况，是一个例外。在这一情况中，可以存在一种稳定的组态，在这种组态中，两个环具有相同的半径，并在离核距离相同的平行平面上进行转动，一个环上的电子位于正对另一环上电子之间的间隔处。但是，这后一组态是不稳定的，如果两个环上的所有电子都安排在单独一个环上时的组态是稳定的话。

3　包含很少电子的原子的构造

正如在§1中所叙述的，电子角动量的普适恒定性条件，再加上稳定性条件，在大多数情况下并不足以完全地确定体系的构造。但是，在这一节和下一节中，我们将试图根据关于原子的形成的普遍看法，并利用关于对应元素的性质的知识来得出一些指示，以表明什么样的电子组态是可以预期在原子中出现的。我们在这些考虑中将假设，原子中的电子数等于在按照原子量递增的顺序排列的元素序列中指示着对应元素的位置的那个序数。这一法则的例外情况，将被假设为只出现在序列中那样一些地方，在那里，观察到了对元素化学性质的周期律的偏差。为了清楚地显示所用的原理，我们将首先比较详细地考虑那些包含很少几个电子的原子。

为了简单，我们将用 $N_{(n_1,n_2,\cdots)}$ 这个符号来代表绕电荷为 Ne 的核转动着的、近似于在§2所用的满足电子角动量条件的电子环平面组，$n_1,n_2,\cdots$是从里向外看过去的各个环上的电子数。我们将用 $a_1,a_2,\cdots$和 $\omega_1,\omega_2,\cdots$来代表按相同次序标出的各环的半径和频率。通过体系的形成而发射的总能量 W，将简单地用 $W[N_{(n_1,n_2,\cdots)}]$来代表。

$N=1$　　　　氢

我们在第一部分中已经考虑了电荷为 e 的正核对一个电子的束缚过程，而且也已证明，根据存在一系列稳定态的假设来说明氢的巴尔末光谱是可能的；在各该稳定态中，电子绕核的角动量等于$\frac{h}{2\pi}$值的整数倍，此处 h 是普朗克常量。求得的光谱频率公式是

$$\nu=\frac{2\pi^2e^4m}{h^3}\left(\frac{1}{\tau_2^2}-\frac{1}{\tau_1^2}\right)$$

式中 τ_1 和 τ_2 是整数。把在第[27]页上所用的 e,m 和 h 的值代入,我们就求得括号前面的因子为 3.1×10^{15}①;观测到的巴尔末光谱中的常量值是 3.290×10^{15}。

关于一个中性氢原子的持久态,我们令 $F=1$ 就由§2中的公式(1)和(2)得到

$$1_{(1)}\quad a=\frac{h^2}{4\pi^2e^2m}=0.55\times10^{-8}$$

$$\omega=\frac{4\pi^2e^4m}{h^3}=6.2\times10^{15}$$

$$W=\frac{2\pi^2e^4m}{h^2}=2.0\times10^{-11}$$

这些值具有将预期的数量级。关于 $\frac{W}{e}$ 我们得到 0.043,这对应于13伏特;J. J. 汤姆逊爵士根据关于阳极射线的实验算出的氢原子的电离电势的值是11伏特②。但是,关于氢原子,没有其他可用的确切数据。为了简单,我们在下面将用 a_0,ω_0 和 W_0 来代表对应于 $1_{(1)}$ 组态的 a,ω 和 W 的值。

在远大于 a_0 的离核距离处,体系 $1_{(1)}$ 将不会对自由电子作用以可觉察的力。但是,既然组态

$$1_{(2)}\quad a=1.33a_0,\omega=0.563\omega_0,W=1.13W_0$$

比组态 $1_{(1)}$ 对应于更大的 W 值,我们就可以预期一个氢原子在某些条件下可以获得一个负电荷。这一点是和关于阳极射线的实验相符合的。既然 $W[1_{(3)}]$ 只等于 0.54,一个氢原子就不能预期为可以获得双倍的负电荷。

$N=2$　　　　氦

正如在第一部分中所证明的,利用和适用于氢的假设相同的假设,我们必须预期,在一个电荷为 $2e$ 的核对一个电子的束缚过程中,将发射一种由下式表示的光谱:

$$\nu=\frac{2\pi^2me^4}{h^3}\left(\frac{1}{\left(\frac{\tau_2}{2}\right)^2}-\frac{1}{\left(\frac{\tau_1}{2}\right)^2}\right)$$

这一光谱包括了皮克灵在船尾座 ζ 星中观察到的光谱以及近来福勒在用充有氢氦混合物的真空管所作的实验中观察到的光谱。这些光谱一般是被认为属于氢的。

关于带正电的氦原子的持久态,我们得到

$$2_{(1)}\quad a=\frac{1}{2}a_0,\omega=4\omega_0,W=4\omega_0$$

在远大于束缚电子的(轨道)半径的离核距离处,体系 $2_{(1)}$ 将在很好的近似下像一个电荷为 e 的简单核那样对电子起作用。因此,对于由两个电子和一个电荷为 $2e$ 的核所构成的体系,我们可以假设存在一系列稳定态;在这些稳定态中,束缚得最松的一个电子将

① 这是在本论文的第一部分中算出的值,利用 $e=4.78\times10^{-10}$(见 R. A. Millikan, *Brit. Assoc. Rep.* 1912, p. 410)、$\frac{e}{m}=5.31\times10^{17}$(见 P. Gmelin, *Ann. d. Phys.* xxviii. p. 1086(1909)及 A. H. Bucherer, *Ann. d. Phys.* xxxvii. p. 597(1912)和 $\frac{e}{h}=7.27\times10^{16}$(根据 E. Warburg, G. Leithäuser, E. Hupka, and C. Müller, *Ann. d. Phys.* xl p. 611 (1913)的实验用普朗克理论求得)这些值,我们得到 $\frac{2\pi^2e^4m}{h^3}=3.26\times10^{15}$,和观测值很密切地符合。

② J. J. Thomson, *Phil. Mag.* xxiv. p. 218(1912).

近似地像氢原子稳定态中的电子那样运动。这样一个假设,当在第一部分中试图解释里德伯常量在任一元素的线光谱公式中的出现时已经利用过了。但是,我们却很难假设一个稳定组态的存在,在那一组态中,两个电子具有相同的绕核角动量,而且一个在另一个的外圈沿着不同的轨道而运动。在这样的组态中,电子会彼此相距如此之近,以致对圆形轨道的偏差会是很大的。因此,对于中性氦原子的持久态,我们将取组态

$$2_{(2)}\quad a=0.571a_0,\omega=3.06\omega_0,W=6.13W_0$$

既然

$$W[2_{(2)}]-W[2_{(1)}]=2.13W_0$$

我们就看到,中性氦原子中的两个电子都比氢原子中的电子束缚得更紧。利用第[32]页上的那些值,我们得到

$$2.13\frac{W_0}{e}=27\text{ 伏特},2.13\frac{W_0}{h}=6.6\times10^{15}\frac{1}{\text{秒}}$$

这些值和观测到的氦的电离电势值 20.5 伏特①以及由色散实验确定出来的氦中的紫外吸收频率 $5.9\times10^{15}\frac{1}{\text{秒}}$②具有相同的数量级。

所谈的频率可以认为和环平面上的振动相对应(见第[27]页)。按普通方式算出的(见第[28]页)整个环垂直于平面的振动频率由 $\nu=3.27\omega_0$ 给出。后一频率大于观测到的频率,这一事实或许能够解释一个情况:借助于诸德理论由色散实验求得的氦原子中的电子数,只大约是所应预期的电子数的三分之二。(利用$\frac{e}{m}=5.31\times10^{17}$求得的值是 1.2。)

关于一个氦核和三个电子的组态,我们得到

$$2_{(3)}\quad a=0.703a_0,\omega=2.02\omega_0,W=6.07W_0$$

既然这种组态的 W 小于组态 $2_{(2)}$ 的 W,理论就表明一个氦原子不能获得一个负电荷。这是和实验证据相符合的,那种证据表明氦原子对自由电子没有任何"亲和性"③。

在以后的一篇论文中即将证明,理论能够对氢原子和氦原子在结合成分子的倾向方面的明显差异提供一种简单的解释。

$N=3$　　锂

按照和氢的情况及氦的情况的类比,我们可以预期,在电荷为 $3e$ 核对一个电子的束缚过程中,将发射一种由下式给出的光谱:

$$\nu=\frac{2\pi^2me^4}{h^3}\left(\frac{1}{\left(\frac{\tau_2}{3}\right)^2}-\frac{1}{\left(\frac{\tau_1}{3}\right)^2}\right)$$

由于把锂原子中所有束缚电子都取走时所要花费的能量很大(见后文),所考虑的光谱只能预期在非常的事例中才能观察到。

在一篇近期的短文中,尼科尔逊④曾经唤起对一件事实的注意,那就是,在以特殊的

① J. Franck u. G. Hertz, *Verh. d. Deutsch. Phys. Ges.* xv. p. 34(1913).

② C. and M. Cuthbertson, *Proc. Roy. Soc. A.* lxxxiv. p. 13(1910). (在前一篇论文(*Phil. Mag.* Jan. 1913)中,作者将 C. 科茨伯孙和 M. 科茨伯孙所给出的氦中折射率的值当成和大气压相对应的了;但是,这些值涉及双倍的大气压。因此,那篇论文中给出的由诸德理论算得的氦中电子数的值必须除以 2。)

③ 参阅 J. Franck, *Verh. d. Deutsch. Phys. Ges.* xii. p. 613(1910).

④ J. W. Nicholson, *Month. Not. Roy. Astr. Soc.* lxxiii. p. 382(1913).

亮度显示着皮克灵光谱的某些星体的光谱中出现一些谱线，它们的频率可以在很好的近似下用公式

$$\nu = K\left(\frac{1}{4} - \frac{1}{\left(m \pm \frac{1}{3}\right)^2}\right)$$

来表示，式中 K 是氢的巴尔末光谱中那同一个常量。根据和巴尔末光谱及皮克灵光谱的类比，尼科尔逊曾经提出所考虑的这些谱线是由氢引起的。

可以看到，如果我们令 $\tau_2=6$，尼科尔逊所讨论的谱线就由上面的公式给出。所谈的谱线对应于 $\tau_1=10$，13 和 14；如果我们针对 $\tau_2=6$ 令 $\tau_1=9$，12 和 15，我们就得到和氢的普通巴尔末光谱中的谱线相重合的一些谱线。如果我们在上述公式中令 $\tau=1$，2 和 3，我们就得到紫外域中的线系。如果我们令 $\tau_2=4$，我们就只得到可见光谱中的单独一条谱线，就是说，对于 $\tau_1=5$，就得到 $\nu=6.662\times10^{14}$，或者说波长是 $\lambda=4503\times10^{-8}$ 厘米，这和尼科尔逊所引用的表中那些起源不明的谱线中一条谱线的波长 4504×10^{-8} 厘米是密切重合的。但是，在这一表中却没有出现对应于 $\tau_2=5$ 的任何谱线。

对于带两倍正电荷的锂原子的持久态，我们得到一个组态：

$$3_{(1)} \quad a = \frac{1}{3}a_0, \omega = 9\omega_0, W = 9W_0$$

两个电子在不同轨道上分成内外圈而转动的那种持久态的概率，必须认为对于锂比对于氦更加小，因为轨道半径之比会更接近于 1。因此，对于带单独一个正电荷的锂原子，我们将采用一个组态：

$$3_{(2)} \quad a = 0.364a_0, \quad \omega = 7.56\omega_0, \quad W = 15.13W_0$$

既然 $W[3_{(2)}]-W[3_{(1)}]=6.13W_0$，我们就看到，锂原子中的头两个电子比起氢原子中的电子来是束缚得很强烈的；它们比氦原子中的电子也束缚得更紧得多。

从化学性质来考虑，我们将预期中性锂原子中的电子具有下列组态：

$$3_{(2,1)} \quad \begin{aligned} a_1 &= 0.362a_0, & \omega_1 &= 7.65\omega_0, \\ a_2 &= 1.182a_0, & \omega_2 &= 0.716\omega_0, \end{aligned} \quad W = 16.02W_0$$

从动力学的观点来看，这一组态也可以看成是很可能的。最外电子离开圆形轨道的偏差将是很小的，这部分地是由于半径之比具有很大的值而且较内电子和较外电子的轨道频率之比也具有很大的值，部分地也由于较内电子的排列是对称的。因此，看来很可能的就是，三个电子将不会排列在单独一个环上而形成一个体系：

$$3_{(3)} \quad a = 0.413a_0, \omega = 5.87\omega_0, W = 17.61W_0$$

尽管这一组态的 W 比组态 $3_{(2,1)}$ 的 W 要大。

既然 $W[3_{(2,1)}]-W[3_{(2)}]=0.89W_0$，我们就看到，组态 $3_{(2,1)}$ 中的较外电子甚至比氢原子中的电子束缚得还要松。束缚强度之差对应于 1.4 伏特的电离电势之差。氢中的电子和锂中最外电子之间的一种显著差别还在于后者离开轨道平面的趋势较大。在 §2 中考虑的 G 这个量，给出了关于对垂直于平面的位移而言的稳定性的一种量度；这个量对于锂中的较外电子只是 0.55，而对于氢则是 1。这可能和一种现象的解释有关，即锂原子在和其他元素化合时有获得一个正电荷的明显倾向。

对于一个可能的带负电的锂原子，我们可以预期一个组态：

$$3_{(2,2)}\quad a=0.362a_0,\quad \omega=7.64\omega_0,\quad a=1.516a_0,\quad \omega=0.436\omega_0,\quad W=16.16W_0$$

必须指出，关于原子态的性质，我们没有任何详细的知识，不论是对于锂还是对于氢，还是对于下面考虑的大多数元素来说都是如此。

$N=4$　铍

由于和在考虑氦及锂时所提出的理由相类似的理由，关于中性铍原子的形成，我们可以假设下列的步骤：

$$4_{(1)}\quad a=0.25a_0,\quad \omega=16\omega_0,\quad W=16W_0$$

$$4_{(2)}\quad a=0.267a_0,\quad \omega=14.06\omega_0,\quad W=28.13W_0$$

$$4_{(2,1)}\quad a_1=0.263a_0,\quad \omega_1=14.46\omega_0,\quad a_2=0.605a_0,\quad \omega_2=2.74\omega_0,\quad W=31.65W_0$$

$$4_{(2,2)}\quad a_1=0.262a_0,\quad \omega_1=14.60\omega_0,\quad a_2=0.673a_0,\quad \omega_2=2.21\omega_0,\quad W=33.61W_0$$

尽管各组态

$$4_{(3)}\quad a=0.292a_0,\quad \omega=11.71\omega_0,\quad W=35.14W_0$$

$$4_{(4)}\quad a=0.329a_0,\quad \omega=9.26\omega_0,\quad W=37.04W_0$$

比组态 $4_{(2,1)}$ 和 $4_{(2,2)}$ 对应于更小的总能量的值。

按照类比，我们关于可能的带负电原子的组态进一步得到

$$4_{(2,3)}\quad a_1=0.263a_0,\quad \omega_1=14.51\omega_0,\quad a_2=0.803a_0,\quad \omega_2=1.55\omega_0,\quad W=33.66W_0$$

将所考虑原子的较外环和氦原子的环进行比较，我们就看到，铍原子中包含两个电子的较内环的存在，显著地改变了较外环的性质；这部分地是由于所采用的中性铍原子的组态中的较外电子比氦原子中的电子束缚得更松，部分地是由于对氦来说等于 2 的 G 这个量在组态 $4_{(2,2)}$ 中只等于 1.12。

既然 $W[4_{(2,3)}]-W[4_{(2,3)}]=0.05W_0$，铍原子就将对自由电子还具有一个确定的、尽管是很小的亲和性。

4　包含较多电子的原子

由上节所讨论的例子即将看出，原子中各电子的安排问题，是和两个电子环的汇合问题密切地联系着的，这两个电子环一个在另一个外边绕着核转动，并满足角动量的普适恒定性条件。除了对垂直于轨道平面的电子位移而言的必要稳定性条件，现在这种理论对这种电子安排问题提供的信息甚少。但是，借助于简单的考虑来对这一问题作些阐明却似乎是可能的。

让我们考虑在单独一个平面上绕核转动的两个环，其中一个在另一个的外边。让我

们假设，一个环上的电子就像电荷均匀分布在环周上那样对另一个环上的电子起作用，而且各个环在这种近似下满足电子角动量条件和对垂直于环平面的位移而言的稳定性条件。

现在假设，借助于适当的平行于环轴的假想外来力，我们把内环向一边慢慢拖过去。在这一过程中，由于来自内环的推斥力，外环将向原始环平面的另一侧移动。在各环的移动过程中，各电子绕体系轴线的角动量将保持恒定，而且内环的直径将增大，而外环的直径则将减小。在移动开始时，作用在原有内环上的外来力的量值将增大，但是后来就会减小，而且当二环平面之间的距离取某一值时体系将处于平衡组态。但是，这种平衡将是不稳定的。如果我们让各环慢慢地返回，它们就将或是达到它们原始的位置，或是达到原来的外环变成内环而原来的内环变成外环的那种位置。

假若电子的电荷是均匀地分布在环周上的，我们通过所考虑的过程就最多能够得到环的交换，而显然不能得到二环的汇合。但是，当把电子的分立分布考虑在内时却可以证明，在特例，当两个环上的电子数相等而且两个环是向相同的方向转动时，两个环就将通过这种过程而合二为一，如果末组态是稳定的话。在这种情况下，各环的半径和频率在上述的非稳定平衡组态中将是相等的。当达到这一组态时，一个环上的电子将进一步采取恰好对准另一环上电子之间的间隔的位置，因为这样的安排将对应于最小的总能量。如果现在我们让各环返回它们的原始平面，则一个环上的电子将填入另一环上电子之间的空隙中而形成单独一个环。显然，这样形成的一个环将和原有的环一样满足相同的电子角动量条件。

如果两个环包含不同数目的电子，则体系在所考虑的这种过程中将表现得很不相同，而且，和上一情况相反，如果借助平行于体系轴线的外来力把二环从它们的原始平面上拉开，我们并不能预期它们将合二而一。在这方面可以注意到，作为所考虑位移的特征的，并不是关于外来力的特殊假设，而只是各电子绕环心的角动量的不变性；这种位移在现在这种理论中的地位，和任意位移在普通力学中的地位相仿。

以上这些考虑可以看成一种情况的指示，那就是当两个环含有相同数目的电子时它们具有较大的汇合倾向。当考虑正核对各个电子的逐步束缚时，我们由此就断定，除非核上的电荷很大，各个电子环只有当含有相等数目的电子时才会合并，从而较内各环上的电子数将只能是 2，4，8，…。如果核电荷是很大的，则起初束缚住的几个电子环（如果为数不多的话）将相距很近，从而我们必须预期组态将很不稳定而且各环之间逐渐交换电子将是很容易的。

关于环上电子数的这一假设得到一件事实的有力支持，那就是，原子量较低的各元素的化学性质是以 8 为周期而变化的。此外，由此可知，最外环上的电子数将永远是奇数或偶数，随原子中总电子数的为奇或为偶而定。这一点和一个事实有着一种发人深思的关系，这一事实就是，一种原子量较低元素的价数永远是奇数或偶数，随该元素在周期系[①]中的序数的为奇或为偶而定。

对于在上一节中考虑了的那些元素的原子，我们曾经假设最初束缚住的两个电子是

① 即今译“周期表”，因行文中有“系”“谱系”等相关概念，本书保留旧译。——本书编辑注

排列在单独一个环上的，而且其次两个电子是排列在另一个环上的。如果 $N\geqslant4$，则组态 $N_{(4)}$ 将比组态 $N_{(2,2)}$ 对应于更小的总能量的值。N 的值越大，组态 $N_{(2,2)}$ 中两个环的半径之比将越接近于 1，而且通过两环的最后汇合而发射出去的能量也将越大。在元素序列中，4 个最内电子将初次排列在单独一个环上的那些元素并不能由理论定出。根据有关化学性质的考虑，我们很难预期此事在硼（$N=5$）或碳（$N=6$）的前面就已发生，因为观察到的这些元素的价数分别是 3 和 4；另一方面，元素周期系却强烈地暗示着，在氖（$N=10$）中已经将有一个由 8 个电子组成的内环出现了。除非 $N\geqslant14$，组态 $N_{(4,4)}$ 将比组态 $N_{(8)}$ 对应于更小的总能量值；但是，对于 $N\geqslant10$，后一组态就已经对垂直于轨道平面的电子位移来说是稳定的了。除非 N 很大，由 16 个电子组成的环将是不稳定的；但是在 N 很大的情况下，以上谈到的那些简单考虑却是不能应用的。

必须预期，当在已经束缚住的含有 n 个电子的环外面绕着电荷为 Ne 的核转动时，两个电子数相同的环的汇合比绕着电荷为（$N-n$）e 的核转动的两个类似环的汇合更容易发生，因为各环对垂直于环平面的位移而言的稳定性在前一情况中比在后一情况中要小（参阅 § 2）。这种对垂直于环平面的位移而言的稳定性的减小趋势，对于中性原子的较外环来说将是特别显著的。在后一情况中，我们必须预期环的汇合是非常容易的，而且在某些情况下甚至会发生较外环上的电子数大于其次一个较内环上的电子数的事，而且较外环会显示对关于各环上有 1，2，4，8 个电子的假设的偏差，例如组态 $5_{(2,3)}$ 和 $6_{(2,4)}$ 而不是组态 $5_{(2,2,1)}$ 和 $6_{(2,2,2)}$。我们在这儿将不再进一步讨论较外环上的电子安排这一复杂问题。在下面给出的方案中，这一环上的电子数被任意地认为等于对应元素的正常价数，就是说，对于电负元素和电正元素来说，分别等于该元素的一个原子与之化合的氢原子数或两倍的氧原子数。

这样一种较外电子的安排是由关于原子体积的考虑所暗示了的。如所周知，各元素的原子体积是原子量的周期函数。如果按照周期系用通常的方法排列起来，则同一竖行中的元素具有近似相同的原子体积，而从一竖行到另一竖行，这一体积却有颇大的变化，在对应于最小价数 1 的竖行中最大而在对应于最大价数 4 的竖行中最小。关于中性原子的外环半径的近似估计，可以通过一个假设来得到，那就是，由核和较内电子所引起的总的力等于来自电荷为 ne 的一个核的力，此处 n 是环上的电子数。在第[26]页上的方程（1）中令 $F=n-s_n$ 并用 a_0 代表 $n=1$ 时的 a 值，我们就得到，对于 $n=2$ 有 $a=0.57a_0$，对于 $n=3$ 有 $a=0.41a_0$，而对于 $n=4$ 有 $a=0.33a_0$。于是，所选的电子安排将引起一种和对应元素的原子体积的变化相似的外环线度的变化。但是必须记得，原子体积的实验测定，在大多数情况下是从关于分子的考虑而不是从关于原子的考虑推得的。

由上所述，我们就被引导到下列可能的关于轻原子的电子排列方案：

$1_{(1)}$	$7_{(4,3)}$	$13_{(8,2,3)}$	$19_{(8,8,2,1)}$
$2_{(2)}$	$8_{(4,2,2)}$	$14_{(8,2,4)}$	$20_{(8,8,2,2)}$
$3_{(2,1)}$	$9_{(4,4,1)}$	$15_{(8,4,3)}$	$21_{(8,8,2,3)}$
$4_{(2,2)}$	$10_{(8,2)}$	$16_{(8,4,2,2)}$	$22_{(8,8,2,4)}$
$5_{(2,3)}$	$11_{(8,2,1)}$	$17_{(8,4,4,1)}$	$23_{(8,8,4,3)}$
$6_{(2,4)}$	$12_{(8,2,2)}$	$18_{(8,8,2)}$	$24_{(8,8,4,2,2)}$

不经任何更充分的讨论，这种原子构造看来并不是不可能对应于和所观察到的性质相似的各元素的性质。

首先，存在一种以 8 为周期的显著周期性。而且，在上表的每一水平序列中，较外电子的束缚都将随着每原子的电子数的增大而变弱，这就对应于一个事实，即观察到的电正性随周期系的每一单独周期中各元素原子量的增大而增大。关于原子体积的变化，也存在对应的一致性。

在原子量较高的原子的情况，所用的简单假设就不再适用了。但是，根据关于各元素化学性质的变化的考虑，可以想到几点情况。在包含八种元素的第 3 周期的末尾，我们遇到铁族元素。这个族在元素系中占有特殊的地位，因为这里第一次出现这种情况：具有相邻原子量的元素显示相似的化学性质。这种情况表明，这一族的各元素中的电子组态只在较内电子的安排方面有所不同。在铁族以后，元素化学性质的周期就不再是 8 而是 18 了；这一事实使我们想到，原子量较高的元素含有一种在最内各环上各有 18 个电子的重复组态。对 2,4,8,16 的偏差可能起源于在第[36]页上叙述了的那种环间电子的逐渐交换。既然由 18 个电子组成的环是不稳定的，各个电子就可能是排在两个平行的环上的（见第[31]页）。较内电子的这样一种组态将对较外电子发生作用，其作用方式和电荷为$(N-18)e$的一个核的作用方式很接近于相同。因此就或许可能，随着 N 的增大，另一个同类型的组态将在第一个组态的外面形成，正如第二个含 18 种元素的周期的存在所暗示的那样。

同理，稀土族的存在表明，对于更大的 N 值，最内各环将发生另一种逐渐的变动。但是，既然对原子量高于此族的元素来说，把化学性质的变化和原子量联系起来的定律是和原子量较低的元素之间的那些定律相似的，那么我们就将断定，最内电子的组态将再次重现。但是，理论还不够完备，不足以给出这种问题的确切答案。

5　特征伦琴射线

按照在第一部分中提出的辐射发射理论，一种元素的普通的线光谱是当外环上一个或多个电子被取走时在原子的重新形成中被发射的。按照类比可以假设，特征伦琴辐射是当内环上的电子被某种作用物（例如通过阴极射线粒子的碰撞）取走时在体系安定下来的过程中被放出的。这种关于特征伦琴射线的起源的看法，曾由 J. J. 汤姆逊爵士①提出。

不用任何关于辐射成分的特殊假设，我们从这一看法就能通过计算从不同环上取走一个电子时所需要的能量，来确定产生一种特定类型的特征伦琴射线所必要的最小阴极射线速度。即使我们知道了各环上的电子数，这一最小能量的严格计算也还可能是很繁

① 参阅 J. J. Thomson, *Phil. Mag.* xxiii. p. 456(1912).

复的，而且计算结果将大大依赖于所用的假设。因为，正如在第一部分的第[18]页上所提到的，计算并不能完全依据普通的力学来进行。但是，如果我们考虑最内的环，并且和核的吸引力相比而作为一级近似略去来自各个电子的推斥力，我们就能很简单地得到和实验的近似比较。让我们考虑一个简单体系，包括一个绕电荷为 Ne 的正核而沿圆形轨道转动的束缚电子。在第[26]页上的表示式(1)中令 $F=N$，我们就得到电子的速度

$$v=\frac{2\pi e^2}{h}N=2.1\times10^8 N$$

为了把电子移到离核无限远处而必须传给体系的总能量，等于束缚电子的动能。因此，如果电子是通过另一个迅速运动电子的撞击而被带到离核很远的地方的，则后者在离核很远时所具有的最小动能必须等于束缚电子在碰撞以前的动能。因此，自由电子的速度必须至少等于 v。

按照惠丁顿(R. Whiddington)的实验①，恰恰能使原子量为 A 的元素产生所谓 K 型——所观察到的辐射的最硬类型——特征伦琴射线的阴极射线速度，对于从 Al 到 Se 的各元素来说近似地等于 $A\times10^8$ 厘米/秒。可以看到，如果我们令 $N=\frac{A}{2}$，则这一速度等于以上算出的 v 值。

既然我们已经通过把 K 型特征伦琴射线归因于最内的环而和实验得到了近似的符合，那就必须预期，任何更硬类型的特征伦琴射线都将不会存在。这一点是由关于 γ 射线穿透本领的观测很有力地指示了的②。

值得指出，理论不但给出从外环上取走电子时所需能量的接近正确的值，而且给出从最内环上取走电子时所需能量的接近正确的值。当我们记起，对于原子量为 70 的一种元素来说，在这两种情况下所要求的能量相差 1000 倍时，计算值和实验值之间的近似符合就更加引人瞩目了。

在这方面应该强调，特征伦琴射线的惊人单频性——由关于射线吸收的实验所指明，也由在近来关于伦琴射线在晶体中的衍射的实验中观察到的干涉现象所指明——是和在第一部分中(见第[11]页)当考虑线光谱的发射时所用的主要假设相符合的；那假设就是，体系在不同稳定态之间进行过渡时所发射的辐射是单频的。

在(4)中令 $F=N$，我们就近似地得到最内环的直径，$2a=\frac{1}{N}\times10^{-8}$ 厘米。对于 $N=100$，由此得到 $2a=10^{-10}$ 厘米，这是一个和普通原子线度相比为很小而和所应预期的核线度相比仍为很大的值。按照卢瑟福的计算，核的线度具有 10^{-12} 厘米的数量级。

① R. Whiddington, *Proc. Roy. Soc. A*. lxxxv. p. 323(1911).

② 参阅 E. Rutherford, *Phil. Mag*. xxiv. p. 453(1912).

6　放射性现象

按照现在这种理论，核周围的电子团是随着能量的发射而形成的，而且组态是由所发射的能量取极大值这一条件来确定的。由这些假设导致的稳定性，似乎和一般的物质性质相一致。但是它却和放射性现象显著地相反，从而按照这一理论，放射性现象的起源可以到不同于核周围电子分布的其他方面去找。

卢瑟福原子结构理论的一个必然推论就是 α 粒子的起源在于核中。按照现在这一理论，看来核也必须是放出高速 β 粒子的所在。首先，β 粒子从核周围的电子团中的自发放出将是和所假设的体系性质十分不同的性质。其次，α 粒子的放出很难被预期能对电子团的稳定性产生一种持久的效应。放射的效应将属于不同的两类：一类是粒子在穿过原子时可以和束缚电子互相碰撞，这种效应将和用 α 射线轰击其他物质的原子所产生的效应相类似，从而不能被期望会引起随后的 β 粒子的放出；另一类是粒子的放出将引起束缚电子的组态的变动，因为留在核上的电荷和原来的不同了。为了考虑后一效应，让我们注意绕着电荷为 Ne 的核而转动的单独一个电子环，并让我们假设一个 α 粒子沿着垂直于环平面的方向而被放出。粒子的放出显然不会引起电子角动量的任何变化；而且，如果粒子的速度远小于电子的速度——如果我们考虑高原子量原子的较内环就会出现这种情况——则在放射过程中环将不断地胀大，而且将在放射以后采取理论所要求的绕着电荷为$(N-2)e$ 的核而转动的一个稳定环的位置。这一简单情况的考虑很有力地表明，α 粒子的放出不会对剩余原子中内部电子环的稳定性有什么持久的效应。

β 粒子的起源问题也可以从另一种观点来加以考虑，这种观点是建筑在关于放射性物质的化学性质和物理性质的考虑上的。如所周知，有些这样的物质具有很相近的化学性质，而且用化学手段来分离它们的每一种尝试迄今都没有成功。也有某些证据表明所讨论的这些物质显示相同的线光谱①。若干作者曾经提出，这些物质只在放射性质和原子量方面有所不同，而在一切物理的和化学的性质方面则完全等同。按照理论，这就意味着，核上的电荷以及周围电子的组态在某些元素中是等同的，所不同的只是核的质量和内部构造而已。由 § 4 中的考虑可见，这一假设已经由一件事实——放射性物质的数目大于周期系中可供我们利用的位置的数目——强烈地暗示出来。但是，如果这一假设是对的，则两种表观上等同的元素会发射速度不同的 β 粒子这一事实，将表明 β 射线正如 α 射线一样是在核中有其根源的。

这种关于 α 粒子和 β 粒子的起源的看法，可以很简单地解释把放射性物质化学性质

① 见 A. S. Russell and R. Rossi, *Proc. Roy. Soc. A.* lxxxvii p. 478(1912).

的变化和所发射粒子的种类联系起来的那种方式。实验结果表示在下列两条法则中[①]:

(1) 每当放出一个 α 粒子时,所得产物所属的族就在周期系中比母体所属的族少两个单位。

(2) 每当放出一个 β 粒子时,所得产物所属的族就比母体族大一个单位。

可以看到,这恰恰是按照 § 4 中的考虑所应预期的。

在从核中逸出时,β 射线可被预期将和较内环上的电子互相碰撞。这就将导致一种特征辐射的发射,其辐射类型和由阴极射线的撞击所引起的从原子量较低元素发出的特征伦琴射线相同。关于 γ 射线的发射是由 β 射线的碰撞所引起的这一假设,是卢瑟福[②]为了说明从某些放射性物质放出的许多组均匀 β 射线而提出的。

在现在这篇论文中我曾经企图证明,通过引入束缚电子的角动量普适恒定性假设来把普朗克辐射理论应用于卢瑟福的原子模型,就导致看来和实验相符的结果。

在稍后的一篇论文中,我将把理论应用于包含不止一个核的那些体系中。

---

① 参阅 A. S. Russeu, *Chem. News*, cvii, p. 49(1913); G. v. Hevesy, *Phys. Zeitschr.* xiv. p. 49(1913); K. Fajans, *Phys. Zeitschr.* xiv. pp. 131 & 136(1913); *Verh. d. deutsch. Phys. Ges.* xv. p. 240(1913); F. Soddy, *Chem. News*, *cvii.* p. 97(1913).

② E. Rutherford, *Phil. Mag.* xxiv. pp. 453 & 893(1912).

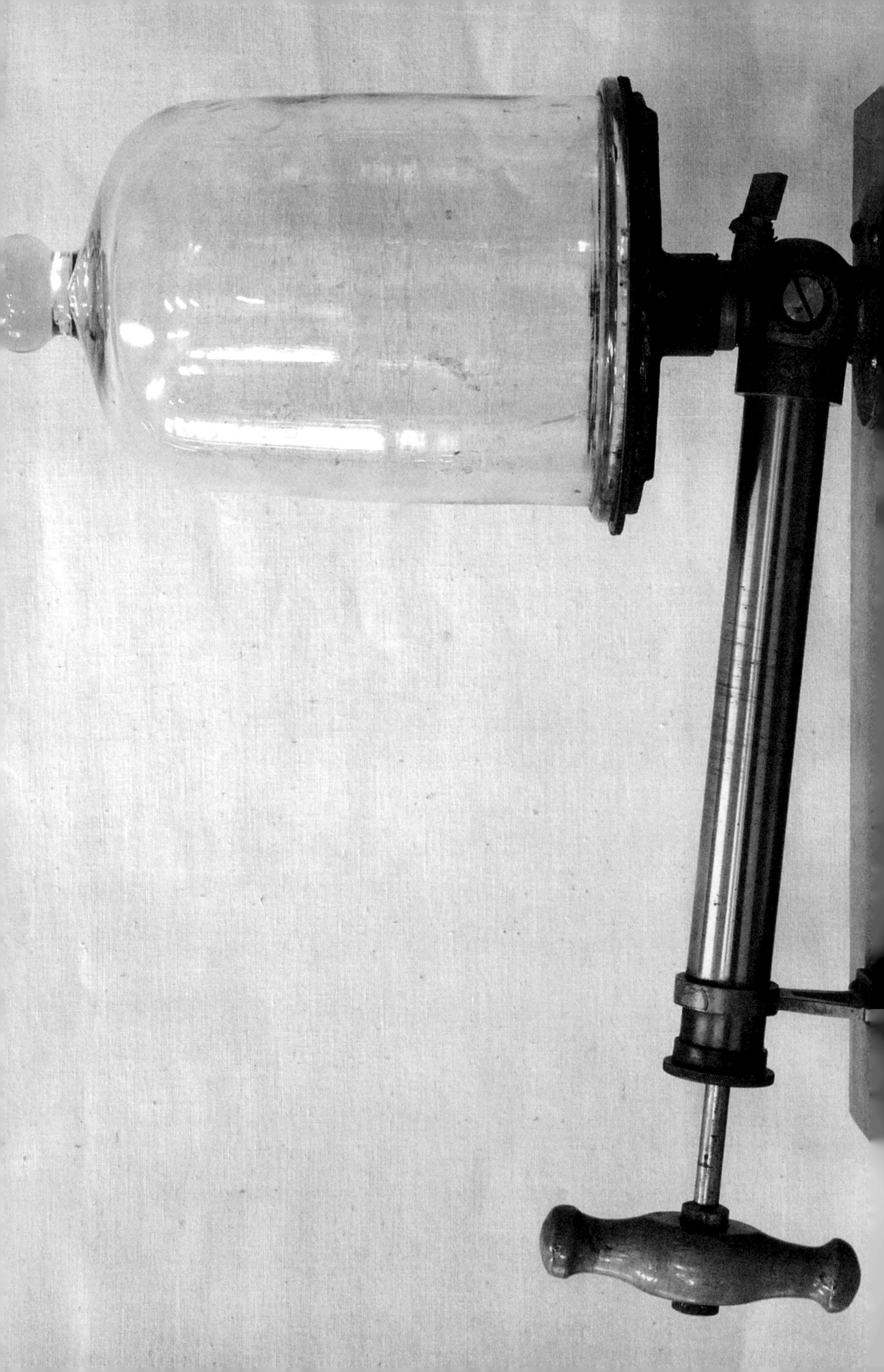

第三部分

包含多个原子核的体系

玻尔并不单独一个人工作，而是同其他人一起合作。他的最大能力是把世界上最活跃、最富有天资、最敏锐的物理学家集合在自己的周围。

——维克多·韦斯可夫

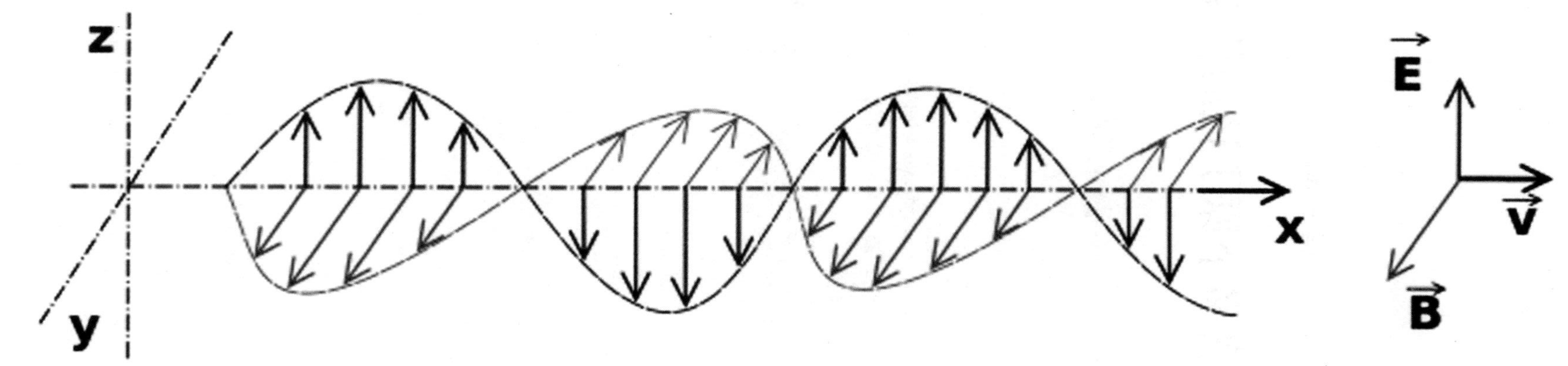
z
y
x
$\vec{E}$
$\vec{v}$
$\vec{B}$

1 绪　论

按照卢瑟福的原子结构理论，一种元素的原子和某种化学组合的分子之间的区别就在于：前者是一团电子包围着单独一个核，核的线度非常小而其质量远大于电子质量；而后者则至少包含两个核，核与核之间的距离可以和周围电子团中各电子之间的距离相比。

在前两篇论文中用到的主要想法是，原子是通过核对若干个起初接近静止的电子的逐步束缚而形成的。但是，当考虑不止包含一个核的体系的形成时，这样的观念就不能应用了；因为，在这种情况下，在电子被束缚的过程中将没有任何东西使各个核保持在一起。在这方面可以注意到，尽管一个带有很大正电荷的核能够束缚住少数电子，但是，两个高度带电的核却相反地显然不能借助于少数几个电子来保持在一起。因此我们必须假设，包含着多个核的组态是通过已经束缚了一些电子的——各自包含单独一个核的——体系的相互作用而形成的。

§2 处理已经形成的体系的组态和稳定性。我们将只考虑一个体系的简单情况，该体系包含两个核和一个绕着两核连线转动的电子环；但是，计算的结果却给出一些指示，表明在更复杂的情况应该预期什么样的组态。正如在以前的论文中一样，我们将假设平衡条件可以借助普通力学来推出。但是，在确定体系的线度和稳定性时，我们将使用第一部分中的主要假说。按照这一假说，每一电子绕其轨道中心的角动量都等于一个普适值$\frac{h}{2\pi}$，式中h是普朗克常量；而且，稳定性由一个条件来确定，即体系的总能量比在满足相同的电子角动量条件的任何相邻组态中都要小。

在§3 中，将比较详细地讨论所应预期的氢分子的组态。

§4 处理各体系的形成方式。这里指出了一种简单的处理方法，利用这种方法可以一步一步地追寻两个原子结合起来而形成一个分子的过程。即将证明，所得的组态是满足在§2 中使用了的那些条件的。电子角动量在这些考虑中所占的地位，有力地支持了主要假说的正确性。

§5 包括一些指示，说明针对含有许多个电子的体系所应预期的是些什么组态。

◀构成电磁辐射的电磁波可以想象为电场和磁场的自蔓延横向振荡波

2　体系的组态和稳定性

让我们考虑一个体系，包含两个电荷相等的正核和一个绕着两核连线而转动的电子环。设环上的电子数为 n，电子的电荷为 $-e$，而每一核上的电荷为 Ne。正如可以简单证明的，如果两个核离开环平面的距离相等，而且环的直径 $2a$ 和两核之间的距离 $2b$ 之比由

$$b = a\left\{\left(\frac{4n}{N}\right)^{2/3} - 1\right\}^{-\frac{1}{2}} \tag{1}$$

给出，而且绕转频率 ω 的大小恰好使每一个电子所受的离心力和由核的吸引及其他电子的推斥所造成的径向力相平衡，则体系将是处于平衡的。用 $\frac{e^2}{a^2}F$ 代表这一径向力，我们就由电子角动量的普适恒定性条件得出

$$a = \frac{h^2}{4\pi^2 e^2 m}F^{-1}, \omega = \frac{4\pi^2 e^4 m}{h^3}F^2 \tag{2}$$

正如在第二部分的第[26]页上所证明的那样。把所有的带电粒子移到彼此相距无限远时所需要的总能量，等于各电子的总动能，并由下式给出：

$$\mathbf{W} = \frac{2\pi^2 e^4 m}{h^2}\sum F^2 \tag{3}$$

对于所讨论的体系，我们有

$$F = \frac{N^2}{2n}\left\{\left(\frac{4n}{N}\right)^{2/3} - 1\right\}^{3/2} - s_n \tag{4}$$

式中

$$s_n = \sum_{s=1}^{s=n-1} \csc\frac{s\pi}{n}$$

关于 s_n 的一个表，已经在第二部分第[28]页上给出。

为了检验体系的稳定性，我们必须考虑电子轨道相对于核的位移，并考虑核和核之间的相对位移。

建筑在普通力学上的计算给出，体系对于环平面内的电子位移来说是不稳定的。但是，正如对第二部分中所考虑的体系那样，我们将假设普通的力学原理在讨论所考虑的问题时是不能应用的，而且，体系对所考虑的位移而言的稳定性是通过引入电子角动量的普适恒定性假说来加以保证的。这一假设已包括在§1中所叙述的稳定性条件中。必须注意，在第二部分中，F 这个量被看成一个恒量，而对这里考虑的体系来说，当核的位置固定时 F 却随环的半径而变化。但是，和在第二部分第[27]页上给出的计算相似的简单计算却表明，对于环半径从 a 到 $a+\delta a$ 的变化来说，略去 δa 的高于二次的乘幂，体系总能量的增量就由下式给出：

$$\delta(P+T) = T\left(1 + \frac{a}{F}\frac{\partial F}{\partial a}\right)\left(\frac{\delta a}{a}\right)^2$$

式中 T 是体系的总动能而 P 是体系的势能。既然对于固定的核位置来说 F 是随着 a 的增大而增大的（当 $a=0$ 时 $F=0$，当 $a=\infty$ 时 $F=2N-s_n$），依赖于 F 的变化量的那一项就

将是正的，从而体系对所讨论的位移来说就将是稳定的。

根据和在第二部分第[28]页上所提出的那些考虑完全对应的考虑，作为对垂直于环平面的电子位移而言的稳定性条件，我们得到

$$G > p_{n,0} - p_{n,m} \tag{5}$$

式中 $p_{n,0}-p_{n,m}$ 和在第二部分中具有相同的意义，而 $\frac{e^2}{a^3}G\delta z$ 代表当一个电子得到一个垂直于环平面的小位移 δz 时由各个核作用在该电子上的力的垂直于环平面的分力。正如对于第二部分中所考虑的体系那样，可以设想位移是由沿着平行于体系轴线的方向而作用在电子上的外来力的影响引起的。

对于由两个各带电荷 Ne 的核和一个含有 n 个电子的环所构成的体系，我们求得

$$G = \frac{N^2}{2n}\left\{\left(\left(\frac{4n}{N}\right)^{2/3}-1\right)^{3/2}\left(1-3\left(\frac{N}{4n}\right)^{2/3}\right\}\right. \tag{6}$$

借助于这一表示式并利用第二部分第[28]页上给出的 $p_{n,0}-p_{n,m}$ 表，就可以简单地证明所讨论的体系将是不稳定的，除非 $N=1$ 而 n 等于 2 或 3。

当考虑体系对各核之间的相对位移而言的稳定性时，我们将假设各核的运动是如此之慢，以致各电子的运动状态在任何时刻都和根据各核为静止的假设而算出的状态没有可觉察的差别。这一假设，由于核质量远大于电子质量从而是可以允许的；这一假设就导致，由于核的位移而引起的振动比由于电子的位移而引起的振动要慢得多。于是，对于由一个电子环和两个带相等电荷的核所构成的体系，我们就将假设各电子在核移动过程中的每一时刻都在二核的对称平面上沿圆形轨道而运动。

现在让我们想象，借助于作用在核上的外来力，我们慢慢地改变核间的距离。在移动过程中，由于由核的吸引所引起的径向力发生变化，电子环的半径将会变化。在这种变化中，每一电子绕二核连线的角动量将保持不变。如果核间的距离增大，环的半径显然也将增大；但是，半径的增大将比核间距离的增大要慢一些。例如，设想在一种移动中半径和距离同样增大为其原始值的 α 倍。在新的组态中，来自核和其他电子的作用在一个电子上的径向力将是原始组态中径向力的 $\frac{1}{\alpha^2}$ 倍。根据电子角动量在移动过程中的恒定性就可以进一步推知，新组态中电子的速度是原值的 $\frac{1}{\alpha}$ 倍，而离心力则是原值的 $\frac{1}{\alpha^3}$ 倍。因此，径向力就大于离心力。

由于核间距离比环半径增长得更快，由环引起的对其中一个核的吸引力就将大于来自另一个核的排斥力。因此，在移动过程中作用在核上的外来力所作的功将是正的，从而体系对位移而言将是稳定的。显然，同样的结果在核间距离减小的情况下也将成立。可以注意，在以上的考虑中我们不曾用到关于电子的动力学的任何新假设，而只用了角动量的不变性原理，而这一原理是普通力学和 § 1 中的主要假说所公有的。

对于由一个电子环和两个带有不等电荷的核所构成的体系，稳定性的考察更要复杂一些。和以前一样，我们发现体系对环平面内的电子位移来说永远是稳定的；而且，关于对垂直于环平面的位移而言的稳定性条件，一个对应于(5)式的表示式也成立。但是，这个条件在保证体系的稳定性方面将是不充分的。对于垂直于环平面的电子位移来说，核

所引起的径向力的改变量将和位移同数量级；因此，在新组态中径向力将不会和离心力相平衡，而且，如果改变轨道半径直到重建径向平衡，则体系的能量将减小。在应用§1中的稳定性条件时必须把这一情况考虑在内。类似的复杂性也出现在对核位移而言的稳定性计算中。对于核间距离的变化来说，不但环半径会变化，而且环平面对核连线的分割比例也会变化。结果，普遍情况的充分讨论就是相当冗长的；但是，近似的数字计算表明，也和在以上的情况中一样，体系将是不稳定的，除非核电荷较小而且环所包含的电子很少。

对于由两个正核和若干个电子所构成的体系，以上的考虑提示了一些和在化学结合物的分子中所应预期的电子布置相容的组态。例如，如果我们考虑包含着两个带很大电荷的中性体系，那么就会得到，在稳定组态中，大部分电子必将近似地安排在每一个核的周围，就像另一个核并不存在一样；而只有少数几个较外电子的安排会有不同，它们将在绕着核连线的一个环上进行转动。使体系保持在一起的这个环，就代表化学“键”。

这样一个环的可能组态的一种初步的粗浅近似，可以通过考虑简单的体系来得到。这种体系包括一个环，绕着线度很小的两个核之间的连线而转动。但是，详细讨论含有很多电子的体系的组态，在把较内环的效应考虑在内时却涉及很费事的数字计算。除了在§5中给出的少数指示以外，我们在这篇论文中将只考虑含有很少电子的体系。

3　包含很少电子的体系　氢分子

在那些在§2中考虑过并发现为稳定的体系中，由包含两个电子的一个环和电荷为 e 的两个核所构成的体系具有特别意义，因为按照理论可以预期这种体系代表一个中性的氢分子。

用 a 代表环的半径并用 b 代表各核离开环平面的距离，我们在(1)式中令 $N=1$ 和 $n=2$ 就得到，

$$b=\frac{1}{\sqrt{3}}a$$

我们由(4)式进一步得到

$$F=\frac{3\sqrt{3}-1}{4}=1.049$$

像在第二部分中一样用 a_0、ω_0 和 W_0 代表由单独一个电子绕着电荷为 e 的核而转动所形成的体系(氢原子)的 a、ω 和 W 的值，我们由(2)式和(3)式就得到

$$a=0.95a_0,\quad \omega=1.10\omega_0,\quad W=2.20W_0$$

既然 $W>2W_0$，那么就可推知两个氢原子会随着能量的发射而结合成为分子。令 $W_0=2.0\times10^{-11}$ 尔格(参阅第二部分第[32]页)和 $N=6.2\times10^{23}$，此处 N 是1克分子①物质中

① “克分子”现称摩尔(mol)。——本书编辑注

的分子数，我们就能求得由氢原子形成 1 克分子氢时所发射的能量，$(W-2W_0)N=2.5\times10^{12}$，这对应于 6.0×10^4 卡。这个值具有正确的数量级，但却比朗缪尔（I. Langmuir）[①]由测量氢中一条炽热金属丝在气体中的传热而求得的值 13×10^4 卡要小得多。由于所用的是间接方法，看来很难估计应该指定给后一值的精确度。为了作到使理论值和朗缪尔的值相符合，电子角动量的值就应该只是所采用的值的三分之二；但是，这似乎很难和在其他各点方面求得的符合性相协调。

我们由(6)得到 $G=\frac{3\sqrt{3}}{16}=0.325$。关于整个环在平行于体系轴线方向上的振动的频率，我们得到

$$\nu=\omega_0\sqrt{G\frac{a_0^3}{a^3}}=0.61\omega_0=3.8\times10^{15}\ \frac{1}{\text{秒}}$$

我们在第一部分和第二部分中曾经假设，体系所吸收的并对应于电子在环平面上的振动的辐射频率，并不能根据普通力学来计算，而是由关系式 $h\nu=E$ 来确定的，此处 h 是普朗克常量而 E 是体系的两个不同稳定态之间的能量差。既然我们在 § 2 中已经看到，由两个核和绕着二核连线而转动的单独一个电子所构成的组态是不稳定的，那么我们就可以假设，取走其中一个电子就将导致分子分裂为单独一个核和一个氢原子。如果把后一状态看成所讨论的稳定态之一，我们就得到

$$E=W-W_0=1.20W_0,\nu=1.2\frac{W_0}{h}=3.7\times10^{15}\ \frac{1}{\text{秒}}$$

根据色散实验算出的氢中的紫外吸收谱线的频率是 $\nu=3.5\times10^{15}\frac{1}{\text{秒}}$[②]。而且，在诸德理论的基础上根据这种实验进行的计算，得出氢分子中的电子数接近于 2。后一结果可能是和一件事实联系着的，那就是，以上计算的和平行于环平面的振动及垂直于环平面的振动相对应的吸收辐射的频率是接近相等的。正如在第二部分中所提到的，根据色散实验算出的氦原子中的电子数，只是所应预期的该原子中的电子数（即 2）的三分之二。对于一个氦原子，正如对于一个氢分子一样，由关系式 $h\nu=E$ 确定出来的频率是和由色散现象观测到的频率密切符合的；但是，在氦体系中，和垂直于环平面的振动相对应的频率却是所讨论的这种频率的三倍以上，从而它对色散的影响是可以忽略的。

为了确定和各核之间的相对位移相对应的体系振动频率，让我们考虑环半径等于 y 而核间距离等于 $2x$ 的一个组态。作用在其中一个电子上的由核的吸引和另一电子的排斥所引起的径向力是

$$R=\frac{2e^2y}{(y^2+x^2)^{3/2}}-\frac{e^2}{4y^2}$$

现在让我们考虑体系的一种缓慢移动，在移动过程中，径向力和由电子的转动所引起的离心力相平衡，从而电子的角动量保持恒定。令 $R=\frac{e^2}{y^2}F$，我们在第[46]页上已经看到环半径和 F 成反比。因此，在所考虑的移动过程中，Ry^3 保持恒定。由此通过求微分就得到

① I. Langmuir, *Joum. Amer. Chem. Soc.* xxxiv. p. 860(1912).

② C. and M. Cuthbertson, *Proc. Proc. Roy.* lxxxiii. p. 151(1910).

$$(8y^5+32y^3x^2-(x^2+y^2)^{5/2})\mathrm{d}y-24xy^4\mathrm{d}x=0$$

将 $x=b$ 和 $y=a$ 代入，我们就得到

$$\frac{\mathrm{d}y}{\mathrm{d}x}=\frac{27}{21\sqrt{3}-4}=0.834$$

由环的吸引和另一核的排斥所引起的作用在其中一个核上的力是

$$Q=\frac{2e^2x}{(x^2+y^2)^{3/2}}-\frac{e^2}{4x^2}$$

对于 $x=b$，$y=a$，这个力等于零。

对应于满足 $x=a+\delta x$ 的体系微小位移，利用以上的$\frac{\mathrm{d}y}{\mathrm{d}x}$的值并令 $Q=\frac{e^2}{a^3}H\delta x$，我们就得到

$$H=\frac{27}{16}\left(\sqrt{3}-\frac{\mathrm{d}y}{\mathrm{d}x}\right)=1.515$$

关于和所考虑的位移相对应的振动频率，用 M 代表一个核的质量，我们就得到

$$\nu=\omega_0\sqrt{\frac{m}{M}H\frac{a_0^3}{a^3}}=1.32\omega_0\sqrt{\frac{m}{M}}$$

令$\frac{M}{m}=1835$ 和 $\omega_0=6.2\times10^{15}$，我们就得到

$$\nu=1.91\times10^{14}$$

这一频率和根据氢气比热随温度的变化而用爱因斯坦理论算出的频率①具有相同的数量级。另一方面，不曾观察到氢气中和这一频率相对应的辐射的任何吸收。但是，由于体系的对称结构以及对应于电子位移和对应于核位移的频率之间的很大比值，这恰恰是我们所应预期的。氢气中红外吸收的完全不存在，可以看成在和另一种模型分子相比之下支持此处所采用的这种氢分子构造的有力论据；在那一种模型中，化学键被假设为以所包括的原子上的异号电荷为其根源。

正如在 §5 中即将证明的，上面算出的频率可以用来估计更加复杂的体系的振动频率；对于那种体系是观察到了红外吸收的。

正如在 §2 中提到的，由两个电荷为 e 的核和一个在核间转动着的含三个电子的环所构成的组态，对垂直于环平面的电子位移而言也是稳定的。计算得出

$$\frac{b}{a}=0.486, G=0.623, F=0.879$$

而且进一步得到

$$a=1.14a_0, \omega=0.77\omega_0, W=2.32W_0$$

既然 W 大于由两个核和两个电子所构成的体系的 W 值，所考虑的这个体系就可以看成代表着一个带负电的氢分子。存在这种体系的证据，曾由 J. J. 汤姆逊爵士在他关于阳极射线的实验中得到②。

由两个电荷为 e 的核和单独一个沿圆形轨道而绕着二核连线转动的电子所构成的体

① 参阅 N. Bjerrum, *Zeitschr. f. Elektrochem.* xvii. p. 731(1911); xviii. p. 101(1912).

② J. J. Thomson, *Phil. Mag.* xxiv. p. 253(1912).

系，对垂直于轨道的电子位移来说是不稳定的，因为在平衡组态中有 $G<0$。因此，初看起来，关于带正电的氢分子出现于阳极射线实验中的解释，可能被认为是现在这种理论的一个严重困难。但是，可以到进行观察时体系所处的特殊条件中去找一种可能的解释。在这样的情况下，我们所处理的或许不是通过一些含有单个核的体系之间的正规相互作用而形成稳定态体系的过程(见下节)，而是当单个粒子的撞击突然把一个电子移走时一个组态的分裂的推迟。

另一个包含少数几个电子的稳定组态，就是由有三个电子的一个环和电荷各为 e 和 $2e$ 的两个核所构成的组态。数字计算给出

$$\frac{b_1}{a}=1.446,\frac{b_2}{a}=0.137,F=1.552$$

式中 a 是环的半径而 b_1 和 b_2 是各核离开环平面的距离。借助于(2)式和(3)式，我们就进一步得到

$$a=0.644a_0,\omega=2.41\omega_0,W=7.22W_0$$

式中 ω 是绕转频率而 W 是将各粒子移到相距无限远时所需要的总能量。尽管 W 大于一个氢原子和一个氦原子的 W 值之和($W_0+6.13W_0$；参阅第二部分第[33]页)，所讨论的组态却不能认为代表一个可能的氢和氦的分子，正如在下一节中所将证明的那样。

对应于核与核之间的相对位移的体系振动，显示出一些和以上考虑的两个电荷为 e 的核及两个电子所构成的体系有所不同的特点。例如，如果核间的距离增大了，电子环就将向电荷为 $2e$ 的核靠拢。结果，就必须预期这种振动是和一种辐射的吸收相联系着的。

4 体系的形成

正如在§1中所提到的，我们并不能像对于在第二部分中考虑了的体系所曾假设的那样，假设包含多于一个的核的体系是通过电子的逐步束缚而形成的。我们必须假设体系是通过另一些体系的相互作用而形成的，后者只包含单一的核，而且已经束缚了一些电子。现在我们从尽可能简单的情况即两个氢原子形成分子的结合开始，来更加仔细地考虑这个问题。

试考虑两个氢原子，彼此间的距离远大于电子轨道的线度。设想借助于作用在核上的外来力，我们让这两个原子互相靠拢，但是移动却是如此之慢，以致对于核的每一个位置来说，电子的动力学平衡都和核处于静止时相同。

假设各个电子起初是在垂直于二核连线的平行平面上转动的，而且转动的方向相同而周相差则为半周转动。在核的靠拢过程中，电子的轨道平面的方向和电子的周相差都将不变。但是，在过程的起始阶段，轨道平面将比核更快地互相靠拢。通过后者的不断移动，电子的轨道平面将越来越互相靠拢，直到它们终于在某一核间距离处互相重合为

止，这时各电子就被安排在单独一个在二核的对称平面上转动着的环上了。在二核进一步靠拢的过程中，电子环的半径和核间距离之比将增大，而且体系将经过一个组态，在该组态中它将在没有作用在核上的外来力的条件下处于平衡。

借助于和在§2中指明的计算相类似的计算，可以简单地证明，在这一过程的任一时刻，电子的组态对于垂直于轨道平面的位移来说都是稳定的。此外，在整个操作过程中，每一电子绕二核连线的角动量都将保持恒定，从而所得到的平衡组态就将和在§3中所采用作为氢分子的那一组态互相等同。正如在那儿所证明的，这一组态将比对应于两个孤立原子的组态对应着更小的总能量值。因此，在过程中，各粒子之间的力必然反抗作用在核上的外来力而作了功；要表达这一事实，可以这样叙述：原子在结合过程中曾经互相“吸引”。更仔细的计算表明，对于任何大于和平衡组态相对应的距离的核间距离来说，由体系内各粒子作用在核上的力将沿着使核间距离减小的方向，而对于较小的距离来说力却将沿着相反的方向。

通过这些考虑，就指出了氢原子结合成为分子的一种可能的过程。这种操作可以一步一步地被追寻，而不必引入关于电子动力学的任何新假设，而且这种操作导致和在§3中针对氢分子所采取的组态相同的组态。可以回忆，这一组态是借助于有关电子角动量普适恒定性的主要假说而直接推得的。这些考虑也对两个原子的“亲和性”提供一种解释。可以指出，在常温气体的两个原子的碰撞中，关于核的运动和电子运动相比的缓慢性的假设是在很高的近似程度上得到满足的。但是，假设了过程开始时的一种特殊的电子安排，通过这种方法却几乎得不到关于由两个原子的任意碰撞所引起的结合机遇的任何信息。

可以用来形成一个中性氢原子的另一种办法，就是通过一个带正电的原子和一个带负电的原子的结合。按照理论，一个带正电的氢原子，简直就是线度极小而电荷为 e 的一个核，而一个带负电的氢原子则是一个核被含有两个电子的一个环所围绕的那一体系。正如在第二部分中所证明的，后一体系可以看成是可能的，因为通过它的形成而放出的能量大于中性氢原子的对应能量。现在让我们设想，和以前一样，通过两个核的缓慢移动，一个带负电的和一个带正电的原子相互结合了。我们必须假设，当两个核靠拢到距离等于针对氢分子而采取的组态中的核间距离时，各电子也将按相同的方式排列起来，因为对于该距离来说，这是电子角动量具有理论所指定的值的唯一稳定组态。但是，各电子的运动状态，却不会像在两个中性原子的结合中那样随着核的移动而以一种连续方式发生变化。对于某一核间距离，电子的组态将不稳定而突然发生一个有限大小的变化；这是可以从一件事实直接推出的，那就是，通过以上考虑的两个中性氢原子的结合，电子的运动曾经历一个不间断的稳定组态序列。因此，在一个带负电的和一个带正电的原子相结合的情况中，体系反抗作用在核上的外来力所作的功，将不等于初组态和末组态之间的能量差，而是在经过各个非稳定组态时必然发射一种能量辐射，它对应于在第一部分和第二部分中考虑了的在单独一个核束缚各个电子的过程中所发射的辐射。

按照以上的看法可以推得，当通过慢慢地增大核间距离来使一个氢分子裂开时，我们将得到两个中性的氢原子而不是一个带正电的和一个带负电的氢原子。这是和根据关于阳极射线的实验得出的推论相符合的①。

其次,再设想我们不是考虑两个氢原子而是考虑两个氦原子,即考虑由一个电荷为 $2e$ 的核和周围一个含有两个电子的环所构成的那种体系,并进行一种和第[51]页上的考虑相类似的推理过程。假设在操作的开始阶段两个氦原子是像两个氢原子那样相对取向的,但有一点例外,即两个氦原子中各电子的周相不是像在氢的情况中那样相差半周转动而是相差四分之一周转动。通过核的移动,电子环的平面将像在前一情况中那样以一种比核更快的速率而互相靠拢,而且对于核的某一位置来说平面将互相重合。在二核进一步靠拢的过程中,各个电子将按相等的角间隔排列在单独一个环上。正如在前一情况中一样,可以证明,在这一操作中的任一时刻,体系对垂直于环平面的电子位移来说都将是稳定的。但是,和在氢的情况中出现的事态相反,为了使体系保持平衡而必须作用在核上的外来力,将永远沿着使核间距离减小的方向,从而体系将永远不曾经历一个平衡组态;在过程中,氦原子将互相“排斥”。这种考虑对氦原子并不能通过互相靠拢而结合成分子这一事实提供了解释。

再次,我们不考虑两个氢原子或两个氦原子,而考虑一个氢原子和一个氦原子,并且让我们按照同样的方式使两个核慢慢地互相靠拢。在这一情况中,和以前的情况相反,各个电子将没有任何在单独一个环上合流的倾向。由于氢中和氦中各电子的轨道半径差别很大,必须预期氢原子中的电子将永远在氦环的外边转动,而且如果把两个核弄到非常靠近的地步,电子的组态就将和在第二部分中针对锂原子而采用的组态相重合。此外,在过程中必须作用在核上的外来力,将是沿着使核间距离减小的方向的。因此,我们不能用这种办法得到原子的结合。

在§3中考虑了的、由包含三个电子的一个环和电荷为 e 及 $2e$ 的两个核所构成的那一平衡组态,不能期望通过这样的过程来形成,除非电子环是起初由其中一个核所束缚的。但是,不论是一个氢核还是一个氦核,都不能束缚含有三个电子的一个环,因为这样一个组态将比核已经束缚了两个电子的那种组态对应于更大的总能量(参阅第二部分,第[32]和[33]页)。因此,正如在§3中所提到的,这样一种组态并不能看成代表着氢和氦的可能结合,尽管 W 的值大于一个氢原子和一个氦原子的 W 值之和。但是,正如我们在下一节中即将看到的,这个组态却可能给出关于某一类化学结合物的可能分子结构的一些指示。

5 包含许多个电子的体系

根据上一节中的考虑,我们被引导到了关于包含许多电子的体系中的电子组态的一些指示;这些指示是和在§2中得到的那些指示相一致的。

---

① 参阅 J. J. Thomson, *Phil. Mag.* xxiv. p. 248(1912).

现在设想，我们按照和在第[51]页上关于两个氢原子所考虑的相类似的办法，让两个包含许多电子的原子互相靠拢。在过程的初始阶段中，较内环对组态的影响比起较外环上各电子的影响将是很小的，从而最后的结果将主要依赖于那些较外环上的电子数。例如，如果两个原子中的外环上都只有一个电子，我们就可以预期这两个电子在靠拢过程中将像在氢的情况中一样形成单独一个环。通过核的进一步靠拢，体系将在核间距离可以和较内电子环的半径相比以前达到一个平衡态。如果再接着使距离减小，则核的排斥力将占优势而阻止两个体系的靠拢。

这样，我们就被引导到由两种单价物质结合而成的分子——例如 HCl——的一种可能的组态；在这种组态中，代表着化学键的那个电子环是按照和针对氢分子所假设的那种方式相类似的方式来排列的。但是，正如在氢的情况中一样，既然通过原子的结合而发射出去的能量只是各较外电子的动能的一小部分，那么我们就可以预期，由于各原子中较内电子环的存在而引起的外环组态的微小差异，将对两种物质的化合热有很大的影响，从而也对其亲和势有很大的影响。正如在§2中所提到的，这些问题的详细讨论将涉及繁难的数字计算。但是，通过考虑分子中两个原子之间的相对振动频率，我们可以把理论和实验进行近似的比较。在§3的第[50]页上，我们曾经针对氢分子计算了这一频率，既然现在假设原子的键合情况和在氢中的相似，另一个分子的频率也就可以很简单地算出，如果我们已知核的质量和氢核质量之比的话。用 ν_0 代表氢分子的频率，并用 A_1 和 A_2 分别代表参加化合的两种物质的原子量，我们关于频率就得到

$$\nu=\nu_0\sqrt{\frac{A_1+A_2}{2A_1A_2}}$$

如果两个原子是等同的，则分子将是完全对称的，从而我们不能预期对应于所讨论的频率的一种辐射吸收（参阅第[50]页）。对于 HCl 气体，观察到了大约对应于 8.5×10^{13} 的频率的红外吸收带①。在上一公式中令 $A_1=1$ 和 $A_2=35$ 并利用第[224]页上的 ν_0 值，我们就得到 $\nu=13.7\times10^{13}$。由于所引入的近似，这种符合情况可以认为是满意的。

所讨论的分子也可以通过一个带正电的和一个带负电的原子的结合来形成。但是，正如在氢的情况中一样，我们将预期通过分子的破裂而得到两个中性的原子。也可能存在不满足这一条件的另一种类型的分子，例如其形成方式和在前一节中提到的一个体系的形成方式相类似的那种分子，该体系包含由三个电子构成的一个环和电荷各为 e 和 $2e$ 的两个核。正如我们已经看到的，形成这样一种组态的必要条件，是分子中的一个原子能够在外环上束缚三个电子。按照理论，这一条件在氢原子或氦原子那儿并不满足，而在氧原子那儿则是满足的。利用在第二部分中用过的符号，所建议的氧原子的组态由 $8_{(4,2,2)}$ 给出。按照在第二部分中所指出的那种计算，我们针对这种组态得到 $W=288.07W_0$；而对于组态 $8_{(4,2,3)}$ 则得出 $W=288.18W_0$。既然 W 的后一值大于前一值，组态 $8_{(4,2,3)}$ 就可以看成是可能的，并看成代表着带有单独一个负电荷的氧原子。如果现在有一个氢核向体系 $8_{(4,2,3)}$ 靠拢，我们就可以预期将有一个稳定组态形成，在这种组态中各较外电子将近似地像在上面提到的体系中那样进行排列。当这一组态破裂时，包含着三个电

① 参阅 H. Kayser, *Handb. d. Spectr.* iii. p. 366(1905).

子的那个环将留在氧原子中。

这样一些考虑使我们想到水分子的一种可能组态。它包括一个氧核，周围有由 4 个电子构成的一个小环，此外还有位于环轴上距第一个核相等距离处的两个氢核，借助于半径较大的各含有 3 个电子的两个环保持在一起；后两个环绕着体系的轴线在平行平面上转动，而其彼此之间的相对位置则使一个环上的电子恰好对准另一环上电子之间的间隔。如果我们设想这样一个体系通过慢慢取走氢核而被打破，我们就应该得到两个带正电的氢原子和一个带双倍负电荷的氧原子；在后一原子中，最外的电子将排在两个在平行平面上转动着的环上，每环各有 3 个电子。关于水分子组态的这样一种假设，对于水对红外域中射线的很大吸收及其很高的介电系数提供了解释。

在以上，我们只考虑了具有对称轴的体系，而各个电子就是被假设为绕着这个对称轴而沿圆形轨道转动的。但是，例如在 CH_4 分子这样的体系中，我们却不能假设对称轴的存在，从而我们在这样的情况中就必须省略正圆轨道的假设。理论所建议的 CH_4 分子的组态，是普通的四面体型的；由包含两个电子的一个很小的环围绕着的碳核位于四面体的中心，而每一顶角上有一个氢核。化学键用各含两个电子的 4 个环来代表，它们各自绕着中心和顶角的连线在转动着。但是，这样一些问题的更详细的讨论，是远远超出现在这种理论的范围之外的。

结 束 语

在这篇论文中，曾经试图在普朗克为了说明黑体辐射而引入的想法以及卢瑟福为了说明物质对 α 粒子的散射而引入的原子结构学说的基础上，发展一种原子构造和分子构造的理论。

普朗克理论处理的是频率恒定的原子振子对辐射的发射和吸收，该频率不依赖于体系在所考虑的时刻所具有的能量。但是，这样一种振子的假设却涉及准弹性力的假设，从而是和卢瑟福的理论不相一致的；按照卢瑟福理论，原子体系中各粒子之间的一切力都反比于距离的平方而变。因此，为了应用普朗克得到的主要结果，就必须引入关于原子体系对辐射的发射和吸收的新的假设。

本论文所用的主要假设是：

(1) 能量辐射不是按照普通电动力学所假设的那种连续方式，而是只有当体系在不同的稳定态之间进行过渡时才被发射(或吸收)的。

(2) 体系在各稳定态中的动力学平衡服从普通的力学定律，但这些定律对于体系在不同稳定态之间的过渡却不能适用。

(3) 在体系在两个稳定态之间的跃迁中被发射的辐射是单频的，而频率 ν 和所发射的总能量 E 之间的关系由 $E=h\nu$ 给出，式中 h 是普朗克常量。

(4) 由一个正核和一个绕核转动的电子所构成的简单体系，其不同稳定态由下述条件来确定：在形成组态时发射的总能量和电子的绕转频率之比，是$\frac{h}{2}$的整数倍。当假设电子的轨道是圆形的时，这一假设和下述假设相等价：电子绕核的角动量等于$\frac{h}{2\pi}$的整数倍。

(5) 任何原子体系的“持久”态——即发射的能量取最大值的态——由每一电子绕其轨道中心的角动量等于$\frac{h}{2\pi}$这一条件来确定。

已经证明，将这些假设应用于卢瑟福的原子模型，就能够说明联系着一种元素的线光谱中各谱线频率的巴尔末定律和里德伯定律。另外，这里也概略论述了关于各元素的原子构造以及化学化合物的分子形成的理论。已经证明，这种理论在若干问题上是和实验近似地符合的。

现在这种理论和现代的黑体辐射理论及比热理论之间的密切关系是显然的，而且，既然按照普通的电动力学由一个沿圆形轨道转动着的电子所引起的磁矩和角动量成正比，我们也将预期这种理论和韦斯(P. Weiss)所提出的磁子理论会有密切的关系。但是，在现有理论的基础上发展一种详细的关于热辐射和磁性的理论，却要求引入有关束缚电子在电磁场中的表现的更多的假设。作者希望以后再来论述这些问题。

附　　录

关于《三部曲》的参考文献[①]

——《论原子构造和分子构造》一文的参考文献

(1913)

能量辐射不是按照普通电动力学所假设的那种连续方式，而是只有当体系在不同的稳定态之间进行过渡时才被发射(或吸收)的。

——玻尔

① 以Ⓖ标出的段落原系德文，以Ⓓ标出的段落原系丹麦文，皆由容保粹教授译为中文。

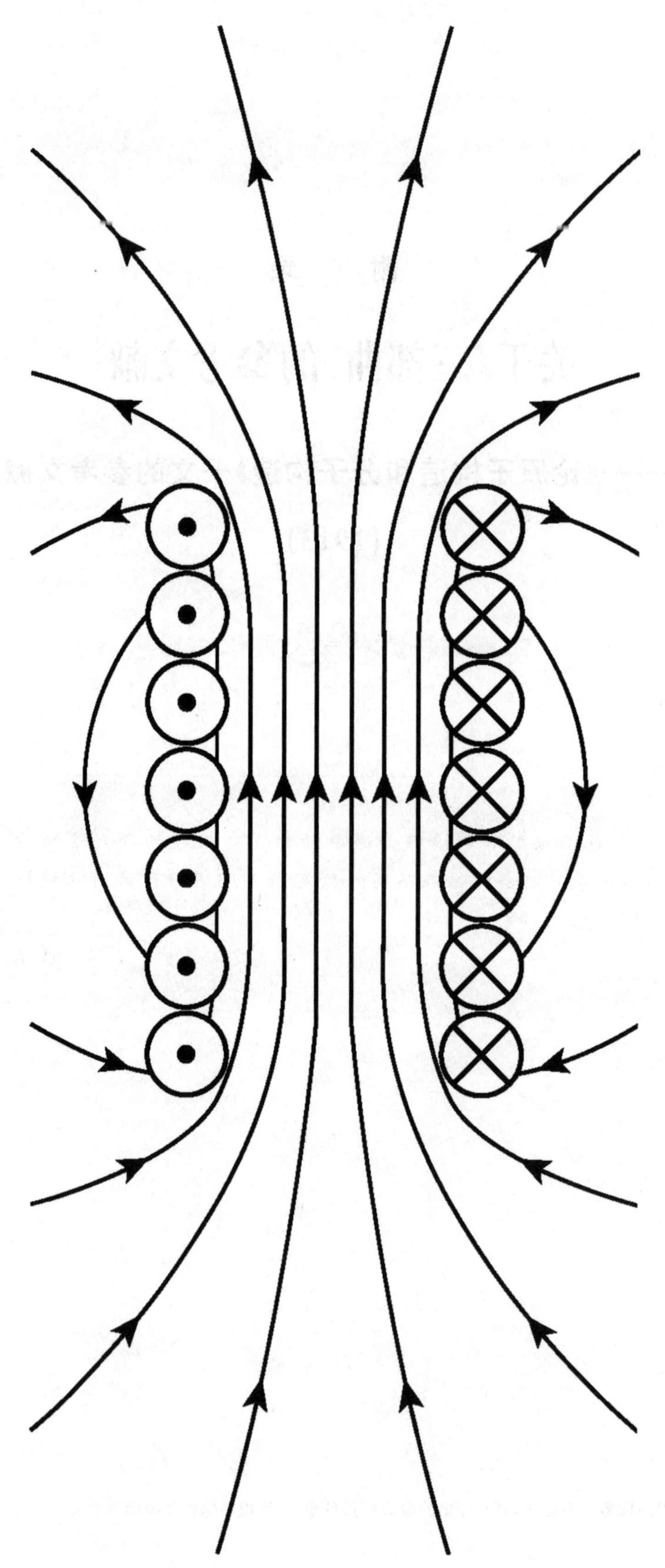

A. L. Bernoulli. *Phys. Zeitschr.* Ⅺ. 1910. p. 1173.

金属的伏特电势序列及其光学常量之间的一种经验关系[①]

R. T. Beatty. *Proc. Roy. Soc.* 87. p. 511. 1912.

用阴极射线粒子直接产生特征伦琴辐射[(1) 阴极射线能够产生特征 X 射线。(2) 说明独立辐射的原子机制和说明特征辐射的原子机制是彼此无关的。]

A. van den Broek. *Physik. Zeitschr.* ⅩⅣ. 1913. p. 32.

放射性元素、元素周期系和原子构造[①]

I. Crospy Chapman. *Proc. Roy. Soc. London* A. 88. p. 24. 1913.

荧光伦琴辐射谱的比较(文中给出许多确凿的证据,说明由原子体积不同的物质发出的 K 型辐射及 L 型辐射是相同的,只要它们在铝中具有相同的吸收系数[①]。)

J. Franck. Verh. d. Deutsch. *Phys. Ges.* Ⅻ. p. 613. 1910.

论自由电子在大气压下的化学惰性气体中的出现[①]

(文中证明氦、氩乃至氮都对自由电子只有很小的亲和性[①]。)

K. Fajans. *Plays. Zeitschr.* 14. p. 131. 1913。

论放射性嬗变方式和放射性元素之电化性能之间的关系[①]

(文中给出实验数据,表明当放出一个 α 粒子时,原子就变得更为电正性并在周期系中向下移动,而当放出一个 β 粒子时原子就变得更为电负性并在周期系中向上移动[①]。)

K. Faians. *Phys. Zeit.* 14. p. 136. 1913.

放射性元素在周期系中的位置[①]

(在前一篇论文的基础上,一切常见的放射性元素被排在周期系中的确定位置上。文中作出了一些有趣的结论,全都可以依据我的"核电荷"假说加以说明[①]。)

K. Honda. *Phys. Zeitsehr.* Ⅺ. p. 1078. 1910.

物质的磁性质和分子理论[①]

[一些论据,有利于磁性质是分子性(或原子性)的这一理论[①]。]

A. Hughes. *Phil. Trans.* A212. p. 205. 1912.

论光电子的发射速度

A. Heydweiller. *Verh. d. Phys. Ges.* 1911. p. 1063.

关于磁子理论[①]

(批评有关盐溶液的韦斯磁子理论的实验结果[①]。)

F. Haber. Verh d. *Phys. Ges.* 1911. p. 1117.

F. A. Lindemann Verh d. *Phys. Ges.* 1911. p. 1107.

Joh. Koenigsberger u. K. Küpferer. *Phys. Zeitschr.* XI. 1910. p. 568.

论带光谱和化学离解之间的关系[①]

(化学过程和光谱[①]。)

◀螺线管及其磁力线的示意图

Joh. Koenigsberger. *Phys. Zeitschr.* XI. 1910. p. 379.

论极隧射线的光发射中的温度概念[D]

（文中以为提供了可靠的证据，表明发射线光谱的原子是中性的[D]。）（参阅 W. Wien.）

F. A. Lindemann. *Phys. Zeitschr.* XI. 1910. p. 609.

关于分子本征频率的计算[C]

H. A. Lorentz. *Phys. Zeitschr.* XI. 1910. p. 349.

光量子假说[C]

E. Madelung. *Phys. Zeitschr.*

分子本征振动[C]

（力学效应和光学效应之间的关系[D]。）

H. G. J. Moseley. *Proc. Roy. Soc.* 87. 1912. p. 230.

镭蜕变中发出的β粒子的数目

（1）镭B和镭C的每一个原子在蜕变中或许发射一个β粒子，尽管每一情况中的测量结果作为平均数给出的是1.10个β粒子。每一个镭E原子似乎发射少于一个的β粒子。

（2）研究了来自镭活性沉积物的β辐射的吸收，对穿透吸收物质的β粒子数和它们所产生的电离都进行了测量。依据这些数据，计算了一个β粒子在空气中的电离本领及其随辐射的吸收系数的变化，经发现，在每厘米路径上产生的离子数从$\lambda=15$厘米$^{-1}$铝时的82个变到$\lambda=100$厘米$^{-1}$铝时的约100个。

（3）借助于由盖革和考瓦瑞克得到的数据，估计了铀X、钍D和锕D各原子在蜕变中发射的β粒子数，它们分别是1，0.8和1.4。

（4）测量了被γ射线穿透着的物质所发射的次级β粒子数。曾经由某些假设推出，每一个镭C原子在蜕变时放出两个γ射线。

（5）被β射线穿透的表面会发射一种次级辐射。这种辐射和δ射线很相似。看样子，次级辐射不能离开表面，除非受到电场的帮助，而且，有些δ射线是以和数量级为2伏特的电势差相对应的小速度发射的。

H. Ruhens umd H. v. Wartenherg. *Phys. Zeitschr.* 1911. XII. p. 108.

某些气体中的长波热射线的吸收[C]

A. S. Russell. *Proc. Roy. Soc.* London A88. p. 75. 1913.

镭C所发7射线的穿透本领

（文中证明，γ辐射严格地按指数规律而衰减，即使当强度降到原值的$\frac{1}{300000}$时亦然。

A. S. Russell and. R. Rossi. *Proc. Roy. Soc.* 87. 1912. p. 478.

鍰的光谱的研究

R. J. Strutt. *Proc. Roy. Soc.* 87. 1912. p. 302.

某些化学作用的分子统计学

（1）当臭氧对氧化银表面发生作用时，每一次碰撞都引起所涉及的臭氧分子的破坏。

(2) 平均说来,每一个活性氮分子在破坏以前要和氧化铜表面碰撞 500 次。

(3) 平均说来,两个臭氧分子在发生能引起化学结合的适当碰撞以前要碰撞 6×10^{11} 次。

R. J. Strutt. Proc. *Roy. Soc.* 87. 1912. p. 179.

由放电造成的一种氮的化学活性变体. Ⅳ.

(1) 活性氮是一种高度吸热的物体,但其能量和其他化学物质的能量同数量级。

(2) 在从活性氮到普通氮的逆转变中,电离了的原子数只占变化所涉及的总原子数的很小部分。电离是一种辅助效应,而且可能是由反应中发射的波长很短的光所引起的。

(3) 描述了更多的实验,以证明活性氮的变化在低温下较快。这被认为和分子的单原子性有关,并将有助于探明其他情况中的温度和反应速度之间的关系。

J. J. Thomson. *Phil. Mag.* XXⅢ. p. 449. 1912.

运动带电粒子所引起的电离

(文中包括若干关于由“离子复合”而发出的辐射的有趣结论[1]。)

J. J. Thomson. Proc. Cambridge. *Phil. Soc.* XXI. p. 643. 1912.

光的单位理论(unit theory)

第 二 集

关于原子结构理论的七篇演讲[①]

(哥廷根,1922)

· *Part Two* ·

(玻尔)研究所既是一个严肃认真的研究场所,又是一个充满生趣和亲密无间的大家庭。开玩笑和恶作剧成为研究生活的一个有益的补充。以强调合作和不拘小节、完全自由的争论和独立的判断为特征的研究风格,被人们誉为哥本哈根精神。

——周光召

① 据德文原本的英译本译出。——译者

第一讲

1922年6月12日

表征着今天的原子物理学的另一个特点就是，我们确信在这一图景的基础上是不可能利用经典电动力学来取得任何进展的。我们不能领会我们为了理解各元素的性质而被迫假设的那种原子的奇特稳定性。

——玻尔

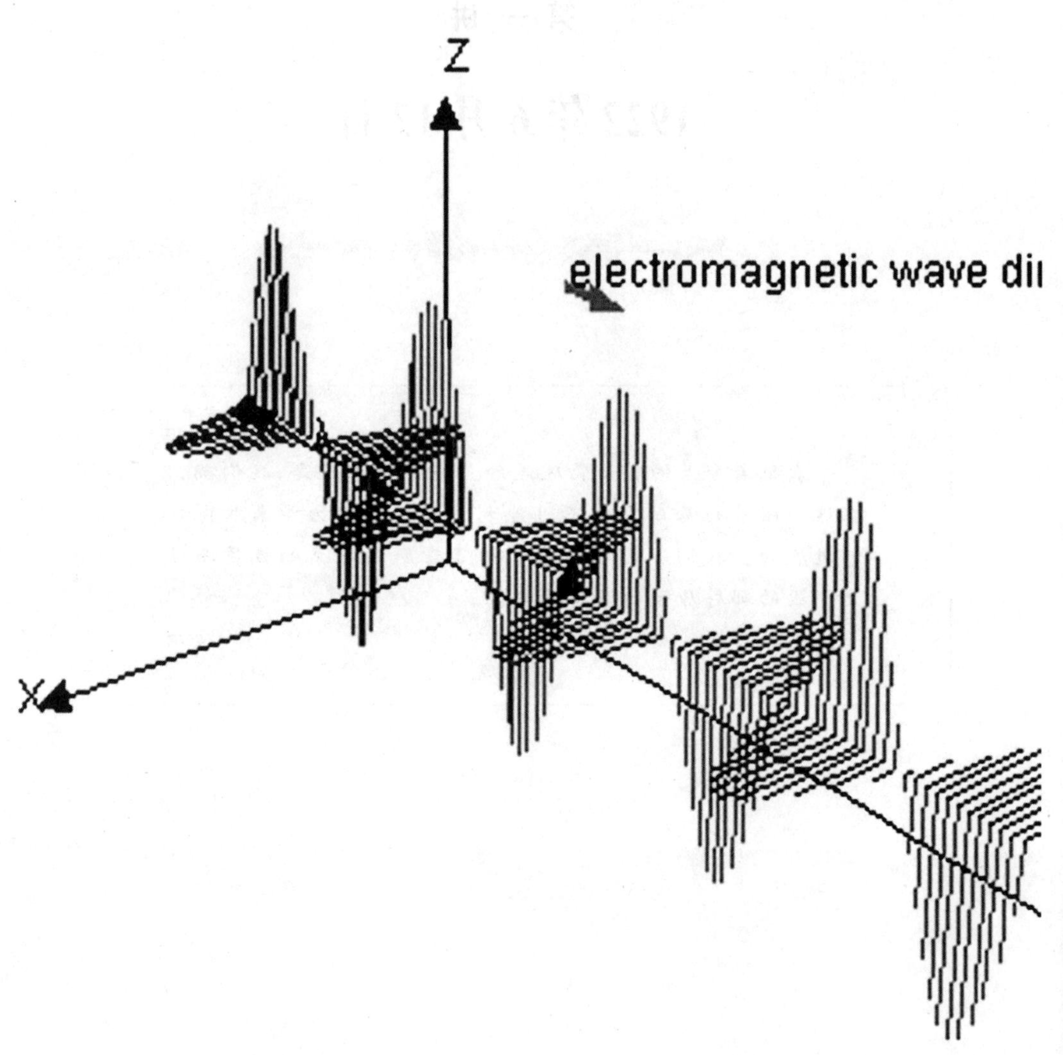
Z
electromagnetic wave dii
X

物理学的目前状态是以这样一件事实为其特征的：我们不但确信了原子的实在性，而且相信自己具有一种关于它们的构造成分的详尽知识。我在这儿将不讨论我们关于这些构造成分的观念的发展，也不讨论开始了物理学中一个新的时代的卢瑟福对于原子核的发现。

我们在这里将要讨论的原子的图景就是卢瑟福的发现已经导致的有核原子。我们假设原子包括一个带正电的核，围绕着核有一些电子在绕行。一个引人注目的事实就是，原子中电子的数目，即核上基元电荷的数目["Kernladungszahl"]，等于原子在元素周期系中的序数。当我谈到关于构造成分的详尽知识时，我指的是一种相对详尽的知识，正如物理学中知识程度永远是相对的那样。事实上，我们对于电子的内部结构是毫无所知的，而且也不知道是什么力使它们团结成为电子的。关于核，我们知道它们显示一种复杂的结构。这是从放射性核的存在推知的。此外，卢瑟福已经在分裂(某些)核方面取得了成功，从而就第一次完成了化学元素的一种人为嬗变。使我们感到莫大兴趣的是，和原子的线度相比，各构造成分的空间广延是很小的；因为这一原因，我们相信，对于原子的许多性质来说，各个构造成分可以看成点电荷和质点。

表征着今天的原子物理学的另一个特点就是，我们确信在这一图景的基础上是不可能利用经典电动力学来取得任何进展的。我们不能领会我们为了理解各元素的性质而被迫假设的那种原子的奇特稳定性。当我们企图利用它来解释辐射现象时，经典理论是特别失败的。我们必须预期，任何可能不得不考虑的运动都将引起电磁辐射的发射，这种发射不会停止，直到体系的总能量都被辐射出去而所有的电子都已落入核中为止。所有的物理学家都知道，这些困难可以借助于量子论来加以克服。我将不再详细地展开量子论，而只叙述以下的全部论述所依赖的那些主要结果。

普朗克关于辐射的研究是建筑在应用谐振子来作为一种简单的原子模型上的。振子的准弹性束缚电荷的运动由下式给出：

$$\rho = C\cos 2\pi(\omega_0 t + \delta) \tag{1}$$

这里我用 ω_0 来代表频率，因为它被假设为不依赖于体系的能量而只取决于体系的本性。普朗克研究了许多这样的原子和一个辐射场之间的辐射平衡。在这一问题的统计处理中，发现不是要考虑振子的一切能量值，而是只需考虑等于由 $h\omega_0$ 给出的一个能量子的整数倍的那些能量值：

$$E_n = nh\omega_0 \quad (n = 0, 1, 2, \cdots) \tag{2}$$

这一结果揭示了本质上不同于以前存在的物理学观念的一些特点，因为在这里第一次发现整数在物理定律的表述中占有优先地位。这一结果引导我们对于其他体系也企图选出一些具有奇特种类的稳定性的运动。在他的关于辐射现象的处理中，普朗克把他的工作建筑到了一条迄今一直被坚持的假设上，那就是，所发射或吸收的辐射的频率 ν 是和运动电荷的频率 ω_0 等同的：

◀电磁波

$$\nu \equiv \omega_0$$

但是,爱因斯坦曾经最先指出,普朗克的结果不但在关于原子的运动方面教给了我们某种东西,而且直接表示了关于辐射过程的某种东西。他指出,普朗克的结果可以用下述说法来描述:能量只是以数量为 $h\nu$ 的量子为单位而被发射或吸收的,从而所发射或吸收的辐射就由方程

$$\Delta E = h\nu \tag{3}$$

来确定。这种想法把爱因斯坦引导到了他的光电效应理论。所发射的电子的速率只依赖于入射光的频率 ν 而不依赖于它的强度,这种光是以数量为 $h\nu$ 的量子为单位而被吸收的。被发射电子的动能由下式给出

$$\frac{1}{2}mv^2 = h\nu - P$$

式中 P 是从金属中取出电子时所需的功。爱因斯坦的这个结果是特别重要的,因为普朗克的想法在这里第一次被应用到了一个并非统计性的问题上。这种假设所带来的困难是,所发射的辐射有一种原子论式的结构;辐射不是作为球面波而是沿着单独一个方向而被发射的。不过,只有根据这一假设,光电效应才能得到理解。另一方面,这样一种关于光的本性的假设是和干涉现象的解释不可调和的。我们是根据经典理论的图景通过分析所发射的光谱来得到频率的。光量子理论只给出了出现在方程(3)中的那个频率 ν 的定义,但是却没有对我们应该把波长理解为什么作出解释。

这样一种理论的得到接受,表明了在辐射理论中保持一种内在一致性的不可能。在这儿,我们只简单地说出不存在一种自洽的辐射过程的图景,我们在以后也许还会回到这一问题上来。

在下面,我们将牢牢地依靠事实。困难是借助于两条基本假设而被克服了的。一条假设说:在有核原子中的可能的力学运动中,有一些确定的运动被区别了出来,在这种运动中,原子具有一种奇特的稳定性而并不发射辐射。我们将把这种特选的态叫作"稳定态"。能量的改变只以这样一种方式出现:原子从一个稳定态变到另一个稳定态。按照第二条假设,在这一跃迁中,有一列简谐波被发射,其频率由关系式

$$E' - E'' = h\nu \tag{4}$$

给出。我在以后将试图更加确切地表达这些公设,并讨论它们的范围和界限。今天我只将提到最简单的一些应用。首先,我们将用这些原理来诠释具有特别简单的结构的氢光谱。氢的线系光谱是用下面公式来表示的:

$$\nu = K\left(\frac{1}{(n'')^2} - \frac{1}{(n')^2}\right) \tag{5}$$

这一公式是由里茨第一次在这种普遍形式下表示出来的。因子 K 是一个常量。如果我们令 $n''=2$ 而令 n'遍历 3,4,5,…各值,我们就得到巴尔末线系。帕申在红外区发现的线系用 $n''=3, n'=4,5,6,\cdots$来代表;几年以前发现的紫外区的莱曼线系用 $n''=1, n'=2,3,4,\cdots$来代表;而且近来休伊斯已经在远红外区发现了一个线系,它的 $n''=4$ 而 $n'=5,6,7,\cdots$。我们的问题就在于把这一光谱和氢原子的图景联系起来;按照卢瑟福的观点,氢原子是由一个带单一正电荷的核和一个电子构成的。为了确定运动,我们应用普通的力学;根据这种力学,我们可以把运动计算到很高的近似程度。这样我们就得到一种纯周

期运动，即众所周知的开普勒运动；我们可以把这种运动的分量利用傅立叶级数表示成下列形式：

$$\rho = \sum_{\tau=1}^{\infty} C_{\tau} \cos 2\pi(\tau\omega t + \delta_{\tau}) \tag{6}$$

按照众所周知的开普勒定律，长轴 $2a$ 和绕转频率 ω，是通过下列公式来和能量 W 联系着的：

$$2a = -Ne^2/W \tag{7}$$

$$\omega = \sqrt{\frac{2W^3(m+M)}{\pi^2 N^2 e^4 mM}} \tag{8}$$

此处 N 是原子序数[“Kernladungszahl”]，我们引入它是为了保证普遍性；m 和 M 分别是电子和核的质量。如果我们现在假设

$$W_n = -hK/n^2 \tag{9}$$

并将此式代入频率关系式(4)中，我们就得到里茨公式(5)。此外，我们还有

$$2a_n = n^2 \frac{Ne^2}{hK} = n^2 \times 1.1 \times 10^{-8}\,\text{cm}$$

$$\omega_n = \frac{1}{n^3}\sqrt{\frac{2K^3h^3(m+M)}{\pi^2 N^2 e^4 mM}} = \frac{1}{n^3} \times 6.2 \times 10^{15}\,\text{s}^{-1}$$

我们能够用来和经验相联系的只是从一个稳定态到另一个稳定态的跃迁。首先，我们将考虑各个稳定态中的原子的数量级。这些数量级大大地依赖于 n。但是，一个特殊的态就是具有尽可能低的能量的态，那就是对应于 $n=1$ 的最稳定的态。对于这个态，我们得到半长轴的值为 0.55×10^{-8}cm。这是在其他方面假设了的原子半径的数量级。而且 ω 也具有出现在色散理论中的特征频率的数量级。但是这里谈不到直接对比的问题。

现在我们将考虑从量子论过渡到经典理论的问题。当我们让 n 变得越来越大时，相邻稳定态的绕转频率之比就趋于一：

$$\omega_n/\omega_{n-1} \to 1,\text{当 } n \to \infty \text{ 时。}$$

跃迁中发射的频率

$$\nu_{n'\to n''} = K\left(\frac{1}{(n'')^2} - \frac{1}{(n')^2}\right) \tag{10}$$

趋于一个值

$$(n' - n'')\frac{2K}{n^3}$$

另一方面，按照经典理论，发射的频率是

$$\omega = (n' - n'')\omega_0$$

此处 $n'-n''=1$。现在如果我们为了求得一致而试着令

$$2K/n^3 = \omega_0$$

我们就得到一个公式

$$K = \frac{2\pi^2 N^2 e^4 m}{h^3(1+m/M)} \tag{11}$$

对于氢，$K_{\text{H}}=3.26\times10^{15}\,\text{s}^{-1}$，从而我们得到

$$\frac{2\pi^2 e^4 m}{h^3} = 3.29 \times 10^{15}\,\text{s}^{-1}$$

于是，在这种大量子数的极限下，我们就得到所发辐射和运动之间的一种联系。这一结果表明，在我们的原子结构观念和观察到的光谱之间存在一种密切的联系，但是这绝不意味着经典理论和量子论的汇合。现在我们将更进一步地考虑这种联系，它是有着一种引人注意的本性的。高量子数改变一个单位的一次跃迁，给出一个等于力学运动之基频的被发射辐射的频率。按照经典理论，一切不同的泛频振动都是同时发射的，但是，我们在这儿却是通过完全不同的过程来得到不同的泛频振动的。我们没有得到（两种）观念之间的任何联系，只得到了一种数值的符合。如果这不被看成仅仅是偶合，那么，除了频率的趋近以外，也还必将出现辐射振幅的趋近，于是我们就将声称振幅是和频率同样本质的。在经典理论中，频率 $\tau\omega$ 的强度依赖于振幅 C_τ；在量子论中，它依赖于跃迁的发生率。这种发生率依赖于什么，这是一个完全没有解决的问题，我们没有任何依据来回答它。当借助这里所用的公设来发展热辐射理论时，爱因斯坦强调了这些困难，并且引用了跃迁概率来克服它们。这就提出了我们是否必须满足于关于个体过程的概率的叙述这一严重的问题。就目前的情况来说，我们还远远不能给出这些过程的实在描述，从而我们很可以假设爱因斯坦的描述方式实际上可能是最适当的方式。但是，在这种情况下，不同过程的跃迁概率就必须和对应的泛频振动的振幅联系起来。到此为止，我们只针对大的量子数追寻了这一联系。但是，既然联系具有纯定性的性质，很自然地就可以假设对于小的量子数也存在跃迁概率和泛频振动（在运动中）的存在之间的联系。从这种观点看来，我们可以把 H_β 看成 H_α 的倍频振动，因为 H_β 对应于等于 2 的量子跃变，而 H_α 则对应于等于 1 的量子跃变。H_β 的频率固然不等于 H_α 的频率的两倍，但是它却和倍频振动相对应。我们把这种关系称为“对应原理”。对于每一个跃迁，有一个力学运动中的谐振动分量和它相对应。我们将试图把这一原理应用到普朗克振子上。频率关系式的应用给出

$$\nu = (n' - n'')\omega_0 \tag{12}$$

为了得到 $\nu \equiv \omega_0$，我们必须有 $n' - n'' = 1$。因此，只有到达直接相邻的态的跃迁才是可能的。这是和氢光谱的情况大不相同的；在氢光谱中，一切可能的跃变都出现。在起初，这曾引起严重的怀疑。这种区别的原因在于，振子和氢原子相反，它没有任何泛频振动。一个双原子分子，例如 HCl，就是在自然界中可以找到的一个振子。在这儿，各原子可以在它们的稳定平衡位置附近彼此相对地发生振动。这种运动只有对于很小的振幅才能看成谐振动。既然各原子的质量远远大于电子的质量，那么至少头几个量子态将对应于很小的振动。在一级近似下，实际上只出现一条吸收谱线（为了简单，我们在这儿略去转动）。金博尔（Kimball）曾经发现，情况并不是严格地如此，而是倍频谱线也会出现；固然这种谱线要微弱得多的。原因就在于振动并不是纯谐振动。这就导致也存在高量子跃变的微小概率；当然，从经典理论也可以推得这一点；但是，量子论的优越性立刻就会显现出来。倍频谱线并不位于计算出来的位置上而是稍微移开一点，从而这里的情况也和氢光谱中的情况很相像，尽管那里的对应于量子跳变 2 的频率对倍频的偏差很大，而这里的偏差则很小。在下一讲中，我们将讨论支配着稳定态的那些条件。那时我们也将针对更复杂的体系来表述这些条件。在今天剩下来的时间里，我们将简略地谈谈以上这种考虑的某些简单应用。

我们问自己一个问题，即公式

$$\nu = K\left(\frac{1}{(n'')^2} - \frac{1}{(n')^2}\right)$$

是否真正表示了氢线系中的一切谱线。这并不曾是永远得到承认的。在星体光谱中发现了一些谱线，它们被认为是氢谱线，但却用公式

$$\nu = K'\left(\frac{1}{2^2} - \frac{1}{\left(n+\frac{1}{2}\right)^2}\right)$$

来表示而不是用巴尔末公式来表示。这些谱线被假设为氢谱线，因为不同元素显示和这些光谱公式所表示的那些性质如此相像的性质的任何其他情况都不曾发生过。后一公式也可以写成

$$\nu = K'\left(\frac{1}{\left(\frac{1}{2}n''\right)^2} - \frac{1}{\left(\frac{1}{2}n'\right)^2}\right)$$

或

$$\nu = 4K'\left(\frac{1}{(n'')^2} - \frac{1}{(n')^2}\right) \tag{13}$$

式中特别说来 $n''=4$。喏，观察结果表明，除了一点小小的偏差以外，K' 是等于 K 的。这就有力地表明这些谱线不应该指定给 H 而应该指定给 He^+。这一结论得到 K 和 K' 之间微小差值的更细致考虑的支持。我们发现，

$$K'/K_H = 1.000408$$

这种和 1 的微小差值大于实验误差。它和由公式(11)得出的由 H 和 He 的核质量之差引起的改正值相符：

$$\frac{1+m/M_H}{1+m/M_{He}} = 1.000409$$

我们讲到这一点，是为了表明不同元素的性质之间这种出人意料的关系乃是有核原子图景的一种推论。

在进行了这些考虑的一年以后，出现了莫斯莱(Moseley)关于 X 射线谱的基本工作。他发现，K 线系中的第一条谱线可以表示成

$$\nu = K(N-\alpha)^2\left(\frac{1}{1^2} - \frac{1}{2^2}\right) \tag{14}$$

而 L 线系中的第一条谱线可以表示成

$$\nu = K(N-\beta)^2\left(\frac{1}{2^2} - \frac{1}{3^2}\right) \tag{15}$$

莫斯莱的这一发现的重要意义在于这样一个事实：这些公式和关于氢光谱的公式很相似。由于 X 射线谱和氢光谱的基本差异，这一点是很奇特的。氢光谱给出关于只包含单独一个电子的氢原子的形成的信息，而 X 射线谱则起源于包含许多电子的一个完全原子的扰动和重新组织。把 X 射线谱线的这一行为和各元素无疑地显示着周期性的那些性质联系起来也是困难的。现在这些演讲的主要目的就在于提出一种原子结构图景，它允许我们同时解释这一奇特性和在周期系中得到表达的那些周期性。

UNITED
STATES

第二讲

1922年6月13日

玻尔树立了自己的风格——“哥本哈根精神”，这是一种对物理学有很大影响的独特风格。

——维克多·韦斯可夫

可以看成普朗克原始理论的一种合理推广的量子论，代表着对经典电动力学观念的一种断然的决裂。这就把我们放在了一种奇特的处境中。迄今为止，在描写自然现象时可供我们利用的只有在经典理论中发展起来的那些概念，例如关于电子的和关于电力及磁力的那些在经典理论中发展起来的概念；但是我们同时却假设经典理论的图景是不成立的。现在就出现一个问题，即到底有没有任何可能把经典概念和量子论无矛盾地结合起来。我们还没有资格来解决这个问题；但是，物理学家们希望这两种理论的想法都具有一定的实在性。当企图表述量子论的原理时我们就碰到这些困难，它们确实是可怕的。在这种形势下，最慎重的作法就是永远牢牢地把握住原理的应用。正如我们已经看到的，量子论的应用建筑在两条基本公设上：

(1) 在一切力学上可能的运动中，有一系列特殊的态以其稳定性而与众不同。能量的改变只能通过从一个稳定态到另一个稳定态的跃迁而发生。

(2) 当这样的一个跃迁是由辐射所伴随时，这种辐射将是一列简谐波，其频率由下列条件式给出：

$$E' - E'' = h\nu \tag{16}$$

当企图更进一步考虑这些公设并形成一种关于稳定态的图景时，我们不但遇到经典理论中没有任何特别稳定的运动被区别出来的困难，而且遇到一切运动都和辐射的出现相联系的困难，因此经典理论是不能一成不变地加以应用的。现在的问题是应该改变到多大程度。在量子论曾对它们应用过的一切过程中，按照经典理论在一个周期(电子的一次绕转)中发射出去的辐射都是很少的。因此，一个很自然的假设就是，在计算稳定态时，我们可以忽略辐射对运动的影响，就是说我们可以把体系当作保守的体系来处理。但是我们强调指出，这样一种作法只代表一种近似；在以后，我们将更进一步地考虑这一近似的意义。我们把一个体系看成保守的，就意味着我们可以利用普通的运动方程来描述它的运动；在正则形式下，这种运动方程就是

$$\frac{\mathrm{d}p_l}{\mathrm{d}t} = -\frac{\partial E}{\partial q_l},\ \frac{\mathrm{d}q_l}{\mathrm{d}t} = \frac{\partial E}{\partial p_l} \quad (l = 1, 2, \cdots, s) \tag{17}$$

这里的 s 是体系的自由度数，q_l 是体系的广义坐标，p_l 是正则共轭动量(广义动量)，而能量 E 应该看成 q_l 和 p_l 的函数。既然体系是保守的，它的能量在运动中就是保持恒定的，我们在这里将只处理相对于那样一个坐标系的运动，即原子的质心在该坐标系中是静止的。于是，在一级近似下，能量就由各个构造成分的相对位置和动能来确定。但是，我们不能确切地断定体系是不是可以看成保守的，或者说应该在多大程度上把辐射考虑在内。运动方程的通解一般是如此地繁复，以致无法选出各个稳定态。经发现，为了保证各稳定态所具有的奇特稳定性并使得对应原理对这些态的应用成为可能，运动的某些周期性质是必要的。运动的必要周期性质就在于原子的粒子要具有单周期或多周期的特点，就是说它应该可以表示成基频为 $\omega_1, \cdots, \omega_u$ 的一些周期运动的叠加。这些基频的个数 u 必须小于或等于体系的自由度数 s；我们将把这个 u 叫作运动的周期度。于是，体系的

◀英国物理学家马斯登(Ernest Marsden，1889—1970)

一个坐标 ζ,就可以用下列形式的 u 重傅立叶级数来表示:

$$\zeta = \sum_{-\infty}^{+\infty} C_{\tau_1\cdots\tau_u} \cos 2\pi[(\tau_1\omega_1 + \cdots + \tau_u\omega_u)t + \gamma_{\tau_1\cdots\tau_u}] \tag{18}$$

式中的 $\tau_1\cdots\tau_u$ 取一切正整数值和负整数值,也包括零。为了保证利用基频的这种表示式可以是唯一的,不应存在下列形式的任何关系式:

$$m_1\omega_1 + \cdots + m_u\omega_u = 0 \quad (m_1\cdots m_u \text{ 为整数}) \tag{19}$$

于是,我们就永远可以通过下列各条件式来确定稳定态:

$$\mathscr{I}_{\omega_1} = n_1 h, \cdots, \mathscr{I}_{\omega_u} = n_u h \tag{20}$$

我们以后将考虑其定义的$\mathscr{I}_\omega$,是和运动的周期性质密切地联系着的,正如各个下标 ω 所指示的那样。

现在我们提出一个问题:当原子受到外力的作用时,运动的周期性质将发生什么变化?我们将首先考虑原子位于恒定外力场中的这一简单情况。此外,我们将假设运动在这一力场中也具有多周期的性质。于是,关于稳定性的一个条件就是,各个$\mathscr{I}$具有那样一种本性,使得它们在力场缓慢增加时并无显著的变化。另一方面,当原子曝露在一个迅速变化的场中时,例如是一个辐射场的话,我们就必须假设运动不再能用普通力学来描述了。在原子间的碰撞中也有这种情况。过程本身不能借助于普通力学来描述,因为稳定态是取决于运动的周期性质的。但是,我们却假设原子在碰撞以前和以后都是处于稳定态中的;这一假设的推论已经为弗兰克和赫兹以及他们的追随者们的那些实验的诠释所证实。我们只指出了普通力学没有能力描述碰撞中发生的情况。这一事实的原因很容易觉察。在力学中,体系的态只能直接确定在时间上和它无限邻近的态;但是,在这儿,末态是预先确定了的,而且是只能通过考虑整个运动来定义的。

很难具体想象这一结果。在一个简单的情况下,我们可以或多或少地想象一个原子突然进入一个场中时是不能适应变化了的条件的。当场在缓慢地变化时,情况就有所不同。这时原子是对使它的运动适应新的条件作好了准备的。这就叫作运动的"浸渐变换"。按照艾伦菲斯特原理,它是可以借助于普通力学来加以描述的;当然,利用力学所能达到的近似程度和在其他情况下相同。

在这些考虑之后,我们将转而考虑适用于稳定态的条件的详细性质,而且我们将首先处理具有一个自由度的体系。在这一情况下,条件变得特别简单,因为我们所要处理的只是单独一个变量的变化。我们从考虑中排除各粒子运动到相距无限远处的那些运动,因为在这种情况下运动是没有任何周期性质的。这样,我们就只考虑周期运动。于是,$\mathscr{I}$就必须由下列方程来定义:

$$\mathscr{I} = \oint p\mathrm{d}q$$

这里的积分遍及运动的一个周期。我们将称之为作用量积分的这一积分,具有许多简单的性质。它不依赖于所选的坐标系,而且它是浸渐不变的,就是说,当由缓变场引起的运动的改变是利用普通力学来描述时,积分的值不变。如果我们考虑两个不同的相邻运动态,能量的改变就是

$$\delta E = \omega\delta\mathscr{I} \tag{21}$$

式中 ω 是运动的基频。对于一个普朗克谐振子来说,运动表示为

$$\zeta = C\cos 2\pi(\omega t + \delta) \tag{22}$$

式中 $\omega=\omega_0$ 是常量。能量是

$$E = nh\omega_0 \tag{23}$$

因此，为使方程(21)得到满足，就可推出

$$\mathscr{I}_n = E/\omega_0 = nh \tag{24}$$

按照艾伦菲斯特原理，这一方程必须对于可以通过一次浸渐变换而由普朗克振子得到的一切体系都成立。方程$\mathscr{I}=nh$ 显现为普朗克基本公设的一种合理的推广，不但从浸渐假说的观点看来是如此，而且从对应原理的观点看来也是如此。事实上，

$$\nu = \frac{1}{h}(E_{n'} - E_{n''}) = \frac{1}{h}\int \delta E = \frac{1}{h}\int \omega\delta\,\mathscr{I}$$

而且，对于 ω 可以近似地看成常量的那种相邻稳定态来说，我们借助于$\mathscr{I}=nh$ 就得到

$$\nu = \frac{1}{h}\int \omega\delta\,\mathscr{I} \sim (n' - n'')\omega \tag{25}$$

正像对应原理所要求的那样。

现在我们进而考虑具有多个自由度的体系。在这里，情况一般是很繁复的；但是，当运动可以由相互独立的分量合成时，情况就变得简单了。作为例子，我们可以考虑具有两个自由度的各向异性振子，它的运动是由两个可以相互独立地加以处理的垂直分量构成的。于是，以上各方程就对于每一自由度分别成立。对于对应关系，情况也相同。但是，一个增加进来的特点却是，运动中有两个周期。如果运动是简谐的，则只有这些运动中的一种运动的量子数在一个辐射过程中可以改变，而事实上是只改变一个单位；两种运动的量子数绝不能同时改变，因为组合式 $\tau_1\omega_1+\tau_2\omega_2$ 并不出现在运动的表示式中，而只有频率 ω_1 和 ω_2 才分别地出现。正如线性谐振子是像昨天所讨论的那样由双原子分子来近似地体现那样，现在近似地对应于两个自由度的各向异性谐振子的就是三原子分子。事实上，海特勒(W. H. Heitler)针对水蒸气的光谱发现，基本上只有单独一个量子数改变一个单位的那种过程才会发生。但是，既然运动并不是纯粹的谐振动，各基频的整数组合式就也会以很小的振幅出现于运动中，因此就存在两个量子数同时改变一个单位的那种跃迁的一个小概率。在这儿，在经典理论和量子论之间也存在一种典型的差别。当束缚力不是简谐性的时，“泛频”，主要是和频和差频就也会出现在经典理论中，而且，事实上，它们在分子于它的平衡位置附近振动时也是出现的，就如在吸收过程中那样。但是，在实际上，在吸收中观察到的只有和频而没有差频，即只有两个量子数同时改变+1 的情况。这种情况的原因在于，在吸收之前，分子是处于以最低的量子数而与众不同的态中的。在发射中，量子数之差也会出现。这一点，我感谢爱因斯坦在一次个人通信中向我指出。正如在双原子分子的情况中一样，较高的泛频并不是精确地位于经典理论所要求的位置上的。

现在我们遇到多自由度体系具有特别简单的性质的一些情况，那就是当分离变量为可能时的情况。在这种情况下，并不要求运动可以按上面提到的那种方式表示成一些独立谐振动的叠加，但是却能够选择特殊的坐标，以便我们可以谈到运动的一种独立部分。在这些情况中，每一个 p_l 只依赖于共轭坐标 q_l，从而我们就可以构成下列各量：

$$\mathscr{I}_l = \oint p_l \mathrm{d}q_l$$

这种情况的一个特别简单的事例出现在有心运动中。如果力场不是一个库仑场，人们并不能得到周期运动，而是得到由一个均匀转动叠加在单周期运动上而形成的运动。这样的运动可以在球坐标系中分离变量。稳定态由下列量子条件式来确定：

$$\mathscr{I}_r = \oint p_r \mathrm{d}r = n_r h, \mathscr{I}_\varphi = \oint p_\varphi \mathrm{d}\varphi = 2\pi P = n_\varphi h \tag{26}$$

一个较小的数学困难就在于，和 r 不同，坐标 φ 没有转折点而是在运动中不断地增大；于是，很自然地可以取 2π 作为 φ 的周期并在这一区间中计算 $\mathscr{I}_\varphi$。此外，第二个积分的求值是特别简单的，因为动量 p_φ 不依赖于 φ 而是等于 P。这些方程就是索末菲的著名条件式，他利用这些条件式得到了精细结构理论。我们以后将稍为详细地讨论这一理论，而现在却将在一种普遍的方式下接着讨论一下分离变量法。在所考虑的情况下，艾伦菲斯特原理的应用是怎样的呢？既然 p_φ 保持恒定，我们在形式上处理的就是一个单自由度的体系，从而 $\mathscr{I}_r$ 是浸渐不变的。我们在以后将讨论一个问题，即这种运动可以怎样浸渐地变成一种可以表示成两个谐振动的叠加的运动。

当周期度 u 小于自由度数 s 时，人们一般就会遇到分离变量方面的困难。这时体系将可以在若干不同的坐标系中分离变量，而且，既然各方程 $\mathscr{I}_l = \oint p_l \mathrm{d}q_l$ 依赖于选为基底的坐标系，它们就并不能表明体系所特有的任何性质。周期度越小，这种选择分离变量用的坐标系的任意性就越大。原因就在于，在 $u<s$ 的情况下，当应用了分离变量法时，运动的周期性质并不会表现出来。但是，当我们转向对应原理时，我们却遇到体系的周期性质，这些性质并不包含关于分离坐标的选择的任何指示。这里所提到的运动（$u<s$），在普遍多周期体系类中形成一个族。存在着适用于这些运动的一种美好的数学理论，我不在这里详细展开它了；我只提请大家注意一些要点。代替 q_l, p_l，能够引入若干“分析”变量，其中的一组 $w_1, \cdots, w_u$ 通常叫作“角变量”，因为在天体力学的特例中它们具有角度的性质。在我看来，似乎把它们叫作“匀化变量”更合理一些。它们的主要性质在于，各个 q_l 是 $w_1, \cdots, w_u$ 的多周期函数：

$$q_l = \sum_{-\infty}^{+\infty} C_{\tau_1 \cdots \tau_u} \cos 2\pi(\tau_1 w_1 + \cdots + \tau_u w_u + \gamma_{\tau_1 \cdots \tau_u}) \tag{27}$$

能量只依赖于和 w_l 相共轭的 $\mathscr{I}_{\omega_1} \cdots \mathscr{I}_{\omega_u}$ 这些量。

除了 w_1 和 $\mathscr{I}_{\omega_l}$ 以外，还有两组各自包含 $(s-u)$ 个变量的共轭量 $\beta_1 \cdots \beta_{s-u}$ 和 $\alpha_1 \cdots \alpha_{s-u}$，于是整个新坐标组就是

$$w_1, \cdots, w_u, \beta_1, \cdots, \beta_{s-u}$$

而新的动量则是

$$\mathscr{I}_{\omega_1}, \cdots, \mathscr{I}_{\omega_u}, \alpha_1, \cdots, \alpha_{s-u}$$

现在我们发现，$\mathscr{I}_{\omega_1}$、β_l 和 a_l 在运动中全都保持恒定；β_l、α_l 是运动的“轨道参数”。现在，既然 E 只依赖于 $\mathscr{I}_{\omega_l}$，那么就可以推知

$$\omega_l = \delta E / \delta \mathscr{I}_{\omega_l} \quad (l = 1, 2, \cdots, u) \tag{28}$$

也都保持恒定，从而就有

$$w_l = \omega_l t + \delta_l \quad (l = 1, 2, \cdots, u) \tag{29}$$

于是，各个匀化变量是时间的线性函数。将(29)式代入(27)式中，我们就得到各个坐标

q_l，从而也就作为时间的函数得到各粒子的下列形式的位移变量 ζ：

$$\zeta = \sum_{-\infty}^{+\infty} C'_{\tau_1 \cdots \tau_u} \cos 2\pi[(\tau_1\omega_1 + \cdots + \tau_u\omega_u)t + \delta_1 + \cdots + \delta_u] \tag{30}$$

相邻运动的能量差由下式给出：

$$\delta E = \omega_1 \delta \mathscr{I}_{\omega_1} + \cdots + \omega_u \delta \mathscr{I}_{\omega_u} \tag{31}$$

我们还必须确定各个$\mathscr{I}_{\omega_l}$的零点值。它们可以通过要求$\mathscr{I}_{\omega}$为浸渐不变来确定。正如布尔杰斯所证明的，关于各恒量的条件可以通过构成下式来求得：

$$\int_{t_0}^{t_1} \sum \mathscr{I}_{\omega_l} \mathrm{d}w_l = (t_1 - t_0) \sum \mathscr{I}_{\omega_l} \omega_l$$

此式变为

$$(t - t_0) \sum \mathscr{I}_{\omega_l} \omega_l = \int_{t_0}^{t_1} \sum p_l \mathrm{d}q_l + \text{Per.}(w_1, \cdots, w_u) \tag{32}$$

式中 Per. 是所标明的各变量的一个周期函数。对于每一 t_1 值都必须得到满足的这一方程，可以用来确定$\mathscr{I}_{\omega_1}, \cdots, \mathscr{I}_{\omega_u}$的零点值。处理多周期体系的这种方式创始于施瓦茨希尔德，并且曾由爱泼斯坦(Epstein)、布尔杰斯和克拉默斯加以发展，关于条件式

$$\mathscr{I}_{\omega_l} = n_{\omega_l} h \tag{33}$$

的浸渐性质就是这样。

现在，这些条件式和对应原理之间的联系是什么呢？如果我们用频率关系式把所发射的频率表示出来，并且引入作为角变量的函数的能量改变量，我们就得到

$$\nu = \frac{1}{h} \int_{(')}^{('')} \sum \omega_l \delta \mathscr{I}_{\omega_l} \tag{34}$$

过渡到大的量子数的极限，我们可以把积分中的 ω_l 看成常量，并可以写出

$$\nu \approx \frac{1}{h} \sum \omega_l (\mathscr{I}'_{\omega_l} - \mathscr{I}''_{\omega_l}) = \sum (n' - n'') \omega_l \tag{35}$$

于是，形势就和单自由度情况中的形势是十分类似的。正如在那种情况中一样，我们要求只有那样的量子数的改变是可能的，即它们按照

$$\tau_l = n'_l - n''_l \tag{36}$$

的方式而和运动的一个谐振动分量相对应。

我们仍将不去详细地讨论这种对应关系，而只是提醒一下：我们假设首先是在高量子数的极限下可以根据这种对应关系来计算跃迁概率；对于低量子数，对应原理只是提供一个线索而已。现在就出现一个问题：是否能够找到一种普遍的跃迁概率表示式？这个问题并不像初看起来那样没有希望。引入一个参量 λ，使得可以把$\mathscr{I}_{\omega_l}$写成下列形式

$$\mathscr{I}_{\omega_l}(\lambda) = h(n''_l + \lambda(n'_l - n''_l))$$

我们就有

$$\nu = \frac{1}{h} \int_{(')}^{('')} \sum \omega_l \delta \mathscr{I}_{\omega_l} = \frac{1}{h} \int_0^1 \sum \omega_l \frac{\mathrm{d} \mathscr{I}_{\omega_l}}{\mathrm{d}\lambda} \mathrm{d}\lambda = \int_0^1 \sum (n'_l - n''_l) \omega_l \mathrm{d}\lambda$$

我们看到，正如克拉默斯所指出的，ν 是通过按一切中间态来对 ω_l 求平均值而求得的。归根结蒂，各个 ω_l 本身并没有直接的物理意义。克拉默斯曾经力图求得各振幅平均值的一个类似的普遍表示式，并在跃迁概率的计算中使用它。当然，我们不能声称这一目标可以达到，但是它确实似乎并不是不可能的。

此处概述的多周期运动的普遍理论，使我们能够完全地掌握这些运动。作为例子，我们将提到布尔杰斯所提出的从有心运动到另一种运动的浸渐变换，后一运动由两个独立的谐振动组成，这就是一个各向异性谐振子的运动。如果这样一个振子被放入磁场中，它的运动就不能利用分离变量法来处理。但是，可以证明它是多周期运动的一种特别简单的情况。普遍的运动可以通过沿相反方向进行的两个椭圆振动的叠加来得到。如果我们现在让磁场增加到那样的程度，以致它所作用的力远远大于各向异性的程度，则两个椭圆振动将越来越趋近于圆周振动而并不出现任何简并。但是，如所周知，两个沿相反方向的并具有不同周期的圆周振动，和一个具有近核点旋进的椭圆运动相等价，也就是和一个有心运动相等价。这样，就能够把一个各向异性的[①]振子的运动浸渐地变成一个有心运动，反之亦然。

正如在这一特例中一样，按谐振动分量的分解一般是不可缺少的。例如，一个有心运动可以看成一个周期运动和一个缓慢均匀转动的叠加。周期运动中的每一个谐振动分量可以用沿相反方向进行的圆周运动来表示。这些圆周运动被叠加在均匀转动上。于是，一个分量就用下列公式来表示：

$$\zeta=\sum C_{\tau,\pm1}\cos 2\pi\{(\tau\omega\pm\sigma)t+\delta_{\tau,\pm1}\} \tag{37}$$

在这里，ω 是周期运动的频率[②]，σ 是所叠加的转动的频率。当我们借助上面所发展的理论来处理这一运动时，我们就得到作为能量和 ω、σ 之间的关系式的下列公式：

$$\delta E=\omega\delta\mathscr{I}_\omega+\sigma\delta\mathscr{I}_\sigma \tag{38}$$

稳定态由下列条件式来确定：

$$\mathscr{I}_\omega=n_\omega h,\ \mathscr{I}_\sigma=n_\sigma h \tag{39}$$

$\mathscr{I}_\omega$和$\mathscr{I}_\sigma$通过采用极坐标时得到的动量[③]$\mathscr{I}_r$和$\mathscr{I}_\varphi$表示如下：

$$\mathscr{I}_\omega=\mathscr{I}_r+\mathscr{I}_\varphi,\ \mathscr{I}_\sigma=\mathscr{I}_\varphi \tag{40}$$

如果$\mathscr{I}_\omega$和$\mathscr{I}_\sigma$被用来确定稳定态，它们就是以一种简单的方式和体系的周期性质联系着的，在这方面它们和$\mathscr{I}_r$及$\mathscr{I}_\varphi$有所不同。

现在我们将简略地讨论一下索末菲的精细结构理论，然后提供一些关于描述稳定态中的运动所能达到的近似程度的一般考虑。

索末菲的精细结构理论建筑在这样一件事实上：当把相对论改正项考虑在内时，运动并不是严格的周期运动而是一种有心运动，这种运动可以表示成一个很慢的转动叠加在一个纯周期性的开普勒运动上。

对于纯周期性的开普勒运动来说，

$$\mathscr{I}=\oint p\,\mathrm{d}q$$

这个量不依赖于所选的坐标系而是和周期密切联系着的。这就表明，在公式(32)中，那个周期函数是不存在的。于是，能量 E 就用$\mathscr{I}$表示如下：

---

① 原稿误作“非简谐的”。——译者

② 原稿误作“周期”。——译者

③ 似应作“作用量”。——译者

$$E = -2\pi^2 N^2 e^4 m / \mathscr{J}^2 \tag{41}$$

从而

$$\nu = \frac{2\pi^2 N^2 e^4 m}{h}\left(\frac{1}{(\mathscr{J}''_\omega)^2} - \frac{1}{(\mathscr{J}'_\omega)^2}\right) \tag{42}$$

但是，严格说来，即当把相对论考虑在内时，E 的表示式不但依赖于$\mathscr{J}_\omega$而且稍稍依赖于$\mathscr{J}_\sigma$；事实上，

$$E = -\frac{2\pi^2 N^2 e^4 m}{\mathscr{J}_\omega^2}\left\{1 + \left(\frac{2\pi N e^2}{c}\right)^2 \times \left(-\frac{3}{4\mathscr{J}_\omega^2} + \frac{1}{\mathscr{J}_\omega \mathscr{J}_\sigma}\right) + \cdots\right\} \tag{43}$$

因此，频率变为

$$\nu = \frac{1}{h}\left(\left[2\pi^2 N^2 e^4 m\left\{\left(\frac{1}{(\mathscr{J}''_\omega)^2} - \frac{1}{(\mathscr{J}'_\omega)^2}\right) + \left(\frac{2\pi N e^2}{c}\right)^2 \times \left(\frac{1}{(\mathscr{J}''_\omega)^2}\left(\frac{-3}{4(\mathscr{J}''_\omega)^2} + \frac{1}{\mathscr{J}''_\omega \mathscr{J}''_\sigma}\right) - \frac{1}{(\mathscr{J}'_\omega)^2}\left(\frac{-3}{4(\mathscr{J}'_\omega)^2} - \frac{1}{\mathscr{J}'_\omega \mathscr{J}'_\sigma}\right)\right)\right\}\right]\right)$$

当不考虑相对论时，只有椭圆的长轴是确定的，而且是仅仅通过$\mathscr{J}_\omega$来确定的，现在，椭圆的形状也是通过量$\mathscr{J}_\omega$和量$\mathscr{J}_\sigma$来确定的了。我们把 n_ω 叫作"主量子数"。存在一些运动，它们具有相同的 n_ω 值，而 n_σ 则可以取$\leqslant n_\omega$ 的任一值。例如，如果 $n_\omega=3$，则 n_σ 只可以有 1，2 或 3 中的任何一个值。按照对应原理，某些跃迁是被排除了的，因为，既然 σ 只带着系数$+1$ 或-1 而出现在运动的展式中，那么就只有 $n'_\sigma - n''_\sigma = \pm 1$ 的那种跃迁才是可能的了。如果存在外力，而且它们的影响可以和相对论所要求的按经典力学算出的运动中的改变相比，精细结构就会消失。这时得到的只是一个周期。精细结构处理中的主要之点就在于考虑多周期性。如果精细结构消失了，用单独一个关系式来确定稳定态就是合适的。这对于理论的形式一致性来说是一个很重要的问题。在以后，当讨论电力和磁力对运动的效应时，我们就将考虑这个问题。

我们现在将转入打算讨论的第二个问题，那就是确定稳定态时所达到的近似程度。事实上，稳定态的整个描述都只是近似的，因为我们没有考虑稳定态中的任何辐射。于是，注意到 E' 和 E'' 由于我们忽略了辐射而并不是严格确定的，关于方程 $E'-E''=h\nu$ 的精确度问题就出现了。如果我们问问自己怎样理解 ν，我们就必须假设事实上并不存在严格单频的辐射，而是 ν 必然依赖于所发射的振动次数，也就是依赖于发射过程的持续时间；而关于这一持续时间我们却并无任何确切的知识。我们只能根据关于极隧射线粒子的发光衰变时间的实验得出它的一个上限。按照对应关系的理由，我们相信这一时间是和用经典理论算得的发射时间同数量级的。实际上曾经发现，发光持续时间和经典地算得的时间在数量级上是相符的。这就表明，能量和频率是确定到恰好相同的近似程度的。这种一致性到底意味着什么，这却很难讲。这可能是一个也许适于给量子论的各式各样问题带来光明的地方。无论如何，这一结果对于把上述这些量子论的应用弄得通顺起来总是很有贡献的。

我愿意再指出两点。

第一点涉及艾伦菲斯特和布莱特写的一篇论文[*Z. Phys*，9(1922)207]。它处理的是一个初看起来令人很困惑的特例。艾伦菲斯特考虑了一个体系，里边有一个粒子在不受任何力的情况下沿着一个圆形轨道在转动。但是，通过一个适当的运动学装置，我们设

想粒子每经过确定的很大次数的绕转以后就突然被弹性地反射回来（为了简单，我们可以认为绕转次数是整数）。于是，这里就涉及两个周期：绕转的"微观周期"和"宏观周期"，后者就是两次相继反向之间的时间。这时，宏观周期当然必须是量子化的。但是，只是这样确定的那些稳定态并不足以表征体系的性质，因为粒子在中间很长的时间之内是表现为自由粒子的。如果运动被分解成傅立叶级数，对应于微观周期的泛频振动就将强烈地出现，而且当宏观周期很长时甚至比基频振动还要强烈。这就表明，τ 级的高量子跃变大大地占优势。此处 τ 是宏观周期和微观周期的（整数）比值；于是，体系在光学上的表现就好像微观周期是量子化的而粒子是自由转动的。但是，当考虑到热性质时，就得到一个佯谬。这些性质只依赖于能量元的大小，亦即只依赖于宏观周期。如果将宏观周期增大，从而使它的 v 越来越小，则能量子的倍数将越来越互相趋近，从而体系就表现得好像能量可以连续地取一切值一样（就像在经典统计法中那样）。于是，随着宏观周期的增大，微观周期就在光学性质中显示得越来越明显，而在热性质中却完全不能明显地被发现。当我们考虑到，宏观周期很大时，振动不可能是非阻尼的，从而人们在原理上就不能忽略辐射的发射时，这一结果的佯谬性就被清除了。事实上，体系在下一次撞击的很久以前就将已经在一个宏观周期中失去了它的全部能量。我不相信量子论的法则可以应用于这样一种情况。只有当经典地算出的发射在许多个周期中都是不可觉察地小时，这些法则才能成立。至少，只有当量子条件被看成严格的时，艾伦菲斯特所指出的困难才会被遇到。

这一点是很本质的，因为曾经作过许多的尝试来把无论什么的一切运动加以量子化。原子代表了量子论的一种特别明确的情况；但是，当我们不是考虑闭合体系时，我们却并不具备形式的量子条件。

我要指出的第二点涉及无线电报问题。我们这里是在处理特殊的情况，因为我们相信自己能够在一切细节上描述这里出现的辐射过程。量子论对这些过程的应用情况如何呢？假如我们必须对所讨论的体系实行量子化，我们就将得到很庞大的量子数。但是，我不认为这是什么本质之点。我倒是相信量子论在这里完全不适用，而且这或许是由于所涉及的辐射力的量值很大。发射的能量如此之大，以致它必然起源于许许多多的个体过程。既然甚至在波长的一个很微小的分数中都会包含很大数量的能量，远远大于在其他情况下确定稳定态的那些力的辐射力的值，那么这就使得稳定态概念本身没有意义了。

第三讲

1922年6月14日

存心要击中那么远的物体，根本就不可能；但是冒冒失失瞄都瞄不准就扔出去，而且还荒唐地希望能击中，反倒成功了。所以，“也许会成功”的想法比实践和意愿更有力。

——玻尔

在昨天的演讲中，我企图解释了针对单周期运动或多周期运动来确定稳定态的理论的要点。今天我将讲到这一理论的某些应用。

我昨天的主要努力就是要提到对于理论来说具有特殊重要性的一些物理观点，那就是浸渐原理和对应原理。我们看到了，借助于普通力学，在某种近似程度上，我们不但能够描述稳定态中的运动，而且能够描述体系的一种浸渐变换。浸渐原理特别适于用来描述外场对原子体系的影响。如果我们有一个处于稳定态中的体系并且让外场缓慢地增加，那么我们就问，体系的运动将变成怎样。分析力学给出这一问题的答案如下：即使对于小的外力，运动也不能利用未受扰运动的匀化变量[角坐标]来描述。能量将不再在运动中保持恒定。另一方面却可以证明，当外力在一个远大于运动周期的时间间隔中被看成恒定，而且在合运动发展的时间间隔中对能量求平均值时，这一平均值就将在一级近似下(即准确到场强的二次项)不依赖于场强。但是，场的强度实际上不是恒定的。喏，分析力学证明，可以令由这一事实引起的体系能量的改变量，等于外力势能按未受扰运动来求的平均值，能量的总值通过将这一平均值和上面提到的在一级近似下看成常量的能量相加来求得。于是，我们就不必详细研究扰动，而只需要研究能量的平均值。

但是，这一方法的应用在某些情况下却导致困难，那就是在周期度当外力存在时比没有外力时要大的情况下。因此，作为特例，当未受扰体系的周期度等于自由度数时，这一困难是不可能发生的。如果周期度小于自由度数，则各轨道参量 α、β 在干扰力作用下一般将不会保持恒定。如果 α、β 在一级近似下不依赖于干扰力，运动的周期度就保持不变，而上述方法就可以应用，另一方面，如果 α、β 是随干扰力而变的，则运动中将出现新的周期性。这些就是所谓久期扰动的周期。在这样的情况中，浸渐假说从一开始就不能应用，因为受扰体系的稳定态要比未受扰体系的稳定态用更多的条件来确定。于是，稳定态运动必须通过考察久期扰动来从可以浸渐地达到的一切运动中被选出。正如可以证明的 α、β 是满足正则方程的。这些方程必须用新的匀化变量[角变量]来加以处理，以得出新的量子条件式。这些新条件式的个数等于受扰体系和未受扰体系的周期度之差。

我并不指望这些说明已被全体听众所听懂；不过，我愿意作出这些说明，为的是至少对有关这些问题的某些想法作一传达。主要之点在于，我们用不着完全重新考察受扰体系，而只需除确定未受扰体系的稳定态的那些条件之外再增加一些新条件。

现在，为了阐明以上的论述，我们将处理一些例子。首先，考虑一种纯周期运动，即只有单独一个周期度的运动，它的分量可以表示成下列形式：

$$\zeta = \sum C_\tau \cos 2\pi(\tau\omega t + \gamma_\tau)$$

稳定态由下列条件式来确定：

$$\mathscr{I} = \oint \sum p \mathrm{d}q = nh$$

相邻运动之间的能量差是

$$\delta E = \omega \delta \mathscr{I}$$

◀德国物理学家盖革(Hans Geiger，1882—1945)

借助于频率关系式，对于高量子数就由此得到

$$\nu \approx (n' - n'')\omega$$

在开普勒运动的情况下，能量用$\mathscr{I}$表示如下：

$$E = -2\pi^2 N^2 e^4 m / \mathscr{I}^2$$

这样一个原子在一个电场或一个磁场中的行为将是怎样的呢？正如我们昨天所看到的，由于相对论，氢原子的运动并不是纯周期的。因此，为了照顾到相对论，就需要增加一个条件来确定稳定态。相对论在按经典力学计算的运动中引起的修正，可以看成一种扰动。当完成了微扰计算时，就得到昨天给出的公式。

在存在于实验中的那些条件下，电场或磁场引起的扰动是远大于相对论改正量的。因此，在开始时忽略后一改正量是有道理的。

我们首先考虑最简单的情况，即均匀磁场中的氢原子。按照拉摩尔的著名定理，磁场的唯一效应就是在没有场时的运动上叠加一个绕场的方向进行的均匀转动，其频率 ζ_H 由下式给出：

$$\zeta_H = eH/4\pi mc \tag{44}$$

式中 H 是磁场强度的绝对值。在这里可以指出，拉摩尔定理不是仅特别地适用于氢原子而是适用于任何有核原子的。

现在很容易看到在运动中引起的改变将是什么。事实上，每一个椭圆简谐运动可以分解成一个平行于场的方向的线性谐振动和两个垂直于场的沿相反方向进行的圆周运动。因此就看到，沿场方向的运动分量由下式来表示：

$$\xi_{/\!/} = \sum C_{\tau,0} \cos 2\pi(\tau\omega t + \gamma_{\tau,0}) \tag{45}$$

而垂直于场方向的运动分量则由下式表示：

$$\eta_{\perp} = \sum C_{\tau,\pm 1} \cos 2\pi\{(\tau\omega \pm \zeta_H)t + \gamma_{\tau,\pm 1}\} \tag{46}$$

于是，运动中出现两个基频，即原有运动的频率 ω 和叠加上去的运动（旋进）的频率 ζ_H。因此，稳定态是由两个条件式来确定的：

$$\mathscr{I}_\omega = n_\omega h, \mathscr{I}_\zeta = n_\zeta h$$

作为$\mathscr{I}_\omega$和$\mathscr{I}_\zeta$的函数来确定能量，被证实为很简单，因为频率 ζ 正如在普朗克振子的情况下一样不依赖于能量；对于那种振子我们有

$$\xi = C\cos 2\pi(\omega_0 t + \gamma), E = \omega_0 \mathscr{I} = nh\omega_0$$

在这里，我们有

$$\delta E = \omega\delta \mathscr{I}_\omega + \zeta_H \delta \mathscr{I}_\zeta$$

因此，能量就是

$$E = -(2\pi^2 N^2 e^4 m / \mathscr{I}_\omega^2) + \zeta_H \mathscr{I}_\zeta \tag{47}$$

这一问题最初是由索末菲和德拜借助于分离变量法来处理了的。我们看到，问题完全用不着从头处理，只要在未受扰问题上增加上第二个量子条件就行了。

这里得出的能量表示式还不足以完全地解释塞曼效应；为了作到这一点，我们必须引入对应原理。对于大的量子数，我们有

$$\nu \approx (n_\omega' - n_\omega'')\omega + (n_\zeta' - n_\zeta'')\xi_H$$

一个确定跃迁的出现依赖于对应谐振动分量在运动中的出现。差数 $n'_\omega - n''_\omega$ 可以取一切整数值,因为 ω 的一切泛频都出现在 ξ 和 η 的展式中。另一方面,$n'_\zeta - n''_\zeta$ 却只能是±1或0,因为 ζ_H 的别的倍数并不出现在展式中。但是,只有这些事实还不能完全解释塞曼效应,还缺少关于所发射辐射的偏振的一些说法。于是我们意识到,这些也是由对应关系确定了的,因为我们假设偏振应该和按经典理论由对应于量子跃变的振动所将推得的相似;按照经典理论,各成分线分成两种,一种是线性偏振的,另一种是圆偏振的。量子跃变 $n'_\zeta - n''_\zeta = 0$ 对应于沿场方向而线性偏振的振动,而 $n'_\zeta - n''_\zeta = \pm 1$ 中的每一个则对应于垂直于场的圆偏振的振动。前一情况给出位于原始位置上的中央成分线,其他情况则给出正常塞曼效应中的两侧成分线。处理塞曼效应的这种方法和建筑在经典电动力学上的洛伦兹处理方法相仿。注意到经典理论和量子论之间的不同,上述两种方法之间的差别是像所能期望的那样小的。但是,两种理论之间的差异却直接表现在这样一个事实中:按照经典理论,不能预期任何细锐的谱线。当我们考虑总偏振时,我们就发现又一个差异。按照经典理论,原子相对于场方向的一切取向都会出现。因此,通过所有个体过程的叠加而求得的总偏振将是零。另一方面,按照量子论,只有一些确定的分立取向才会出现。如果 P 是电子的角动量,我们就有

$$\mathscr{I}_\zeta = n_\zeta h = 2\pi P \tag{48}$$

由此就可以推知,角动量只能取分立值。另一方面,既然角动量是沿着轨道法线的方向而量子化的,那么从两个量子条件式就可以推知,场方向和轨道平面之间的夹角也只能取分立值。

这一结果已经得到斯特恩和盖拉赫的实验的证实,他们考察了顺磁性原子在非均匀磁场中的运动,并且证明了只有一些相对于场的确定取向才会出现。因此,我们必须对发现总偏振并不等于零有所准备;福格特的观测结果似乎实际上已经证明,在某些情况中,一条谱线的总偏振在磁场中是会改变的。在从前,人们总是想方设法地把这种现象解释为并不存在,因为按照经典理论是不能对它作出任何解释的。另一方面,我们现在却可以把它看成对量子论的一种支持。

我现在将讨论,从另一个观点看来,即通过应用角动量守恒定律,可以对出现在塞曼效应中的频率说些什么。当我们考虑按照经典理论由一个以确定频率作着谐振动的电子所引起的具有同一频率的辐射时,我们发现必须认为辐射具有角动量。从一个沿椭圆简谐轨道运动着的电子发出的辐射的角动量,当轨道退化成一条直线时为零,而当轨道变成圆时为最大。当原子的角动量在量子跃变中发生了变化时,我们必须要求改变量再次出现在辐射的角动量中。算一算角动量和能量之间的关系,我们就发现

$$\frac{\Delta P}{\Delta E} \leqslant \frac{1}{2\pi\nu}$$

而且,既然 $\Delta E = h\nu$,我们就得到

$$\Delta P \leqslant h/2\pi \tag{49}$$

由此可得,n_ζ 只能改变0或±1。也能够按照这种方式推导正确的偏振值。这种考虑是由鲁宾诺维兹(Rubinowicz)提出的。

现在我们接下去讨论电场的影响。爱泼斯坦和施瓦茨希尔德已经对这里出现的现

象作出了理论解释。他们通过分离变量解决了问题。事实上，可以证明，原子在恒定电场中的运动方程当引用抛物面坐标时是可以分离变量的。在许多方面，这一理论是很美的，但是也有不能令人满意之处。作出整个理论的可能性依赖于这些坐标的选择，从而我们很可以问：电子怎么能够知道我们借助于抛物面坐标来求解它的微分方程呢？然而，通过对未受扰原子应用量子论并考察必须增加什么新条件，也就能够很容易地处理这个问题。为了计算能量，必须确定相对于外力场的势能的平均值。这一平均值可以看成等于电子位于它的轨道的所谓“电重心”上时的势能。既然这一能量必为常量，电心就只能垂直于场的方向而运动。可以证明，这个点是在垂直于场方向的平面上作着简谐运动的。这一重心的运动频率是

$$\rho_F = F\frac{3\mathcal{I}}{8\pi^2 Nem} \tag{50}$$

式中 F 是电场强度的绝对值。量$\mathcal{I}$确定未受扰体系的稳定态，于是，对于从未受扰体系的单独一个态得出的受扰体系的所有态来说 ρ_F 都是相同的。我们现在必须增加一个新条件式

$$\mathcal{I}_\rho = n_\rho h$$

因此，正如在塞曼效应的情况下一样，我们只有两个条件式

$$\mathcal{I}_\omega = n_\omega h\,,\mathcal{I}_\rho = n_\rho h$$

于是，能量就是

$$E = -\frac{2\pi^2 N^2 e^4 m}{\mathcal{I}_\omega^2} + F\frac{3\mathcal{I}_\omega\mathcal{I}_\rho}{8\pi^2 Nem} \tag{51}$$

这就是由爱泼斯坦和施瓦茨希尔德求得的同一表示式；但是，一个本质的不同就在于，我们只有两个量子条件式而爱泼斯坦却用了三个。

现在我们将考虑可以从对应原理得出的结论。平行于场的运动分量是

$$\xi_{/\!/} = \sum C_{\tau_1,\tau_2}\cos 2\pi\{(\tau_1\omega + \tau_2\rho)t + \gamma_{\tau_1,\tau_1}\} \tag{52}$$

式中 $\tau_1 + \tau_2$ 是偶数。垂直于场的运动分量是

$$\eta_\perp = \sum C_{\tau_1,\tau_2}\cos 2\pi\{(\tau_1\omega + \tau_2\rho)t + \gamma_{\tau_1,\tau_1}\} \tag{53}$$

式中 $\tau_1 + \tau_2$ 是奇数。另外也有

$$\delta E = \omega\delta\mathcal{I}_\omega + \rho\delta\mathcal{I}_\rho$$

因此，对于大的量子数就有

$$\nu \approx (n_\omega' - n_\omega'')\omega + (n_\rho' - n_\rho'')\rho$$

于是，其对应谐振动分量存在的那些跃迁就将出现。关于偏振，我们必须预期 $(n_\omega' - n_\omega'') + (n_\rho' - n_\rho'')$ 为偶数的那些跃迁将给出平行于场而偏振的谱线，而 $(n_\omega' - n_\omega'') + (n_\rho' - n_\rho'')$ 为奇数的那些跃迁将给出垂直于场而偏振的谱线。这一结果已经得到实验上的证实。按照对应原理，一条给定谱线的强度所依赖的跃迁概率，取决于运动中对应泛频振动的振幅。克拉默斯曾经计算了展式中的各个系数 C，并且也已经发现计算的强度和经验相符。斯塔克效应提供了大量的实验资料，量子论对这些资料的细节都能够说明。想提出经典理论在那里取得同样成就的另一个领域将是很困难的。

现在我们也将考虑外场对相对论式氢原子的影响。到此为止，我们一直忽视了相对

论改正项，因为我们知道这将不会在现象的较粗糙特点方面引起重大的变化。如果我们把无场空间中相对论式电离氦原子理论的结果和实验结果（帕申）相比较，我们就会发现成分线强度方面的小的偏差，这起源于一个事实，即在实验中小的外场永远是存在的。因此就看到，有必要也照顾到相对论来作出关于外场中原子的理论。

如果外场是磁场，情况就很简单，因为拉摩尔理论对于相对论式的开普勒运动仍然适用。于是，就有一个简单地叠加上去的旋进，频率为

$$\zeta = eH/4\pi mc$$

平行于场和垂直于场的运动分量（ξ 和 η），由下式表示：

$$\begin{aligned}\xi_{/\!/} &= \sum C_{\tau,\pm1,0}\cos2\pi\{(\tau\omega+\sigma)t+\gamma_\tau\}\\ \eta_{\perp} &= \sum C_{\tau,\pm1,\pm1}\cos2\pi\{(\tau\omega\pm\sigma\pm\zeta)t+\gamma_\tau\}\end{aligned}\tag{54}$$

稳定态由下列条件式来确定：

$$\mathcal{I}_\omega = n_\omega h\,,\mathcal{I}_\sigma = n_\sigma h\,,\mathcal{I}_\zeta = n_\zeta h$$

能量可以写成

$$E = E(\mathcal{I}_\omega,\mathcal{I}_\sigma) + \zeta\,\mathcal{I}_\zeta$$

此外还有

$$\delta E = \omega\delta\,\mathcal{I}_\omega + \sigma\delta\,\mathcal{I}_\sigma + \zeta\delta\,\mathcal{I}_\zeta$$

于是，对于大的量子数，我们就得到

$$\nu \approx (n'_\omega - n''_\omega)\omega + (n'_\sigma - n''_\sigma)\sigma + (n'_\zeta - n''_\zeta)\zeta$$

对应原理给出的结果是，对于$(n'_\omega - n''_\omega)$的值没有任何限制。另一方面，$(n'_\sigma - n''_\sigma)$永远是±1，从而对于这个量子数来说磁场并不引起任何改变。差数$(n'_\zeta - n''_\zeta)$可以是 0 或±1。n_ζ 的改变为 0 时给出平行于场方向的线偏振；n_ζ 的改变为±1 时给出垂直于场方向的圆偏振。于是，结果就是，精细结构的每一成分线都分裂为正常洛伦兹三重线。这一结果最初是由索末菲利用分离变量法求得的。在开始时，曾经怀疑这种结果是否和经验相一致，因为我们处理的是磁场对具有多重结构的谱线的效应，而在这样的情况下我们是习惯于发现反常塞曼效应的。这一效应的实验考察是很困难的，因为精细结构很容易受到外场的干扰，而外场则是很难避免的。尽管如此，单条精细结构成分线的正常分裂却似乎得到了汉森的实验的证实。

相对论式塞曼效应问题是简单的，因为拉摩尔旋进的周期是简单地叠加在原有运动上的，而相对论式斯塔克效应的问题却复杂得多。电场强度所引起的轨道的改变并不是简单地加在[原文为“wirkt... nicht zusammen mit”]相对论改正量所引起的运动的改变上。当电场的影响远大于相对论改正量时，这一改正量就被压制掉，而我们就得到在经典力学的基础上所给出的那种斯塔克效应。当电场的影响远小于相对论改正量时，电场对引起的运动的改变就将很小。但是，当不存在电场时不会出现的一些量子跃变却将发生，因为，由于有场，就将出现含 $\tau_2\sigma$ 的分量，而当没有场时则只出现含$\pm\sigma$ 的分量。如果电场的影响和相对论改正量具有相同的数量级，则问题将不再能够用分离变量法来处理；不过，久期扰动的考察却可以达到目的，它导致一个自由度数较小的问题的求解。这些计算已由克拉默斯作出。它们导致下述的结果：平行于场和垂直于场的运动分量

(ξ和η)可以表示成下列形式：

$$\begin{aligned}\xi_{/\!/} &= \sum C_{\tau_1,\tau_2}\cos2\pi\{(\tau_1\omega+\tau_2\varepsilon)t+\gamma_{\tau_1\tau_2}\}\\ \eta_{\perp} &= \sum C_{\tau_1,\tau_2\pm1}\cos2\pi\{(\tau_1\omega+\tau_2\varepsilon\pm\zeta)\tau+\gamma_{\tau_1\tau_2\pm1}\}\end{aligned}\tag{55}$$

此时也有

$$\delta E=\omega\delta\mathscr{I}_{\omega}+\varepsilon\delta\mathscr{I}_{\varepsilon}+\zeta\delta\mathscr{I}_{\zeta}$$

量子条件式是

$$\mathscr{I}_{\omega}=n_{\omega}h,\mathscr{I}_{\varepsilon}=n_{\varepsilon}h,\mathscr{I}_{\zeta}=n_{\zeta}h$$

此外，能量就是

$$E=-\{2\pi^2N^2e^4m/\mathscr{I}_{\omega}^2+\Psi(\mathscr{I}_{\omega},\mathscr{I}_{\varepsilon},\mathscr{I}_{\zeta})\}\tag{56}$$

对于大量子数，我们近似地有

$$\nu\approx(n_{\omega}'-n_{\omega}'')\omega+(n_{\varepsilon}'-n_{\varepsilon}'')\varepsilon+(n_{\zeta}'-n_{\zeta}'')\zeta.$$

对应原理的应用给出的结果是，$n_{\omega}'-n_{\omega}''$和$n_{\varepsilon}'-n_{\varepsilon}''$不受任何限制。另一方面，$n_{\zeta}$的改变却只能是0或±1；改变为0时对应于和场相平行的线偏振，改变为±1时对应于和场相垂直的圆偏振。

关于精细结构通过电场的逐渐增加而过渡到通常的斯塔克效应的情形，还不曾作过任何实验。量子论给出了现象的很多可以预期的细节。尽管我们实在不应该对发现量子论的失败没有准备，但是，假如由量子论得来的这样一种详细图景竟然不对，那将是使我们大感意外的。因为我们对于量子条件的形式实在性的信念是如此强烈，所以假如实验竟会给出和理论所要求的答案并不相同的答案，我们就会十分惊讶了。

第四讲

1922年6月19日

> 国际合作的所有支持者包括个人和国家的努力，需要在所有国家内形成一种意见，以不断增强清晰而有力量的言语呼吁，要求建立一个开放的世界。
>
> ——玻尔

这里所考虑的多周期体系理论的一切应用都曾经处理的是最简单的情况，即具有单独一个电子的原子。在其他情况，运动方程的解并不具备如此简单的特点。现在我们所要进行的主要问题就是要处理具有多于一个电子的原子。我们对于只有一个电子的原子的考虑，可以看成处理这一问题的第一步。当然，这里并不只是氢原子的问题，而是一般的具有任意原子序数的原子核对第一个电子的束缚问题。正如我们已经看到的，在这种情况中，运动在一级近似下可以看成纯周期性的，从而它的分量可以表示为

$$\zeta = \sum C_\tau \cos 2\pi(\tau\omega t + \delta_\tau)$$

稳定态由下列条件式确定：

$$\mathscr{I} = \oint p\mathrm{d}q = nh$$

相邻运动之间的〈能量〉差是

$$\delta E = \omega\delta \mathscr{I}$$

而且在大量子数的极限下就有

$$\nu \approx (n' - n'')\omega$$

关于能量和椭圆轨道的长轴，我们求得

$$E = -(2\pi^2 N^2 e^4 m/\mathscr{I}_\omega^2),\quad 2a = \mathscr{I}^2/2\pi^2 N e^2 m \tag{57}$$

利用这些公式，就能得到氢光谱中那些观察到的谱项。

由于有相对论改正量，氢原子中电子的运动实际上并不是纯周期运动而是一种有心运动，这种运动可以表示成一个缓慢转动在开普勒运动上的叠加。于是，运动的一个分量就可以表示成下列形式：

$$\zeta = \sum C_{\tau,\pm 1}\cos 2\pi\{(\tau\omega \pm \sigma)t + \gamma_{\tau,\pm 1}\}$$

式中 σ 是旋进频率。我们有

$$\delta E = \omega\delta \mathscr{I}_\omega + \sigma\delta \mathscr{I}_\sigma$$

当采用极坐标时，$\mathscr{I}_\omega$和$\mathscr{I}_\sigma$就由相积分表示如下：

$$\mathscr{I}_\omega = \oint p_r\mathrm{d}r + \oint p_\varphi \mathrm{d}\varphi$$

$$\mathscr{I}_\sigma = \oint p_\varphi \mathrm{d}\varphi \langle = 2\pi P\rangle$$

式中 P 是总的角动量。量子条件式是

$$\mathscr{I}_\omega = n_\omega h = nh,\quad \mathscr{I}_\sigma = n_\sigma h = kh \tag{58}$$

式中把 n_ω 写成了 n 而把 n_σ 写成了 k。对于大的量子数，我们近似地有

$$\nu \approx (n' - n'')\omega + (k' - k'')\sigma$$

稳定态中的能量在本质上依赖于频率 ω 和 σ。但是，既然 $\sigma \ll \omega$，能量和频率 ν 就主要依赖于$\mathscr{I}_\omega$，也就是主要依赖于量子数 n，因此我们将把这个量子数叫作“主量子数”。实际上，

$$E = -\frac{2\pi^2 N^2 e^4 m}{\mathscr{I}_\omega^2}\left\{1 + \left(\frac{\pi^2 e^2 N}{c}\right)^2 \times \left(-\frac{3}{\mathscr{I}_\omega^2} + \frac{4}{\mathscr{I}_\omega \mathscr{I}_\sigma}\right) + \cdots\right\}$$

◀曼彻斯特大学

于是，对于同一个主量子数 n，就存在一系列对应于不同的 k 值并具有接近相同的能量的稳定态。k 的值确定缓慢旋进着的椭圆的形状。只有这一旋进的周期确定椭圆的形状。当这种旋进受到扰动时，椭圆就失去其稳定性，而剩下来的只有纯周期运动的单独一个条件式。这对于下列的讨论来说是重要的；当我们进而考虑具有两个电子的原子而首先是考虑氦原子时，情况就已经是这样的了。氦的电弧光谱给这一问题带来了光明，而其火花光谱则给出了关于第一个电子的束缚情况的信息。氦的电弧光谱是很简单的，它是帕申和荣芝所揭示的最初几种光谱之一种。但是，它的结构显示某种有着最重要意义的多重性。然而，在开始讨论细节之前，我们将谈谈其他元素光谱的某些主要特点。

我假设诸位中的多数人是熟悉这些问题的，但是我仍将强调一些要点。正如我们已经看到的，氢光谱可以用下列公式来表示：

$$\nu = K\left(\frac{1}{(n'')^2} - \frac{1}{(n')^2}\right)$$

与此相似，其他元素的光谱可以用下列这种公式来表示：

$$\nu = f_{k''}(n'') - f_{k'}(n') \tag{59}$$

在这儿，不是出现 K/n^2，而是出现了两个整数 k 和 n 规的一些函数 $f_k(n)$。按照量子论，我们通过一个假设来诠释这一公式。我们假设，我们遇到的是能量由

$$E_{n,k} = -hf_k(n)$$

来给出的一些稳定态之间的量子跃迁。各谱项 $f_k(n)$ 和氢光谱的谱项相似，但其结构更复杂一些。可以把它们写成里德伯形式

$$f_k(n) = +\frac{K}{[n+\varphi_k(n)]^2}, \tag{60}$$

式中 K 是出现在氢光谱公式中的同一个里德伯常量。$\varphi_k(n)$ 是一些只稍稍依赖于 n 的函数，而且它们随着 n 的增大而渐近地趋于恒定值：

$$\varphi_k(n) \underset{n\to\infty}{\longrightarrow} \alpha_k$$

很容易看到，如果假设有一个电子在离其他电子很远处运动，以致各较内电子的影响可以近似地用一个点电荷（的影响）来代表，而且对于点电荷场的偏差可以用一个具有中心对称性的场来代表，那么就会得到形如 $-hf_k(n)$ 的能量表示式。索末菲就是在这种观念的基础上第一次导出了谱项的里德伯形式的，这一观念本身就给这样的光谱结构带来了很多的光明。索末菲理论只提供了两个量子数，它们和关于电子的相对论运动的两个量子数相对应。正如在那种理论中一样，一个量子数对应于开普勒运动的周期，而第二个量子数则对应于所叠加的旋进的周期。但是，我们必须立即指出，虽然这种观念引导索末菲得到了谱项的里德伯形式，但是他却不能求得和谱项实验值的任何定量符合，而那种符合也是很难根据这样简化的假设来预期的。原因就在于，多数轨道实际上并不是在全部进程中都远远位于其他电子的外圈，因此对于开普勒运动的偏差就不能看成简单地由一个具有中心对称性的场所引起。以后我们还将讨论这一问题，现在我愿意讨论原子的一些性质，它们出现在辐射的吸收和发射中，而且可以在此处所提看法的基础上简单地加以理解。例如，钠蒸气有选择地吸收某些谱线，但这只是那样一些谱线，它们的初谱项是所存在的谱项中最大的一个，从而是和最低的能量相对应的。重要的一点就在于，这是可以通过量子论来加以解释的。它告诉我们，属于这些谱线的初谱项是原子的正常

态。这是由用弗兰克和赫兹方法所作的电子撞击实验证实了的。这种实验表明,任何能量都不能传送给原子,除非那能量足够大,可以把原子从正常态带到相邻的量子态中。这种方法也能够测定电离能。这就是把电子从原子中完全取走时所需的功。已经发现,所要求的能量和谱项所给出的值是符合的。现在,我们在光谱的结构中发现这样一种奇特性:并不是各谱项间一切可设想的组合都会出现,而是只有对应于相邻 k 值的那些组合才会出现,这正是按照对应原理所应预期的。因为,即使索末菲把它当作基础的那种电子运动图景不十分正确,事实却仍然是,电子的运动具有两个频率 ω 和 σ,其中 σ 只带着系数 ± 1 出现在各运动分量的展式中,因此 σ 可以看成不同于开普勒运动的一种周期运动的旋进频率。我们由此必须得出结论,对应量子数 k 的改变只能是 ± 1。这是很重要的结果,它使我们能够理解对各个可设想的组合的奇特限制。当原子没有受到外力的干扰时,那就不仅仅是并非一切可能的组合都被观察到了。表面上很难捉摸的是,被关于 k 的限制所排除了的某些组合实际上却确实出现。但是,这是由于外来干扰使运动更加复杂了,从而频率 σ 也会带着不同于 ± 1 的系数出现在运动的傅立叶展式中。

如果我们现在照顾到精细结构而把氢光谱和 Li 光谱及 Na 光谱相比较,我们就会发现一种很深远的结构相似性。在碱金属光谱中,我们也发现和大于 ± 1 的 k 值改变相对应的组合谱线。这些谱线出现的容易性必然依赖于运动的稳定性,也就是依赖于近核点的转动频率。如果 $\sigma \ll \omega$,则任何存在的外力对轨道的影响都将很强,因为可以说力来得及影响运动。如果 σ 较大,则运动将只受到外力的很小的影响。喏,我们可以根据能量对量子数的依赖关系来估计 σ 的量值,因为我们有

$$\delta E = \omega \delta \mathcal{J}_{\omega} + \sigma \delta \mathcal{J}_{\sigma}$$

于是,谱项和对应氢谱项的偏差就能提供近核点转动大小的一种量度。因此,按照以上所述,我们必须预期各条组合谱线当谱项对氢谱项的偏差很小时就容易出现。事实上,当我们考虑锂光谱时就会觉察到这一点。在许多实验中,史塔克和他的合作者们也考察了其他元素光谱中各条组合谱线的出现,而且针对这些光谱发现了对应原理可以完全说明的行为。此外,当把碱金属光谱和氢光谱相比较时,我们曾经忽略了一个事实,即碱金属光谱更复杂一些,因为它们的谱线是一些双重线。这种多重性想必是由一个情况引起的,即运动比迄今所假设的具有更高的周期度。我们在上面已经指出,"原子心"(Atomrest)的场只有在一级近似下才能看成中心对称的场。

我们倒是必须假设原子心具有轴对称性。这就扰乱了有心运动。如果这种扰动很小,它的效应就将是使最后要被束缚的电子的运动不在一个固定平面上进行;相反地,它的轨道平面将那样改变位置,以致运动可以描述为在有心运动上叠加了一个绕原子总角动量固定轴线的均匀缓慢转动。于是,运动像在塞曼效应中一样受到影响的。因此,有心运动的每一个谐振动分量都分解成三个分量,一个平行于固定方向而和未受扰运动具有相同频率的线性分量(ξ)和两个垂直于场方向而沿相反方向进行的圆周分量(η),其频率分别增加或减小一个旋进频率。因此我们有

$$\xi_{/\!/} = \sum C_{\tau,\pm 1} \cos 2\pi \{(\tau\omega \pm \sigma)t + \gamma_{\tau,\pm 1}\}$$

$$\eta_{\perp} = \sum C_{\tau,\pm 1,\pm 1} \cos 2\pi \{(\tau\omega \pm \sigma \pm \zeta)t + \gamma_{\tau,\mp 1,\pm 1}\}$$

于是，共有三个基频 ω、σ 和 ζ 出现在运动中，从而

$$\delta E = \omega\delta \mathscr{I}_\omega + \sigma\delta \mathscr{I}_\sigma + \zeta\delta \mathscr{I}_\zeta$$

如果我们设想扰动被浸渐地加以解除，例如通过沿总角动量方向的一个强度适当的磁场来解除，那么旋进就将消失，而

$$\mathscr{I}_\omega \to \mathscr{I}, \quad \mathscr{I}_\sigma \to 2\pi P$$

$\mathscr{I}_\zeta$确定轨道平面相对于早先束缚了的那些电子的取向，使得$\mathscr{I}_\zeta = 2\pi Q$；正如建筑在分析理论上的简单计算所证明的，此处的 Q 就是原子的总角动量。于是我们看到，原子心的角动量根本不是在空间中固定了的，固定的只是原子的总角动量。相反地，根据作用等于反作用的原理，电子在原子心的影响下发生转动，而原子心也在电子的影响下发生转动，其转动方式是恰足以使电子和原子心的总角动量在量值和方向上都保持恒定。

量子条件式是

$$\mathscr{I}_\omega = n_\omega h = nh, \quad \mathscr{I}_\sigma = n_\sigma h = kh$$

$$\mathscr{I}_\zeta = n_\zeta h = jh \tag{61}$$

按照对应原理，k 的改变只能是 ± 1，即 $k' - k'' = \pm 1$，而 j 的改变只能是 0 或 ± 1，即

$$j' - j'' = \begin{cases} 0, & // \\ \pm 1, & \perp \end{cases}$$

在这儿，$j' - j'' = 0$ 对应于沿空间固定方向的线性偏振，而 $j' - j'' = \pm 1$ 则对应于垂直于固定方向的两种反向圆偏振。这些结果得到了建筑在角动量守恒定律上的那些考虑的支持，因为由这一定律可以推得

$$|\Delta Q| \leqslant h/2\pi$$

而这一关于角动量改变量的要求是和 $j' - j'' = 0, \pm 1$ 的要求一致的。与也是由我提出的旧看法相反，角动量没有告诉我们任何有关 k 的改变量即有关组合原理的限制的知识；我们已经看到，这里就是一个轨道稳定性的问题，只有对应原理才能阐明它。

现在让我们进而讨论更复杂的光谱，并且考虑例如汞光谱。以后我们将讨论细节。现在我们只提到，在这种光谱中出现着对应于相同 k 值的若干个谱项序列。所出现的一切组合都满足 $k' - k'' = \pm 1$ 的条件；但是却还有另外一些限制，它们可以用 $j' - j'' = \pm 1$ 或 0 这一条件来加以解释。在我们更仔细地讨论这一问题以前，让我们考虑考虑外场对组合可能性的影响。为了得到有关这些可能性的信息，汉森和沃尔诺曾经在哥本哈根考察了电场对汞光谱的影响。曾经发现，不同的谱线受到程度很不相同的影响，而且，正如我们所应预期的，只有那些对应于很小的 σ 值的非稳谱项才会受到影响。和氢光谱相比，主要的不同在于不出现任何分裂而只出现新的组合可能性。事实上，在外力的影响下，新的谐振动分量就出现在运动中，而按照对应原理，这些新的分量就对应于新的跃迁。对于其他的光谱，情况也相仿；之所以选用汞，是因为这样可以把工作作得特别明确。

现在，关于 j 的改变情况如何呢？在汞光谱中，存在一些不受电场影响的很窄的双重线。这也是根据理论所应预期的。这种精细结构和氢谱线的精细结构有着本质的不同，因为它依赖于绕空间固定轴线的旋进而不是依赖于近核点的缓慢转动。由于这一原子中的近核点的迅速转动，有心运动的平面在一级近似下不能由一个均匀电场而引起转

动，因为电心是以一个频率在这一平面上绕转的，该频率比旋进频率 ζ 大得多，以致电矩的平均值等于零。我们由此看到，如果我们想要找出关于量子数 j 的改变的某些情况，我们就必须考察稳定态的确定和周期性质之间那种很密切的关系。用磁场来直接影响旋进是可能的，它引起轨道平面的一种转动。在我们得到单谱项的一切情况下，我们必须假设所处理的是一种纯有心运动，从而我们就会发现正常的塞曼效应。在我们发现多重谱项的地方，也就会出现反常塞曼效应，也就是说，我们有一些轨道，它们的平面即使当不存在磁场时也在作着旋进。于是，不妨说就出现一个冲突，这两种转动并不是简单地互相叠加的。这时 $j'-j''=0$ 或 ± 1 的条件就不再成立，而当没有磁场时不会出现的跃迁就可能发生。事实上，帕申和贝克已经观察到这种精细结构的新谱线在磁场中的出现。近年以来，曾经对反常塞曼效应的理论作出了许多很有意义的贡献——由索末菲和朗德作出的，他们把 j 叫作“内量子数”，按照我们的观念来看这不是十分合适的。我们将暂不仔细讨论反常塞曼效应，等到我们已经得到关于较外电子和原子心之间的相互作用的某些更详细的观念时再说吧。

现在我们转入氦光谱的讨论。我们在这儿处理的是一种很简单的光谱，关于这种光谱我们有很精确的资料。这一光谱的谱线不是单线就是很窄的双重线。我们有两套谱线，其中每一套都和简单光谱的式样很密切地吻合。这两套谱线之间不发生任何组合，从而不妨说我们共有两个分离的光谱。因此，早先曾经相信氦是由两种元素即正氦和仲氦构成的，现在我们知道这只是氦的两个不同的态。于是我们看到，氦中的两个电子可以有不同的束缚方式。我们怎样才能说明这一点呢？氦的电弧光谱提供了关于氦离子对第二个电子的束缚的信息，于是我们就必须考虑具有一个较内电子和一个较外电子的原子。进行计算的尽可能简单的办法就是认为较内电子的电荷均匀分布在一个圆形轨道上。索末菲尝试了这种办法，但得出了和经验并不符合的结果，因为按照这种办法所得到的各谱项对氢谱项的偏差太小了。实际上，此处忽略了的两个电子的相互扰动，将给出大得多的偏差。朗德用一种不同的方式处理了问题——他考察了两个轨道在一级近似下都为圆形的那种情况，这时得到了一些具有所要求的数量级的扰动。仲氦谱项和对应的氢谱项只有很小的偏差，正氦谱项的偏差更大一些。按照朗德的看法，这是可以理解的——朗德从简单的圆形轨道图景外推到了椭圆轨道，这诚然是一种处理问题的合理方式，但是这样并不能理解为什么会出现两种互不组合的不同光谱。因此我们必须追寻更大差别的原因，因为看来形式的外推是不适用的。我们倒是必须详细地考察那些相互扰动。这一问题已经由克拉默斯和本演讲人处理过，所得的结果还一直没有发表。在此，我愿意简单地对处理方式和所得结果作一概述。

对于扰动的量值来说，周期性质是关系重大的。只有第一个电子的运动才几乎是纯周期的。在具有两个电子的原子中，电子之间的力的影响比相对论效应大得多，因此，在扰动的考察中，第一个电子的运动就可以看成纯周期的，从而久期扰动就将是很大的。较内轨道的偏心率就由这些扰动来确定，而且沿这一轨道的绕转频率就比旋进频率具有更高的数量级。朗德的方法不能用，因为在开始时较内轨道是简并的。这就可以解释为什么在我们的计算中能量依赖于和在朗德计算中完全不同的量子数的幂次。

我们现在必须考察各轨道以什么方式互相扰动。为了考察这一点，我们作为一级近似来假设其中一个轨道比另一个轨道大得多。于是,较内电子的绕转将比较外电子的绕转快得多。较内电子是在一个双倍电荷的核的场中运动的,而较外电子在很初步的近似下是在一个带单一电荷的核的场中运动的。当考虑较内电子时,我们可以在一级近似下认为较外电子是静止的,而对于较外电子来说,我们可以同时在一级近似下认为较内电子的电荷是分布在它的轨道上的。既然我们已经看到较内电子的轨道是一个椭圆轨道,而且在一级近似下可以认为较外电子是静止的,那么我们就必须首先考虑这样一个开普勒椭圆将在恒定外力场中如何变动。为了作到这一点,引入下列的变量是合适的。我们用β来代表场的方向和长轴之间的夹角,并且引入由下列方程定义的角α:

$$\varepsilon = \sin\alpha \tag{62}$$

式中ε是椭圆的数字偏心率。于是就有

$$P = \frac{1}{2\pi}\mathcal{J}\cos\alpha \tag{63}$$

式中P是较内电子的角动量而$\mathcal{J}$是对应于它的运动周期的相积分。我们是在处理一种平面运动,并探索长轴和周期在外力的影响下怎样变化。最简单的办法就是把力分解成分量,因为这些分量的影响是简单地互相叠加的。首先,考虑沿长轴方向的分量的影响。这个分量引起一种久期旋进而并不改变轨道的偏心率或角动量,因为长轴已由第一个量子条件式确定,而且当长轴固定时一个沿长轴方向的力不能改变偏心率。

旋进角速度变为

$$\frac{\mathrm{d}\beta}{\mathrm{d}t} = F\,\frac{3}{2}\,\frac{\mathcal{J}}{2\pi Nem}\cot\alpha\cos\beta \tag{64}$$

式中$F\cos\beta$是绝对值为F的场强沿长轴方向的分量。现在我们考虑垂直于长轴的分量的影响。这个分量不引起任何旋进,但却改变轨道的偏心率,从而也改变轨道的角动量。这是容易看到的,因为电心是位于距核为$\frac{3}{2}a\varepsilon$的距离处的。因此,角动量的变化〈率〉将是

$$\frac{\mathrm{d}P}{\mathrm{d}t} = F\sin\beta\cdot e\,\frac{3}{2}a\varepsilon \tag{65}$$

于是我们得到

$$\frac{\mathrm{d}\alpha}{\mathrm{d}t} = F\,\frac{3}{2}\,\frac{\mathcal{J}}{2\pi Nem}\sin\beta \tag{66}$$

现在剩下来的就是考察垂直于轨道平面的分力的影响了。这个分力将只改变轨道平面,即改变角动量的方向。当γ是轨道法线和起初垂直于轨道平面的分力方向之间的夹角时,我们有

$$\langle P\rangle\frac{\mathrm{d}\gamma}{\mathrm{d}t} = Fe\,\frac{3}{2}\alpha\varepsilon$$

或者写成

$$\langle P\rangle\frac{\mathrm{d}\gamma}{\mathrm{d}t} = F\,\frac{3}{2}\,\frac{\mathcal{J}}{2\pi Nem}\tan\alpha \tag{67}$$

在实际计算中,轨道的位置必须利用确定的角度即所谓轨道参量来表示。精确的计算导致了上述的结果。实际上,较外电子并不是静止的,因此,外场F不是恒定的,而刚刚求得的轨道改变量本身也是时间的函数。一般说来,这就得出很复杂的运动,而我相信这

种运动不再具有多周期性，从而不能看成可能的量子轨道了。当我们像一直所作的那样假设较外电子的轨道远大于较内电子的轨道时，只存在运动具有多周期性的两种特例，即当两个轨道或是位于同一平面内或是互相垂直时的情况。

让我们首先考虑共面轨道的情况；正如我们以后即将看到的，这种情况对应于正氦光谱。在这里，较内轨道的长轴将永远指向较外电子，从而较内轨道的近核点转动频率将和较外电子的绕转频率相一致。于是，二电子的绕转方向就有两种可能；它们可能沿着相同的方向或相反的方向走过它们的轨道。经发现，需要考虑的只有同向绕转的情况。如果我们用 P' 代表较外电子的角动量而用 r 和 φ 代表该电子的极坐标，我们就有

$$P' = mr^2 \frac{\mathrm{d}\varphi}{\mathrm{d}t} \tag{68}$$

以及

$$F = \frac{e}{r^2} = \frac{em}{P'} \frac{\mathrm{d}\varphi}{\mathrm{d}t} \tag{69}$$

因为我们可以近似地令二电子间的距离等于较外电子离核的距离。现在，既然较外电子的角速度必须等于较内电子轨道的近核点转动的角速度，我们就在每一时刻都有

$$\frac{\mathrm{d}\beta}{\mathrm{d}t} = \frac{\mathrm{d}\varphi}{\mathrm{d}t}$$

利用方程(64)和(69)，由此即得有关偏心率的方程①

$$\tan\alpha = \frac{3\pi}{N} \frac{\mathcal{J}}{P'} \tag{70}$$

因为 $\cos\beta$ 在这一情况下等于 1。于是，随着 P' 的增大，较内轨道就趋近于圆形。因此，较内轨道的偏心率就由一个条件来确定，即较外电子的角速度等于较内电子近核点的转动角速度。现在我们也理解为什么不能从较内电子的圆形轨道外推到椭圆轨道了，因为较内轨道的近核点的转动原来具有本质重要性，而这种转动对于圆来说是不确定的。

在轨道平面互相垂直的情况，较内电子轨道的法线必须指向较外电子。因此，在每一时刻都有

$$\frac{\mathrm{d}\gamma}{\mathrm{d}t} = \frac{\mathrm{d}\varphi}{\mathrm{d}t}$$

而且，和以上一样，这就通过下列关系式确定了偏心率：

$$\cot\alpha = \frac{3\pi}{N} \frac{\mathcal{J}}{P'} \tag{71}$$

和第一种情况相反，当 P' 增大时，较内轨道的偏心率越来越趋近于 1，从而轨道最后退化成直线。因此之故，互相垂直的轨道的情况应予排除，我们以后将讨论另一个解；当我们放弃一个电子的轨道远大于另一电子的轨道这一假设时，我们就得到那个解。

现在我们回到共面情况。如果使较外电子的距离保持恒定，则较内电子〈轨道〉的偏心率越小，它的近核点的转动也越快。偏心率的不同值对应于较外电子角动量 P' 的不同值；对应的轨道可以浸渐地相互变换。既然 $\mathcal{J}$ 是浸渐不变的，每当 P' 改变时 P 就将改

① 方程(70)和方程(71)中的数字因子应是 $3/4\pi$ 而不是 3π，这并不影响文中所得的结论。——本书编辑注

变，于是一种自动的角动量交换就发生在较内电子和较外电子之间。在它的周期性质方面，较内电子的运动将表现得正如在有心运动中一样。

在进行稳定态的确定以前，我们还要考虑较内电子对较外电子的轨道所发生的影响。作用在较外电子上的力由下式给出：

$$\frac{(N-1)e^2}{r^2}+\frac{3e^2a\varepsilon}{r^3}$$

式中的第二项代表一个偶极子的作用，它的正电荷位于核上而负电荷位于较内轨道的电心上。如果 P' 很大，我们就可以令

$$\varepsilon=\sin\alpha=\tan\alpha$$

于是就有

$$\frac{(N-1)e^2}{r^2}+\frac{3e^2a\varepsilon}{r^3}=\frac{(N-1)e^2}{r^2}+\frac{9}{16\pi^3N^2m}\frac{\mathscr{J}^3}{P'r^3} \tag{72}$$

于是，较外电子的轨道就是一个具有转动着的近核点的开普勒椭圆。近核点的转动频率 σ' 是

$$\sigma'=\omega'\frac{9}{32\pi^3N^2}\frac{\mathscr{J}^3}{P'^3} \tag{73}$$

式中 ω' 是较外电子在它的开普勒椭圆上的绕转频率。

相邻态之间的能量差由下列方程给出：

$$\delta E=\omega'\delta\mathscr{J}'_\omega+\sigma'\delta\mathscr{J}'_\sigma$$

由轨道之间的动力学关系可以推知，$\mathscr{J}'_\sigma$ 就是原子的总角动量。在此处所用的近似下，P' 可以用 $\mathscr{J}'_\sigma/2\pi$ 来代替。因此我们就得到

$$\delta E=\omega'\delta\left(\mathscr{J}'_\omega-\frac{9}{8N^2}\frac{\mathscr{J}^3}{\mathscr{J}'^2_\sigma}\right) \tag{74}$$

于是，我们就得到了和适用于纯周期运动的对应公式的形式类似。对于不太小的轨道，频率依赖于总能量，正如在开普勒运动的情况下一样。因此，

$$E=-2\pi^2(N-1)^2e^4m\Big/\left(\mathscr{J}'_\omega-\frac{9}{8N^2}\frac{\mathscr{J}^3}{\mathscr{J}'^2_\sigma}\right)^2 \tag{75}$$

量子条件式是

$$\mathscr{J}=h,\mathscr{J}'_\omega=nh,\mathscr{J}'_\sigma=kh$$

作为量子数的函数的稳定态能量是

$$E_{n,k}=(N-1)^2Kh\Big/\left(n-\frac{9}{8N^2}\frac{1}{k^2}\right)^2 \tag{76}$$

如果把这一表示式所给出的谱项和观察到的谱项相比较，其符合程度是比所能预期的要差的。对于 $N=2$，我们由方程(76)求得分母平方根对整数的偏差值。

$$\alpha_k=\frac{9}{8N^2}\frac{1}{k^2}$$

于是，

对于 $k=1$(s 谱项)，$\alpha_1=0.280$

对于 $k=2$(p 谱项)，$\alpha_2=0.070$

对于 $k=3$(d 谱项)，$\alpha_3=0.031$

而观测的结果则是

$$\alpha_1 = 0.31$$

$$\alpha_2 = 0.065$$

$$\alpha_3 = 0.003$$

对于 s 谱项的颇好符合是出人意料的，因为较外电子的轨道远大于较内电子的轨道这一假设是不再成立的。对于 p 谱项，符合是或多或少令人满意的。d 谱项情况中的很大分歧或许可以用一种情况来解释，那就是，对于很大的较外电子轨道，较内电子的相对论改正量变得可以和较外电子所作用的扰动相比了。有可能对于 $k=3$ 这一情况就是可觉察的了。在正氦光谱中，观察到了窄窄的双重线。能够想象使这种谱项多重性成为可理解的一些原因。关于仲氦光谱，可以论述的比对于正氦光谱要少得多。在这里，运动更加复杂得多，而且不能用微扰方法来加以处理。我们以后还将回到这一问题上来。

现在我们来求氦的正常态。既然氦的选择吸收必然位于远紫外区，而且现在还没有观察到，这一个态也就还没有得到光学实验的确定。但是，氦的正常态问题已经由弗兰克和他的合作者们利用电子撞击方法加以解决了。事实上，电离电势恰好等于即将在正常态中被束缚的最后一个电子的能量。看来肯定的是，原子的正常态对应于导致仲氦光谱的发射的那一束缚过程的结果，在这种过程中，所俘获的最后一个电子也像第一个电子那样是束缚在 1_1 轨道上的。此外，实验还导致了这样的结果：氦原子可以通过电子撞击而被带入那样一个态中，弗兰克把这个态叫作亚稳态，而且原子不能通过辐射的发射而从这个态自动回到正常态。亚稳态属于正氦的最大谱项。亚稳态的发现是近年以来最大的发展之一。它可以和导致原子结构要点的确立的那些发现相提并论。现在就发生一个这一奇特结果应该怎样诠释的问题。上面指出的计算可以有助于理解这一现象。在正氦中，较外电子的轨道和中心对称力场中的一个电子的轨道具有相同的特点。于是，正氦光谱就具有来自辏力场中的电子运动的那种光谱的性质。但是，这只有当我们只考虑主量子数至少等于 2 的那些轨道时才是对的。另一方面，当 $n=k=1$ 时，轨道的线度就变得小于氢原子的线度，从而就不再可能区分较内电子和较外电子了。这时也就谈不到久期扰动的问题，从而人们必须从头处理这一问题了。如果我们要求两个电子都在同一平面上沿 1_1 轨道运动的那样一个态，那么看来就只有一种简单的运动可以代表这个态，那就是两个电子在同一个圆上绕核运动，而且它们在每一时刻都位于一条直径的两端。本演讲人在他的第一篇关于原子结构的论文中提出了这样的模型。但是，我们现在不但根据电离电势的测定（对于这一模型来说，电离电势大约高了 4 伏特），而且根据对应原理知道这样的运动是不可能的。事实上，这一运动并不是简单地和正氦轨道族相联系的；尽管后者是浸渐地连通的，从而较外电子可以通过能量的缓慢变化而从一个正氦轨道被送上另一个正氦轨道，但是却不能把原子浸渐地从一个正氦态带到两个电子沿同一圆周而绕核作着等价运动的那样一个态。可以说，人们必须要求较外电子有一种和较内电子达成谅解的主动性。但是，这样一个过程是不能根据正氦轨道的周期性质来加以预料的。例如，我们不能设想两个电子的一系列简单的中间轨道，因此，按照对应原理，任何跃迁都是不可能的。整个这一理解是否和量子论的想法真正相容呢？我相信，量子论的原理往往是用一种太尖锐的形式表达出来的。而我却愿意应用一种简单的物理图景。对应于各个量子轨道和电子，让我们设想一些碗，并设想把一些小球往碗中扔过去。假若我们应该依靠经典力学，把一个球扔进一个碗中就会是并不容易的。按照量子论看来，球必然会落入碗中，而这是很奇怪的。但是，当我们考虑到各个量子态，即那些碗所在的位置，也像引起跃迁的那些过程一样是由周期性质来确定的时，我们就用不着再那么大惊小怪了。因此，不能从一个正氦轨道进入由两个电子占据的圆形轨道，这也就是十分自然的了，因为这样的跃迁将是越出量子论原理之外的，而且看来所发生的一切过程都是和多周期运动的性质密切联系着的。我们必须假设，在正常态中，两个电子是在接近于圆形的轨道上运动的，其轨道平面互成 120°的角，而且事实上是那样运动的，即它们在任何时刻都位于相对于一个轴线为对称的位置上，该轴线垂直于两个轨道平面的交线，并平分二平面的法线之间的夹角。两个轨道平面绕着这一轴线进行旋进。既然久期扰动方法在这儿是不敷应用的，这种运动也就是很难处理的。金博尔提出了这种氦原子的模型，而且克拉默斯甚至在金博尔的论文问世以前就已经开始了恰恰是这一运动的精确计算。他得到了正常态能量的下列表示式：

$$W = W_0\left(2N^2 - 1.373N + 0.0271 + \frac{a}{N} + \cdots\right) \tag{78}$$

式中 W_0 是 1 量子态中的氢原子能量。迄今为止，这一结果是不很令人满意的，能量显得太小了。这也许并不是那么奇怪的，因为这样一种能量按核电荷幂次的展开式对于大的 N 值很可能是收敛的，而对于 $N=2$ 却不见得。

到此为止，我们一直进行得是很慢的，不过我们已经处理了周期系的整个的第一周期。尽管这只考虑了两种元素，但是我们的收获还是很大的，因为正如即将看到的，我们在周期系中越往后进行，我们的前进就将越容易。现在，我们不但有了前进每一步的明确道路，而且我们也将得到越来越好的结果了。

第五讲

1922年6月20日

在目前形势下，我们的整个文明确实正面临一场最严肃的挑战，这就要求调整各国之间的关系，以求确保消除现存的空前危险，使所有怀着同一目标的人们，能够朝着用科学的进步增进全球人类福利的方向奋力前进。

——玻尔

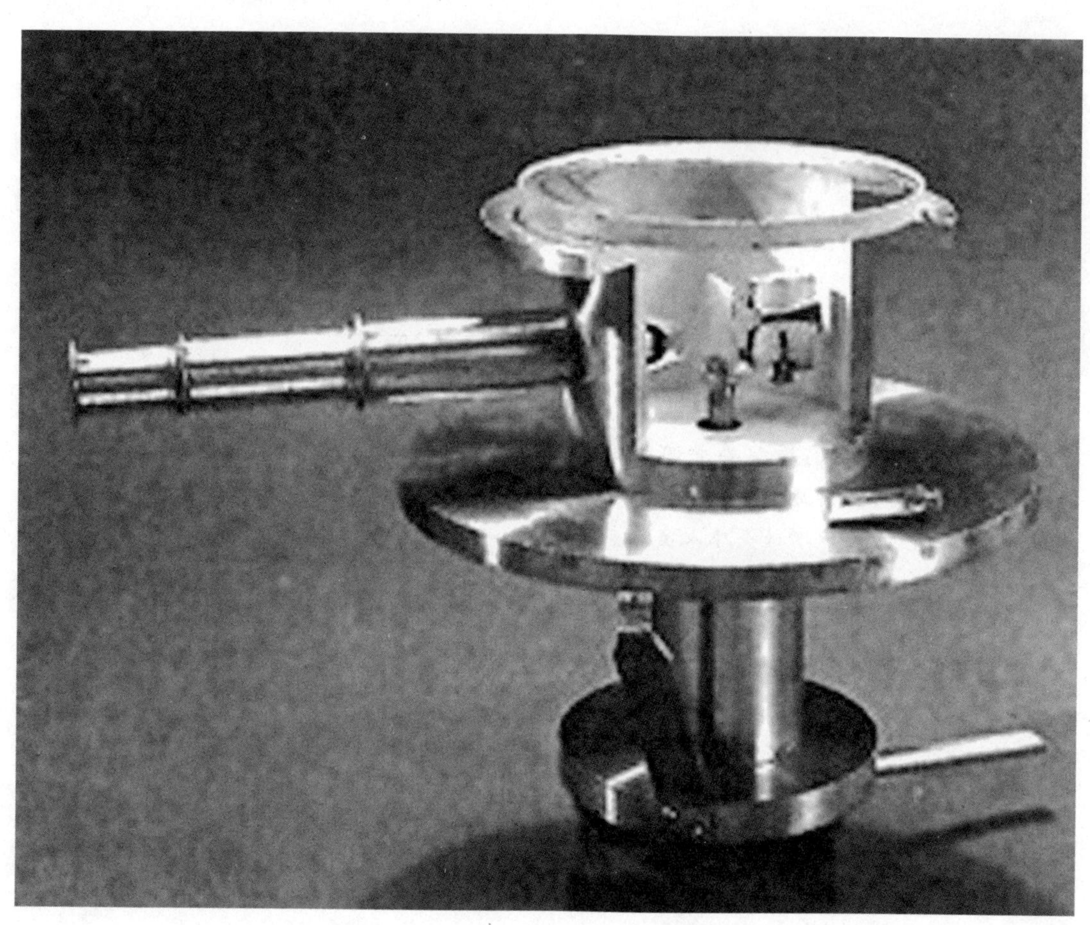

昨天我们考虑了氦原子的形成和结构问题，而且为此问题伤了许多脑筋。但是，在这样作时我们毕竟前进了一大步，而且解决了元素周期系的第一周期。图 2-1 代表朱里亚·汤姆森给出的周期系表示法[①]，它是特别适合我们的目的的。各种元素之间的直线连接了同族的元素；在通常的表示法中，这种元素是位于同一竖行中的。在这儿，我不再详述曾对周期系问题进行过的许多研究，而只将提请大家记起 J. J. 汤姆逊所作出的诠释周期系的努力。他假设系中的各个周期是和原子中电子组态稳定性的周期性涨落有关的。他的工作包含许多有成果的想法，但是他的出发点不曾被证实为能够成立。我们现在是完全不同地看待原子结构的。首先，我们现在特别是根据 X 射线的研究知道原子中电子的确切数目，而且我们知道这个数目等于原子在周期系中的编号。关于周期系的问题，科塞尔(Kossel)曾经最成功地作了许多的工作，包括比较近期的工作，他推动了理论观念的前进，同时把它们和新想法协调了起来——他已经证明，通过关于电子壳层的形成的简单假设，能够解释元素的许多化学性质，并且至少在大体上和 X 射线谱建立一种联系。现在我们将从量子论的立场来对这些问题作些阐明，这些问题在上面提到的研究中仍然是以颇为形式的方式来处理的。在阐明这些问题时，根本谈不到从发展得很完备的原理来导出实验资料的问题，我们倒是必须根据实验资料来发展量子论的原理。这一问题的解决并不显得毫无希望。我愿意向大家说明，理论可以得到贯彻，而不必对普遍原理加上任何限制。

在氦以后，就出现作为第二周期第一种元素的锂。关于它的原子结构，我们根据实验知道得很多。头两个电子的束缚是和在氦中颇为相似地进行的；有着特别简单的结构[②]的锂光谱，向我们提供了关于第 3 个电子的束缚情况的信息。根据吸收实验已经知道，最大的 s 谱项对应于锂原子的正常态。p，d，b 谱项和氢谱项很相近，氢谱项的位置在图中用(竖直的)虚线表示了出来；只有 s 谱项显示较大的偏差。这可以用原子的一个大致图景来解释。最初束缚的两个电子的轨道线度，大约是正常态中氢原子的轨道直径的三分之一。较外轨道越大，核及两个较内电子即原子心的影响就可以越好地用一个简单点电荷(的影响)来代替。由此可以得出结论，p，d 和 b 谱项是和大的轨道相对应的。关于偏差很大的 s 谱项，情况是怎样的呢？应该给它们指定一些什么量子数呢？特别说来，我们要问最大的 s 谱项是否对应于 1_1 轨道。可以看到，量子数为 2_2 的最大 p 谱项，已经比量子数为 3_3 的最大 d 谱项和对应的氢谱项偏差更大了。我们可以把这种偏差和原子心的极化率联系起来。原子心在较外电子的电场中被极化，而且这一极化在一级近似下可以看成和场强成正比。如果 A 是由单位场强引起的电矩，而 r 是到原子心的距离，则较外电子在原子心处引起一个电矩为 Ae/r^2 的偶极子。因此，这一偶极子对电子作用的吸引力就将是

◀盖革和马斯登仪器的复制品

① 见第 126 页。

② 见图 2-3(本书第 127 页)。

$$A\,\frac{e}{r^2}\cdot\frac{2e}{r^3}=A\,\frac{2e^2}{r^5}$$

如果这一图景或多或少是正确的，A 的值就可以根据 2_2 谱项和对应氢谱项之间的偏差计算出来。这样，就得到一个值 $A=0.4\times10^{-24}\,\text{cm}^3$。并不能通过另一种更直接的方法来核对这个值，但是，根据氦的介电常量却能够确定和锂原子心结构相似的氦原子的极化率。利用这种办法，我们针对氦求得了一个值 $A=0.2\times10^{-24}\,\text{cm}^3$，就是说求得了一个和锂原子心的极化率同数量级的值。既然锂原子心中的两个电子是由带三倍电荷的核更强烈地束缚着的，我们就确实应该预期氦原子的极化率将大于锂原子心的极化率。锂原子心的大的 A 值或许可以根据一个假设来理解，那就是，锂心的有限广延引起对库仑场的一种偏差，这种偏差和偶极子引起的偏差相比是不可忽略的。

现在如果我们企图计算第 3 个电子的一个 1_1 轨道，我们就发现这样一个轨道是不可能在外边的，因为吸引力将强得把电子完全拉入原子心的内部。于是，位于原子心外面并且离它最近的那个轨道应该是 2_1 轨道。在正常态中，第 3 个电子就在这个轨道上运动，而这个轨道就对应于最大的 s 谱项。这个轨道离原子心很近，而这就解释了和对应氢谱项之间的很大的偏差，这种偏差意味着较紧的束缚。可以提出这样一个问题：对于正常态来说，为什么不必考虑位于相同距离处的三个 1_1 轨道？也就是说，为什么不假设和仲氦中的两个轨道相似的三个这样的轨道？这是因为，这种假设将给出太强的束缚，事实上会达到所观察到的十倍那么强。我们必须假设，和亚稳氦中的情况颇为相似，到达这样一个态的跃迁是被对应原理所排除了的。

锂光谱并不完全像我们一直表示的那样简单。多重态是出现的，2_2 态就是一个二重态。我们怎样解释这一点呢？昨天我们看到了，当一个原子心的场像我们在锂的情况下必须假设的那样具有轴对称性时，较外电子的运动可以看成其轨道平面绕着轴线进行缓慢旋进的一种有心运动。在这种情况下，就有三个量子条件，对应于三个周期。这时，只有轨道平面的某些特选的取向才是可能的。喏，锂中的形势是怎样的呢？首先我们必须解释为什么 s 谱项是单谱项。原子心的角动量是 1，s 轨道上较外电子的角动量也是 1，因此总的角动量可以是 0，1 或 2。我们愿意相信，零总角动量的情况是被排除了的。1 这个值似乎也应该排除。原子心的角动量 1，是两个较内电子轨道的互成 120°角的两个角动量的合角动量。假如我们放上角动量为 1 的另一个轨道，使得总角动量也将是 1，那么，既然轨道是旋进的，较外电子轨道的法线就会在某些时刻和某一较内轨道的法线相重合。于是，就只有总角动量的单独一个值 2 是可能的了。对于 p 谱项，较外轨道的角动量是 2，因此总角动量就可以是 3，2 或 1。当较外轨道的角动量和原子心的角动量反向时，1 这个值就出现。我们愿意相信这一情况也是被排除的，虽然提不出和在氦的情况下一样强有力的理由。于是，剩下来的就是 3 和 2 这两种可能性，这可能就是 p 谱项的双重性的起源。但是我必须强调，这种论证是相当不肯定的。

我也愿意谈谈反常塞曼效应的问题，这种效应是和谱项的多重性很密切地联系着的。反常塞曼效应指向很复杂的情况，这些情况曾经从不同的侧面加以论述。根据实验资料，朗德在推导反常塞曼效应的谱项即推导在磁场中出现的能量值方面得到了成功。在这些谱项中，不但出现正常裂距的整数倍，而且出现其分数倍。怎样解释这一点，是一个很困难的问题。我们根据反常塞曼效应的出现必须得出经典理论不能适用的结论。海森伯依据关于所出现的轨道类型的一种奇特的假设，曾经在一篇很有趣的文章中企图得到朗德的结果。他假设各个轨道平面是排列得平行于或垂直于较内体系的轴线的。此外，他还假设在量子条件式中，不但必须像习见的那样代入整数，而且 k 的值也可以是 $\frac{1}{2}$，$\frac{3}{2}$…。s 谱项的总角动量 1 是平均分配给较外电子和原子心的；在 p、d…轨道中，原子心的角动量永远是 $\frac{1}{2}$。证实海森伯的假设是困难的。角动量的变化，也就是轨道取向的变化，意味着很大的能量变化，而这一点在理论中并没考虑到；这种变化也许相当于谱项之差的 1000 倍或 1 万倍。不过，海森伯的论文是很有希望的，而且已经对实验资料的形式诠释作出了很大的贡献。在下面，我们将并不太多地论述轨道的取向问题，我认为这还是一个完全悬而未决的问题。我们在这里主要关心的是指出，可以毫不含糊地给各个谱项指定上量子数 n 和 k。

在周期系中再往后看，我们就遇到铍。对于这一种以及以后几种元素，我们碰到一个困难，那就是不知道任何简单的光谱。我们假设，第 4 个电子是被束缚在一个和锂中第 3 个电子的轨道相似的轨道上的。由于核电荷较高，两个较内电子的轨道将比在锂中离核更近得多。另一个 1_1 轨道会比在锂中更厉害得多地被拉向内部。因此，我们必须假设第 4 个电子是束缚在 2_1 轨道上的。我们可以想象，第 1 个 2_1 轨道对较内体系屏蔽得很差，因为第 3 个电子绕转得很慢，这就使得第 4 个电子也束缚在一个 2_1 轨道上成为可以理解的了。结果，第 3 个和第 4 个电子之间的相互作用就不是那么对称的。电子并不是在一个“椭圆束缚”(Ellipsenverband)中运动的[①]，而是我们必须假设，在一个电子离核很远的同时，另一个电子则离核很近。根据力的大小的考虑可以推知，较外电子在某些时刻比较内电子离核更近。

在周期系中再往后看，我们就来到硼和碳。我们必须假设，当把第 3 个较外电子加在硼上时我们会遇到困难。我们以后将回到这一问题。由于原子的对称性质，我相信我们必须假设，在碳中，4 个较外电子束缚在 2_1 轨道上，这些轨道的取向方式是使它们的法线指向中心位于核上的一个四面体的 4 个顶点。这一模型是或多或少和朗德早先所提出的模型相似的。玻恩和朗德已经强调过，根据从晶体理论得来的理由，我们必须假设这些轨道是被高度对称地安排着的。朗德也已经证明，为了正确地表示碳原子的大小，我们必须假设 2_1 轨道。在其他方面，朗德的考虑是和此处所提出的考虑根本不同的。按照朗德的看法，空间轨道上 4 个较外电子之间的相互作用是在一个假设下出现的，那就是较内体系可以用位于核上的一个点电荷来代替。在这里，我们假设这一相互作用的出现本质地依赖于较内体系的存在。在以前，人们曾经企图把原子的对称性弄得尽可能地好，从而不但假设了空间上的对称性，而且假设了时间上的对称性，即 4 个电子同时出现在核的附近。另一方面，我们却假设 4 个电子轮流并按相等的时间间隔去接近核；我们这样假设的理由是从关于整个原子的稳定性质的考虑得来的。我愿意用一个简单的例子来阐明这两种观念的不同。试考虑简单的旧式原子模型，那里有一些等价电子沿着同

① 见 A. Sommerfeld, *Atombau*, 1919, p. 366.

一个圆周在运动。我们将假设一个带有四倍电荷的核，并将比较当我们把 1 个、2 个……电子放在圆上时这样一个模型在其最低能量态中的能量和线度。如果只存在一个电子，能量就是氢原子能量的 16 倍，而圆的半径就是氢原子半径的$\frac{1}{4}$。如果有 p 个电子被放在圆上，使得它们在每一时刻都位于一个正多边形的各个顶点上，则 $p-1$ 个电子作用在第 p 个电子上的合力将永远通过核，因此这些电子的排斥力就可以看成核电荷的简单减小。如果用 N_{eff} 来代表有效的核电荷，则能量将是氢原子能量的 $p(N_{eff})^2$ 倍。圆的半径 a 将变为 $a=a_1/N_{eff}$，式中 a_1 是氢原子的半径。对于不同的 p 值，有效核电荷、能量和半径变为

p	N_{eff}	$p(N_{eff})^2$	a/a_1
1	4	16	0.25
2	3.75	28	0.267
3	3.433	35.4	0.292
4	3.043	37.0	0.329
5	2.623	34.4	0.382

于是就看到，环上的电子越多，最后一个电子就束缚得越不牢固，而且，从第 5 个电子开始，把电子放在圆上就已经必须消耗能量了。不同于束缚能量，半径随电子数的变化却很小，这是和我们所必须要求的相反的。束缚能量是平均分配在所有的电子上的。但是，在我们现在的模型中，永远有一个电子处于离去的边沿。就这样，我们就得到一种密切得多的能量和原子大小之间的联系。然而，完成精确的计算却是一个很困难的任务。在以下各讲中，我们将提出一些理由来支持我们的看法。

我们不知道氮的任何简单光谱，而关于氧的情况也是很复杂的。现在我们接近了一个关键点，即第二周期的末尾。在氖中，必然达到了一个特别稳定的态。按照科塞尔的看法，氟的电负性质必须用一个事实来解释，就是说，为了形成氖的稳定电子组态，还缺少一个电子，而位于氖后面的钠的电正性质则表明这里的电子可以说是过剩的。怎样把这种看待事物的方式和我们的量子论的考虑调和起来呢？通常人们假设，氖中的 8 个电子的轨道是等价的。但是，我相信绝对有必要假设既存在 2_1 轨道也存在 2_2 轨道。这不仅仅可以从 X 射线谱推知，正如我在下面即将指明的那样，而且也可以根据关于第 5 个较外电子的束缚的考虑提出支持这一假设的理由。随着这些较外电子中第 4 个电子的束缚，我们已经达到了对称性逐渐增加的极限。因此，按相同的方式来束缚再多的电子就是可能性很小的了。理解一个电子被很牢固地束缚在 2_2 轨道上这件事也是可能的，因为，在有些时候，2_1 轨道上的电子会比 2_2 轨道上的电子运动得离核更远。我相信，第二周期后半部分中各元素的电负性质，就有赖于这一情况。于是，按照这些观念，我们在氖中就有 4 个 2_1 轨道上的电子和 4 个 2_2 轨道上的电子。我们几乎没有理由设想这 8 个较外电子的轨道是安排在两个具有四面体对称性的组态中的，因为那样就会在某些时刻有两个轨道平面互相重合。正如在锂的情况中已经提到的，我们必须假设这种运动的发生是不可能的。我倒是相信，我们有两个畸变的四面体组态，使得氖原子中具有 2 量子轨道的那些电子组只具有一个简单的对称轴；必须假设，这个对称轴和 1 量子轨道上那两个电子形成的最内组的对称轴相重合。

并不遇到新的困难，我们现在来到第三周期。首先，对于钠，我们具有很详细的关于

光谱项的知识。根据吸收实验，我们知道最大的 s 谱项对应于正常态。正如在锂的情况中一样，对氢光谱的偏差在 s 谱项那儿是很大的，而当我们过渡到 p，d 和 b 谱项时则越变越小。现在就出现给各谱项指定什么量子数的问题。根据各种碱金属光谱的谱项和氢光谱的谱项之间的形式上的对比，罗切斯文斯基相信他能够得出量子数 2_1 必然属于正常态的结论。薛定谔曾经企图利用一切 s 轨道都能达到最内电子组区域中的假设，来解释 s 谱项对氢谱项的很大偏差。他也得到了正常态是用量子数 2_1 来表征的结论。但是，正如第 3 个和第 7 个电子的束缚那样，我们却必须假设，由于已经出现了具有奇特稳定性的电子组态，第 11 个电子将被束缚在一种新类型的轨道即 3_1 轨道上。关于最后这一电子的束缚牢固性的考虑也把我们引导到相同的结论。确实，在它的轨道的较外部分上，最外电子是在一个和简单点电荷的场相差很小的场中运动的。但是，它的能量却本质上取决于位于较内电子的区域中的那些轨道部分。在那儿，该轨道将和 2_1 轨道相差很小。但是，在较外部分，轨道必然大于较内部分，因此它必须至少是 3_1 轨道。通过像在锂的情况中那样考虑原子心的极化率，我们可以针对确定的主量子数来估计极化率的值，并把它和根据介电常量算出的氖的极化率进行比较。当给最大的 p 谱项指定一个主量子数 3 时，就得到这些极化率之间的最好的符合。以前提出的必须赋予最大 p 谱项以主量子数 2 的那种看法，将导致最大 p 谱项小于对应的氢谱项的结果。那样人们就将不得不假设较内体系的平均影响可以描述成一种排斥力，而这是和我们关于原子心极化率的看法不相容的。正如在锂的情况中一样，p 谱项和 d 谱项的双重性，必须假设是由轨道相对于原子心的不同取向造成的。

碱金属光谱的谱项，可以很好地表示成里德伯形式

$$K/(m+\alpha_k)^2$$

因为，根据列举了谱项分母的平方根的图 2-4（第[127]页）可以看到，这些值和整数值之间的偏差几乎是恒定的。在这一表示式中，我们用了 m 来代表整数，因为以后即将看到它并不是主量子数 n。现在我们将说明怎样理解 α_k 几乎不依赖于 n。例如，在一个钠原子中，一个 3_1 轨道的形式很像图（ ）①所示的那样。将位于较内电子区域之外的那一部分轨道叫作 a，并将和 2_1 轨道相似的较内部分叫作 s，我们用一个假想的部分 g 来补足较外部分，以便近似地得到一个椭圆。于是我们就可以通过计算代替的椭圆的能量来确定真实轨道的能量。事实上，不论是在真实轨道上运动还是在代替的椭圆上运动，电子都是以相同的速率进入或离开的，从而进入处和离开处的势能在两种情况下是相同的。如果$\mathscr{I}_r+\mathscr{I}_\varphi=\mathscr{I}$是在代替的椭圆上求出的相积分之和，则轨道的能量将是

$$E=-Kh^2/\mathscr{I}^2$$

我们可以求出积分

$$\mathscr{I}={}^{(a+g)}\int p_r\mathrm{d}r+{}^{(a+g)}\int p_\varphi\mathrm{d}\varphi$$

的值如下。我们写出

$$\mathscr{I}={}^{(a+s)}\int p_r\mathrm{d}r+{}^{(a+g)}\int p_\varphi\mathrm{d}\varphi-{}^{(s)}\int p_r\mathrm{d}r+{}^{(g)}\int p_r\mathrm{d}r$$

① 这个图现在已不存在。——译者

由于角动量的恒定性，就有

$$^{(a+g)}\int p_{\varphi}\mathrm{d}\varphi = ^{(a+s)}\int p_{\varphi}\mathrm{d}\varphi = \mathscr{I}_{\sigma}$$

此外也有

$$^{(a+s)}\int p_{r}\mathrm{d}r = \mathscr{I}_{r}$$

以及

$$\mathscr{I}_{r} + \mathscr{I}_{\sigma} = nh$$

于是就有

$$\mathscr{I} = nh - ^{(s)}\mathscr{I} + ^{(g)}\mathscr{I}$$

式中$^{(s)}\mathscr{I}$和$^{(g)}\mathscr{I}$是在所标明的路径上求得的径向相积分。现在，$^{(s)}\mathscr{I}$和$^{(g)}\mathscr{I}$都几乎不依赖于n。这一点首先对于$^{(g)}\mathscr{I}$是对的，因为对于恒定的k来说椭圆在焦点附近是近似地不依赖于n的；其次这对于$^{(s)}\mathscr{I}$也是对的，因为该圈线对于轨道较外部分的依赖性很小。于是，$-^{(s)}\mathscr{I}+^{(g)}\mathscr{I}$就近似地是常量，从而就看到$\mathscr{I}/h$即分母的平方根当$n$增加1时也永远增加1。没有较外轨道透入原子心中的假设，就将不能理解谱项分母的这一性能，因为那时n值不同的轨道将取很不相同的形状，而按照这一假设，轨道的很重要的部分却接近重合。钠的p轨道就已经是透入较内体系中的了。正如图 2-4 所表示的，差值$p_1 - p_2$几乎保持恒定。这一点可以通过假设p_1轨道和p_2轨道的内圈部分相差很小来简单地解释。在这里，我们将不仔细讨论理解双重线结构的基本困难。

第六讲

1922年6月21日

大量的实验资料曾经对我们的观点的形成有所贡献。至于是把主要着重点放在普遍的考虑上还是放在赤裸裸的实验事实上，我相信这是人们的口味问题。

——玻尔

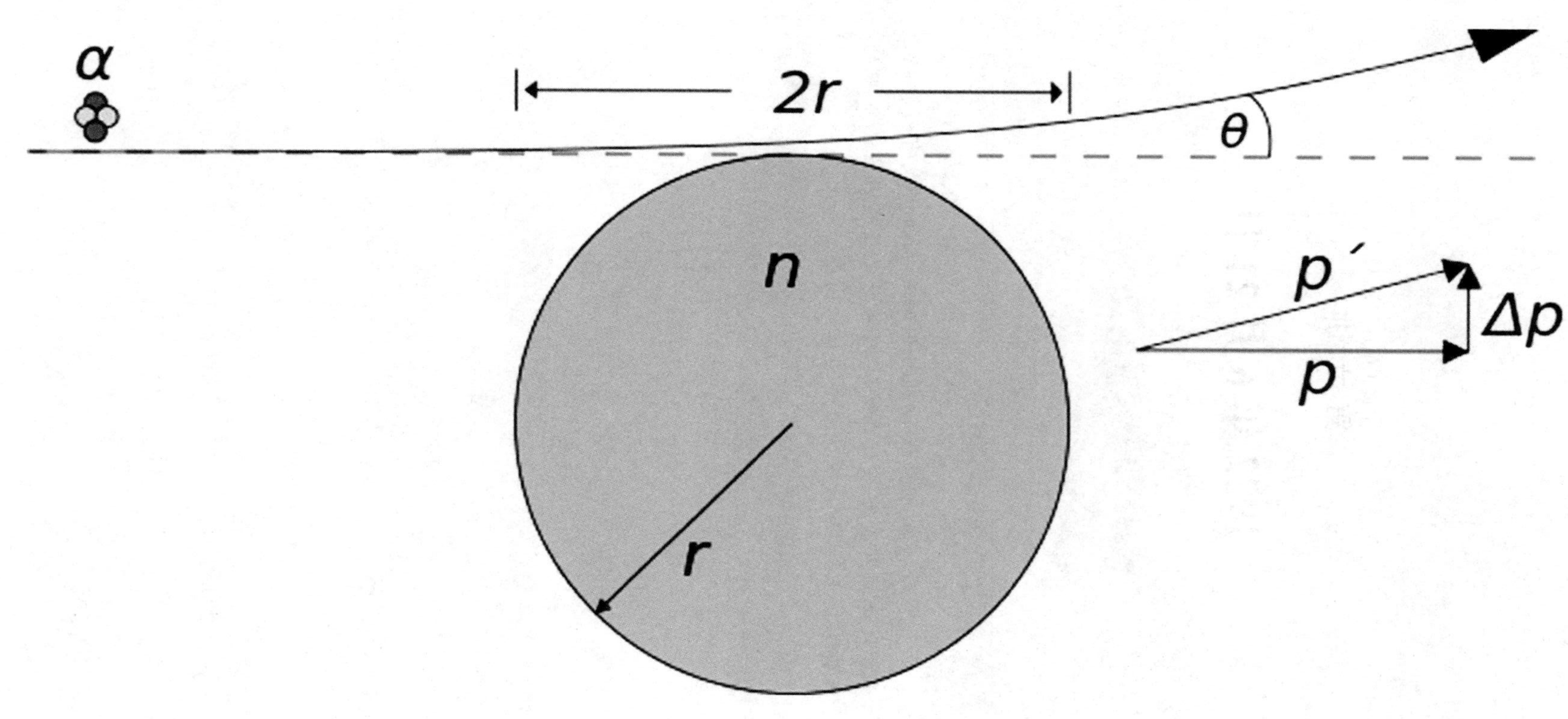
α
2r
θ
n
r
p´
Δp
p

昨天我们结束了第二周期各元素的考虑，并考虑了第三周期中的第一种元素。在接着进行以前，我愿意再谈谈第二周期的结束。我们曾经在最初那些电子的奇特的排列对称性中寻求这种结束的原因。这种对称性阻止新来的电子在其他电子的相互作用中取得一个地位，这样就使得新类型的轨道的形成成为必要了。在目前的理论状态下，这样的考虑显得是很不肯定的，因此问问对于这些结论应该重视到什么程度就可能是有理由的了。大量的实验资料曾经对我们的观点的形成有所贡献。至于是把主要着重点放在普遍的考虑上还是放在赤裸裸的实验事实上，我相信这是人们的口味问题。为了更加清楚地显示普遍考虑的威力，我将简单地重述一下我们关于第 11 个电子即被束缚在钠中的最后一个电子的束缚情况的看法。我们根据吸收实验知道，最大的 s 谱项属于正常态。我们已经看到可以怎样形成一种关于一切态的出现的粗略图景。依据这些观念，正常态必须是一个 3_1 轨道。在它的较外部分上，这样一个轨道和一个开普勒椭圆很相近。在原子心的内部，电子在一个圈线上运动，该圈线对于不同的主量子数具有很相似的形状。通过假设 s 谱项和 p 谱项的轨道具有这样的形状，我们可以针对每一个谱项序列解释里德伯公式 $K/(m+\alpha_k)^2$ 中的 α_k 的恒定性。如果我们考虑钠光谱的一种图示，我们就不但会看到氢光谱的一种简单畸变，而且会看到，和早先的看法相反，具有主量子数 $n=1$ 和 $n=2$ 的态不见了。按照我们现在的看法，除了仲氦光谱这一唯一的例外，一切光谱都对应于比在类似的氢谱项的情况下更牢固的束缚。尽管早先关于对氢谱项的偏差是正是负还不清楚，现在一切的偏差却都是正的了；负偏差只出现在仲氦光谱中，但那是一种例外情况。

Mg 的火花光谱给出关于镁中第 11 个电子的束缚情况的信息。这种光谱和钠的电弧光谱很相像，在双重线结构方面也相像；主要的区别在于，必须把里德伯谱项公式中的 K 换成 $4K$。因此，为了比较起来更加方便，图 2-6 中火花光谱的比例尺已经缩减为 $\frac{1}{4}$，而对应的氢谱项则是按原先的比例尺画的。Mg 的火花光谱和 Na 的电弧光谱之间的相似性，是由两种情况下的较内体系相同这一事实引起的，只不过核电荷大了一个单位，这就引起了 $4K$ 代替 K 的出现。这就给索末菲和科塞尔的光谱学位移定理提供了简单的解释。至于相对于对应氢态中的束缚来说束缚强度比在钠的电弧光谱中增加得较少，那却是起源于这样一个事实：头 10 个电子的体系内外的力场之间的相对差值，当核电荷越大时将变得越小。

镁的电弧光谱给出关于第 12 个电子的束缚情况的信息。这种光谱比火花光谱复杂得多。除了单谱项以外还出现三重谱项，这种多重性的出现，想必是因为已经存在的 11 电子的体系比钠中的原子心更复杂。我将只是简略地谈到这一仍然悬而未决的问题。我相信，单谱项和多重谱项的出现是由于第 11 个电子的绕转方向可以不同，从而头 11 个电子的体系角动量可以是零或 $2 \cdot h/2\pi$。肯定地，对于整个原子来说，零角动量也许是不可能的，但我相信这对于原子心来说也许是可能的。今天我们将不讨论这一问题和反

◀根据汤姆逊原子模型推测 α 粒子散射原因示意图

常塞曼效应之间的联系。正常态是第一个 S 态，它对应于很牢固的束缚。我们假设属于它的轨道是 3_1 轨道。两组谱项(s，p，d 和 S，P，D)的出现使我们想起氦光谱，并且指向每当一个新电子被束缚在和前一电子的类型相同的轨道上时总会出现的那些困难。各个 s 谱项可以很好地用里德伯公式来表示；在 p 谱项中，α_k 显著地依赖于 n。

进而考虑铝中第 13 个电子的束缚，我们就又遇到刚刚提到的那种困难。在这里，和最牢固束缚相对应的谱项并不是任何 s 谱项，而却正如马克楞南根据吸收光谱所确定的那样是一个 p 谱项，我们必须给这个谱项指定一个 3_2 轨道。接受另一个电子进入 3_1 轨道看来在这儿是不可能的。当进而考虑硅时，我们必须对自己提出一个问题，即这里是否像在碳中那样会出现 3_1 轨道上的 4 个电子的相互作用。现在还不能回答这个问题，但是形成这样一种组态并不是不可能的。当核电荷增大时，轨道线度就变小，从而相互扰动就变大，于是一度闭合的组就可能重新被打开，这样就提供了允许新电子进入早先闭合的组中的可能性。关于其次一些元素，磷、硫和氯，现在还不能说出任何确切的东西。无论如何，在周期的结尾即在氩中，我们必须预期和氖中的组态相似的组态，就是说我们必须在 3_1 轨道上和 3_2 轨道上各有 4 个电子。于是，和氖组态的不同之处就在于这里不存在任何圆形轨道这一事实。我们没有假设 3_3 轨道这件事并不是随随便便的。事实上，这样一个轨道将离核太远，从而将束缚得太松。此外，3_3 轨道的假设将给出一个原子直径，这个直径和根据气体分子运动论确定出来的直径相比将是太大的。

第四周期可以比前面的周期对我们的假设作出更敏锐的检验。这一周期比前面的周期更长一些。在它的中部，存在着铁金属族，族中各相邻元素的化学性质比在通常情况下相差更小。钾的光谱和钠的光谱很相像。我们根据吸收实验知道，最大的 s 谱项又对应于钾的正常态。我们假设第 19 个电子是束缚在一个 4_1 轨道上的。它将不是一个 3_1 轨道，因为这种轨道在原子心外部是不可能的。4_1 轨道的样子和钠中的 3_1 轨道很相像。计算它的较内部分将是极其繁复的，但是我们可以应用下面的考虑。在钠的情况中，我们看到 3_1 轨道和 2_1 轨道〈原稿作“4_1 轨道”，但这显然是笔误〉的较内部分是很相似的。现在我们又来采用这些考虑。较内圈线和一个椭圆很相近。因此，对于能量的计算来说，我们是让电子在椭圆上运动还是在该圈线上运动都将是没什么差别的，只要角动量在两种情况下相同就行了。因此，在钠中，3_1，4_1 和 5_1 各轨道的较内圈线就近似地和 2_1 轨道相重合；在钾中，4_1，5_1 和 6_1 各轨道的圈线就近似地和 3_1 轨道相重合。于是，例如为了计算钾的较外轨道，我们就可以用一个 3_1 轨道来代替 4_1 轨道的较内圈线。一般说来，我们可以用一个 m_1 圈线来代替属于正常态的 n_1 轨道的较内圈线，此处 $m=n-1$。我们昨天看到了谱项分母的平方根由下式给出：

$$\mathscr{J} = \oint \sum p \mathrm{d}q$$

式中的积分是沿着代替的轨道计算的，这种轨道通过用一个假想轨道段(g)在内部把类似椭圆的较外轨道(a)连接起来而得出。我们求得了

$$\mathscr{J} = nh + {}^{(g)}\mathscr{J} - {}^{(s)}\mathscr{J}$$

式中${}^{(g)}\mathscr{J}$和${}^{(s)}\mathscr{J}$是沿所示路径求出的径向相积分。如果用 m_1 椭圆来代替 n_1 轨道的圈线，我们就近似地得到

$$^{(s)}\mathscr{I} = (m-1)h$$

从而就有

$$\mathscr{I} = nh - (m-1)h + ^{(g)}\mathscr{I}$$

或者，既然 $m=n-1$，我们就有

$$\mathscr{I} = 2h + ^{(g)}\mathscr{I}$$

于是，正常态中的有效量子数在一级近似下等于 2。n 越大，我们在用椭圆来代替圈线时所引入的误差就越小。因此，当我们从钾经过铷而进行到铯时，谱项计算就变得越来越精确。对于铯来说，谱项可以用这种方法估计到相差很小的百分数。

正如火花光谱所表明的，钙中的第 19 个电子也是束缚在一个 4_1 轨道上的。提供关于第 20 个电子的束缚信息的 Ca 电弧光谱，在其主要特点上是和 Mg 的光谱相似的。我们假设，属于正常态的最大 S 谱项对应于 4_1 轨道。但是，我们在 D 谱项中看到一种很大的变化，这些谱项是向较牢固束缚的方向移动了的。这起源于一个事实，即随着核电荷的增大各轨道就受到越来越强的吸引力。这个特点很明白地显示在第 19 个电子的俘获中。在 Ca 的火花光谱中，3_3 轨道对应于一种比在钾中牢固得多的束缚。3_3 轨道向内部移动得更多了。这是一个具有颇大特殊意义的情况。由于前 18 个电子的区域内外的力场之间的相对差值随着核电荷的增大而减小，4_1 轨道位于这一区域之外的那些部分的线度将越来越趋近于 4_1 在忽略电子间的相互作用时所算出的 4_1 轨道的线度。因此，随着原子序数的增大，3_3 轨道的能量将越来越趋近于 4_1 轨道的能量，直到最后对应于一种比 4_1 轨道更牢固的束缚。从这时起，3_3 轨道就是第 19 个电子的正常态了。这种反转在钪中就已经发生了。可惜的是还不知道 Sc^{++}（现写作 Sc^{2+}）的任何线系光谱，从而直接的检验还没有得到解决。

一种与此有关的奇特性就是由戈茨观察到的新谱线的出现，这种谱线不能纳入一般的线系方案中。事实上，我们处理的是正常 p 谱项及 d 谱项和新的 p′谱项及 d′谱项之间的组合的出现。我们在这里得到选择原理的一个仅有的例外。我们可以根据 3_3 谱项的演进来理解这一奇特性。按照选择原理，只有 k 的改变等于 ±1 的那种跃迁才是可能的。于是，当外界干扰不存在时，从 3_3 轨道到 4_1 轨道的跃迁就是不可能的；但是这就意味着 3_3 轨道可能是亚稳的。在这儿，我愿意稍微谈谈“稳定”和“不稳定”的概念。正常态可以叫作稳态，因为它将持续存在，只要没有跃迁所要求的全部能量被加进来。除了亚稳态以外，其他的量子态在某种意义上也是稳定的，但是它们具有一种自发地跃迁到较低能量的态的概率，从而它们事实上是十分不稳定的。在氦中发现的亚稳态不像正常态那样稳定，但是，只要干扰足够小，它们本身还是稳定的。当外界影响较强时，到达正常态的跃迁就是可能的。因此，一个亚稳态事实上是很不稳定的。经发现，戈茨谱线恰恰可以用这样一种亚稳态来解释。作为当第 20 个电子被俘获时所出现的那种干扰的后果，起先处于亚稳的 3_3 态中的第 19 个电子可以转移到一个 4_1 轨道上去。第 19 个电子处于 4_1 轨道或 3_3 轨道时所引起的能量差，在百分之几的范围之内和解释戈茨谱线所要求的能量差同数量级。

出现在第 19 个电子的俘获中的这些奇特性，使我们能够理解第四周期的较大的长度。在紧接在钪的后面的那些元素中，仍然空着的那些 3 量子轨道逐渐被占据。很难确定是不是只有最后一个或两个电子被束缚在 4_1 轨道上。在钛中，我们必须假设至少有两个电子是出现在 3_3 轨道上的。现在我们理解为什么第四周期和以前几个周期十分不同了。在给出的周期系的表示法中(图 2-1)，3 量子轨道组正在完成中的那些元素用框线框了起来。在铝和钪之间没画任何连接线，因为[它们的]光谱是本质地不同的。喏，3 量子组的发育导致什么样的末态呢？在第四周期的末尾我们有氪，它的较外结构必然和氖及氩的较外结构相似。例如，在这里，必然各有 4 个电子束缚在 4_1 轨道和 4_2 轨道上。根据存在的电子的数目，我们推测在充分发育了的 3 量子组中应有 18 个电子。解释这一点乃是一个困难的问题。我们将满足于指出这种解释所要求的这样一个组的一种奇特性。我们必须假设，3_3 轨道的发育对已经存在的四个 3_1 轨道和四个 3_2 轨道中的相互作用造成一种扰动。我们曾经用来解释氖的化学惰性的这些轨道的对称性，就这样受到了扰乱，从而新的电子就可以被容纳在 3_1 轨道和 3_2 轨道上，直到最后在 3_1，3_2 和 3_3 轨道上各有 6 个电子为止。在某种意义上，我们处理的是对已经存在的那些 3 量子轨道的对称性的一种很有敌意的内部攻击。关于为什么恰恰出现各含 6 个电子的三个组，也能够形成一种概念，尽管是相当不肯定的。通过一种极射投影很容易看到，只有在这样一种安排中才能避免轨道的重合。X 射线谱的考虑将提供检验我们的假设的可能性。

正如已经提出的，我们还不能在细节上追寻 3 量子组的发育过程。卡塔兰已经考察过的锰的光谱，是和碱金属的及碱土金属的光谱大不相同的。其原因就在于较内体系的角动量在这儿要大得多。电弧光谱和火花光谱的对比表明，锰的火花光谱是和电弧光谱很相像的。这正是根据我们的假设所应预期的；我们的假设是，一个较内的组正在第四周期中完成着。我们不再遇到简单的条件，直到我们来到铜这儿；铜的光谱显示和钠光谱的很大相似性。因此我们必须假设，在铜离子中，我们遇到的是完成了的 3 量子轨道组。前面的元素镍不像惰性气体那样具有 3 量子轨道上的 18 个电子的较外组，这是可以简单地用一种情况来解释的，那就是，3_3 轨道太大，以致这样的组不能作为最外电子组而出现在中性原子中。锌的光谱和钙的光谱完全对应，只是戈茨谱线像所预期的那样并不出现。

第四周期和以前各周期相比的奇特性，曾经被用其他的观点讨论过。科塞尔所发展的简单壳层观念是不适用的。几年以前，拉登堡表示了一种看法，认为在 Sc 和 Ni 之间的元素中我们遇到的是一个中间壳层的形成。这是和我们的考虑完全对应的。但是，我们并不假设一个确定的中间壳层就是位于最外轨道和较内轨道之间的东西；相反地，我们却发现了第四周期的奇特性的真正原因。当我们应用量子论来解释周期系时，我们必须事先就对这里将出现某种新情况有所准备，因为，根据氢原子理论是不能排除 3_3 轨道的出现的。

正如拉登堡联系到这一点所指出的，第四周期中从钪到镍之间的元素，不但以其化合物所显示的颜色而且以其磁性质而与众不同。确实，顺磁性和颜色在别的地方也出现过，但这并不是存在于所考虑的原子作为离子而出现的那些化合物中。例如，氧在某些化合物中是有很强的顺磁性的，但并不是在任何它作为离子而被束缚的化合物中。这种区别可以用此处给出的考虑来简单地加以解释，例如，也像我们在头三个周期中所遇到的一切其他离子一样，钠离子是一个闭合的结构。对于氯离子之类电负性的离子，情况也相同。化合物有颜色就意味着它在光谱的可见部分有吸收，就是说发生那样的过程，过程中涉及按照频率条件和可见光谱相对应的能量差。在闭合结构中，只有涉及大能量差的过程才是可能的。另一方面，我们在这里却涉及的是非闭合体系，体系中的电子组态是还在发育中的。于是，涉及小能量差的过程就能够出现。也就是颜色能够出现。在这儿，束缚强度的增大只是十分缓慢地进行的，因此具有不同价数的离子就可以形成。

在顺磁性方面，我们遇到一个完全悬而未决的问题。例如，氦和氖是抗磁性的；尽管它们的对称电子组具有角动量，它们却不显示任何顺磁性。完全不可能按照经典理论来理解这一点。当我们意识到经典理论同样不能解释辐射现象，而辐射现象恰恰依赖于由电子运动而来的那些力效应之间的密切相互作用时，我们就不会对这件事感到惊讶了。在第四周期中，我们遇到的是非对称的较内体系。因此我们可以认为顺磁性在这儿出现是自然的和很好的。正如科塞尔曾经强调的，实验结果显示一种巨大的简单性，即不同元素的电子数相同的离子具有相同的磁矩。例如，包含 23 个电子的三价铁离子(Fe^{+++})和同样包含 23 个电子的二价锰离子(Mn^{++})具有相同的原子磁矩，而包含 22 个电子的三价锰离子(Mn^{+++})则和也包含 22 个电子的二价铬离子(Cr^{++})具有相同的原子磁矩。和我们关于第四周期各元素的结构的假设符合得极好的是，已经发现，磁性恰好是在我们假设它有一个完成了的 3 量子轨道组的一价铜离子(Cu^{+})那儿消失的，而二价铜离子(Cu^{++})则仍然是有磁性的。第四周期各元素的磁性揭示了出现于在其他方面很对称的原子较内结构中的一个创伤；当我们沿着这一系列元素看过去时，我们就亲眼看到这个创伤的开始和愈合。

在第五周期中，情况和在第四周期中颇为相似；这是根据我们的理论很容易理解的。铷中的第 37 个电子是束缚在一个 5_1 轨道上的。锶的火花光谱表明，第 37 个电子在这里也是束缚在 5_1 轨道上的；但是我们看到，4_3 轨道在这儿出现了，正如 3_3 轨道在钙的光谱中出现一样。锶的电弧光谱表明，第 38 个电子也是束缚在 5_1 轨道上的。戈茨观察到的新谱线出现在 Sr 中，正如它们出现在 Ca 中一样。我们必须假设，在第五周期中，我们看到的是一个 4 量子轨道组的进一步发育，这种发育在银中达到暂时的完成。和以前针对 3 量子组提出的那些理由相同的理由表明，4 量子组是由 4_1，4_2 和 4_3 轨道上的各自六个电子所构成的。唯一的区别在于，3_3 轨道是圆形的，而 4_3 轨道则是椭圆形的。第四周期和第五周期之间的某些差别可以追溯到这一事实；这些差别主要在于，对于作为第二周期和第三周期之特征的价性质的偏差，在第五周期中比在第四周期中出现得要晚一些。在第五周期的末尾，我们遇到氙；在这种元素中，我们必须假设一个较外组，由 5_1 轨道和 5_2 轨道上各自 4 个电子构成。

在第六周期中，我们遇到更多的其他现象。这里出现了稀土元素，它们全都具有很相似的化学性质，从而它们的分离曾经给化学家们造成巨大的困难。在周期开始时，一切情况都和前一周期中的情况很相似。铯和钡的光谱表明，在这些金属中，第 55 个和第 56 个电子是束缚在 6_1 轨道上的，而且钡的火花光谱表明，5_3 轨道在这里移向了较牢固束缚方面，正如 Ca 和 Sr 中的 3_3 轨道和 4_3 轨道一样。但是，我们看到某些十分新颖的东西。4_4 轨道出现了。我们通过计算可以肯定，随着核电荷的增大，不但电子在 5_3 轨道上比在 6_1 轨道上束缚得更牢固的时刻即将到来，而且从某一个核电荷开始，一个 4_4 轨道将比 5_1 轨道对应于更牢固的束缚。从此以后我们必须预期，随着原子序数的增大将遇到一系列相继的元素，它们甚至在比铁金属族更高的程度上全都具有很相似的性质；因为，我们在这里遇到的是一个电子组态的跨步式的形成，该组态位于原子更内部的地方。我们在这里就有关于稀土元素在第六周期中的出现的一种简单解释。根据周期的长度我们得出结论：在充分发育了的 4 量子轨道组中，各自有 8 个电子束缚在 4_1，4_2，4_3 和 4_4 轨道上。但是，说明这样一种安排的理由，比在 3 量子组的情况中和在前面的 4 量子组在银中的闭合中都更加弱一些。在铂族金属中，我们除了看到 4 量子组的最后发育以外，还看到 5 量子组的第二个发育阶段；这一阶段必须假设是在金中完成的，这时得到束缚在 5_1，5_2 和 5_3 轨道上的各自 6 个电子。在周期的末尾，我们遇到放射性的惰性气体氡；在这种元素中，我们必须假设一个较外电子组，由 6_1 和 6_2 轨道上的各自 4 个电子构成。

为了解释稀土元素的出现，韦伽德和刘易斯曾经发展了和拉登堡的那些想法相似的想法。量子论自动地指向了这样一族元素。

一方面根据元素的数目，另一方面根据有待填充的可用的轨道，我们必须得出这样的结论：和习见的假设相反，从镨开始的稀土元素族是在镥那儿结束的。如果我们的想法是正确的，至今还未发现的原子序数为 72 的元素就必须具有和锆的性质相似而不是和稀土元素的性质相似的性质。不无兴趣的是，J. 汤姆森在他的周期系表示法中就已经把锆和第 72 号元素联系起来了。

第七个也就是最后一个周期是不完全的。其原因就在于表现在各元素放射性质中的核的不稳定性。由沃尔诺根据福意斯的论文编制而成的镭的光谱表明，第 87 个和第 88 个电子是束缚在 7_1 轨道上的。和第六周期的一个区别就是，在第七周期的已知部分，并未出现和稀土元素相似的元素族。这种区别起源于这样一个情况：和第 47 个电子在第六周期对应元素中一个圆形 4_4 轨道上的束缚相比，第 79 个电子在第七周期的一种元素中的偏心 5_4 轨道上的束缚要弱得多，而这些电子分别在 6_1 和 7_1 型的轨道上的束缚强度的差别却小得多。每当出现这种从圆形轨道到椭圆轨道的变动时，我们就会遇到奇特的情形。例如，这一点也表现在离子半径方面。当像格里姆那样画出离子半径随原子序数而变的曲线时，在按照我们的想法出现从圆形轨道到椭圆轨道的变动的地方，曲线就有一个转折。当圆形轨道取代了椭圆轨道时，这种奇特情形也很清楚地显示在光谱中。

假若存在具有那种原子序数的原子核，第七周期就将终止在一种包含 118 个电子的稀有气体原子上；这时，在 5_1，5_2，5_3，5_4 轨道上将各有 8 个电子；在 6_1，6_2，6_3 轨道上各有 6 个电子，而在 7_1 和 7_2 轨道上各有 4 个电子[①]。

如果我们考虑一下稀有气体组态的安排[②]，我们就看到，当我们过渡到[原子序数]越来越高的元素时，就会出现越来越多的未完成的组。我们也可以比在表中前进得更远并

---

① 原稿作"6_1、6_2、6_3 轨道上各有 3 个电子"和"7_1 和 7_2 轨道上各有两个电子"。改正了的数目和原第 419 页上表Ⅷ中的数目相符。——译者

② 见表Ⅷ。

建造几百几千种元素，但是，这不是物理学的任务，物理学是只和可以进行实验检验的东西打交道的。

我希望我已作到论证一点，即当我们在周期系中越走越远时，情况就变得越来越简单了。我起初相信，原子中的电子越多，困难将变得越大。但是，如果我们并不要求太多，实际上我们却似乎会遇到更简单的问题，以及更少的新问题。我几乎用不着强调一切问题还是何等地不完全和不肯定的。

用于阴极射线研究的克鲁克斯管

第 七 讲

1922年6月22日

> 玻尔对我们这个世纪的物理学和物理学家的影响比任何人都大，甚至大过阿尔伯特·爱因斯坦。
>
> ——海森伯

到此为止，在我们的探索中，我们曾经企图通过考虑电子的逐个俘获来深入到原子结构问题中去。事实上，这是一种合理的处理方式，但其本身是不充分的，因为原子的稳定性在自然界中要受到很不相同的考验。作为例子，我们只需回想 X 射线和 β 射线对原子的影响也就够了。原子的稳定性在这样吓人的干扰中也必须得到保持。因此，我们将转而考虑 X 射线谱。我们即将看到，我们的假设也足以针对 X 射线谱解释稳定性条件，而在我看来这或许就是对于我们的看法的正确性的最强有力的支持。

X 射线谱对理论来说是有巨大重要性的。我们把它们的考虑推迟了这么久，只不过是为了得到更带综合性的看法。我在第一讲中已经提到，莫斯莱发现了 X 射线谱和氢光谱之间的一种巨大相似性。他证明了，K 线系中最强的谱线可以用

$$\nu = K(N-\alpha)^2\left(1-\frac{1}{2^2}\right)$$

来表示，而 L 线系中最强的谱线可以用

$$\nu = K(N-\beta)^2\left(\frac{1}{2^2}-\frac{1}{3^2}\right)$$

来表示。这一结果指向了 X 射线谱和氢光谱的起源之间的巨大相似性。但是，尽管氢光谱是当第一个电子受到核的束缚时出现的，而我们在 X 射线谱中所涉及的却是已完成的原子的扰乱和重新组织。观察到的相似性表明，X 射线中所涉及的能量是和一个电子受到一个 N 倍带电的核的束缚时所涉及的能量同数量级的，而且支配着原子的较内部分和较外部分的那些条件是属于相同的种类的。激发特征 X 射线谱所要求的能量大致地随原子量的平方（就是说，正如我们所知道的，随原子序数的平方）而增长，这件事早就是已知的了。在我力图应用量子论来解释氢光谱的一年以前，这一结果引导我确信了原子的稳定性必须和量子论联系起来。

按照我们的看法，原子中的电子是分成各式各样的组的，因此，取走不同的电子就要求不同数量的能量。根据这样的看法，科塞尔就能够对 X 射线谱的某些主要特点给出一种简单的概述。按照科塞尔的看法，在 X 辐射的激发中，有一个电子从原子内部的一个壳层中被取走了，而这样产生的空位却又被位于较外部分的一个壳层中的电子所占据。例如，如果有一个电子被从 K 能级上取走，其空位就可以由 M 能级上的一个电子来填充。但是，它也可以由 L 能级上的一个电子来填充；当发生这种事情时，出现在 L 能级上的空位就又轮到 M 上的一个电子来填充。科塞尔根据这一看法就得到结论：在 X 射线谱的某些频率之间必然存在简单的加法关系。事实上，M 能级和 K 能级之间的能量差，必然是由一方面是 L 能级和 K 能级之间的能量差而另一方面是 M 能级和 L 能级之间的能量差而按照加法来组成的。整个说来，科塞尔的这一法则已被发现是成立的。但是，按照这种看法，却很难一眼就看出一个较外电子怎么能够知道在较远的内部缺少一个电子。

氢光谱和 X 射线谱之间的类似性通过索末菲的考察而得到了进一步的明朗化。正

◀中子的发现者查德威克（James Chadwick，1891—1974）

如已经多次提到的，当照顾到相对论时，索末菲得到了氢原子能量的下列公式：

$$E=-\frac{N^2Kh}{n^2}\left\{1+\left(\frac{\pi Ne^2}{hc}\right)^2\left(-\frac{3}{n^2}+\frac{4}{nK}\right)\right\}$$

在一定程度上，X射线谱的精细结构也用这个公式来表示。但是，由于有一个因子 N^4，随原子而不同的相对论改正量却比适用于氢原子的大了将近 10^8 倍。

很难把X射线和伴随着单一电子的束缚的光谱之间的类似性，同一种壳层结构的观念调和起来。索末菲和韦伽德曾经企图得到对于这种类似性的理解；近来，索末菲曾经认为困难是如此地大，以致他曾假设同一元素的不同原子中的电子组态即使在非激发态中也是不同的。这是一种很成问题的想法，它似乎和对于各元素的物理性质及化学性质的确定性的理解不能相容。但是，他们的论文却达成了利用量子数来对能级进行的一种完备的形式分类。经发现，各个能级是多重的。通过斯梅卡尔（Smekal）、科斯特（Dirk Coster）和温策尔的工作，多重性的本性已经详细地知道了。取自科斯特的最近一篇论文的图①，对依据前后两种元素的光谱而预期的氡的能级给出了一个概况。可以看到，能够以一种简单方式给各能级指定量子数。首先，只有 $k'-k''=0$ 或 ±1 的那些跃迁才能发生。但是，跃迁还受到更多的限制。因此，温策尔曾经引入了第3个量子数，而科斯特则把各能级分成了a能级和b能级。可以看到，在我们的模型中，对于每一能级，存在一组具有相同量子数的轨道。

所有这些能级都是和吸收限相联系着的吸收能级。事实上，在X射线谱中没有发现任何普通的吸收谱线。我们应该怎样描绘吸收过程呢？我相信，仅仅通过我们的假设，我们就可以对现象得到理解；按照我们的假设，在原子中，我们并没有那种在每一时刻都是对称的电子组。按照经典理论，吸收和发射是依赖于原子的合电矩的。按照对应原理，只有当一个电子的谐振动分量出现在合电矩中时，我们才能预期该电子在吸收中被从它的轨道上取走。当假设了其中的电子组态在每一时刻都具有多边形对称性或多面体对称性的那种运动形式时，个体电子的运动的谐振动分量将互相抵消。另一方面，在我们的模型中，我们假设所有的运动都具有不同的周相，从而每一个电子的运动都对电矩有贡献；这样，辐射就能够影响每一个体电子的运动。我们的看法导致进一步的结论，即一个电子不能通过和辐射的吸收或发射有关的任何过程而被纳入一个已经完成的组中。于是，如果一个电子要通过吸收而从一个组中被取走，那就只有当它被从体系中完全取走或被转送到一个未被占据的轨道上时才是可能的。如果不完全的轨道组是存在的，则电子也可以被接纳到这样的轨道上去。现在，既然把一个电子转送到较外轨道上或未完成组中一个轨道上去所需的能量，在一级近似下等于把电子完全取走时所需的能量，那么，存在的吸收谱线就将和吸收限如此靠近，以致它们是难以观察到的了。

现在，当一个电子被从原子中取走，譬如被从最内的组中取走时，将出现什么情况呢？这时，可以说，每一个电子都将独立于其他电子而争取被束缚得更牢固一些。例如，如果一个电子被从氡的K能级上取走了，那么K能级上就只剩了一个电子，而所有其余的84个电子就全都将扮演氦中第2个电子的角色。在这种竞赛中，哪一个电子将首先

① 参见图2-11，2-12，2-13。——译者

到达 K 能级就将取决于跃迁概率。

按照这种看法我们必须预期，当我们在周期系中一步步前进时，每当出现新的电子组时就将出现新的谱线。联系到科塞尔理论，斯外恩已经指出过周期系和 X 射线谱之间的这样一种联系。

我现在只将再稍微谈谈最近的工作。首先由斯麦卡尔强调了的引入第 3 个量子数来表征能级的必要性，是容易理解的。甚至在光学光谱中，我们也已经必须用 3 个量子数来确定一个轨道的空间取向了。在这里，当一个电子被取走时，就存在其他电子的轨道的不同取向的可能性。这不是借助于 3 个量子数来描述电子运动的问题，因为运动只包含两个周期。第 3 个量子数只和轨道的相互取向有关。科斯特曾经测量了许多元素的 X 射线谱。经发现，K 能级永远是单能级。这是容易理解的，因为电子的轨道相对于本身只能有一种取向方式。另外，经发现，只有其他组的最上一个能级才永远是单能级。例如，对于氙来说[①]，属于量子数 2_2，3_3，4_3 和 5_2 的能级全都是单能级。看来这是完全可以理解的，因为，当一个电子被从最上的能级取走时，这就是该组最后一个电子被束缚的过程的一个简单的逆过程，因此，当这样作了时，就得到一种唯一的确定结果。我们可以描绘这一情况如下：如果有两个盒子放在两堵墙壁之间，一个放在另一个之上，我们就只有一种方式把上面一个盒子取走；但是，对于下面一个盒子却有两种可能性，即把它从上面一个盒子的底下向左或向右抽出。

就在最近，科斯特曾经对稀土元素的 X 射线谱进行了研究——尚未发表。他发现，在这里实际上必须第一次假设 4_4 轨道。另外，各能级在这里也不像在其他元素中那样随原子序数而有较大的变化。其原因简单地就在于，4_4 轨道上的束缚比最外轨道上的束缚强不了多少，从而当 4 量子组正在发育时，4_4 轨道上的束缚就并不会显著地增强。

再者，科斯特曾经处理了被温策尔诠释为 X 射线火花谱线的那些谱线。温策尔设想，当这些谱线出现时，就是有两个电子被先后取走了。我不认为这是可能的，因为在第 2 个电子被取走以前第 1 个电子想必就已经被替换完毕了。多个电子的被取走只有当它们同时被取走时才是可以想象的。例如，当氦受到 α 粒子的轰击，就如密立根已经作过的那样时，双重电离的可能性是不依赖于束缚强度的。相反地，电子越相互靠近，两个电子同时被取走的概率也越大。罗西兰[②]曾经更进一步考察了这些问题，并且根据密立根的结果计算了电子半径的大小，他发现这种大小是和根据量子论求出的相符合的。很清楚，两个电子的同时取走是绝不能通过吸收来进行的，这只能通过撞击来完成。在 X 射谱中，当然一切事物都是和在氦中一样的。因此，科斯特已经对温策尔谱线作出了新的诠释。按照他的观点，当电子从一个完满组跳入一个未完满组时，这些谱线就会出现。在这些谱线的事例中，可能出现一条 X 射线发射谱线和一条 X 射线吸收谱线相重合的情况。但是，科斯特的诠释并不能被认为是完全肯定的。

---

① 见图 2-12。

② 罗西兰(Svein Rosseland，1894—1985)，挪威物理学家，1928 年就任奥斯陆大学天文物理学教授。——译者

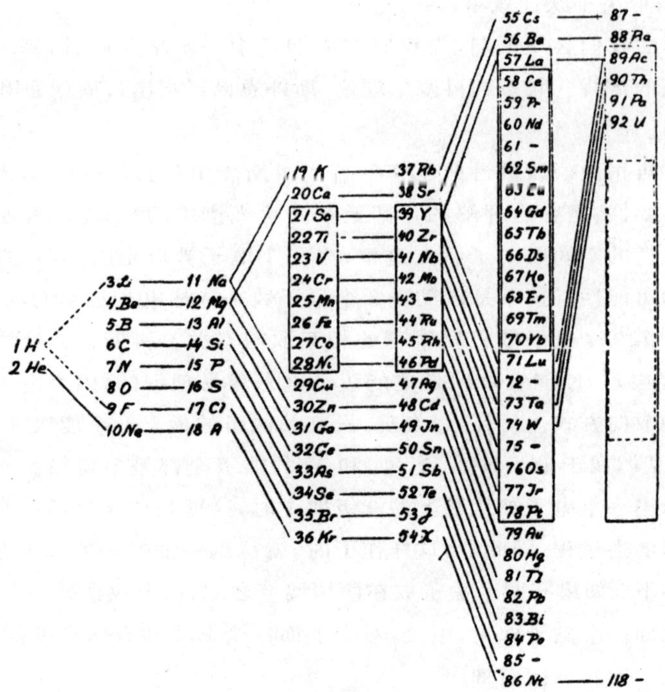
1 H
2 He
3 Li
4 Be
5 B
6 C
7 N
8 O
9 F
10 Ne
11 Na
12 Mg
13 Al
14 Si
15 P
16 S
17 Cl
18 A
19 K
20 Ca
21 Sc
22 Ti
23 V
24 Cr
25 Mn
26 Fe
27 Co
28 Ni
29 Cu
30 Zn
31 Ga
32 Ge
33 As
34 Se
35 Br
36 Kr
37 Rb
38 Sr
39 Y
40 Zr
41 Nb
42 Mo
43 -
44 Ru
45 Rh
46 Pd
47 Ag
48 Cd
49 In
50 Sn
51 Sb
52 Te
53 J
54 X
55 Cs
56 Ba
57 La
58 Ce
59 Pr
60 Nd
61 -
62 Sm
63 Eu
64 Gd
65 Tb
66 Ds
67 Ho
68 Er
69 Tm
70 Yb
71 Lu
72 -
73 Ta
74 W
75 -
76 Os
77 Ir
78 Pt
79 Au
80 Hg
81 Tl
82 Pb
83 Bi
84 Po
85 -
86 Nt
87 -
88 Ra
89 Ac
90 Th
91 Pa
92 U
118 -

图 2-1

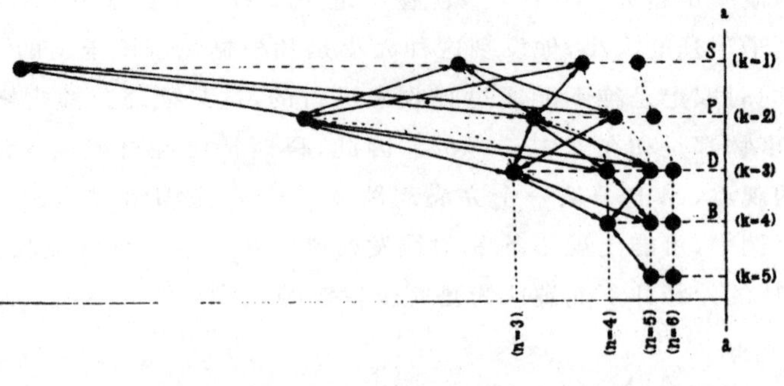
a
S
(k=1)
P
(k=2)
D
(k=3)
B
(k=4)
(k=5)
(n=3)
(n=4)
(n=5)
(n=6)
a

图 2-2

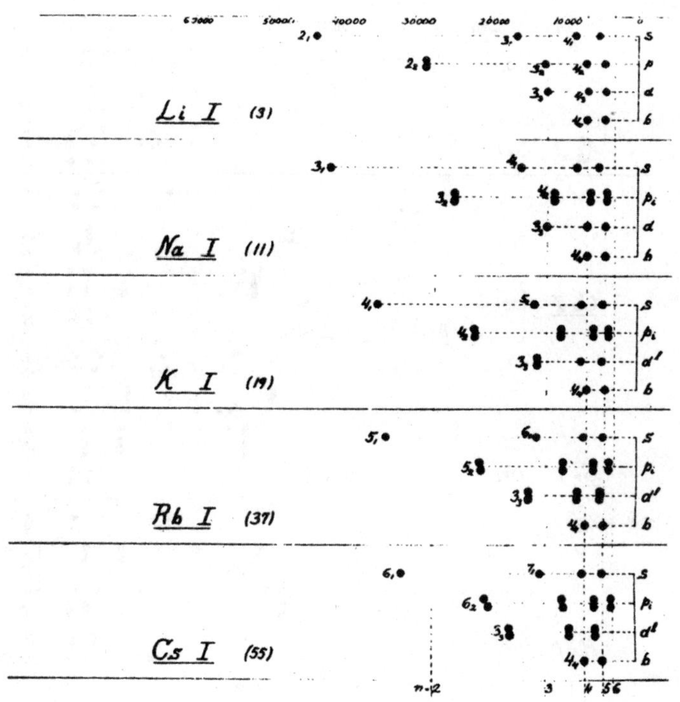

图 2-3

Li I (3)	s	1,59	2,60	[illegible]	4,60	5,60
	p_2	1,96	2,95	3,95	4,95	
	p_1-p_2	0,0001				
	d	3,00	4,00			
	b	4,00	5,00			
Na I (11)	s	1,63	2,64	3,65	4,65	5,65
	p_2	2,12	3,13	4,14	5,14	
	p_1-p_2	0,008	0,008	0,008	0,009	
	d	2,99	3,99	4,99		
	b	4,00	5,00			
K I (19)	s	1,77	2,80	3,81	4,82	5,82
	p_2	2,23	3,26	4,28	5,28	
	p_1-p_2	0,003	0,003	0,003	0,003	
	d'	2,85	3,80	4,77	5,76	
	d-d'	0,0003				
	b	3,99	4,99			
Rb I (37)	s	1,80	2,85	3,86	4,86	5,86
	p_2	2,27	3,33	4,32	5,33	
	p_1-p_2	0,013	0,013	0,013	0,011	
	d'	2,77	3,71	4,68	5,67	
	d-d'	—	0,0007			
	b	3,99	4,98			
Cs I (55)	s	1,87	2,92	3,93	4,94	
	p_2	2,33	3,37	4,39	5,40	
	p_1-p_2	0,032	0,034	0,038	0,033	
	d'	2,56	3,53	4,53	5,54	
	d-d'	0,0072	0,0077	0,008	0,01	
	b	3,98	4,97			

图 2-4

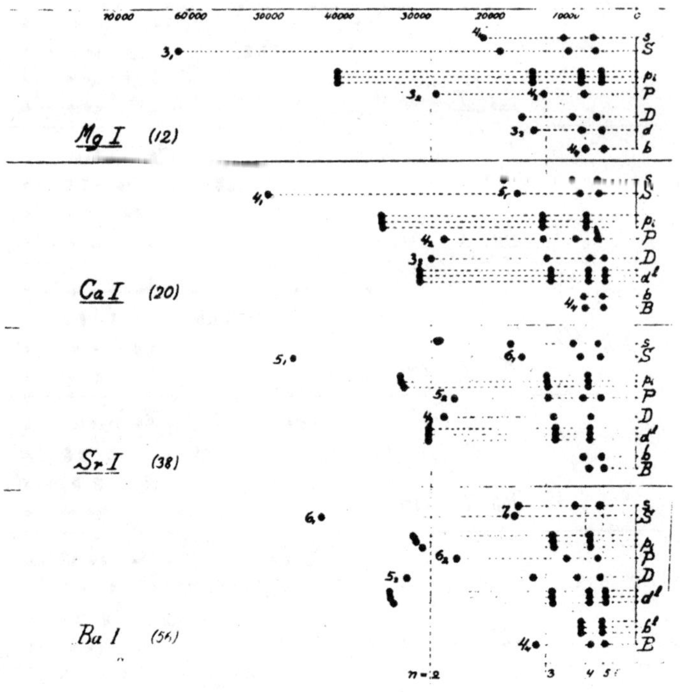
Mg I (12)
Ca I (20)
Sr I (38)
Ba I (56)

图 2-5

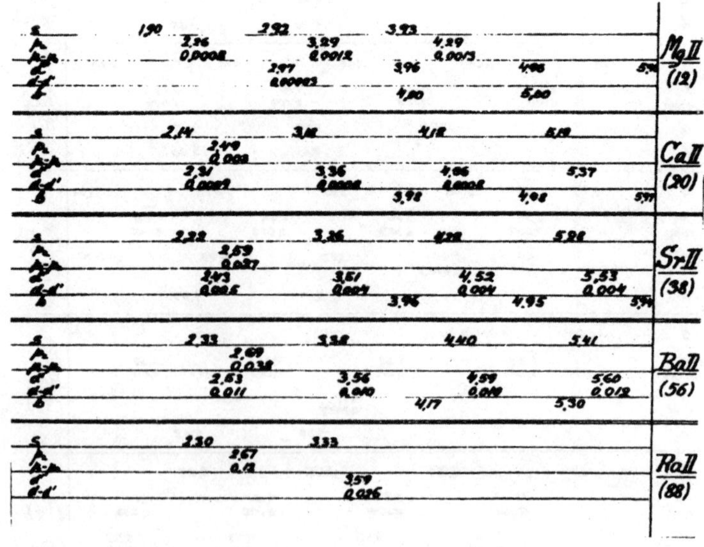
MgII (12)
CaII (20)
SrII (38)
BaII (56)
RaII (88)

图 2-6

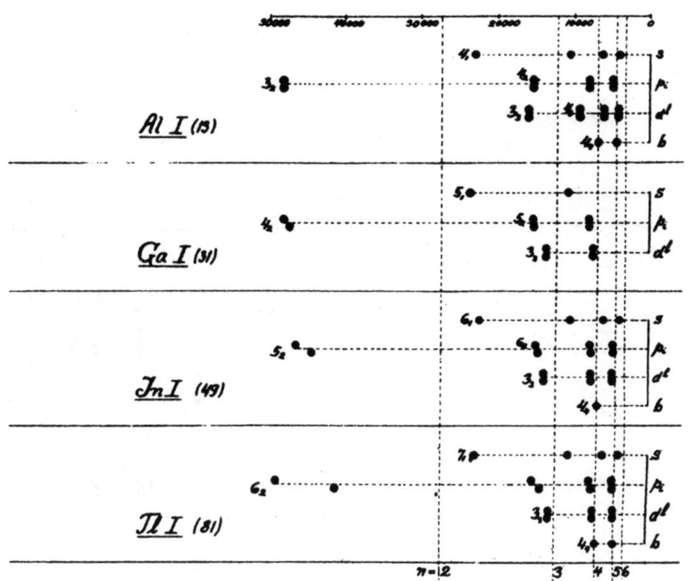

图 2-7

		1	2	3	4	5	6	7	8	9
Al I (13)	s		2,19		3,22		4,23		5,23	
	p / p-p	1,51 0,0017		2,67 0,0013		3,70 0,0014		4,71 0,0013		5,72 0,00[illegible]
	d' / d-d'			2,63 0,00011	3,42 0,0008		4,27 0,0010		5,16 0,0014	
	b					3,97		4,96		
Ga I (31)	s		2,16		3,19					
	p / p-p	1,51 0,013		2,67		3,70 0,010		4,71 0,010		
	d' / d-d'			2,84 0,0006		3,80 0,008				
In I (49)	s		2,22		3,26		4,26		5,27	
	p / p-p	1,53 0,037		2,72 0,027		3,75 0,027		4,76 0,03		5,77 0,03
	d' / d-d'			2,82 0,0025		3,79 0,012		4,76 0,012		5,74 0,012
	b					3,97				
Tl I (81)	s		2,19		3,23		4,24		5,26	
	p_2 / p-p	1,49 0,13		2,69 0,10		3,73 0,08		4,74 0,09		5,74 0,09
	d' / d-d'			2,89 0,009		3,89 0,010		4,89 0,010		5,8[illegible] [illegible]
	b					3,97		4,97		5,9[illegible]

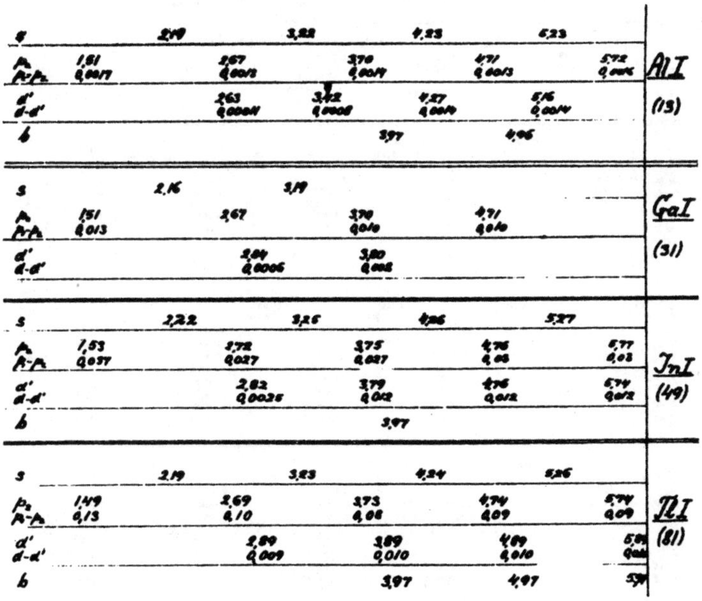

图 2-8

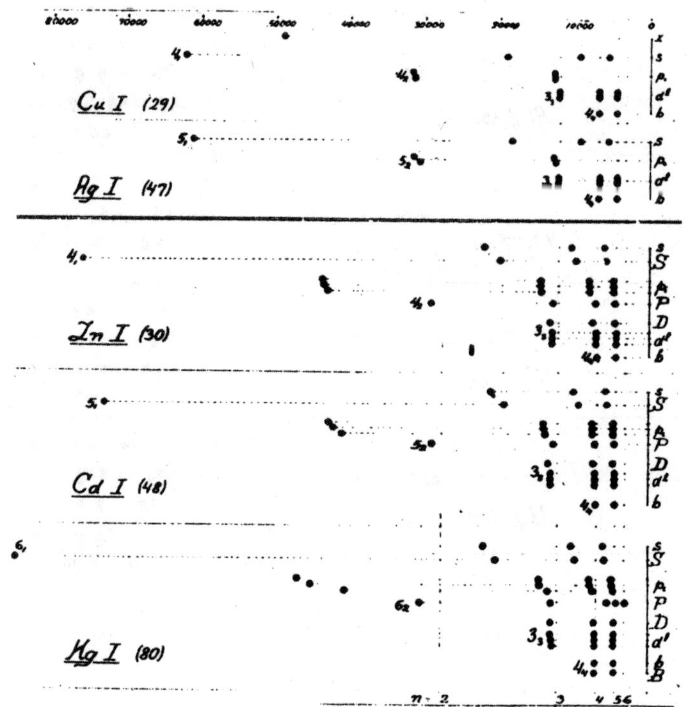

图 2-9

Cu I (29)	x	1,50				
	s	1,32	2,39	3,40	4,41	
	p_1	1,86	2,91			
	p_2-p_1	0,007	0,004			
	d		2,98	3,98	4,98	
	d-d'		0,0008	0,0011	0,0012	
	b			3,99	4,49	
Ag I (47)	s	1,34	2,43	3,45	4,46	5,46
	p_2	1,86	2,93			
	p_1-p_2	0,028	0,023			
	d		2,98	3,99	5,00	
	d-d		0,0034	0,0029	0,003	
	b			3,99	5,00	
In I (30)	s		2,23	3,26	4,27	5,27
	S	1,20	2,34	3,36	4,36	5,36
	p_3	1,59	2,75	3,78	4,79	5,79
	p_2-p_3	0,0035	0,0026	0,0050	0,002	0,002
	p_1-p_2	0,0070	0,0053	0,0053	0,005	0,005
	P	1,94	2,92	3,91	4,90	5,91
	D		2,87	3,84	4,82	5,79
	d''		2,91	3,91	4,91	5,91
	d'-d'''		0,0002	0,0004	-	
	d-d'		0,0003	0,0006	-	
	b			3,98	4,97	
Cd I (48)	s		2,28	3,32	4,33	5,33
	S	1,23	2,39	3,41	4,41	5,42
	p_3	1,61	2,78	3,81	4,83	5,83
	p_2-p_3	0,010	0,0069	0,0065	0,007	0,006
	p_1-p_2	0,023	0,017	0,018	0,017	0,017
	P	1,95	2,96	3,95	4,96	5,95
	D		2,87	3,85	4,83	5,81
	d''		2,90	3,91	4,91	5,91
	d'-d''		0,0013	0,0016	0,0018	0,011
	d-d'		0,0020	0,0022	0,0028	0,004
	b			3,97	4,97	
Hg I (80)	s		2,24	3,28	4,29	5,29
	S	1,14	2,33	3,36	4,36	5,36
	p_3	1,54	2,73	3,77	4,78	5,78
	p_2-p_3	0,020	0,014	0,005	0,019	0,014
	p_1-p_2	0,098	0,15	0,09	0,09	0,09
	P	1,91	2,98		4,52	5,10
	D		2,92	3,93	4,93	5,92
	d''		2,92	3,93	4,94	5,94
	d'-d''		0,007	0,007	0,006	0,006
	d-d'		0,004	0,006	0,007	0,008
	b			3,98	4,47	
	B			[illegible]	4,97	

图 2-10

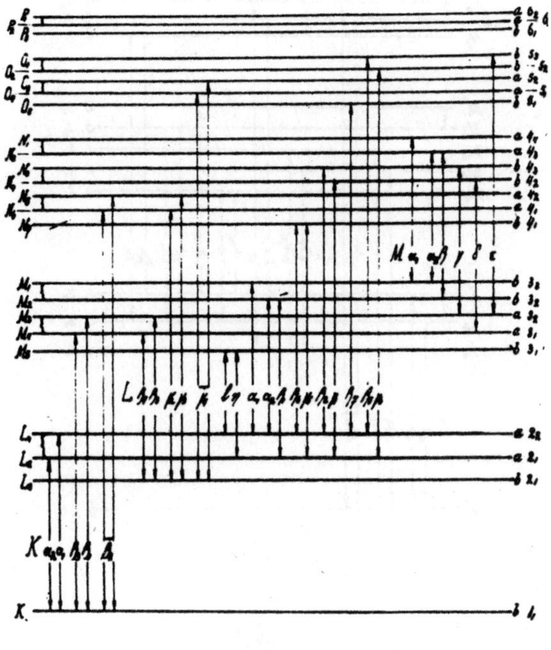

图 2-11　氡

图 2-12　氙

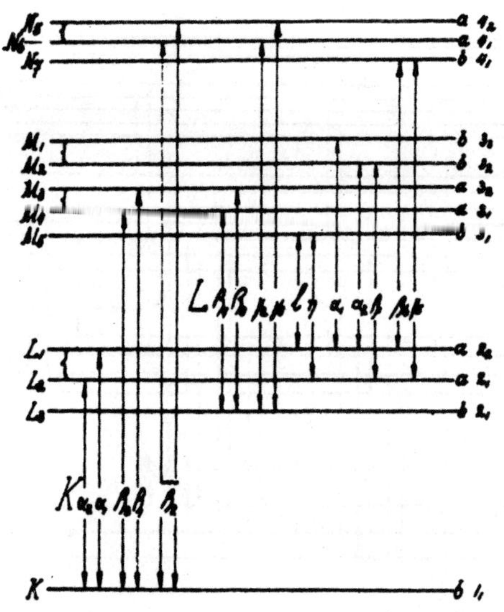

图 2-13 氮

表Ⅰ

	1_1
1H	1
2He	2

表Ⅱ

	1	2_1	2_2
3Li	2	1	
4Be	2	2	
5B	2	(3)	
6C	2	4	
7N	2	4	1
8O	2	4	2
9F	2	4	3
10Ne	2	4	4

表Ⅲ

	1_1	2_1	2_2	3_1	3_2	3_3
11Na	2	4	4	1		
12Mg	2	4	4	2		
13Al	2	4	4	2	1	
14Si	2	4	4	(4)		
15P	2	4	4	4	1	
16S	2	4	4	4	2	
17Cl	2	4	4	4	3	
18Ar	2	4	4	4	4	

表Ⅳ

	1_1	2_1	2_2	3_1	3_2	3_3	4_1	4_1	4_3
19K	2	4	4	4	4		1		
20Ca	2	4	4	4	4		2		
21Sc	2	4	4	4	4	1	(2)		
22Ti	2	4	4	4	4	2	(2)		
…									
…									
29Cu	2	4	4	6	6	6	1		
30Zn	2	4	4	6	6	6	2		
31Ga	2	4	4	6	6	6	2	1	
32Ge	2	4	4	6	6	6	(4)		
33As	2	4	4	6	6	6	4	1	
34Se	2	4	4	6	6	6	4	2	
35Br	2	4	4	6	6	6	4	3	
36Kr	2	4	4	6	6	6	4	4	

表Ⅴ

	1_1	2_1	2_2	3_1	3_2	3_3	4_1	4_2	4_3	4_4	5_1	5_2	5_1	5_2	5_3
37Rb	2	4	4	6	6	6	4	4			1				
38Sr	2	4	4	6	6	6	4	4			2				
39Y	2	4	4	6	6	6	4	4	1		(2)				
40Zr	2	4	4	6	6	6	4	4	2		(2)				
…															
…															
47Ag	2	4	4	6	6	6	6	6			1				
48Cd	2	4	4	6	6	6	6	6			2				
49Zn	2	4	4	6	6	6	6	6			2	1			
50Sn	2	4	4	6	6	6	6	6			(4)				
51Sb	2	4	4	6	6	6	6	6			4	1			
52Te	2	4	4	6	6	6	6	6			4	2			
53I	2	4	4	6	6	6	6	6			4	3			
54Xe	2	4	4	6	6	6	6	6			4	4			

表Ⅵ

	1_1	2_1	2_2	3_1	3_2	3_3	4_1	4_2	4_3	4_4	5_1	5_2	5_3	5_4	5_5	6_1	6_2	6_3	6_4	6_5	6_6
55Cs	2	4	4	6	6	6	6	6	6		4	4				1					
56Ba	2	4	4	6	6	6	6	6	6		4	4				2					
57La	2	4	4	6	6	6	6	6	6		4	4	1			(2)					
58Ce	2	4	4	6	6	6	6	6	6	2	4	4	(2)			1					
…																					
…																					
…																					
71Lu	2	4	4	6	6	6	8	8	8	8	4	4	(2)			1					
72(Hf)	2	4	4	6	6	6	8	8	8	8	4	4	2			(2)					
…																					
…																					
79Au	2	4	4	6	6	6	8	8	8	8	6	6	6			1					
80Hg	2	4	4	6	6	6	8	8	8	8	6	6	6			2					
81Tl	2	4	4	6	6	6	8	8	8	8	6	6	6			2	1				
82Pb	2	4	4	6	6	6	8	8	8	8	6	6	6			(4)					
83Bi	2	4	4	6	6	6	8	8	8	8	6	6	6			4	1				
84Po	2	4	4	6	6	6	8	8	8	8	6	6	6			4	2				
85(At)	2	4	4	6	6	6	8	8	8	8	6	6	6			4	3				
86(Rn)	2	4	4	6	6	6	8	8	8	8	6	6	6			4	4				

表Ⅶ

	1_1	2_1	2_2	3_1	3_2	3_3	4_1	4_2	4_3	4_4	5_1	5_2	5_3	5_4	5_5	6_1	6_2	6_3	6_4	6_5	6_6	7_1	7_2	7_3
87(Fr)	2	4	4	6	6	6	8	8	8	8	6	6	6			4	4					1		
88Ra	2	4	4	6	6	6	8	8	8	8	6	6	6			4	4					2		
89Ac	2	4	4	6	6	6	8	8	8	8	6	6	6			4	4	1				(2)		
90Th	2	4	4	6	6	6	8	8	8	8	6	6	6			4	4	2				(2)		
…																								
…																								
118—	2	4	4	6	6	6	8	8	8	8	8	8	8	8		6	6	6				4	4	

表Ⅷ

元素		n_k 轨道上的电子数																						
		1_1	2_1	2_2	3_1	3_2	3_3	4_1	4_2	4_3	4_4	5_1	5_2	5_3	5_4	5_5	6_1	6_2	6_3	6_4	6_5	6_6	7_1	7_2	7_3
氦	2	2																							
氖	10	2	4	4																					
氩	18	2	4	4	4	4	—																		
氪	36	2	4	4	6	6	6	4	4	—	—														
氙	54	2	4	4	6	6	6	6	6	6	—	4	4	—	—	—									
氡	86	2	4	4	6	6	6	8	8	8	8	6	6	6	—	—	4	4	—	—	—	—			
?	118	2	4	4	6	6	6	8	8	8	8	8	8	8	8	—	6	6	6	—	—	—	4	4	—

第三集

原子论和自然的描述

· *Part Three* ·

在我们关于自然的描述中，目的不在于揭露现象的实在要素，而在于尽可能地在我们的经验的种种方面之间追寻出一些关系。

——玻尔

考克劳夫特–沃尔顿电压倍增器

绪　论

（1929）

玻尔对我们时代的理论和实验研究的影响，大于任何其他物理学家。

——玻恩

科学的任务是既要扩大我们的经验范围又要把我们的经验条理化，而这种任务就表现着各种各样的彼此不可分割地联系着的一些方面。只有通过经验本身，我们才会认识到那些使我们能够对于现象的多样性有一个概括看法的规律。因此，当我们的知识变得更加广泛时，我们就应该经常有准备地期待最适用于整理我们经验的那些观点会有所改变。在这方面我们必须首先记得，理所当然，一切的新经验都是在我们习见观点和习见知觉形式的框框里显现出来的。和科学探究的各个方面相适应的那种相对显著性，依赖于被研究事物的本性。关于我们知觉形式的本性问题，在物理学中一般将不如在心理学中那样尖锐：在物理学中，我们的问题在于标示我们有关外在世界的经验；在心理学中，作为研究对象的却恰恰是我们自己的心理活动。但是，有时候，正是物理观察的这种“客观性”，会变得特别适用于强调一切经验的主观性。科学史上有许多这样的例子。我只要提到声学现象及光学现象——我们的感觉的物理媒介——的研究在心理分析学的发展中所一贯具有的重大意义也就够了。作为另一个例子，我们可以注意力学规律的阐明在一般认知论的发展中所曾起的作用。在最近的一些物理学发展中，科学的这一根本特点曾经是特别显著的。近年来我们知识的巨大扩充，曾经揭示了我们的简单力学观念的不足，其结果就动摇了习惯上诠释观察结果时所依据的基础，于是就刷新了一些古老的哲学问题。这一点，不但对于相对论所带来的对时空描述方式的基础的修正来说是正确的，而且对于由量子论所引起的对因果原理的重新讨论来说也是正确的。

相对论的起源是和电磁概念的发展有着密切联系的。通过将力的概念加以扩展，这一发展曾经带来了力学基本思想的一种如此深刻的变革。关于依赖于观察者的运动现象的相对性的认识，在经典力学的发展中已经起了重大的作用；在那里，这种认识曾经成为陈述普遍力学定律的有效助手。暂时，人们对于所讨论的问题成功地提出了一种表面上令人满意的处理，不但从物理学观点看来是如此，而且从哲学观点看来也是如此。事实上，使得问题达到高潮的，首先就是电磁理论所带来的关于一切力效应的有限传播速度的认识。诚然，在电磁理论的基础上建立一种因果描述方式曾是可能的，这种描述方式可以将能量守恒和动量守恒的基本力学定律保留下来，如果人们赋予力场本身以能量和动量的话。然而，在电磁理论的发展中曾经如此有用的宇宙以太观念，是作为时空描述中的一个绝对参照系而出现于这一理论中的。证明地球相对于这种假说性宇宙以太的运动的一切尝试都失败了，这种失败有力地强调了从哲学观点看来这一概念不能令人满意的性质，而且，认识到所有这些尝试的失败和电磁理论完全相符，是并不能使情况有所改善的。爱因斯坦曾经阐明，包括辐射在内的一切力效应，其有限传播速度会对观察的可能性加以限制，从而也会对时空概念的应用加以限制；正是这种阐明，就第一次将我们引到了更加灵活地对待这些概念的态度，这种态度在关于同时性概念之相对性的认识中得到了最突出的表现。我们知道，采用了这种态度，爱因斯坦在电磁理论能够确切适用的那一领域之外也成功地找出了很有意义的新关系，而且，在引力效应已经不再在各种物理现象中间占有特殊地位的广义相对论中，爱因斯坦已经在一种颇为意外的程度上

◀英国物理学家考克劳夫特(John Cockcroft，1897—1967)

接近了自然描述中的统一性，这种统一性是经典物理理论的理想。

量子论起源于原子观念的发展；在19世纪的过程中，这种发展曾经有增无已地给力学和电磁理论的应用提供了一个有成果的领域。然而，在接近20世纪开端的几年中，这些理论对原子问题的应用却注定要揭示出一向不曾被人注意的一种限制；这种限制在普朗克关于所谓作用量子的发现中表现了出来；作用量子对个体原子过程加上了一种完全超出经典物理学基本原理之外的不连续性要素，而按照经典物理学的基本原理，一切作用量是可以以一种连续方式发生改变的。对于整理我们关于原子属性的实验知识来说，作用量子已经变得越来越不可缺少了。然而，与此同时，我们已经一步一步地被迫放弃关于个体原子在空间和时间中的行为的因果描述，并一步一步地被迫处理大自然在各种可能性之间的自由抉择，对于这些可能性是只能应用概率考虑的。在最近，经过一系列的发展阶段之后，借助于经典理论概念的适当有限度的应用来陈述一些适用于这些可能性和这些概率的普遍定律的那些努力，已经导致了一种合理的量子力学的创立；利用这种量子力学，我们能够描述一个很广阔的经验范围，而且，在每一方面看来这种量子力学都可以认为是经典物理理论的一种推广。此外，关于量子力学描述中对于因果性的放弃以及受到作用量子不可分性的制约的现象及其观察的可区分性方面的限制，我们对于二者之间的密切联系已经逐步得到全面的理解。这一情况的认知，意味着我们对待因果原理以及对待观察概念的态度上的一种根本变化。

尽管在相对论中所遇到的问题和在量子力学中所遇到的问题有着很多不同之点，但是二者之间却有一种深刻的内在相似性。在这两种情况下，我们所涉及的都是一些物理规律的认知，这些规律超出我们普通经验的领域之外，而给我们的习见知觉形式带来了困难。我们体会到，这些知觉形式是一些理想化；这些理想化在把我们的普通感官印象条理化时的适用性，依赖于实际上可以认为无限的光速，并依赖于作用量子的微小性。然而，在评价这一形势时我们必须记得，尽管习见知觉形式带有局限性，我们却绝不能废弃这些知觉形式——它们濡染了我们的全部语言，而且一切的经验归根到底必须借助于它们来表达。恰恰是这样一种情况，就在根本上使得所讨论的问题具有了普遍的哲学兴趣。相对论给我们的世界图景所带来的结局，已经被吸收在一般的科学意识之内，但是，对于已由量子论阐明了的那些一般性的认识论问题来说，却还很难说事情已经发展到同样的地步了。

当我应约为《哥本哈根大学1929年年鉴》写一篇文章时，我起初本想从分析我们描述自然所依据的基本概念开始，用尽可能简单的形式来说明一下量子论所带来的那些新观点。然而，我所负责的其他工作使我没有足够的时间来完成这种说明，而且，这些新观点的不断发展也给这种说明带来不小的困难。理解到这种困难，我放弃了准备一篇新文章的想法，而开始考虑用为此场合所准备的某些文章的丹麦译文来代替，这些文章是我在近年来作为讨论量子论问题的贡献而在外国刊物上发表的。这些文章属于一系列的演讲和论文，在这些演讲和论文中，我一直企图对当时原子论的情况提出一种首尾一贯的概观。这一系列中若干早期的文章，在某些方面形成此处重印出来的这三篇文章的一种背景。尤其是题名为《原子结构》的一篇演讲词，更是如此——那篇演讲是在1922年12月在斯德哥尔摩发表的，当时曾作为《自然》的增刊而出版。然而，这儿重印的几篇文章，在形式上显得是完全独立的。它们都是讨论原子论发展中的最新形势，在这种形势中基本概念的分析已经变得如此重要。在这方面，这几篇文章是密切地相互联系着的。这些文章追随了发展的进程，从而对于逐渐阐明概念的过程提供了一个直接的印象；这一事实也许可以在某种程度上有助于文章的论题，使它比较容易为那些不属于物理学家狭窄圈子的读者们所接受。下面是关于这些文章出现时的那些特定情况的说明——通过增加一些引导性的注释，我曾经企图帮助人们对文章内容得到一种普遍看法，并企图尽可能地弥补或许会给较广泛范围中的读者们造成困难的一些阐述上的缺点。

第一篇文章由一篇演讲修订而成，该演讲是在1925年8月在哥本哈根召开的斯堪的纳维亚数学会议上发表的。这篇文章以简练的形式提供了关于量子论发展的概观，直到海森伯的论文预示了一种新形势的来临时为止，在文章的末尾曾经讨论了海森伯的那篇论文。这篇演讲处理的是力学概念在原子论中的应用，它并且指示出来，借助于量子论来整理大量的实验数据已经如何给新发展开辟了道路，这种新发展以合理的量子力学方法的创立为其特征。最重要的是，以前的发展已经引导人们认识到对原子现象进行首尾一贯的因果描述是不可能的。这方面的一种自觉放弃，已经蕴涵在文中所提到的那些公设的形式中了；这种形式从经典理论的观点看来是不合理的，而这些公设则是作者在应用量子论来解决原子结构问题时所依据的。符合着作用量子不可分性的要求，一个原子的态的一切变化，都被描述为一些个体性的过程，通过这种过程，原子将从一个所谓的稳定态变到另一个稳定态，而且，对于这种过程的发生只能进行概率的考虑。一方面，这一事实必然会大大地限制了经典理论的适用领域。另一方面，仍然需要广泛地使用诠释一切经验所最终依赖的那些经典概念，这种必要性就引起了所谓对应原理的陈述。所谓对应原理，表现着我们通过赋予经典概念以适当的量子论再诠释来利用这些概念的那种努力。然而，用这种观点来对实验数据进行详细分析，却注定要越来越清楚地表明我们并没有足够适当的办法来完成一种以对应原理为基础的严格描述。

因为演讲是在特殊场合发表的，所以文中曾经特别强调了理论物理学所特有的那种数学手段的应用。在这里，符号化的数学表示形式，不但是描述定量关系的不可缺少的工具，而且，在阐明一般的定性观点方面这些表示形式也同时提供了一种不可缺少的手段。在文章的末尾曾经表示，希望数学分析将再次证实能够帮助物理学家克服困难；在过去的一段时间内，这种希望已经超出一切预料地得到了满足。不但抽象代数学注定要在文中提到的海森伯量子力学的陈述中起一种决定性的作用，而且，就连微分方程——经典物理学的最重要的方法——的理论也几乎紧跟着就在原子问题中得到了广泛的应用。这种应用的出发点，就是力学和光学之间的独特类比；哈密顿(Hamilton)对于发展经典力学方法的重要贡献，就已经是以这种类比为依据了。这种类比对于量子论的重要性，是由德布罗意首先指出的；联系到众所周知的爱因斯坦光量子理论，德布罗意曾将一个粒子的运动和一些波系的传播进行了比较。正如德布罗意所指出的，这种比较使我们能够对于本文所提到的适用于原子稳定态的量子化法则给出一种简单的几何意义。通过进一步发展这些考虑，薛定谔在把量子力学问题归结为某一微分方程即所谓薛定谔方程的求解方面得到了成功，于是就给我们提供了一种方法，在近几年来原子论所经历的巨大发展中，这种方法起了一种决定性的作用。

第二篇文章是一篇论文的修订本，该文是在1927年9月为纪念伏特逝世百周年而在科莫召开的国际物理学会议上宣读的。在当时，上述那些量子力学方法已经达到一种高度的完善，而且已经在很多应用中显示了它们的有成果性。但是，关于这些方法的物理诠释却出现了意见分歧，而且这种分歧曾经引起很多讨论。尤其是薛定谔波动力学的巨大成功，曾经使很多物理学家的希望重新抬头——他们希望能够按照和经典物理理论路线相类似的路线来描述原子现象，而不引入一直作为量子论之特征的那种“不合理性”。与此观点相反，在本文中曾经坚持指出，从经典的观点看来，作用量子的不可分性这一基本公设，本身就是一种不合理的要素；这种要素不可避免地要求我们放弃因果描述方式，而且，由于现象及其观察之间的耦合，这种要素就迫使我们采用一种新的描述方式，叫作互补描述方式；互补一词的意义是：一些经典概念的任何确定应用，将排除另一些经典概念的同时应用，而这另一些经典概念在另一种条件下却是阐明现象所同样不可缺少的。文中指出，当考虑光的本性问题和物质的本性问题时，我们马上就会遇到这种特点。在第一篇文章中就曾经强调过，在我们关于辐射现象的描述中，我们在电磁理论的波动描述和光量子理论中光传播的粒子观念之间面临着一种选择上的二难推论。同时，关于物质，德布罗意波的概念已由众所周知的电子在金属晶体上衍射的实验所证实。这种证实使我们面临了一种颇为相似的二难推论，因为这里不可能有什么放弃基本粒子个体性思想的问题。因为，这种个体性形成一种稳固的基础，原子论的全部新发展就是依赖于这种基础的。

文章的主要目的是要证明，为了无矛盾地诠释量子论的方法，这种互补性特点是不可缺少的。不久以前，海森伯曾经对这种讨论作出了非常重要的贡献，他指出了力学概念的有限适用性和下述事实之间的密切联系：以追踪基本粒子的运动为目的的任何测量，都会对现象的进程引起一种不可避免的干涉，从而就会包括一种决定于作用量子之量值的不确定因素。这种不确定性，确实显示着一种独特的互补特性——妨碍着时空概念和能量守恒定律及动量守恒定律的同时应用，而这种应用乃是力学描述方式的特征。然而，要理解因果描述何以不能实施就必须记得：正如文章中所指出的，由测量所引起的那种干扰，其大小永远是无法知道的，因为这种限制能够适用于力学概念的任何应用，从而也就同样适用于观察器械和所研究的现象。恰恰是这一情况导致了下述事实：任何观察的进行，都以放弃现象的过去进程和未来进程之间的联系为其代价。如上所述，作用量子的有限量值，使我们完全无法在现象和观察现象所用的器械之间画一明确分界线；这种分界线是习见的观察概念的依据，从而也形成经典的运动概念的基础。注意到这一点，下述事实就不足为奇了：量子力学方法的物理内容，限于一些统计规律性的陈述，这些规律性存在于那样一些测量结果之间的关系中，各该结果表征着现象的各种可能进程。

在文章中曾经强调，这种方法的符号化的外貌，是和有关问题根本无法形象化这一特性密切适应的。当我们用到稳定态的概念时，我们就遇到加在应用经典概念之可能性上的那种限制的一个特别典型的例子；如上所述，甚至在量子力学方法发展以前，稳定态概念就已经作为一种不可缺少的要素包括在量子论对原子结构问题的应用中了。正如文中所指出的，这一概念的任何应用，都会排除追踪原子中个体粒子的运动的可能。在这儿，我们涉及的是一种特征互补性，和我们在考虑光的本性问题及物质的本性问题时所遇到的那种互补性相类似。正如文章中详细阐明的，在它的适用范围之内，稳定态概念确实可以说和基本粒子本身具有同样多的“实在性”，或者，如果我们愿意，也可以说二者具有同样少的“实在性”。在每一种情况下，我们涉及的都是一些手段，它们使我们能够用一种无矛盾的方式来表示现象的一些重要方面。此外，当我们用到稳定态概念时，我们就以一种很有教育意义的方式面临着一种必要性：在量子论中必须注意现象的分划，而且，正如在文章第一段中已经强调的，必须严格区分闭合体系和非闭合体系。因此，在原子的情况中，当阐明辐射过程的发生时，我们就遇到因果描述方式的一种特别惹人注目的失败。当追踪自由粒子的运动时，考虑到我们并不同时具备关于包括在经典力学描述中的那些量的知识，我们就可以具体想象因果性的欠缺；而在我们关于原子行为的说明中，经典概念的有限适用性也是一下子就很清楚的，因为单独一个原子的态的描述绝对没有包括关于跃迁过程之发生的任何要素，从而在这一情况下我们几乎无法避免谈到原子在各种可能性之间的抉择。

联系到基本粒子的基本属性问题，注意到最近揭示出来的一种独特互补性也许是不无兴趣的。有一些实验，过去一直是通过赋予电子一个磁矩来加以解释的，而文章最后一段所简单讨论了的狄拉克理论却对这些实验作出了自然的诠释。这一事实，确实就和另一种说法等效：利用以直接观察电子的运动为根据的实验来探测一个电子的磁矩是不可能的。我们在这儿遇到的自由电子和原子之间的不同，和这样一件事实有关：原子磁矩的测量，要求放弃追踪基本粒子的运动的一切企图，这种放弃和应用稳定态概念时所应满足的普遍条件相适应。

在文章的末尾，谈到了在量子论构架中满足相对性普遍要求的工作，这种重要工作迄今还不曾令人满意地得到完成。事实上，虽然上述的狄拉克理论在这方面前进了一大步，但这一理论却揭露了一些新的困难。然而，认识到这些困难，却可能在基本粒子的存在所引起的那些深奥问题方面导致新观点的发展。现在的量子力学的描述与对经典电子论的重新解释有关，这种解释是以对应原理为依据的，而经典电子论却没有提供理解基子粒子本身的存在及其特有质量与持有电荷的任何线索。因此，我们必须准备发现，这一领域中的进一步进展，将要求我们更广泛地放弃习惯上认为时空描述方式所应具备的那些特征，比用量子论来处理原子问题时所应放弃的还要广泛，而且，关于动量概念和能量概念的应用，我们也必须有准备地预期新的惊人情况。

数学符号的广泛应用是量子力学方法的特点，这种应用使我们很难撇开数学细节而对这些方法的优美性及逻辑无矛盾性提供一个真实的印象。尽管我在准备这篇文章时曾经设法尽可能地避免用到数学工具，但是，这一演讲是在一群物理学家面前发表的，其目的在于开展一种关于当时量子论发展趋势的讨论，这一目的使我们必须涉及细节，这些细节无疑地会给以前对于这一论题并不怎么熟悉的读者们造成困难。然而，我愿意指出，在整篇文章中，主要的力量是用在纯粹的认识论态度上的，这一点在第一节和文章结尾处表现得尤其明显。

第三篇文章是为一本庆祝性的小册子撰写的，该书出版于 1929 年 6 月，目的在于纪念普朗克获得博士学位五十周年。在这篇文章中，我曾经更加详细地讨论了量子论的一般性的哲学方面。对于放弃原子现象的严格因果描述方式,人们广泛地表示感到遗憾。部分地由于注意到这种情况,作者就企图证明,因为作用量子的不可分性而在原子论中引起的有关我们知觉形式的那些困难,可以看成一种很有教益的召唤,它使我们想到人类概念产生时所凭借的那些普遍条件。不可能按照我们的习见方式来区分物理现象及其观察,这种不可能性确实就使我们所处的地位和在心理学中所处的如此熟悉的地位非常相似:在心理学中,我们不断地需要想到区别主体和客体的困难。初看起来也许以为,对待物理学的这样一种态度,会给和自然科学精神相反的神秘主义留下余地。但是,不面对出现在概念的形成中和表达媒介的应用中的那些困难,我们在物理学中得到一种清楚理解的希望就不比在其他人类研究领域中得到这种理解的希望更大。例如,按照作者的看法,相信最终用一些新的观念形式来代替经典物理概念就可以避开原子论的困难,那或许是一种误解。事实上,正如已经强调过的,认识到我们的知觉形式的局限性,绝不意味着在把我们的感官印象条理化时可以不必用到我们的习见概念或这些习见概念的直接文字表述。同样,经典理论的基本概念,看来在描述物理经验时是永远不会成为多余的。作用量子不可分性的认知,以及作用量子量值的确定,不但依赖于以经典概念为基础的对于测量的分析,而且,一直是只有应用这些概念才能把量子论符号法和经验资料联系起来。然而,我们同时必须记住:单义地应用这些基本概念的可能性,仅仅依赖于这些概念所由导出的那些经典理论的自身无矛盾性,因此,对这些概念的应用所加的那些限制,自然就取决于我们在说明现象时能够在多大程度上忽略不属于经典理论而以作用量子来表示的那种要素。

在关于光的属性和物质的属性的那种屡经讨论的两难推论中显得如此明显的,恰恰就是上述这种情况。只有依据经典电磁理论,才能给光的本性和物质的本性问题提供一种可以理解的内容。诚然,光量子和物质波,在陈述一些统计规律时是一些非常有价值的手段,那些统计规律支配着诸如光电效应和电子射线的干涉之类的现象。然而,这些现象事实上是属于那样一个领域的——在该领域中,必须考虑作用量子;在该领域中,单义的描述是不可能的。在这种意义上,上述数学工具的符号性质也就变得很显然了,因为电磁波场的详尽描述不会为光量子留下余地,因为在应用物质波的观念时绝不存在和经典理论的描述相类似的那种完备的描述问题。事实上,正如在第二篇文章中所强调的,当诠释实验结果时,波的所谓周相的绝对值是永远用不着加以考虑的。在这方面也必须强调指出,对于物质波的波幅函数来说,“概率幅”一词是属于这样一种表达方式的:它虽然往往是方便的,却不能被认为是具有普遍有效性的。如上所述,只有借助于经典概念才有可能赋予观察结果以单义的含意。因此,我们将永远涉及概率考虑对可以依据经典概念来加以诠释的那种实验结果的应用问题。由此可见,符号化方法的应用,在每一个体事例中都将依赖于和实验装置有关的特定情况。现在,赋予量子论的描述以独特的特征的恰恰就是这样一件事实:为了避开作用量子,我们必须应用分别的实验装置来得到不同物理量的精确测量,这些量的同时知识是以经典理论为依据的那种完备描述所要求的,而且,尤有甚者,这些实验结果并不能通过重复的测量来得到增益。事实上,作用量子的不可分性就要求着,当利用经典观念来诠释任一个别的测量结果时,在我们关于客体和观察工具之间的相互作用的说明中必须允许有一定大小的活动范围。这意味着，随后的一次测量，将在一定程度上使得前一次测量所提供的信息失去其预言现象之将来进程的意义。显然，这些事实不但会对可由测量获得的信息的范围有所限制，而且也会对我们所能赋予这些信息的意义有所限制。在这儿，我们遇到一条新形式下的老真理：在我们关于自然的描述中，目的不在于揭露现象的实在要素，而在于尽可能地在我们的经验的种种方面之间追寻出一些关系。

我们正是必须在这种背景上来评判我们所遇到的困难，如果我们企图提供一种有关量子论内容及量子论和经典理论的关系的正确印象的话。正如在讨论第二篇文章时已经强调的，这些问题只有依据一种数学符号法才能得到充分的阐明；这种数学符号法，已经使我们有可能将量子论陈述成经典理论的以对应性思想为依据的严格再诠释。有鉴于这一符号法中经典概念的用法所特有的反比对称性，作者在本文中采用了"反比性"一词而没有采用"互补性"一词；在前一篇文章中，"互补性"一词曾被用来表示量子论在各种经典概念和经典想法的应用方面所特有的那种互斥性的关系。同时，作为进一步讨论的结果，我曾经注意到前一名词可能是容易引起误解的，因为"反比性"一词常常在一种很不相同的意义下在经典理论中被人应用。"互补性"一词已经逐渐得到采用，这一名词也许更适用于使我们记起下述事实：终于使我们能够把量子论看成经典物理理论的一种合理推广的，正是一些特征的汇合，这些特征在经典描述方式中是结合的而在量子论中则显得是分离的。此外，这样一个术语的目的，是要尽可能地避免一般论证的重复，同样也使我们经常记起一些困难。如上所述，这些困难起源于一件事实：我们所有的一切普通的语言表达法，都带有我们的习见知觉形式的烙印，从这种知觉形式的观点看来，作用量子的存在就是一种不合理性。确实，由于有这种情况，甚至像"存在"和"认知"之类的字眼都失掉了单义的意义。在这方面，有一句用来表示因果描述方式之失败的话，对于我们语言用法的歧义性提供了一个有趣的例子，那就是人们所说的"大自然的自由选择"。事实上，确切地说，这样一句话就要求有一个关于外在选择者的想法，然而，这种选择者的存在却已经被大自然一词的用法所否定了。在这儿，我们遇到一般认识论中的一种根本特色；而且我们必须知道，由于事物的本性如此，我们最后永远要依靠一种字句图景，在这种图景中，字眼本身是不能进一步加以分析的。正如文中所强调的，我们确实必须记得，我们的意识的本性，将在一切知识领域中在一个概念的分析和该概念的直率应用之间带来一种互补关系。

在文章的后一部分，谈到了某些心理学问题，这种作法有着双重的目的。心理学规律所显示的和某些量子论基本特点之间的类似性，不但可能使我们比较易于适应物理学中的新形势，而且，这样一种希望也许不算过分：我们从简单得多的物理问题中得到的教益，在我们企图对于更加微妙的心理学问题得到一种概观的那些努力中也会是有价值的。正如文中所强调的，作者感到很清楚的是，目前我们必须满足于适切程度不等的一些类比。但是，相当可能的是，不但在这些类比的后面存在着和一些认识论方面有关的一种联属，而且在和双方都有直接联系的生物学根本问题后面也隐藏着一种更深的关系。虽然现在还不能说量子论已经对于阐明这种问题有了重大的贡献，但是，很多迹象都显示出来，在生物学中，我们涉及的是和量子论的概念范围非常接近的一些问题。事实上，表征着生命机体的，首先就是个体和外界之间的截然区分以及各机体反应外界刺激的巨大能力。很有启发性的是，这种能力已经发展到物理学所允许的最大限度，起码在视觉印象方面是如此的；因为，正如人们常常指出的，只要很少几个光量子就足以引起视觉印象了。尽管如此，我们得到的关于描述着原子现象的那些定律的知识是否已经为我们准备了处理生命机体问题的充分基础，或者说，是否还有一些未经探讨的认识论方面隐藏在生命之谜的后面，这显然还是一个完全悬而未决的问题。

正如在文章的末尾所强调的，不论这一领域中可能有什么发展，我们都有一切理由欢迎这一事实：在比较客观的物理学领域中，情绪因素是被大大地贬低了的，而就在这一领域中我们却遇到一些问题，它们可以重新使我们想起一切的人类理解所依据的那些普遍条件，这些普遍条件从难以记忆的时候起就已经吸引着哲学家们的注意了。

附志(1931)　第四篇文章由一篇演讲修订而成；该演讲是1929年在斯堪的纳维亚自然科学家会议上发表的。这篇文章和其他三篇文章密切相关，因为它力图在同一背景上对原子论在自然描述中所处的地位提供一种概观。特别说来，我的希望是要强调这一点：尽管伴随原子构成物的发现——一种依赖于经典概念的应用的发现——而来的是巨大的成功，但是，原子论的发展已经首先使我们认识了一些规律，它们不能被包括在由我们的习见知觉方式所形成的那一构架之内。正如上面已经指出的，我们从作用量子的发现中得到的教益，对我们展示了一些新的前景——或许是有着决定重要性的，尤其对于生命机体在我们的世界图景中所处地位的讨论来说更是如此。

如果我们按照普通语法说一个机器是死的，这不过是意味着，我们可以依据经典力学的观念形态来对该机器的工作给出一种满足我们的目的的描述。然而，因为现在认识到经典概念在原子论领域中的不足性，所以，只要谈到的是原子现象，上述这种无生物的判据就不再适用了。但是，为了能够通晓生命的特征规律，甚至量子力学也并不能充分地离开经典力学的描述方式。然而，在这方面我们必须记得，正如文章中所强调的，生命现象的研究不但把我们引导到那样一个原子论的领域中，在那里，现象及其观察之间的明确划分这一普通理想化不复成立，而且，除此以外，在依据物理概念来分析生命现象方面也还存在着一种根本性的限制，因为，要从原子论的观点来尽可能完备地进行观察，就必然会引起一种造成机体死亡的干扰。换句话说：严格应用我们在描述无生界时所采用的那些概念和考虑生命现象的规律，这二者之间的关系可能是互斥的。

只有根据原子态概念的适用性和原子级粒子的时空标示之间的根本互补性，才能用一种合理的方式来说明原子属性的特征稳定性；完全同样，生命现象的特点，特别是机体的自身稳定能力，也可能是不可分割地和详细分析发生生命时所处物理条件的根本不可能性相联系着的。简单一点，我们也许可以说，量子力学所涉及的是确定数目的原子在明确规定的外界条件下的统计行为，而我们却不能用原子尺度来定义一个生物的状态；事实上，由于机体的新陈代谢，我们甚至不能断定哪些原子确实属于生命个体。在这方面，以对应论证为基础的统计量子力学的领域，在因果时空描述方式这一理想的适用领域和以目的论论证为其特征的生物学领域之间占据着一种中间性的地位。

虽然用上述方式表达出来的这种想法只涉及问题的物理方面，但是，对于整理生命的各个心理方面，这种想法或许也适于形成一种背景。正如在第三篇文章中曾经阐明而且在以上也曾经接触到的，一切心理经验的内省所引起的不可避免的影响，是以意志感为其特征的，这种影响和在原子现象的分析中造成因果性的失败的那些条件非常相似。首要的是，正如那里所指出的，我们对于心理-物理平行论的诠释，原先是以物理因果性为根据的，这种诠释的一种本质改进，应该是由于我们考虑了心理经验的无法预言的变更，这种变更是客观地追索中枢神经系统中的伴生物理过程的任何企图所要引起的。然而，在这方面我们不应该忘记，当把生存的心理方面和物理方面结合起来时，我们所涉及的是一种特殊的互补关系，这种关系是不能通过物理学定律或心理学定律的单方面的应用来全面地加以理解的。在考虑我们从原子论得来的一般教益时，看起来很可能的是，只有放弃这种单方面的应用，才会使我们有可能在第四篇文章所更加充分地阐述了的意义上理解那种作为自由意志而被人体验并依据因果性来加以分析的和谐性。

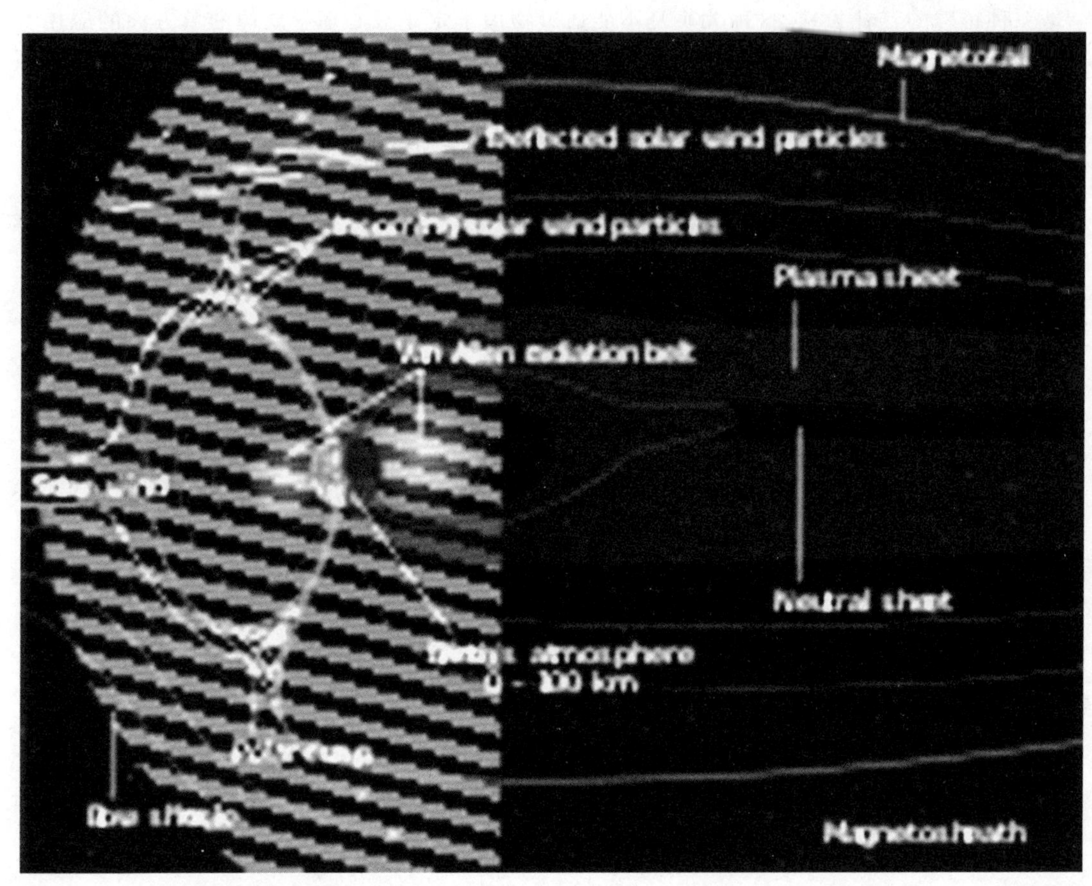

外层空间不是一个完美的真空，而是一个稀薄的等离子体，充满了带电粒子、电磁场

（一）

量子论和力学

（1925）

> 在几乎整个欧洲，玻尔现在被当作一尊科学上帝敬奉着。
>
> ——P. 布里奇曼

λ

1 经典理论

物体平衡和物体运动的分析，不但形成物理学的基础，而且也给数学推理提供了一个丰富的领域；对于纯粹数学方法的发展来说，这一领域曾经是非常富有成果的。力学和数学之间的这种联系，在很早的时期就已经出现于阿基米德、伽利略和牛顿（Archimedes，Galileo，Newton）的著作中了。在他们的手中，适用于分析力学现象的那些概念的形成暂时得以完成。从牛顿时代起，力学问题处理方法的发展就是和数学分析的进展携手同行的，我们只要提到欧拉、拉格朗日和拉普拉斯（Euler，Lagrange，Laplace）这样一些名字也就够了。以哈密顿的工作为基础的较晚期的力学发展，是和数学方法——变分法及不变量理论——的进展很密切地联系着来进行的，这一点最近以来在庞加莱（Poincaré）的一些论文中也表现得很明显。

也许，力学的最大成功是属于天文学领域的，但是，在19世纪的过程中，力学在热的机械论（mechanical theory of heat）中也得到了一种很有趣的应用。由克劳修斯和麦克斯韦（Clausius，Maxwell）所创立的气体分子运动论，在很大程度上将气体的属性诠释成了无序飞行着的原子和分子的力学相互作用的结果。我们愿意特别地提到这种理论对两条热力学原理所提出的解释：第一原理是能量守恒这一力学定律的直接结果；而按照玻尔兹曼（Boltzmann）的理论，第二原理即熵定律则可以根据大数目力学体系的统计行为推导出来。这儿有趣的是，统计考虑不但允许我们描述原子的平均行为，而且也允许我们描述起伏现象：通过对布朗运动的研究，起伏现象的描述曾经导致了测定原子数目的意外可能性。系统发展统计力学的适当工具，是由正则微分方程组的数学理论提供出来的；对于这种发展，吉布斯（Gibbs）曾经特别有所贡献。

在19世纪的后半世纪中，跟随在奥斯特（Oersted）和法拉第（M. Faraday）的发现之后，电磁理论的发展带来了力学概念的一种深远的推广。虽然在开始时力学模型在麦克斯韦电动力学中是起了重要作用的，但是，相反地，从电磁场论来导出力学概念的好处却很快就被人们领会到了。在电磁场论中，是通过将能量和动量看成定域于物体周围的空间之内的方法来解释守恒定律的。特别说来，辐射现象的自然解释就可以用这种方法来得到。电磁场论是发现今天在电气工程中起着如此重要作用的电磁波的直接原因。此外，麦克斯韦所创立的光的电磁理论，也为惠更斯（Huygens）所倡导的光的波动理论提供了合理的基础。在原子论的协助下，光的电磁理论对于光的起源以及当光通过物质时发生的那些现象给出了普遍的描述。为此目的，人们假设原子是由带电粒子构成的，这些带电粒子可以在平衡位置附近进行振动。各粒子的自由振动就是辐射的原因，我们在元

◀浅水近周期波

素的原子光谱中所看到的就是这些辐射的组成。此外,在光波中力的作用下,各粒子将发生受迫振动,从而各粒子就会变成次级子波的中心:这些子波将和初级波发生干涉并引起众所周知的光反射现象和折射现象。当入射波的振动频率和原子自由振动中某一振动的频率相近时,就会发生一种共振效应,这种效应将使各粒子发生特别强烈的受迫振动。用这种方式,可以很自然地说明共振辐射现象和实物在它的一条光谱线附近的反常色散现象。

正如在气体分子运动论中一样,光学现象的电磁诠释也不只是考虑大数目原子的平均效应而已。例如,在光的散射中,原子的无序分布就使个体原子的效应以一种适当方式而出现,这种方式使得原子的直接计数成为可能。事实上,瑞利(Rayleigh)根据天空的散射蓝光的强度估计了大气中的原子数,所得结果和佩兰(Perrin)根据布朗运动的研究而得到的原子数符合得很好。电磁理论的合理数学表示是以多维流形中的矢量分析学,或更普遍地说是张量分析学为基础的。这种由黎曼(Riemann)所创立的分析学,给根本性的爱因斯坦相对论的陈述提供了适当的工具:这种相对论引用了超出伽利略运动学之外的概念,或许可以看成是经典理论的一种自然的完备化。

2 原子构造的量子论

不管力学的思想和电动力学的思想对原子论有多少成功的应用,进一步的发展却揭示了一些深远的困难。如果这些理论确实能够为热扰动以及和运动有关的辐射提供普遍的描述,那么,热辐射的普遍定律就应该具有直接的解释。然而,和一切的期望相反,建筑在这种基础上的计算并不能解释经验定律。超出这种基础而保留了对于热力学第二定律的玻尔兹曼解释,普朗克就曾证明,热辐射定律要求原子过程的描述中有一种完全超出经典理论之外的不连续性要素。普朗克发现,对于在平衡位置附近作着简谐振动的一些粒子,在它们的统计行为中必须加以考虑的只是那样一些振动态,各该振动态的能量等于一个“量子”ωh 的整数倍,这儿的 ω 是粒子的频率而 h 是一个普适常量即所谓普朗克作用量子。

然而,当我们想到以前各种理论中的一切概念都是以一些要求着连续变化可能性的图景为基础时,量子论内容的较精确陈述就显得极端困难了。这一困难曾受到爱因斯坦的基本研究的特别强调:按照这种研究,光和物质的相互作用的一些重要特点暗示着光的传播并不是通过扩展着的波而是通过“光量子”来进行的,这种集中在一个很小空间域中的光量子含有一个能量 $h\nu$,其中 ν 是光的频率。这种说法的形式化的性质是很明显的,因为这一频率的定义和测量是完全以波动理论的概念为基础的。

经典理论的不适用性,由于我们的原子结构知识的发展而得到了突出的表现。人们起先希望,根据在很多方面都曾经很有成果的经典理论来分析元素的属性,就可以逐渐扩大关于原子结构的知识。在量子论诞生以前不久,这种希望曾经由于塞曼(Zeeman)发现了磁场对光谱线的效应而得到支持。正如洛伦兹(Lorentz)所证明的，这一效应在很多情况下都恰恰和依据经典电动力学来预期的磁场对振动粒子之运动的那种作用相对应。此外，这种说明使我们可以得出有关振动粒子之本性的一些结论，这些结论和勒纳德(Lenard)及汤姆逊(Thomson)在气体放电领域中得到的实验发现符合得很好。结果，很小的带有负电的粒子即电子，就作为一切原子的公有单位而被认知了。诚然，很多光谱线的所谓“反常”塞曼效应，引起了经典理论的深远困难。这些困难和企图借助于电磁模型来解释光谱各频率间的简单经验规律时所出现的困难相仿，这种经验规律是通过巴尔末、里德伯和里茨(Balmer、Rydberg、Ritz)的工作而被发现的。特别说来，光谱定律的这样一种说明，是很难和原子中电子数目的估计相协调的，这种估计曾由汤姆逊通过经典理论的直接应用而根据 X 射线散射的观察求出。

在一个时期中，这些困难曾经被认为是由于我们对于将电子束缚在原子中的那些力的起源理解得不够完全。然而，这种形势已被放射性领域中的实验发现所完全改变了，这些发现提供了研究原子结构的新方法。例如，根据关于放射性物质所放射的粒子在物质中的穿透的一些实验，卢瑟福得到了对于有核原子概念很有说服力的支持。按照这种概念，原子质量的绝大部分是定域于一个带正电的原子核中的，这个原子核比原子的整体要小得多。在原子核的周围，有一些轻的带负电的电子在运动着。就这样，原子结构问题就和天体力学问题很相似了。然而，更详细的考虑很快就显示出来，在一个原子和一个行星体系之间是存在着一种根本的区别的。原子必须具有一种稳定性，这种稳定性显示出一些完全超出力学理论之外的特点。例如，力学定律允许可能的运动有一种连续变化，这种变化和元素属性的确定性是完全矛盾的。当人们考虑被发射的辐射的组成时，一个原子和一个电磁模型之间的区别也会显现出来，因为，在所考虑的这种模型中，运动的自然频率是随能量而连续变化的。在这种模型中，辐射的频率将在发射过程中按照经典理论而连续变化，从而也就是和元素的线光谱没有任何相似之处的。

曾经寻求量子论概念的能够克服这些困难的较精确陈述，这种寻求导致了下列公设的提出：

(1) 一个原子体系具有某些态，即“稳定态”。和这些态相对应的，一般是能量值的一个分立系列，而且这些态都具有一种独特的稳定性。这种稳定性表现于这样一件事实中：原子能量的每一改变，必然是由原子从一个稳定态到另一个稳定态的一次“跃迁”所引起的。

(2) 原子发射辐射和吸收辐射的可能性，由原子能量改变的可能性规定如下：辐射的频率通过一个形式化的关系式

$$h\nu = E_1 - E_2$$

来和初态及末态之间的能量差相联系。

这些不能用经典概念来加以解释的公设，似乎可以提供一般地说明所观察到的元素物理属性和元素化学属性的适当基础。特别说来，已经对光谱经验定律的一个基本特点提出了直截了当的解释。这种特点就是光谱线的里茨并合原理，原理表明，光谱中每一谱线的频率，都可以写成一组光谱项中两项之差的形式，这一组光谱项是元素的特征。事实上我们看到，可以认为这些光谱项等同于各原子稳定态的能量值除以 h。此外，这种

有关光谱起源的说明，对于吸收光谱和发射光谱之间的基本区别也提出了直截了当的解释。因为，按照上述那些公设，对于和两个谱项的并合相对应的一个频率，它的选择吸收的条件是要求原子处于能量较小的态中，而要想发射这种辐射原子就必须处于能量较大的态中。简短地说，所描述的图景是和有关光谱激发的实验结果很密切地符合的。这一点，特别表现在弗兰克和赫兹(Franck 和 Hertz)关于自由电子和原子之间的碰撞的发现中。他们发现，只有当被传递的能量恰好等于由谱项算得的稳定态能量差时，从电子到原子的一次能量传递才有可能发生。一般地说，这时原子将同时被激发到能够发光的状态。同样，根据克莱因和罗西兰(Klein 和 Rosseland)的发现，受激原子可以通过一次碰撞而失去其发射本领，而参加碰撞的电子则得到一个对应的能量增量。

正如爱因斯坦所证明的，上述公设也为一些统计问题的合理处理提供了适当基础，特别是为普朗克辐射定律的一种非常简洁的推导提供了适当基础。这种理论假设说，可以在两个稳定态之间发生跃迁而又处于较高态的一个原子，具有某一在给定时段内自发地跃迁到较低态的“概率”，这一概率只依赖于原子本身。此外，这一理论又假设，用频率和跃迁相适应的辐射来照射，就将使原子得到一个从较低态进入较高态的概率，这一概率和辐射的强度成正比。这种理论还有一个重要特点——用这一频率的辐射来照射，就使得处于较高态的原子除了它的自发概率以外还得到一个跃迁到较低态的感生概率。

在爱因斯坦的热辐射理论支持了上述公设的同时，它也强调了上述频率条件的形式化的性质。因为，根据完全热平衡的条件，爱因斯坦得出了这样一个结论：正如光量子概念所提示的，每一个吸收过程或发射过程，都伴随着一个等于 $h\upsilon/c$ 的动量传递，此处的 c 是光速。这一结论的重要性，曾经在一种很有趣的方式下被康普顿(Compton)的发现所强调：康普顿发现，单频 X 射线的散射，是和被散射辐射中依赖于观察方向的一种波长改变相伴随的。这样一种频率改变，可以很简单地从光量子理论推出，如果我们在量子的偏射中将动量守恒和能量守恒同样考虑在内的话。

光的波动理论是解释光学现象所显然需要的，光量子理论则很自然地代表着光和物质相互作用的如此多的特点，二者之间与日俱增的对立，就暗示着经典理论的失败甚至会影响能量守恒定律和动量守恒定律的正确性。那么，在对于原子过程的描述中，这些在经典理论中占有如此中枢地位的定律就将只是统计地正确了。然而，这种想法并不能令人满意地避免上述的两难推论，这已经被最近用很优美的方法进行的 X 射线散射实验所证实：这种实验使我们能够直接观察个体的过程。因为，盖革和波特(Geiger 和 Bothe)已经能够证明，伴随着散射辐射的产生与吸收而出现的反冲电子和光电子，恰恰是像人们根据光量子理论图景所预期的那样一对一对地配合着的。除了这种配合以外，利用威尔逊云室法，康普顿和西蒙(Simon)也成功地演示了散射辐射效应的观察方向和伴随散射而出现的反冲电子的速度方向之间的联系，这种联系正是光量子理论所要求的。

由这些结果似乎可以推知，在量子论的一般问题中，我们所面对的不是力学理论和电动力学理论的一种可以用通常物理概念来描述的修正，而是时空图景的一种本质上的失败；而时空图景正是描述自然现象所一向依据的。这种失败也出现在对于碰撞现象的较详细考虑中。特别说来，如果碰撞时间远小于原子的自然周期，而按照通常的力学概念又会预期到很简单的碰撞结果，那么，对于这样的碰撞来说，稳定态公设就会显得是和根据公认的原子结构概念而在空间和时间中对碰撞进行的任何描述都不相容的。

3 对应原理

尽管如此，却仍然可能建立稳定态的力学图景，这些图景是以有核原子的概念为基础的，而且在诠释各元素的特有属性时是不可缺少的。在只有一个电子的原子这种最简单的情况中，例如在中性氢原子的情况中，电子的轨道在经典力学中将是服从开普勒(Kepler)定律的闭合椭圆。按照开普勒定律，椭圆的长轴以及运转的频率，是以一种简单方式和使这两个原子级粒子[①]完全分离所需的功相联系着的。现在，如果我们认为氢光谱的谱项就决定着这种功，我们就将在该光谱中看到跨步式过程的证据，通过这种过程，电子在辐射的发射中越来越紧固地被键合于一些态中，这些态被具体想象为越来越小的一些轨道。当电子尽可能紧固地被键合住，从而原子不可能再发射辐射时，原子就已经达到正常态了。对于这个态来说，根据光谱项估计出来的轨道线度的值，是和根据元素的力学属性得出的原子线度具有相同的数量级的。然而，根据这些公设的本性可知，像运转频率和电子轨道形式这一类的力学图景特点是不能和观察结果相比较的。这些图景的符号化的性质，或许可以最有力地用下述事实来强调：在正常态中是没有辐射被发射出去的，虽然按照力学图景电子仍然是在运动着的。

尽管如此，用力学图景来使稳定态形象化，却揭示了量子论和力学理论之间的一种影响深远的类比。这种类比是通过考察上述键合过程中各初始阶段的条件而发现的，在这些初始阶段中，和各个相继稳定态相对应的那些运动是彼此相差较小的。在这里，可以证明光谱和运动之间的一种渐近一致性。这种一致性建立了一个定量关系式，通过这一关系式，可以利用普朗克常量和电子电荷及电子质量的值将出现于氢光谱巴尔末公式中的那一常量表示出来。这一关系式的本质正确性，通过后来检验关于光谱对核电荷的依赖性的理论预言而得到了清楚的例证。这种结果可以看成完成有核原子概念所提出的纲领的最初步骤——仅仅利用代表原子核上单位电荷数的那一整数来说明元素各种属性之间的那些关系，该整数就是所谓“原子序数”。

光谱和运动之间渐近一致性的证实，导致了“对应原理”的陈述。按照这一原理，和辐射的发射有关的每一跃迁过程，其可能性是受到原子运动中一个对应谐和分量的存在的制约的。不但是各个对应谐和分量的频率在稳定态能量所趋近的极限下将渐近地和由频率条件得出的数值相符；而且，在这一极限下，各力学振动分量的振幅，也给各跃迁过程的概率提供了一种渐近式的量度，而各个可观察谱线的强度就是依赖于这些概率的。对应原理表现着一种倾向：当系统地发展量子论时，要在一种合理改写的形式下利

① 即核和电子——译者

用经典理论的一切特征，这种改写应该适应所用公设和经典理论之间的根本对立性。

这种发展受到下述事实的很大推动：似乎可以陈述出某些普遍规律，即所谓“量子化”法则，利用这些规律，可以从力学运动的连续集合中挑选出和稳定态相对应的那些运动。这些法则涉及一些原子体系，它们的力学运动方程的解是单周期的或多周期的。在这些情况下，每一粒子的运动可以表示为一些分立谐振动的叠加。量子化法则被认为是适用于一个谐振子之可能能量值的那种普朗克原始结果的合理推广。按照这些法则，表征着力学运动方程的解的某些作用量分量，被认为等于普朗克常量的整数倍。利用这些法则，得到了稳定态的一种分类——对于每一个态，都指定了一套整数，即所谓“量子数”(quantum indices)。这些整数的数目，等于力学运动的周期性的阶数。

在陈述量子化法则时，处理力学问题的数学方法的近代发展是具有决定重要性的。我们只要提到索末菲(Sommerfeld)所特别利用了的相角积分理论，以及艾伦菲斯特(Ehrenfest)所强调了的这些积分的浸渐不变性也就够了。由于斯塔克尔(Stäckel)引入了匀化变量(uniformizing variables)理论，得到了一种非常优美的形式——确定着力学解的各种周期属性的那些基频，表现为能量对需要量子化的那些作用量分量的偏导数。由频率条件算出的运动和光谱之间的渐近联系，就这样得到了保持。

借助于量子化法则，光谱的很多较精致的细节似乎可以很自然地得到说明。特别使人感到兴趣的是索末菲的这样一种演证：相对论要求我们对牛顿力学加以修改，结果就得到对于开普勒运动的一些微小偏差，这种偏差就给氢光谱线的精细结构提供了一种解释。此外，我们愿意在这儿提到爱泼斯坦(Epstein)和施瓦茨希尔德(Schwarzschild)对于外电场中氢光谱线的分裂现象所提出的解释。这种现象是史塔克(Stark)发现的。我们在这儿涉及的是这样一个力学问题，它的处理在欧拉和拉格朗日一流的数学家手中得到了很大的改进，直到雅各比(Jacobi)叙述了他那有名的利用哈密顿偏微分方程求解的优美方法时为止。特别是当利用了对应原理之后(这一原理不但可以用来解释史塔克效应中各成分谱线的偏振，而且，正如克拉默斯(Kramers)所证明的，还可以用来解释这些成分谱线强度的独特分布)。我们因此可以说，在这一效应中，雅各比解的每一特色都是可以看到的，尽管它们隐藏在一种量子论的面具下面。在这一方面，指出下列事实是很有兴趣的：借助于对应原理，磁场对氢原子的效应可以如此地加以处理，以便在这种处理和洛伦兹根据经典电动力学对塞曼效应所作的说明之间，尤其是和拉摩尔(Larmor)所提出的那种形式的说明之间，显示出一种影响深远的相似性。

4 元素之间的关系

上述的一些问题代表着量子化法则的直接应用，但是，在多电子原子结构的问题中，我们却遇到这样一种情况：力学问题的通解，并不具备似乎是稳定态的力学图景所必需的那种周期性。然而，我们可以设想，在研究多电子原子属性时所遇到的这种应用力学图景的进一步限制，是和稳定态稳定性的公设直接联系着的；这种限制不属于研究单电子原子时所遇到的限制之列。事实上，原子中那些电子的相互作用提出了一个问题，这是和一个原子及一个自由电子之间的碰撞问题颇为类似的。正如不能对一个原子在碰撞中的稳定性提出任何力学解释一样，我们也必须假设，在原子稳定态的描述中，每一电子在和其他电子的相互作用中所起的特定作用，已经是用一种完全非力学的方式来得到保证的了。

这种观点是和光谱学的证据普遍相容的。这种证据的一个重要特点就是里德伯的发现：尽管其他元素的光谱结构比氢光谱结构更加复杂，巴尔末公式中所包含的同一常量却出现于一切元素的线系光谱经验公式中。这一发现可以简单地加以解释，只要认为线系光谱表现了将一个电子加入原子中而使它的键合随着辐射的发射一步一步变为紧固的一些过程就可以了。当其他电子的键合性质保持不变时，这一个电子的键合的跨步式的加强，可以通过一些轨道来得到形象化：这些轨道起先比通常的原子要大，后来则越变越小，直到达到了原子的正常态为止。在一种情况中，当原子在俘获电子以前只具有单独一个正电荷时，按照上述键合过程的图景，原子的其他部分对这个电子的引力，在起初将是和氢原子中二粒子的引力密切重合的。因此，代表着电子键合的光谱项为什么会和氢光谱的谱项表现出一种渐近式的趋近，这就是很清楚的了。同样，关于线系光谱对于原子电离态的那种普遍依赖关系也可以得到一种直接解释，这种依赖关系是通过福勒(Fowler)和帕申(Paschen)的工作而被如此优美地揭露出来的。

电子被键合于原子中的那种方式，在X射线谱的研究中也得到了典型的证据。一方面，莫斯莱(Moseley)发现，一种元素的X射线谱，和对应于一个电子受到原子核键合的过程的光谱有一种惊人的相似性：如果我们记得，在原子内部，原子核对于每一个别电子之键合性质的直接影响是远远超过电子之间的相互影响的，那么，莫斯莱的这一基本发现就是很容易理解的。另一方面，X射线谱又和线系光谱有着某些特征性的区别。这些区别起源于这种情况：在X射线谱中，我们所看到的不是一个附加电子在原子中的键合，而是当取走一个早先被键合着的电子时其余各电子的键合的重新改组。科塞尔(Kossel)所曾特别强调的这一情况是相当适用于揭示原子结构稳定性的新式而重要的特点的。

当然，为了说明光谱的一些细节，更详细地研究原子中各电子的相互作用是必要的。忽略了力学的严格应用，曾经通过为每一电子指定一种具有适当周期属性的运动来处理了这一问题，这种周期属性使我们能够利用量子数来完成光谱项的分类。特别说来，在索末菲的手中，一些光谱规律曾用这种办法得到了简单的解释。而且，这些考虑也给对应原理提供了一个丰富的适用领域。事实上，这一原理可以解释合并光谱项的可能性方面的独特限制，亦即解释所谓光谱线的选择法则。

就这样，利用由线系光谱得到的以及由X射线谱得到的证据，最近以来已经能够得出关于原子正常态中的电子分组的结论。这种分组解释了元素周期系的一般特征，和J. J. 汤姆逊、科塞尔以及路易斯(G. N. Lewis)所特别发展起来的原子化学活性的概念相容。这一领域中的进步，曾经是和过去几年中光谱学资料的巨大丰富化密切有关的，而且，主要的是，通过莱曼(Lyman)和密立根(Millikan)的研究，光学谱域和X射线谱域之间的空隙几乎已经填补起来了：在 X 射线谱域中，西格巴恩(Siegbahn)及其同事们在近年以来曾经得到巨大的进展。在这方面，可以提到科斯特(Coster)在重元素 X 射线谱方面的工作，这种工作对说明周期系的基本特征提供了美好的支持。

5 力学图景的不足

然而，光谱的较精致细节的分析曾经揭示了若干特点，它们是不能依据周期性运动体系的理论来用力学图景加以诠释的。我们这儿特别指的是谱线的多重结构以及磁场对这种结构所发生的效应。后一种现象通常称为反常塞曼效应，而且，如上所述，这种现象在经典理论中已经会引起一些困难了。确实，这种现象是可以很自然地纳入量子论基本公设的方案中的。因为，正如朗德(Landé)所证明的，每一谱线在场中分裂而成的那些成分谱线的频率，也和原有谱线的频率一样可以用一些谱项的并合来表示。这些磁性谱项的集合，可以通过将每一原有谱项换成另一套谱项值来求得，这些值和原谱项之间有着依赖于场强的微小差。事实上，施特恩(Stern)和盖拉赫(Gerlach)的那些优美的实验，可以认为是量子论基本思想的一种最直接的支持。通过这些实验，在作用于非均匀磁场中一个原子上的力和由磁性谱项算出的场中稳定态能量值之间建立了一种直接的联系。

然而，朗德的分析却揭示了原子中电子的相互作用和力学体系的耦合之间的奇异区别。事实上，我们不得不假设，在电子的相互作用中出现了一种在力学上无法描述的“胁变”，这种“胁变”使人无法依据力学图景来唯一地指定各个量子数。在这一问题的讨论中，艾伦菲斯特所引入的一个热力学稳定性的普遍条件起了重要的作用。当应用于量子论的公设时这一条件就表明，人们给一个稳定态所指定的统计权数是一个量，它不能由于原子体系的连续转变而有所变化。此外，近来已经认识到，甚至对于只有一个电子的原子来说，这同一个条件也会引起困难，这些困难指示着周期性运动体系理论的正确性的界限。事实上，点电荷的运动问题可以有一些异解，必须从稳定态集合中排除掉。这种排除很牵强地限制了量子化法则，但这种限制起初并不曾明显地和实验证据发生矛盾。然而，通过克莱因和楞茨(Lenz)关于交叉电磁场中的氢原子问题的有趣分析，揭示了一些性质特别严重的困难。在这儿，人们发现无法满足艾伦菲斯特条件，因为外力的适当变化将逐渐把描绘着一些稳定态的轨道转变成使电子落入原子核中的轨道，而那些被描述的稳定态并不永远是能够从稳定态集合中排除掉的。

且不说这些困难，光谱的较精致细节的研究曾经相当大地推进了关于元素间关系的那些规律的量子论诠释。事实上，量子论导致了关于电子分组的想法，这些想法中的一种推广最近曾由多维利耶(Dauvillier)、梅因斯密(Main Smith)和斯通纳(Stoner)提出，他们考虑了各种的证据。尽管这些建议具有形式化的性质，它们却显示了和朗德的分析所揭示的光谱规律性密切的联系。最近在这方面曾经得到了重要的进步，特别是泡利(Pauli)所取得的进步。尽管这样得到的一些结果构成了上述纲领的一个重要步骤，该纲领是要仅仅依据原子序数来说明元素的属性，但是，必须记得，这些结果并不能和一些力学图景单值地结合起来。

在最近几年中，通过更详细地研究光学现象，已经开始了量子论发展中的一个新时代。如上所述，经典理论在这一领域中得到了如此巨大的成功，但是，各公设在起初却并未提供任何直接线索。诚然，根据实验可以得出结论：一个原子，当其受到照射时就会引起光的散射，这种散射和经典上算出的弹性键合带电粒子所引起的散射基本上相同，各该粒子的自然频率等于和原子在外来辐射影响下所能完成的跃迁过程相对应的那些频率。事实上，按照经典理论，当这样一些谐振子受到激发时，它们就会发出一种辐射，其组成和被转移到较高稳定态中的原子的辐射组成相同。

利用这种和跃迁共轭的振子概念来得到光学现象的统一描述的可能性，主要是由斯莱特(Slater)的一种想法得来的。按照这种想法，辐射从一个被激活的原子发出，可以看成自发跃迁的"原因"，和入射辐射在引起跃迁方面的效应相类似。拉登堡(Ladenburg)提出，在振子的散射本领和爱因斯坦理论中的对应跃迁概率之间，可能有一种确定的联系，这样，他就向着色散的定量描述迈出了重要的第一步。然而，决定性的进步是由克拉默斯作出的，他把一些效应巧妙地改写成了和对应原理相协调的形式，按照经典理论，这些效应是在一个电动力学体系中由光波的照射所引起的。正如辐射频率一方面用经典理论来计算而另一方面又用量子论来计算一样，作为这种改写，其特点是把一些微商适当地用一些差式来代替，以便在最后的公式中只出现可以直接观察的量。于是，在克拉默斯理论中，一个原子在某一稳定态中的散射，是既同那些和到达其他稳定态的不同跃迁过程相对应的频率有着定量联系，又同这些跃迁在照射的影响下出现的概率有着定量联系的。

此理论的一个重要特点是，在推算一条光谱线附近的反常色散时，人们必须考虑两种相反的共振效应，随这一谱线是和原子到达较高能态的还是和原子到达较低能态的一个跃迁相对应而定。只有前者才和以前根据经典理论来说明色散现象时所用到的共振效应相对应。也非常令人有兴趣的是，克拉默斯和海森伯对理论的进一步发展，也给具有既变频率的附加散射效应提供了一种自然的定量描述。这种效应的存在，曾由斯梅卡尔(Smekal)根据建筑在光量子理论基础上的考虑预见到，于是光量子理论就再一次显示了它的丰富性。

尽管光学现象的这种描述是和量子论的基本概念完全协调的，但是很快地就发现，这种描述和以前用来分析稳定态的那种力学图景是奇特地矛盾着的。首先，不可能依据色散理论所要求的被照原子的散射本领，来把一个原子在频率越来越小的交变场中的反应和根据周期运动体系理论中的量子化法则算出的原子在恒定场中的反应渐近地联系起来。这种困难加强了对这一理论的怀疑；以上说过，交叉电磁场中的氢原子问题，就曾经引起过这种怀疑了。其次，必须认为特别不能令人满意的是，在依据稳定态的力学图景来定量地确定跃迁概率的问题中，周期运动体系的理论显然是无能为力的。这一点越来越被人觉察到了，因为在许多情况下，利用分析电磁模型的光学行为而推得的观点，对于有关这些跃迁概率的对应原理的一般说法就可以得到一种定量的陈述。这些结果和光谱线相对强度的量度符合得非常好，最近几年曾在乌特勒支(Utrecht)得到特别的发展，但是，它们只能非常牵强地被概括在受到量子化法则支配的那些方案中。

6 一种合理的量子力学的发展

最近，曾经特别强调过这些困难的海森伯，通过用一种新奇方式陈述这些量子论问题而采取了或许是有着根本重要性的一个步骤。利用这种陈述方式，希望能够避免和力学图景的应用有关的那些困难。在这一理论中，曾经企图将力学图景的每一应用都用可以和量子论的性质相适应的方式加以改写，并且要改写得在计算的每一阶段中都仅仅引入可以直接观察的量。和通常的力学相反，新的量子力学并不处理原子级粒子的运动的时空描述。它用一些量的集合来进行运算，这些量代替了运动的谐振动分量，并且适应着对应原理而代表着稳定态间的跃迁概率。这些量满足了某些已代替了力学运动方程和量子化法则的关系式了。

这种手续确实导致一种和经典力学足够类似的自足的理论，这种情况主要地依赖于一件事实：正如玻恩(Born)和约尔丹(Jordan)已经能够证明的，在海森伯的量子力学中，有一个和经典力学的能量定律相类似的守恒定律。理论是这样建立起来的：它和量子论的公设能够自动地协调。具体说来，由量子力学运动方程导出的能量值和频率值，是满足频率条件的。虽然在代替了量子化法则的那些基本关系式中包含着普朗克常量，但是量子数却并不明显地出现于这些关系式中。稳定态的分类完全以跃迁可能性的考虑为依据，这种考虑使得这些态的集合可以一步步地被建立起来。简单地说，量子力学的整个工具，可以认为是包含在对应原理中的那些倾向的一种精确陈述。这儿必须提到，这种理论是满足克拉默斯色散理论的那些要求的。

由于所涉及的数学问题非常困难，现在还不能将海森伯理论应用于原子结构问题。然而，根据上面的简单描述可以理解，有一些结果将仍然是正确的，这些结果过去是在对应原理的协助下依据力学图景来得出的，例如里德伯常量的表示式就是如此。此外，最令人感兴趣的是，在迄今为止已经依据海森伯理论进行了处理的那些最简单的事例中，新理论已经导致了跃迁概率的一种定量计算，并导致了一些稳定态能值，后者和由旧理论的量子化法则得出的能值有着系统化的差别。因此，人们可以希望，海森伯理论将有助于和上述那些在研究光谱的较精致细节时所遇到的费解的困难进行斗争。

在本论文的前一部分，曾经提到在建立原子之间的相互作用图景时所涉及的根本困难；不论这种相互作用是通过辐射还是通过碰撞来实现，困难都是存在的。这些困难，似乎恰恰要求我们放弃空间和时间中的力学模型，这种放弃是新量子力学中如此典型的一个特点。然而，这种新量子力学的陈述仍然没有照顾到在那些相互作用中显示出来的跃迁过程的配对耦合。事实上，只有依赖于稳定态的存在和稳定态间跃迁可能性的那些量才会出现于新理论中，这种理论肯定地避免了发生跃迁的时间问题。然而，这一限制只能揭示量子论和经典理论之间的类比的若干方面，而这一限制又是依据量子论公设来处理原子结构问题时的一种典型的限制。上述类比的这些方面主要属于原子的辐射性质之列,而海森伯理论恰恰就在这种地方代表着一种真正的进展。特别说来,在散射现象中,这一理论使我们能够认识到用一种和经典理论完全类似的方式键合在原子中的电子的存在;如上所述,在J.J.汤姆逊手中,这些经典理论已使我们能够根据测量X射线的散射计算出一个原子中的电子数了。但是,原子相互作用中守恒定律的正确性所引起的那些问题,却涉及量子论和经典理论的对应性的一些完全不同的方面。这些方面在量子论的普遍陈述中是同样不可缺少的,而且,当更加详细地研究原子对高速运动粒子的反应时,避免讨论这些方面是不可能的。事实上,正是在这儿,经典理论曾经对我们的原子结构知识作出了如此根本性的贡献。

将使数学界感到兴趣的是,高等代数学所创立的数学工具,在新量子力学的合理陈述中起着不可缺少的作用。例如,玻恩和约尔丹所得出的海森伯理论中守恒定律的普遍证明,是以矩阵论——一种溯源于凯利(Cayley)并由厄密(Hermite)所特别发展了的理论——的应用为其基础的。应该希望,一个力学和数学互相促进的新阶段已经到来。对于物理学家们来说,起初似乎很悲惨的是我们在原子问题中已经明显地遇到我们习见的形象化手段的一种很大的局限。然而,这种抱怨将不得不让位于一种感激:在这一领域中,数学也给我们提供着为更大的进步准备道路的工具。

英国物理学家狄拉克

（二）

量子公设和原子论的最近发展

（1927）

我们的工作之所以会获得广泛的承认，是由于它和普朗克，特别是和玻尔的伟大思想和概念有了联系。

——J. 弗兰克

虽然我很高兴地接受本会主席的亲切邀请来对量子论的现状作一次说明，以便就这一在近代物理科学中占有如此中枢地位的论题开展一种普遍的讨论，但是，我是不无踌躇地来开始这一工作的。不但可尊敬的理论创始人本人出席了这次会议，而且，在听众中也有很多人，他们由于亲身参加了最近的惊人发展，所以他们对于高度发展的陈述形式的细节肯定是比我更为精通的。但是，我仍然愿意试着只利用简单的考虑而不涉及任何专门的数学性的细节，来对诸位描述某种一般的观点。我相信，这种观点适于使我们对于从刚刚开始时起的理论发展的一般趋势得到一种印象，而且，我希望，这种观点将有助于调和不同科学家们所持的那些外观上相互矛盾的观点。事实上，为了表明物理学在此次集会所纪念的伟大天才逝世以来的一个世纪中的发展，没有任何论题可以比量子论更为适当了。同时，在这种领域中，我们正在沿着新的道路摸索前进，而且只能依靠我们自己的判断来躲开我们周围各方面的陷阱，而正是在这样的领域中，我们或许有更多的机会来回想起准备了基础并为我们提供了工具的那些老辈学者们的工作。

1 量子公设和因果性

量子论的特征就在于承认，当应用于原子现象时，经典物理概念是有一种根本局限性的。这样引起的形势具有一种奇特的性质，因为我们对于实验资料的诠释在本质上是以经典概念为基础的。尽管因此就在量子论的陈述中引起了一些困难，但是，我们即将看到，理论的精髓似乎可以用所谓量子公设表现出来。这种公设赋予任一原子过程以一种本质上的不连续性，或者倒不如说是一种个体性，这种性质完全超出于经典理论之外而是用普朗克作用量子来表示的。

这一公设蕴涵着对于原子过程之因果时空标示的一种放弃。确实，我们对于物理现象的通常描述，完全是建立在这样一个想法上的：所涉及的现象可以不受显著的干扰而被观察。例如，这一情况很清楚地表现在相对论中；对于经典理论的阐明来说，相对论曾经是如此富有成果的。正如爱因斯坦所强调的，每一观察或测量，最终都以两个独立事件在同一时空点上的重合为基础。正是这样一些重合，将不会因为不同观察者的时空标示在其他方面所可能显示的任何差别而受到影响。现在，量子公设意味着原子现象的任何观察，都将涉及一种不可忽略的和观察器械之间的相互作用，因此，就既不能赋予现象又不能赋予观察器械以一种通常物理意义下的独立实在性了。归根结蒂，只要观察概念取决于哪些物体被包括在所要观察的体系之内，这一概念就是不确定的。当然，每一种观察，最终都可以归结为我们的感觉。但是，在诠释观察结果时永远要用到理论概念，这一情况就引起了一种后果：对于每一特定事例来说，到底在什么地方引入和量子公设及

◀哥本哈根的奥斯特(Hans Ørsted，1777—1851)雕像

其内在“不合理性”有关的观察概念，那只是一个方便与否的问题而已。

这一形势具有深远的后果。一方面，正如通常所理解的，一个物理体系的态的定义，要求消除一切外来的干扰。但是，在那种情况下，按照量子公设，任何的观察就都将是不可能的，而且，最重要的是空间概念和时间概念也将不再有直接的意义了。另一方面，如果我们为了使观察成为可能而承认体系和不属于体系的适当观察器械之间有某些相互作用，那么，体系的态的一种单义的定义就很自然地不再可能，从而通常意义下的因果性问题也就不复存在了。就这样，量子论的本性就使我们不得不承认时空标示和因果要求是依次代表着观察的理想化和定义的理想化的一些互补而又互斥的描述特点，而时空标示和因果要求的结合则是经典理论的特征。相对论使我们认识到，截然区分空间和时间的方便性，完全以通常所见速度和光速相比的微小性为基础；同理，量子论使我们认识到，我们的普通因果时空描述的适用性，也完全依赖于作用量子相对于日常感觉所涉及的作用量而言的微小值。确实，在原子现象的描述中，量子公设给我们提出了这样一个任务：要发展一种“互补性”理论，该理论的无矛盾性只能通过权衡定义和观察的可能性来加以判断。

这一观点，已经由光的本性和物质终极组成的本性这一屡经讨论的问题很清楚地显示了出来。关于光，它在空间和时间中的传播是由电磁理论很适当地表达出来的。尤其是真空中的干涉现象和物质性媒质的光学属性，它们都是完全服从波动理论的叠加原理的。但是，在光电效应和康普顿效应中显而易见的那种辐射和物质相互作用时的能量和动量的守恒，却恰恰是在爱因斯坦所主张的光量子概念中得到了合适的表达的。如众所周知，一方面是叠加原理的正确性，一方面是守恒定律的正确性，二者的表面矛盾所提示的对于二者的怀疑，已经肯定地被直接的实验所驳倒了。这一形势仿佛清楚地指示着光现象的因果时空描述的不可能性。一方面，当企图按照量子公设来寻索光的时空传播规律时，我们只能应用统计的考虑。另一方面，对于用作用量子来表征的个体性的光过程来说，因果要求的满足就会带来对于时空描述的放弃。当然，不可能存在任何完全独立地应用时空概念和因果概念的问题。这两种关于光的本性的看法，倒毋宁说应该看成诠释实验证据的两种不同的尝试，在这种诠释中经典概念的局限性以一些互补的方式被表现了出来。

关于物质组成的本性问题，给我们提供了一种类似的形势。带电基本粒子的个体性，是由一般的证据强加给我们的。但是，最近的经验，最重要的是电子在金属晶体上的选择反射的发现，却要求我们按照 L. 德布罗意的原始概念来应用波动理论的叠加原理。正如在光的情况下一样，只要我们坚持经典概念，我们在物质的本性这一问题中也就必然地要面对一种不可避免的两难推论，这种两难推论必须认为恰恰是实验证据的表现。事实上，我们这儿所处理的，又不是现象的一些矛盾图景而是一些互补图景；只有所有这些互补图景的全部，才能提供经典描述方式的一种自然的推广。在这些问题的讨论中必须记住，按照上面所采取的观点，真空中的辐射和孤立的物质粒子都是一些抽象：按照量子论，它们的属性只有通过它们和其他体系的相互作用才是可定义的和可观察的。但是，我们即将看到，对于联系到我们的普通时空观点来描述经验来说，这些抽象却是不可缺少的。

因果时空描述在量子论中所面临的那些困难,曾经是一种屡经讨论的课题;这些困难,现在已被符号化方法的最近发展提到了首要地位。海森伯最近曾对这些方法的无矛盾应用问题作出了一个重要的贡献。特别说来,他曾经强调了对原子物理量的一切测量都有影响的那种独特的反比式的不确定性。在我们开始讨论他的结果之前,很有好处的是来说明这样一个问题:在分析诠释经验所用到的那些最基本的概念时,出现于这一不确定性中的描述互补性已经是不可避免的了。

2 作用量子和运动学

根据一些简单公式,作用量子和经典概念之间的根本对立就能直接地显现出来了:这种公式构成光量子理论和物质粒子波动理论的公共基础。如果用 h 代表普朗克常量,那么,如所周知,就有

$$E\tau = I\lambda = h \tag{1}$$

式中 E 和 I 依次是能量和动量,而 τ 和 λ 则是对应的振动周期和波长。在这种公式中,关于光和关于物质的上述两种概念,是在尖锐的对立下出现的。能量和动量是和粒子概念相联系的,从而是可以按照经典观点用确定的时空坐标来表征的,而振动周期和波长却涉及一个在空间和时间中无限延伸的平面谐波列。只有借助于叠加原理,才有可能和通常的描述方式发生一种联系。确实,波场在空间和时间中的延伸上的一种限度,永远可以看成一群基本谐波相互干涉的结果。正如德布罗意所证明的,和波相联系的那些个体,其移动速度恰恰可以用所谓群速度来代表。让我们把一个平面基本波表示成

$$A\cos 2\pi(\nu t - x\sigma_x - y\sigma_y - z\sigma_z + \delta)$$

式中 A 和 δ 是依次确定着振幅和周相的常量;量 $\nu=1/\tau$ 是频率;σ_x、σ_y、σ_z 是沿各坐标轴方向的波数,它们可以看成沿传播方向的波数 $\sigma=1/\lambda$ 的矢量分量。波速度或相速度决定于 ν/σ,而群速度则决定于 $\mathrm{d}\nu/\mathrm{d}\sigma$。现在,按照相对论,对于一个速度为 v 的粒子,我们有

$$I = \frac{v}{c^2}E$$

和

$$v\mathrm{d}I = \mathrm{d}E$$

式中 c 表示光速。因此,由方程(1)可见,相速度就是 c^2/v,而群速度就是 v。一般说来,前者是大于光速的,这一情况强调了这种考虑的符号化的性质。同时,将粒子速度和群速度等同起来的可能性,就指示着时空图景在量子论中的适用范围。描述的互补性质就出现在这儿,因为波群的应用必然会在周期和波长的定义中引起一种不够明确的结果,从而也会在关系式(1)所给出的对应能量和对应动量的定义中引起一种不够明确的结果。

严格说来,一个有限的波场,只能通过一组和一切 ν 值及一切 σ_x、σ_y、σ_z 值相对应的基

本波的叠加来得到。但是，在最有利的情况下，群中两个基本波的这些量的平均差的数量级决定于下列条件：

$$\Delta t\Delta v=\Delta x\Delta\sigma_x=\Delta y\Delta\sigma_y=\Delta z\Delta\sigma_z=1$$

式中 Δt、Δx、Δy、Δz 代表波场在时间中的延伸和在对应于坐标轴的空间方向上的延伸。根据光学仪器的理论，特别是根据瑞利关于光谱仪器鉴别率的研究，上述关系式已经是众所周知的了；这种关系式表示着各波列在波场的时空边界上因干涉而互相抵消的条件。它们也可以看成表明了这样一件事实：作为一个整体的波群，并没有和基本波的周相意义相同的周相。于是，由方程(1)即得：

$$\Delta t\Delta E=\Delta x\Delta I_x=\Delta y\Delta I_y=\Delta z\Delta I_z=h \tag{2}$$

这就确定了在定义和波场相联系的那些个体的能量和动量时所可能达到的最大精确度。一般说来，利用公式(1)来赋予一个波场以一个能量和一个动量值的条件，是远非这样有利的。即使在开始时波群的组成是和关系式(1)相对应的，在时间过程中，这种组成也会发生很大的变化，以致波群越来越不适于代表一个个体。正是这种情况，就使光的本性和物质粒子的本性这一问题得到了佯谬的性质。此外，关系式(2)所表示的经典概念的局限性是和经典力学的有限正确性密切地联系着的；在物质波的理论中，经典力学是和用"射线"来描述波的传播的几何光学相对应的。只有在这种极限情况，才能够依据时空图景来单义地定义能量和动量。要想普遍地定义这些概念，我们就只能依靠守恒定律。这些守恒定律的合理陈述，曾经是以下即将谈到的符号化方法的一个根本性的问题。

用相对论的语言来说，关系式(2)的内容可以总结为这样一种说法：按照量子论，对于和各个体相联系的时空矢量和能量-动量矢量来说，在定义二者的最大精确度之间存在着一种普遍的反比关系。这一情况可以看成时空描述和因果要求之间的互补性的一种简单的符号化的表示。然而，与此同时，这一关系式的普遍性，就使我们能够在一定程度上将守恒定律和观察结果的时空标示调和起来。这时，一些明确定义的事件在一个时空点上的重合这一概念，就要换成有限时空域中的一些非明确定义的个体的概念。

这一情况使我们可以避免在企图描述自由带电粒子对辐射的散射以及描述两个自由带电粒子的碰撞时所遇到的那些众所周知的佯谬。按照经典概念，散射的描述要求辐射在空间和时间中有一种有限的延伸；而在量子公设所要求的电子运动的改变中，人们却似乎涉及的是在某一确定空间点上发生的一个瞬时效应。然而，正如在辐射情况中一样，不考虑一个有限的时空域就不可能定义一个电子的能量和动量。而且，守恒定律对过程的应用就意味着，定义能量-动量矢量的精确度，对于辐射和对于电子都是相同的。因此，按照关系式(2)，对于参加相互作用的两种个体来说，所联系的时空域是可以具有相同的大小的。

类似的说法也适用于两个物质粒子之间的碰撞，虽然对于这种现象来说在必须考虑波动概念以前量子公设的重要性是被忽略了的。在这里，这一公设确实就代表着粒子的个体性这一概念，这一概念超出了时空描述而满足因果要求。光量子概念的物理内容是整个地和能量守恒定理及动量守恒定理联系着的，而在带电粒子的情况下，电荷应该考虑在内。几乎毋庸赘言，为了得到个体之间相互作用的一种更加详细的描述，我们不能仅仅考虑公式(1)和公式(2)所表示的那些事实，而是必须依靠一种使我们能够照顾到各个体的耦合的手段；这种耦合表征着所涉及的相互作用，而电荷的重要性正是出现于这种耦合中的。我们即将看到，这样一种手段要求进一步地违背通常意义下的形象化。

3　量子论中的测量

在上面提到的关于量子论方法的无矛盾性的研究中，海森伯提出了关系式(2)，来作为同时测量一个粒子的时空坐标及能量—动量分量所能得到的最大精确度的一种表示式。他的观点是以下述考虑为依据的：一方面，例如利用一种光学仪器，就可以测量一个粒子的坐标并达到任意所需的精确度，如果用波长够短的辐射来照明的话。然而，按照量子论，辐射在客体上的散射永远是和一个有限的动量改变联系着的：所用辐射的波长越短，动量的改变就越大。另一方面，例如通过测量散射辐射的多普勒效应，就可以测定一个粒子的动量并达到任意所需的精确度，如果辐射的波长如此之长以致反冲作用可以忽略不计的话，但是，这时测定粒子空间坐标的精确度就会相应地减小。

这种考虑的精华所在，就是量子公设在估计测量的可能性时的不可避免性。为了表明描述的普遍互补性，看来似乎仍然需要更详细地研究研究定义的可能性。确实，能量和动量在观察中的一种不连续的改变，并不能阻止我们赋予过程前和过程后的时空坐标以及能量-动量分量以精确值。由以上的分析可以看出，对这些量的值永远有影响的反比不确定性，本质上是一种有限精确度的后果：当用来确定粒子时空坐标的波场够小时，定义能量改变及动量改变的可能精确度就是有限的。

在应用一种光学仪器来测定位置时必须记得，成像永远要用到一个会聚光束。用 λ 代表所用辐射的波长，用 ε 代表所谓数值孔径即半会聚角的正弦，那么，显微镜的鉴别率就用 $\lambda/2\varepsilon$ 这一众所周知的表示式来确定。当客体是用平行光来照射时，入射光量子的动量 h/λ 在量值和方向上就都是已知的；即使在这种情况下，孔径的有限值也会妨害我们得到关于和散射相与俱来的反冲的精确知识。同样，即使粒子动量在散射过程以前是精确已知的，我们关于观察以后平行于焦面的动量分量的知识也还会有一个不准量 $2\varepsilon h/\lambda$。因此，当测量某一确定方向上的位置坐标及动量分量时，所可能得到的最小不准量的乘积恰恰是由公式(2)来确定的。人们或许会预料，在估计测定位置的精确度时，不但应该考虑到波列的会聚性而且应该考虑到波列的长度，因为在有限照射时间内粒子可能改变位置。但是，因为有关波长的精确知识在上述估计中是无关紧要的，所以可以理解，对于任一孔径值，波列永远可以取得如此之短，以致比起由于显微镜的有限鉴别率而引起的位置测定中的内在不确定性来，粒子位置在观察时间内的改变是可以忽略不计的。

当借助于多普勒效应——适当照顾到康普顿效应——来测量动量时，人们将应用一个平行波列。然而，对于测量散射辐射的波长改变所能达到的精确度来说，波列在传播方向上的延伸度却是关系重大的。如果我们假设，入射辐射的方向和所要测量的位置坐标的方向平行，而散射辐射的方向则和所要测量的动量分量的方向相反，那么，就可以取

$c\lambda/2l$ 作为测定速度的精确度的一种量度，此处的 l 代表波列的长度。为简单起见，我们在这儿曾经认为光速是远远大于粒子速度的。如果用 m 代表粒子的质量，那么，观察之后的动量值就有一个不准量 $cm\lambda/2l$。在这一情况下，反冲的量值 $2h/\lambda$ 被认为是足够明确地定义了的，目的在于避免在观察之后的粒子动量值中引入一个显著的不准量。事实上，康普顿效应的普遍理论，使我们能够根据入射辐射和散射辐射的波长算出反冲前后沿辐射方向的动量分量。即使在开始时粒子的位置坐标是精确已知的，我们关于观察之后的粒子位置的知识也仍会有一个不准量。事实上，由于不可能给反冲指定一个确定的时刻，我们就只能在一个精确度 $2h/m\lambda$ 之内得知散射过程中沿观察方向的平均速度。因此，观察之后的位置不准量就是 $2hl/mc\lambda$。于是，在这儿，测量位置和测量动量，二者的不准量的乘积也是由普遍的公式(2)来确定的。

正如在测定位置的情况中一样，对于测定动量来说，观察过程所经历的时间也可以要多短有多短，只要所用辐射的波长够短就可以了。正如我们已经看到的，这时反冲较大这一事实，并不会影响测量的精确度。应该进一步指出，像我们在这儿反复作过的一样，谈到一个粒子的速度，其目的只是要和通常的时空描述取得一种联系，这种描述在现有情况是方便的。正如由德布罗意的上述考虑已经看到的，在量子论中，永远需要很小心地使用速度这一概念。也可以看到，这一概念的单义定义是被量子公设所排除了的。当比较相继观察的结果时更需要记住这一点。事实上，某一个体在两个已知时刻的位置，可以测量到任意所需的精确度，但是，如果我们要用通常的方法来根据这种测量计算该个体的速度，那就必须清楚地理解到我们是在处理一种抽象，根据这种抽象并不能得到关于该个体的过去行为和将来行为的任何单义信息。

按照关于定义客体属性的可能性的上述考虑，如果所考虑的不是粒子对辐射的散射而是粒子和其他物质粒子的碰撞，那么，在关于一个粒子的位置和动量的测量精确度的讨论中也并不会有什么不同。在这两种情况中我们都看到，所涉及的不确定性是对测量器械的描述和客体的描述同样都有影响的。事实上，在相对于那样一个坐标系而言的个体行为的描述中，这一不确定性是无法避免的，该坐标系是用通常的方式借助于固体和不可干扰的时钟固定下来的。可以看出，实验装置——孔径的启闭等等——只能允许我们得出关于所联系的波场的时空延伸度的结论。

当把观察追溯到我们的感觉时，就再一次地需要联系到观察器械的感知问题来考虑量子公设；至于这种感知是通过对肉眼的直接作用还是通过照相底片、威尔逊云室之类的适当辅助装置来实现，那都是无关紧要的。然而，很容易看出，所引起的附加统计因素并不会影响描述客体时的不确定性。甚至可以设想，在把什么看成客体，把什么看成观察器械这一问题上的任意性，或许会导致完全避免这一不确定性的可能。例如，联系到一个粒子的位置的测量问题，人们或许会问：是否无法根据观察过程中显微镜——包括光源和照相底片在内——的动量改变的测量并利用守恒定理来测定散射所传递的动量呢？但是，更加详细的考察可以证明，这样一种测量是不可能的，如果人们同时要求足够精确地知道显微镜的位置的话。事实上，根据在物质波的理论中得到了表达的那些经验可知，一个物体的重心位置和它的总动量，只能在关系式(2)所确定的反比精确度的范围内加以定义。

严格说来，观察这一概念，是包括在因果时空描述方式中的。但是，由于关系式(2)的普遍性，这一概念在量子论中也可以得到合理的应用，只要将该关系式所表示的不确定性考虑在内就可以了。正如海森伯所指出的，将这种不确定性和不完善的测量所引起的不确定性相比较，人们甚至可以得到关于原子现象(微观现象)的量子论描述的一个很有教育意义的例证；而不完善量度所引起的不确定性，是在自然现象的通常描述中被认为本来就包含于任何观察中的。海森伯在这一场合下指出，甚至在宏观现象的情况下，我们也可以在某种意义上说这些不确定性是重复的观察所引起的。但是，不应该忘记，在宏观理论中，任何后继的观察都允许我们越来越精确地预见未来事件，因为这种观察会使我们关于体系初态的知识有所改进。按照量子论，正是忽略体系和测量器械的相互作用的不可能性，就意味着每一次观察都将引入一个新的不可控制的要素。确实，由上述考虑可见，一个粒子的位置坐标的测量，不但会带来各动力学变量的有限改变，而且，粒子位置的确定就意味着粒子动力学行为的因果描述方面的彻底破坏，而粒子动量的测定则永远意味着关于粒子空间传播的知识方面的一个缺口。正是这种形势，就十分突出地表明了原子现象之描述的互补特性——表现为客体及测量器械之区分和量子公设之间的对立的必然结果，而客体和测量器械之间的区分则是我们的观察概念本身所固有的。

4　对应原理和矩阵理论

到此为止，我们只考虑了量子问题的某些一般特点。然而，目前的形势却意味着，主要的力量应该放在支配客体间相互作用的那些定律的陈述上，那些客体是我们用孤立粒子和辐射这两种抽象概念来代表的。这种陈述的起点是由原子结构问题所首先提供的。如所周知，在原子结构问题中，已经可以通过经典概念的初等应用而和量子公设相协调地阐明经验的一些重要方面。例如，用电子碰撞和用辐射来激发光谱的一些实验，是依据分立稳定态和个体跃迁过程的假设来适当说明的。这主要是由于有这样一种情况：在这些问题中，并不要求比较详细地描述过程的时空行为。

在这儿，和通常描述方式的对立，突出地表现在下述情况中：按照经典观点，各光谱线是属于原子的同一个态的；而按照量子公设，这些光谱线则是和分离的跃迁过程相对应的，受激原子在这些跃迁之间有一种选择的余地。然而，尽管有这种对立，却可以在一种极限情况下得到和经典概念的一种形式化的联系，那就是这样的情况：相邻稳定态的属性相对差渐近地趋于零，从而在统计应用中可以将不连续性忽略不计。通过这种联系，就可以依据我们关于原子结构的概念来在很大程度上诠释光谱的规律性。

把量子论看成经典理论的合理推广的那种企图，导致了所谓对应原理的陈述。这一原理在诠释光谱学结果方面的应用，是以经典电动力学的一种符号化的应用为基础的：在这种应用中，将个体跃迁过程各自和原子级粒子的一个运动谐分量联系了起来，而原子级粒子的运动是根据普通的力学来预期的。除了在上述那种相邻稳定态间的相对差可以忽略不计的极限情况以外，经典理论的这样一种片段的应用只有在某些事例中才能导致现象的严格定量描述。这儿应该特别地提到色散现象的经典处理和爱因斯坦所陈述的支配着辐射跃迁过程的统计定律之间的联系，这种联系是由拉登堡和克拉默斯发展起来的。虽然正是色散现象的克拉默斯处理给对应论证的合理发展提供了重要的暗示，但是，只有通过最近几年所创立的量子论方法，上述原理中所提出的普遍目的才得到了适当的陈述。

我们知道，这种新发展是从海森伯的一篇根本性的论文开始的。在这篇论文中，从一开始就将通常的运动学量和力学量换成了和量子公设所要求的那些个体过程直接有关的一些符号，这样，海森伯就成功地把自己从经典运动概念中完全解放了出来。这种代换是这样完成的：将一个经典力学量的傅立叶展式换成一个矩阵，其矩阵元代表纯粹的谐振动并和稳定态之间的可能跃迁相联系。海森伯要求，赋予各矩阵元的那些频率必须永远服从光谱线的并合原理，这样，他就能够引入各符号所服从的一些简单运算法则，这些法则使得经典力学基本方程的一种直接的量子论改写成为可能。原子论动力学问题的这一巧妙处理，从一开始就证实为一种非常有力和非常富有成果的定量地诠释实验结果的方法。通过玻恩和约尔丹的工作，同样也通过狄拉克的工作，理论得到了一种在普遍性和无矛盾性方面都可以和经典力学相媲美的陈述。特别说来，普朗克常量这一作为量子论之特征的要素，仅仅在所谓矩阵的那些符号所服从的算法中才会明显地出现。事实上，代表着哈密顿方程意义下的正则共轭变量的那些矩阵，并不服从乘法交换律，而是这样两个变量 q 和 p 必须满足如下的一个交换法则

$$pq - qp = \sqrt{-1}\,\frac{h}{2\pi} \tag{3}$$

确实，这一交换关系式突出地表现了量子论矩阵陈述的符号化特性。这种矩阵理论常常被称为直接可观察量的算法。然而，必须记得，上述的手续恰恰只能应用于那样一些问题；在该类问题中，当应用量子公设时，时空描述可以大大地忽略不计，从而严格意义下的观察问题也就可以被置于次要地位。

当进一步追究量子规律和经典力学之间的对应时，强调量子论描述的统计性质曾经是具有根本重要性的；这种统计性质是由量子公设带来的。在这儿，狄拉克和约尔丹对这一符号化方法所作的推广，代表了一个巨大的进步；这种推广使得那样一些矩阵的运算成为可能，各该矩阵并不按照各个稳定态来编排，而是可以用任一组变量的可能值来作为各矩阵元的标号。在理论的原始形式中，只和单独一个稳定态有联系的那些“对角元”，被诠释为该矩阵所代表的那一物理量的时间平均值；与此类似，普通的矩阵变换理论使我们能够表示一个力学量的那样一些平均值——在对其计算中，表征体系“态”的任一组变量具有定值，而其正则共轭变量则被允许具有一切可能值。依据这些作者所发展起来的程序，并且紧密地联系到玻恩和泡利的概念，海森伯在上述论文中企图更详细地分析量子论的物理内容，并且特别注意了交换关系式(3)的表观佯谬性。在这方面，他曾经陈述了下列关系式

$$\Delta q \Delta p \approx h \tag{4}$$

来作为同时观察两个正则共轭变量所能达到的最大精确度的一种普遍表示。用这种方

法，海森伯已经能够阐明出现于量子公设的应用中的很多佯谬，并且能够在很大程度上演证这种符号化方法的无矛盾性。如上所述，联系到量子论描述的互补性，我们必须随时对定义的可能性和观察的可能性予以注意。我们即将看到，恰恰是对于这一问题的讨论说来，薛定谔所发展的波动力学方法曾被证实为很有用处。这一方法允许我们在相互作用问题中也普遍地应用叠加原理，于是就可以和有关辐射及自由粒子的上述考虑发生直接的联系。下文我们将回到波动力学同用到矩阵变换理论的量子规律的普遍陈述之间的关系。

5 波动力学和量子公设

德布罗意在关于物质粒子波动理论的早期考虑中就已经指出，一个原子的稳定态可以具体想象为相波的一种干涉效应，该相波是和一个束缚电子相联系着的。诚然，在定量结果方面，这种观点起初并没有超出早期的量子论方法之外；对于早期量子论方法的发展，索末菲是曾经有过如此重要的贡献的。然而，薛定谔在发展一种波动理论的方法方面得到了成功；这种方法已经打开了新的局面，而且，对于近年以来原子物理学中的巨大进步来说，这种方法已被证实为具有决定的重要性。确实，曾经发现，薛定谔波动方程的本征振动，可以给原子稳定态提供一种满足一切要求的表象。每一稳定态的能量，是按照普遍的量子关系式(1)来和对应的振动周期相联系的。而且，不同本征振动的节面数目，给量子数概念提供了一种简单的诠释；这种量子数概念是根据旧式方法已经为人所知的，但是它起初却似乎并不出现于矩阵陈述中。此外，薛定谔能够将一种电荷及电流的连续分布和波动方程的解联系起来；如果应用于本征振动，这种电荷和电流的连续分布就表现着对应稳定态中一个原子的静电属性和磁学属性。同样，两个本征解的叠加，就和一种振动的电荷连续分布相对应。按照经典电动力学，这种电荷分布将引起辐射的发射；这样，就很有教益地显示了量子公设的后果以及矩阵力学中所陈述的关于两个稳定态之间的跃迁过程的对应性的要求。在研究原子间及自由带电粒子间的碰撞问题时，玻恩曾经得到了薛定谔方法的另一应用，它对于进一步的发展来说是重要的。在这方面，玻恩成功地得到了波函数的统计诠释；这种统计诠释使我们能够计算量子公设所要求的那些个体跃迁过程的概率。这种诠释包括着艾伦菲斯特浸渐原理的一种波动力学的陈述；这一原理的富有成果，突出地表现在洪特(Hund)关于分子形成问题的很有成就的研究中。

有鉴于这些结果，薛定谔曾经表示了这样一种希望：波动理论的发展，终于会消除用量子公设来表示的那种不合理要素，并将沿着经典理论的路线为原子现象的完备描述开辟道路。为了支持这种观点，薛定谔在一篇最近的论文中强调了这样一件事实：从波动理论的观点看来，量子公设所要求的原子之间的不连续能量交换将被一种简单的共振现象所代替。具体说来，个体稳定态的概念或将是一种假相，而该概念的适用性则仅仅是上述共振现象的一种例证。然而,必须记住,我们正是在上述这种共振问题中涉及到一个闭合体系的;按照我们在这儿所提出的观点看来,这种闭合体系是无法观察的。事实上,按照这种观点,波动力学正如矩阵力学一样代表着经典力学运动问题的一种符号化的改写,这种改写和量子论的要求相适应,从而只能通过明显地应用量子公设来加以诠释。确实,相互作用问题的这两种陈述,在一种意义上可以说是互补的,其意义与描述自由个体的波动概念和粒子概念的那种互补意义相同。能量概念在这两种理论中的不同应用之间的对立,正是和这种出发点方面的差别联系着的。

从叠加原理在描述个体粒子行为时的不可缺少性,可以立刻看出相互作用粒子系的时空描述所面对的根本困难。我们已经看到,对于一个自由粒子,关于能量和动量的知识就已经会排除关于粒子时空坐标的精确知识了。这就意味着,联系到体系势能的经典想法来直接应用能量概念,这是被排除了的。在薛定谔波动方程中,这些困难是这样避免的:通过关系式

$$p = \sqrt{-1}\,\frac{h}{2\pi}\,\frac{\delta}{\delta q} \tag{5}$$

来把哈密顿函数的经典表示式换成一个微分算符,式中的 p 代表一个广义动量分量,而 q 则代表正则共轭变量。在这儿,能量的负值被认为是和时间共轭的。到此为止,在波动方程中,时间和空间正如能量和动量一样,是在一种纯形式化的方式下被应用的。

薛定谔方法的符号性,并不只是可以从下述情况中看出:正如矩阵理论的简单性一样,薛定谔方法的简单性也本质地依赖于虚数数学量的应用。而最重要的是,这里不可能有什么和我们的通常观念发生直接联系的问题,因为波动方程所表示的"几何学问题"是和所谓坐标空间相联系的①,该空间的维数等于体系的自由度数,从而一般是大于普通空间的维数的。而且,正如矩阵理论所提供的陈述一样,相互作用问题的薛定谔陈述也牵涉到对于相对论所要求的力的有限传播速度的一种忽视。

整个说来,在相互作用问题的情况下,看来要求利用通常的时空图景来得到一种形象化是未必有根据的。事实上,我们关于原子内部属性的一切知识,都是根据有关原子的辐射反应或碰撞反应的实验导出的,因此,实验事实的诠释,最后将依赖于自由空间中的辐射和自由物质粒子这两种抽象。因此,我们关于物理现象的整个时空观,正如能量和动量的定义一样,最后也是依赖于这些抽象的。在判断这些辅助概念的应用时,我们只能要求内在无矛盾性;在这种方面,必须对定义的可能性和观察的可能性予以特别注意。

如上所述,在薛定谔波动方程的本征振动中,我们有原子稳定态的一种适当表象;这种表象使我们能够利用普遍的量子关系式(1)来得到体系能量的单义定义。然而,这就引起一个后果:在观察结果的诠释中,对于时空描述的根本放弃是不可避免的。事实上,我们即将看到,稳定态概念的合理应用将排除有关原子中个体粒子行为的任何说明。在必须涉及这种行为的描述的那些问题中,我们必须利用波动方程的通解,这种通解是由本征解的叠加得来的。在这里,我们遇到定义的各种可能性之间的一种互补性,这和我们早先在联系到光的属性和自由物质粒子的属性时所考虑过的互补性是非常类似的。

① 坐标空间(co-ordinate space)现在通称位形空间(configuration space)。——译者

例如，个体的能量和动量的定义是附属于基本谐波的概念的，而我们看到，现象描述中的每一时空特征，却是以考虑发生于一群这样的基本波之间的干涉现象为基础的。在现有情况下，也可以直接证明观察的可能性和定义的可能性之间的一致性。

按照量子公设，关于原子中电子行为的任何观察，都会带来原子的态的一种改变。正如海森伯所强调的，在原子处于量子数较小的稳定态的情况下，这种改变一般将是电子从原子中的射出。因此，在这样一种情况下，是不可能借助于后继的观察来描述原子中电子的"轨道"的。这一点和下述情况有联系：利用只有少数几个节面的那种本征振动，即使要构成近似地代表着一个粒子的"运动"的波包都是不可能的。然而，描述的互补性特别表现于这一事实中：关于原子中粒子行为的观察，其应用是以在观察过程中忽略粒子间的相互作用而将各粒子看成自由粒子的那种可能性为基础的。但是，这就要求过程的持续时间远小于原子的自然周期，而这又意味着，关于过程中所传递能量的知识，其不准量要远大于相邻稳定态之间的能量差。

整个说来，在判断观察的可能性时必须记得，只有当波动力学的解可以借助于自由粒子的概念来描述时，这些解才是可以形象化的。在这里，经典力学和相互作用问题的量子论处理之间的区别表现得最为突出。在经典力学中，上述这种限制是不必要的，因为"粒子"在这里被赋予了一种直截了当的"实在性"，不以该"粒子"是自由的还是束缚的而为转移。联系到薛定谔电子密度的合理应用，这一形势就是特别重要的；薛定谔的电子密度，被用来作为电子在原子的确定空间域中出现的概率的量度。回想到上述的限制就可以看到，这种诠释是下述假设——一个自由电子出现的概率，用和波场相联系的电子密度来表示；一个光量子出现的概率，用辐射的能量密度来表示；这两种表示方式是相似的——的一个简单推论。

正如已经提到的，通过狄拉克和约尔丹的变换理论，已经建立了在量子论中普遍地无矛盾地应用经典概念的一种手段；借助于这种理论，海森伯曾经陈述了他的普遍的测不准关系式(4)[①]。在这种理论中，薛定谔波动方程也得到了一种很有教益的应用。事实上，这一方程的本征解表现为一些辅助函数，它们定义着从一些矩阵到另一些矩阵的变换，前者的标号表示着体系的能量值，而后者的标号则是空间坐标的可能值。在这方面，提到下列事实也是很有兴趣的：约尔丹和克莱因最近得到了一种用薛定谔波动方程来表示的相互作用问题的陈述——他们以个体粒子的波动表象作为出发点，并应用了一种符号化的方法，这种方法和狄拉克从矩阵理论观点发展起来的关于辐射问题的深入处理密切有关。关于这种处理，我们以后还要谈到。

6 稳定态的实在性

如上所述，在稳定态观念中，我们涉及的是量子公设的一种典型应用。根据它的本

① 此为旧译名，测不准原理、测不准关系、不准量等均是旧译，今译作不确定、不确定原理等。为行文便利，此书中保留旧译。——本书编辑注

性，这一观念意味着对时间描述的一种完全的放弃。从我们此处所采取的观点看来，正是这种放弃，就形成原子能量的单义定义的必要条件。而且，严格说来，稳定态的观念要涉及对体系和不属于体系的那些个体的一切相互作用的排除。这样一个闭合体系是和一个特定能量值相联系着的，可以认为这一事实直接地表示了包含在能量守恒定律中的因果要求。这种情况支持了关于稳定态的超力学稳定性的假设。按照这一假设，在一次外界影响的以前和以后，原子永远会被发现处于某种明确定义的态中，而这一假设就形成在有关原子结构的问题中应用量子公设的基础。

在判断这一假设给碰撞反应和辐射反应的描述所带来的那些众所周知的佯谬问题时，重要的是要考虑到定义发生反应的各自由个体的可能性方面的限制，这些限制用关系式(2)来表示。事实上，如果反应个体的能量的定义需要精确到使我们能够谈论反应中的能量守恒的地步，那么，按照这一关系式，就必须赋予该反应一段远大于和跃迁过程相联系的振动周期的时间，而且这段时间是按照关系式(1)来和稳定态之间的能量差相联系的。当考虑高速运动粒子在原子中的穿透过程时，尤其需要记住这一点。按照普通的运动学，这样一种穿透过程的有效时间，将是远小于原子的自然周期的，而且，看来似乎没有可能将能量守恒定律和稳定态稳定性的假设调和起来。然而，在波动表象中，反应时间是和关于碰撞粒子能量的知识精确性直接联系着的，因此也就绝不会有和守恒定律发生矛盾的可能。联系到关于所提到的这种佯谬问题的讨论，坎贝尔(Campbell)提出了一种观点：时间观念本身，在性质上可能本来就是统计性的。然而，按照我们这儿所提出的观点，时空描述的基础是由自由个体这一抽象来提供的。从这种观点看来，时间和空间之间的一种根本性的区分似乎是要被相对性要求所排除的。正如我们已经看到的，在和稳定态有关的问题中，时间的特殊地位来自这种问题的特性。

稳定态概念的应用要有一个条件：在使我们能够区分不同稳定态的任何观察中，例如在利用碰撞反应或辐射反应所进行的观察中，我们可以忽略原子的以往历史。符号化的量子论方法，赋予每一稳定态以一个特定的周相，其值依赖于原子的以往历史。初看起来，这一事实似乎是恰恰和稳定态概念相矛盾的；然而，一旦我们真正地牵涉到一个时间问题，一个严格闭合体系的考虑就被排除了。因此，简谐本征振动在诠释观察结果方面的应用，只不过意味着一种适当的理想化而已；在更加严格的讨论中，这种理想化永远需要用一群分布于有限频率区间中的谐振动来代替。现在，如上所述，叠加原理的一个普遍推论就是：像给构成波群的每一基本波指定一个周相值那样给整个波群指定一个周相值，那是没有意义的。

根据光学仪器的理论，已经很清楚地了解到周相的不可观察性；这种不可观察性，已经在关于施特恩-盖拉赫实验的讨论中用一种特别简单的方式显示了出来：对于考察单个原子的属性来说，这种实验是十分重要的。正如海森伯所指出的，只有当原子束的偏斜大于德布罗意波在狭缝上的衍射时(这种波表示着原子的移动)，在场中有着不同取向的那些原子才能被分离开来。正如简单计算所证明的，这一条件意味着：原子通过场中所需的时间，以及由于原子束的有限宽度而引起的原子在场中的能量的不准量，这二者的乘积最少要等于作用量子。海森伯认为，这一结果支持了关于能量值和时间值的反比不准量的关系式(2)。然而，看来我们这儿所涉及的并不单纯地是某一时刻的原子能量的测量。但是，既然场中原子的本征振动周期是通过关系式(1)来和总能量联系着的，那么我们就领会到，上述可分离性的条件恰恰就意味着周相的消除。这种情况也消除了出现于关于共振辐射相干性的某些问题中的各种表观矛盾中，这些矛盾曾被人们多次地讨论过，而且也被海森伯考虑过。

像我们以上所作的那样将一个原子看成一个闭合体系，这就意味着忽略了辐射的自发发射；这种自发的发射，即使当没有外界影响时也会使稳定态的寿命有一个上限。在很多应用中这种忽略是合理的，这一事实和下述情况相联系：应该按照经典电动力学来预料的原子和辐射场之间的耦合，一般是比原子中各粒子之间的耦合小得多的。事实上，在关于原子态的描述中，在相当程度上忽略辐射的反作用是可能的，这样也就忽略了能量值的不准量，这种不准量按照关系式(2)来和稳定态的寿命相联系。这就是何以能够应用经典电动力学来对辐射属性作出结论的理由。

在开始时，利用新的量子论方法来处理辐射问题，恰恰就意味着这种对应考虑的定量陈述。这正好就是海森伯那些原始考虑的出发点。我们也可以提到，克莱因最近曾从对应原理的观点出发对于辐射问题的薛定谔处理作出了一种很有教益的分析。在狄拉克所发展起来的更加严格的理论形式中，辐射场本身也是被包括于所考虑的闭合体系之内的。这样，就能够用一种合理的方式将量子论所要求的辐射的个体性考虑在内，并能够建立一种将光谱线的有限宽度考虑在内的色散理论了。在时空图景方面有所放弃是这种处理方式的特征，这种放弃似乎提供了量子论互补特性的一种突出的指示。当判断在辐射现象中所遇到的那种对于大自然因果描述的激烈违背时，就尤其需要记住这一点；联系到光谱的激发，我们在以上曾经提到过这种违背。

注意到对应原理所要求的原子属性和经典电动力学之间的渐近式的联系，稳定态观念和原子中个体粒子行为的描述之间的互斥性，可能会被认为是一个困难。事实上，所涉及的联系就意味着，在量子数很大的极限情况下，相邻稳定态之间的相对差将渐近地变为零，这时，电子运动的力学图景是可以合理地应用的。然而，必须强调，对于大的量子数来说，量子公设将失去其重要性，在这种意义上，上述联系并不能看成是向经典理论逐渐过渡的。恰好相反，借助于经典图景而由对应原理得出的结论，恰恰依赖于这样一种假设：即使在这种极限情况中，稳定态的概念和个体跃迁过程的概念还是要保留下来的。

这一问题，给新方法的应用提供了一个特别有教育意义的范例。正如薛定谔所证明的，在上述的极限情况中，可以通过本征振动的叠加来建立一些远小于原子"大小"的波群；如果量子数选得足够大，这种波群的传播就和运动物质粒子的经典图景无限地接近。在简谐振子这一特例中，薛定谔已经能够证明，这样的波群甚至在任意长的时间内都不会分散，并且会以一种和运动的经典图景相对应的方式而往返振动。薛定谔曾经认为，这种情况是对他的希望的一种支持；他希望不涉及量子公设而建立一种纯粹的波动理论。然而，正如海森伯所强调的，振子事例的简单性是一种例外，而且是和对应的经典运动的谐和性密切联系着的。而且，在这一例子中，也没有渐近地趋向于自由粒子问题的任何可能。在一般情况下，波群将逐渐扩展到原子的整个区域中，而且只能在几个周期之内追随一个束缚电子的"运动"，这个周期数具有和各本征振动相联系的那些量子数的数量级。在达尔文(Darwin)最近的一篇论文中,曾经比较详细地研究了这一问题,这篇论文包含着有关波群行为的若干有教益的例子。从矩阵理论的观点出发,肯纳德(Kennard)曾对类似的问题进行了处理。

在这儿,我们又遇到波动理论叠加原理和粒子个体性假设之间的对立;关于这种对立,我们在自由粒子的情况下已经考虑过了。同时,和经典理论的渐近式的联系,提供了特别简单地阐明关于合理应用稳定态概念的上述考虑的可能;对于经典理论说来,是无所谓自由粒子和束缚粒子的区别的。正如我们已经看到的,利用碰撞反应或辐射反应来鉴定一个稳定态,就蕴涵着时间描述中的一个缺口:这个缺口的数量级起码等于和稳定态间的跃迁相联系的那些周期的数量级。现在,在大量子数的极限情况中,这些周期可以理解为运转周期。于是,我们立刻就看到,在导致稳定态之确定的观察和有关原子中个别粒子之行为的较早观察之间,是不可能得出任何因果联系的。

总之可以说,稳定态的概念和个体跃迁过程的概念,在自己的确切适用范围之内是和个体粒子这一概念本身具有同样多少的"实在性"的。在这两种情况下,我们都牵涉到一种和时空描述互补的因果要求。这种因果要求的适当应用,只受到定义及观察的有限可能性的限制。

7 基本粒子问题

事实上,当适当地注意到量子公设所要求的互补特征时,就似乎可能借助于符号化的方法来建立起一种无矛盾的关于原子现象的理论:这种理论可以认为是经典物理学因果时空描述的合理推广。然而,这种观点并不意味着经典电子论可以简单地看成作用量子趋于零时的极限理论。确实,后一种理论和经验之间的联系是以一些假设为基础的,这些假设几乎不能从量子论的问题群中分离出来。在这方面的一个暗示,已经由一些众所周知的困难提供了出来,当试图根据普遍的力学原理和电动力学原理来说明终极带电粒子的个体性时,就会遇到这种困难。在这方面,万有引力的广义相对论也并不曾满足人们的期望。所涉及的问题,似乎只有通过广义场论的一种合理的量子论改写——在这种改写中,作为表征着量子论的那种个体性特征的一种表示,电的终极量子[①]应该已经找到它的自然地位——才能得到令人满意的解决。近来,克莱因曾经注意到将这一问题和卡鲁扎(Kaluza)所提出的电磁现象和引力现象的五维统一表象联系起来的可能性。事实上,电荷的守恒是作为能量守恒定律及动量守恒定律的一种类比而出现于这一理论中的。正如克莱因所强调的,就像能量概念及动量概念是和时空描述互补的一样,普通的四维描述乃至这种描述在量子论中的符号化的应用,其适用性似乎都本质地依赖于下述情况:在这种描述中,电荷永远是在明确定义的单位下出现的,结果,共轭的第五维就是不可

① 即电子电荷。——译者

观察的。

完全撇开这些悬而未决的深入问题不谈，经典电子论迄今为止一直是对应描述的进一步发展的指导；这种发展和首先由康普顿提出的下述想法有联系：除了它们的质量和电荷以外，终极带电粒子还由于有一个角动量而具有一个磁矩，该角动量决定于作用量子。高德斯密特(Goudsmit)和乌伦贝克(Uhlenbeck)曾经特别成功地将这一假设引入关于反常塞曼效应之起源的讨论中；人们发现，正如海森伯和约尔丹所曾特别指明的，联系到新方法，这一假设是最为富有成果的。确实，人们可以说，磁性电子假说和海森伯所阐述的共振问题，已经使得光谱定律及周期系的对应诠释达到了一定程度的完备性；上述共振问题出现于多电子原子行为的量子论描述中。作为这一处理方式的基础的那些原理，甚至已经使我们能够得出有关原子核属性的一些结论。例如，联系到海森伯和洪特的一些想法，丹尼森(Dennison)最近曾用一种很有趣的方式成功地说明了一个问题——一直被困难包围着的氢比热的解释，可以如何和一个假设协调起来。该假设就是，质子具有一个和电子动量矩同样大小的动量矩。然而，由于质子的质量较大，所以必须给质子联系上一个远小于电子磁矩的磁矩。

迄今所发展的关于基本粒子问题的那些方法，它们在上述各问题中的不足性可以根据下述事实看出：关于电的基本粒子和通过光量子概念来代表的那种“个体”，泡利所陈述的所谓不相容原理表示了二者行为上的差别，而所发展的方法并不能对这种差别提出一种无歧义的解释[①]。事实上，在这一对于原子结构问题以及对于统计理论的近日发展如此重要的原理中，我们遇到许多种可能中的一种，其中每一种可能都是满足对应性的要求的。此外，联系到磁性电子问题，在量子论中满足相对性要求的困难也表现得特别突出。确实，联系到对于诠释实验结果如此重要的托马斯(Thomas)的相对论运动学的考虑，要使达尔文和泡利在推广新方法方面所作的很有希望的尝试能够很自然地概括这一问题，这似乎是不可能的。但是，就在最近，通过符号化方法的一种新的巧妙推广，并且不放弃和光谱资料的一致而满足着相对性要求，狄拉克已经能够成功地处理磁性电子问题。在这种处理中，不但涉及了出现于较早方法中的复数量，而且，他的基本方程本身还包含一些复杂性更大的用矩阵来表示的量。

相对性论证的陈述，已经本质地蕴涵着时空标示和因果要求的结合了，这种结合是经典理论的特征。因此，当使相对性要求和量子公设相适应时，我们必须准备对通常意义下的形象化有所放弃，这种放弃将比这儿所考虑的量子规律之陈述中的放弃更进一步。确实，在这儿，我们发现自己正和爱因斯坦走着相同的道路—— 要使我们从感觉借来的知觉方式，适应于逐渐深入着的关于自然规律的知识。在这一道路上所遇到的障碍，主要起源于这样一件事实：不妨说，语言中的每一个词，都要涉及我们通常的知觉。在量子论中，在表征着量子公设的那种不合理性特征的不可避免性这一问题中，我们马上就遇到这一困难。然而，我希望，互补性这一概念是适于表征目前形势的：这种形势和人类概念形成中的一般困难深为相似，这种困难是主观和客观的区分中所固有的。

---

① 当然，这只是本论文发表时(1927)的情况。现在，由于量子场论的发展，可以认为这种差别已经得到了适当的说明。——译者

泡利在演讲

（三）

作用量子和自然的描述

（1929）

玻尔在哥廷根的访问和演讲后来被称之为“玻尔节”，它不但使几位青年与会者确定了他们未来的事业，而且也唤起了一些年龄较大的像玻恩这些人的热情，开始对玻尔理论进行积极的研究。

——J. 梅拉

在科学史上，很少有什么事件曾经像普朗克基本作用量子的发现那样在短短的一个世代中得到了如此不寻常的一些后果。这一发现，不但在越来越大的程度上形成整理我们关于原子现象的经验的背景，而关于原子现象的知识在最近三十年中已经如此惊人地得到了扩展，而且，与此同时，这一发现也给我们描述自然现象所依据的那些基础带来了全盘的修正。在这儿，我们处理的是观点和思维工具的不间断的发展——从普朗克关于黑体辐射的基本工作开始，近年以来这一发展在符号化量子力学的陈述过程中达到了暂时的高潮。符号化量子力学这种理论，可以认为是经典力学的自然推广，在优美性和无矛盾性方面，它都可以和经典力学相媲美。

但是，不放弃作为经典物理理论之特征的因果时空描述方式，这一目的是不曾达到的；通过相对论，经典物理理论曾经经历了如此深刻的一次澄清。在这方面，量子论可以说是使人失望的，因为原子论正是起源于这样一种企图——在那些在我们直接感官印象中并不表现为物质客体运动的现象事例中，也要完成这样一种(因果时空)描述。然而，从一开始，对于在这一领域中遇到和我们普通感官印象相适应的那些知觉形式的一种失败，人们就不是没有准备的。我们现在知道，诚然，人们对于原子的实在性所常常表示的那种怀疑主义是被夸大了的，因为，实验技术的奇妙发展确实已经使我们能够研究个体原子的效应了。但是，关于用作用量子来代表的物理过程有限可分性的那种认识本身，却支持了关于我们普通知觉形式对原子现象的应用范围的古老怀疑。既然在这些现象的观察中我们不能忽略客体和观察仪器之间的相互作用，那么，观察的可能性问题也就再一次地突现了出来。于是，在一种新面貌下，我们在这儿遇到了现象的客观性问题，这种问题在哲学讨论中曾是经常吸引着如此多的注意力的。

事态既然如此，在量子论的一切合理应用中我们都曾经涉及本质的统计问题，这也就是不足为怪的了。确实，在普朗克的原始研究中，导致了作用量子被引用的首先就是修改经典统计力学的必要性。这种作为量子论特征的(统计)特点，突出地表现在最近关于光的本性和物质基本粒子的本性的重新讨论中。虽然这些问题已经在经典理论的范围内表面地得到了最后解决，但是我们现在知道，对于物质粒子同样也对于光来说，必须运用不同的观念图景来完备地说明现象并给支配着观察数据的那些统计定律提供一种单值的陈述。利用经典术语来一致地陈述量子论是不可能的；这一事实显现得越清楚，我们对于普朗克在制订"作用量子"这一名词时的那种恰当的直觉就越是赞赏；这一名词直接地指示着对于作用量原理的放弃，而作用量原理在自然的经典描述中所占的中心地位是普朗克本人不止在一个地方强调了的。事实上，这一原理表示了时空描述和能量守恒定律及动量守恒定律之间的独特的反比对称关系——这些定律的巨大有效性，在经典物理学中已经是依赖于下述事实的了：人们可以广泛地运用这些定律而不追究现象在空间和时间中的进程。在量子力学的陈述形式中以一种最有成果的方式被应用了的，正是这种反比性。事实上，作用量子在这里只出现于一些关系式中：在哈密顿意义上是正则共轭量的时空坐标和能量-动量分量，是以一种对称的和反比的方式被包含在各该关系式

◀英国科学家法拉第(Michael Faraday，1791—1867)

中的。此外，光学和力学之间的类比，也密切地依赖于这一反比性。对于量子论的近日发展，光学和力学之间的类比曾被证实为非常富有成果。

但是，一切经验最后必须忽略了作用量子而通过经典概念表达出来，这却是物理观察的本性。因此，通过原子物理量的任何测量所得到的结果都会受到一种固有的限制，这就是经典概念有限适用性的一种必然后果了。这一问题的深入澄清，近来曾经借助于海森伯所陈述的普遍量子力学定律而得以完成；按照这一定律，同时测量两个正则共轭力学量时所得的平均误差的乘积，永远不会小于作用量子。海森伯曾经很正确地就两种意义进行了比较：一种是这一反比式的测不准定律在估计量子力学的无矛盾性方面的意义，另一种是超光速地传递信号的不可能性在检验相对论的无矛盾方面的意义。在这方面，当考虑在量子论对原子结构的应用中所遇到的那些众所周知的佯谬时，记住下述事实就是非常重要的：原子的属性永远是通过观察它们在碰撞下或在辐射影响下的那些反应而得到的，而且，上述那种关于量度可能性的局限性，是和在关于光的本性及物质粒子的本性的讨论中所揭示出来的那些表观矛盾性直接有关的。为了强调我们在这儿所遇到的并不是实在的矛盾性，作者在一篇较早的文章中曾经建议使用“互补性”这一名词。考虑到在经典力学中已经出现的上述那种反比对称性，“反比性”一词或许是更加适于表示我们所涉及的事态的。在上述文章的结尾处曾经指出，在我们知觉形式的失败和人类建立概念的能力的普遍限制之间，存在着一种密切的联系：上述失败是以严格区分现象及观察手段的不可能性为基础的，而上述限制则是以我们对主体和客体的划分为根源的。确实，这儿所出现的认识论问题和心理学问题，或许是超出确切的物理学范围之外的。但是，借这一特殊机会，我仍然希望能够稍许深入地谈谈这些见解。

所要讨论的认识论问题可以简单地叙述如下：为了描述我们的心理活动，一方面，我们要有一种客观给定的内容来和一个知觉主体相对立；而另一方面，正如在这样一个断语中所暗示的，在主体和客体之间不可能保持任何明确分界线，因为知觉主体也属于我们的心理内容。从这些情况中，不但可以引出每一概念或者说每一字眼的相对意义，这种意义以我们观点的随意选择为转移，而且，我们一般还必须有准备地接受下述事实：同一客体的完备阐述，可能需要用到一些无法加以单值描述的分歧观点。确实，严格说来，任一概念的自觉分析是和该概念的直率应用处于互斥关系中的。运用一种互补的或者说是反比式的描述方式的必要性，或许是我们在心理学问题中最为熟悉的。与此相反，作为所谓严密科学，其特点一般就是通过避免谈到任何知觉主体来达到单值性的那种企图。也许，在数学陈述形式中可以最自觉地看到这种努力，这种陈述形式为我们的思索建立起一种关于客观性的理想：只要我们停留在实用逻辑的自足领域中，这种理想的达到就几乎是不受任何限制的。然而，在真正的自然科学中不可能存在什么逻辑原理的严格自足的适用领域问题，因为我们必须不断地期待新事实的出现，而要将这些新事实概括到我们较早的经验范围之内就可能需要修正我们的基本概念。

我们近来曾经在相对论的兴起中体验到这样一种修正：通过对于观察问题的深入分析，相对论注定要揭露一切经典物理学概念的主观性质。尽管相对论对我们的抽象能力提出了巨大的要求，但是，它却在一种特殊的高度上接近了自然描述中的统一性和因果性这一经典理想。最为重要的是，可观察现象的客观实在性这一观念仍然是毫不动摇地得到保持的。正如爱因斯坦曾经强调的，对于整个相对论都确实带有根本性的是这样一个假设：任何观察最终都将依赖于客体和观察工具在空间和时间中的重合，从而任何观察都是可以独立于观察者的参照系来加以定义的。然而，自从发现了作用量子，我们就知道在原子现象的描述中是不能达到经典理想的。特别说来，在空间和时间中排列次序的任何企图，都会导致因果链条的一次中断，因为这样的企图是和一种本质性的动量交换及能量交换联系着的，这种交换发生于个体和用来进行观察的测量尺杆及时钟之间；而恰好这种交换就是不能被考虑在内的，如果测量仪器要完成它们的使命的话。反之，关于个体单位的动力学行为，以一种单义的方式依据动量和能量的严格守恒而得出的任何结论，显然要求我们完全放弃追踪各该个体单位在空间和时间中的进程。一般我们可以说，因果时空描述方式在整理我们普通经验时的适用性，仅仅依赖于这样一件事实：相对于我们在通常现象中所涉及的作用量来说，作用量子是很小的。普朗克的发现已经给我们带来了一种和有限光速的发现所带来的相似形势。确实，我们的感官所要求的空间和时间的截然划分，其适用性完全依赖于下述事实：和光速相比，我们在日常生活中所遇到的那些速度是很小的。事实上，在原子现象的因果性问题中，测量结果的反比性并不比在同时性问题中各该结果的相对性更加可以忽略。

对于形象化的要求，确定了我们全部语言的性质。上述的形势强迫我们放弃这种要求；当考虑这种放弃时，很有教育意义的是这样一件事实：在简单的心理经验中，我们不但已经会遇到相对论观点的基本特点，而且也会遇到反比性观点的基本特点了。当我们在童年时代坐船或坐车旅行时，我们就熟悉了我们运动感的这种和有关触觉之反比性的日常经验相对应的相对性。在这儿，我们只要回忆一下心理学家们所时常引证的一种感觉也就够了。当在一个黑暗房间中用一根手杖来摸索方向时，每一个人都曾体验到这种感受：当手杖松松地被握住时，它就对我们的触觉表现为一个客体；但是，当手杖被紧紧地握住时，我们就不再感觉到它是一个外界物体，而触觉印象则变成直接地位于手杖和所探察的物体相接触的那一点了。纯粹从心理经验看来，有一种说法几乎不能算是夸张：由于本性如此，空间概念和时间概念之所以有意义，不过是因为可以忽略和测量工具的相互作用而已。整个说来，一方面是空间概念和时间概念，另一方面是以力的作用为依据的能量观念和动量观念，分析我们的感官印象揭示了这二者的心理学基础的显著独立性。然而，最重要的是，如上所述，这一领域是用反比关系来判别的，这种反比关系依赖于我们的意识统一性，并且和作用量子的物理后果显示着一种显著的相似性。在这儿，我们是在想到情绪和意志的一些众所周知的特征：这些特征完全不能用形象化的图景来表示。具体说来，联想的不断进行和人格统一性的保持之间的明显对立，和另一关系显示着耐人寻味的类似，这就是粒子运动服从叠加原理的波动描述和各粒子的不可消灭的个体性之间的关系。在这儿，原子现象的观察对该现象所发生的不可避免的影响，就和心理经验的一种众所周知的色调变化相对应，这种变化是由于对心理经验的各种要素之一加以注意而引起的。

在这儿，或许还可以简单地谈到存在于心理学领域中的规律性和物理现象的因果性问题之间的那种关系。一方面是支配着精神生活的关于自由意志的感觉，另一方面是和生理过程相伴随的表观上未受扰乱的因果链条。当考虑二者之间的对立时，哲学家们确实曾经想到，我们在这儿所涉及的可能是一种无法形象化的互补关系。因此，人们常常有这样一种意见：详细研究人脑的种种过程就会揭露出形成情绪心理经验之单值表象的因果链条，这种研究虽然是办不到的，却是可以设想的。然而，这样一种理想化的实验，现在却以一种新的面貌出现了，因为我们通过作用量子的发现已经知道，对原子过程进行细致的、因果性的追踪是不可能的，而且知道，求得关于这些过程的知识的任何尝试都会对各该过程的进展发生一种基本上不可控制的干扰。因此，按照上述那种对于脑中过程和心理经验之间的关系的看法，我们必须有准备地接受这样一件事实——观察前者的尝试将在意志的感知中带来本质的改变。虽然在现有情况下我们只能涉及适切程度不等的若干类比，但是，我们难免有这样一种信念：在量子论对我们揭示的位于我们普通知觉形式范围以外的那些事实中，我们已经得到了阐明一般哲学问题的一种手段。

我希望，今天这一特殊机会将使人们能够谅解一个物理学家在一个非本分领域中的探险。首要的是，我的目的是要表示我们对于一些前景所抱的热诚，这些前景已经为整个的科学而打开了。此外，我也切望尽可能有力地强调，新的知识已经何等深刻地动摇了概念体系所依据的基础，在这些概念的基础上，不但建筑着物理学的经典描述，而且建筑着我们全部的普通思考方式。首先是由于这种解脱，我们才有在过去一个世代中所得出的洞察自然现象的绝妙进步，这种进步远远超过了前此几年人们所敢于设想的一切希望。或许，物理学目前状态的最突出的特征就在于：几乎是在研究自然时被证实为有成果的一切想法，都在一种共同和谐中找到了自己的位置，而并未因此而减小其有成果性。为了感谢量子论创始人在我们面前打开的研究上的可能性，他的同道们才在今天对他表示庆祝。

物理学发展到19世纪时，取得了辉煌的成就。牛顿力学和麦克斯韦电磁学像两座丰碑，支撑起经典物理学的大厦。人们乐观地期待着物理学大一统时代的到来。然而，19世纪末一系列新发现预示的并非大一统，而是暴风骤雨般的革命。玻尔就在这样的时代背景下，走上了原子物理学的研究。

▶ 开尔文勋爵（William Thomson，1824—1907）

热力学温标和热力学第二定律的提出者。1900年，开尔文总结19世纪物理学的成就时，曾指出“在物理学晴朗的天空中漂浮着两朵小乌云”——光以太和黑体辐射。正是这两朵小乌云引发了20世纪的相对论和量子论革命。玻尔始终而且深刻地参与了这场物理学革命。

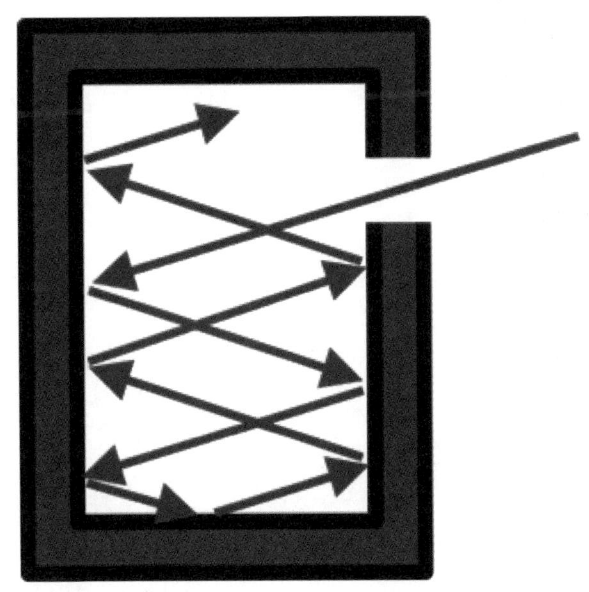

▲ 黑体

黑体是指一种理想的物体，所有外来的辐射都会被黑体吸收而不会被反射，当然黑体本身会向外辐射电磁波。对黑体的研究是为了揭示物体的辐射能量和温度之间的关系。

▲ 普朗克（Max Planck，1858—1947）

德国物理学家，他通过对黑体辐射的研究，揭示了能量辐射的量子方式，从而开启了量子力学的时代，这为玻尔的原子模型奠定了基础。

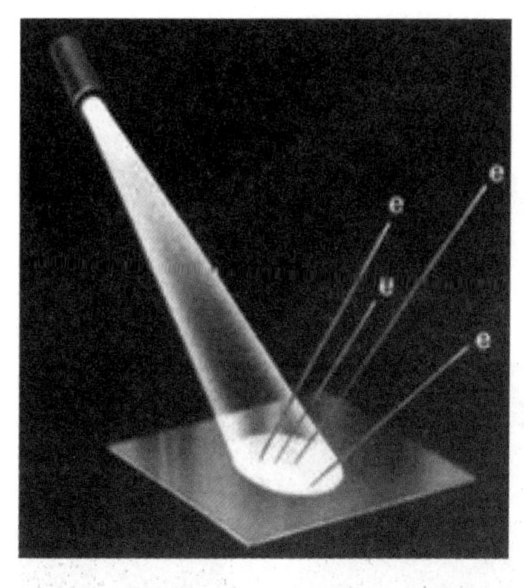

◀ 光电效应

德国物理学家赫兹（H.R.Hertz，1857—1894）在寻找电磁波的实验中偶然发现了光电效应：当有光照射在金属板上时，会有电子从金属表面逸出。但是电子的动能并不受光照强度的影响，却取决于光的频率，这令物理学家大感疑惑。

▲ 爱因斯坦（Albert Einstein，1879—1955）

普朗克揭示了能量的传递是一份一份的而不是连续的，爱因斯坦受此启发，以光量子来解答了光电效应中光能与逸出电子动能的关系，从而进一步推动了量子力学的发展，并提出了光的波粒二象性，这些都为玻尔后来的研究提供了良好的前提。

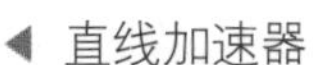

◀ 直线加速器

除了理论方面的进展，20世纪物理学发展的一个重要成就是粒子加速器的研制和运用。它是用人工方法产生高速带电粒子的装置。对原子内部的探索如果没有加速器，后来的成就都是不可想象的。

▶ 回旋加速器

回旋加速器可以对粒子进行反复加速，从而实现比直线加速器更大的加速效应。

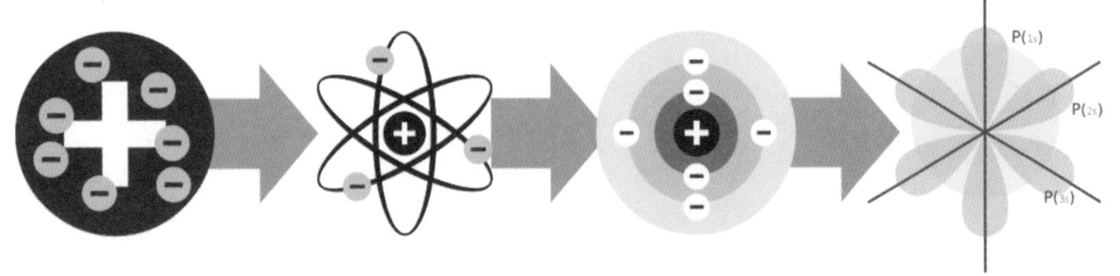

▲ 原子模型演化图

从左到右，依次是汤姆逊模型、卢瑟福模型、玻尔模型、海森伯/薛定谔模型。

对原子的存在及其内部结构的认识是20世纪物理学发展的一项重要成就，玻尔不仅提出了他自己的原子结构模型，而且深深影响了整个原子物理学发展的历史，为人类走向原子能利用作出了重要的贡献。

◀ 汤姆逊模型

汤姆逊提出的原子模型是一种类似于葡萄干布丁的模型，他认为原子是内部均匀的实心体，电子散布在其中，镶嵌在周围物质上。这个模型意味着原子内部是没有空隙的。

▶ 盖革-马斯登实验

1909年起，卢瑟福带领两名助手盖革（Hans Geiger，1882—1945）和马斯登（Ernest Marsden，1889—1970）进行了著名的α粒子散射实验。实验结果表明，原子内部基本是空的，中间有个致密的核，核外有电子环绕。卢瑟福据此提出了他的原子模型。

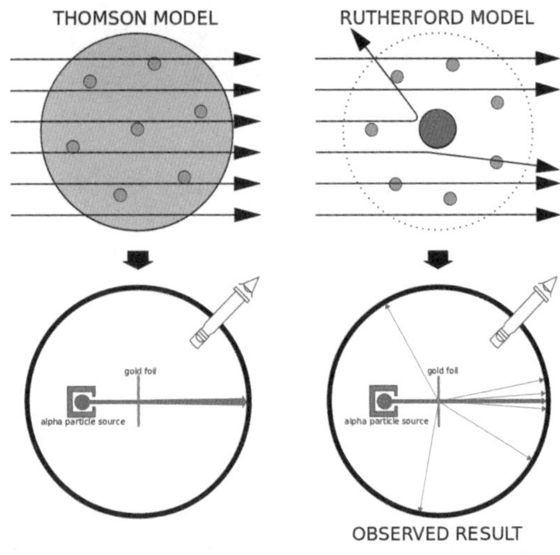

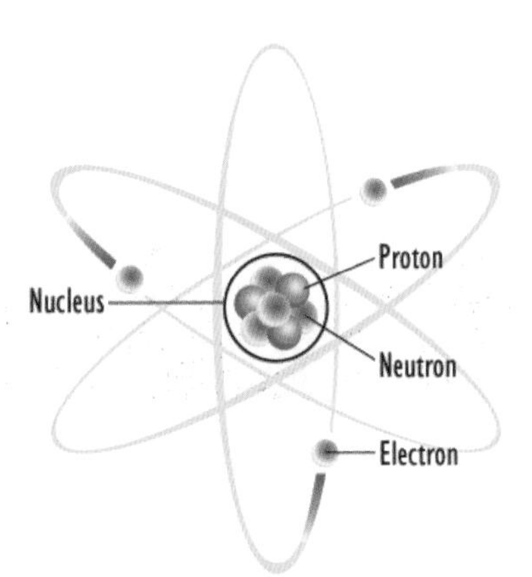

◀ 卢瑟福模型

卢瑟福的原子模型类似于行星围绕太阳运行。电子像行星，原子核像太阳，电子围绕原子核沿着固定轨道运行。

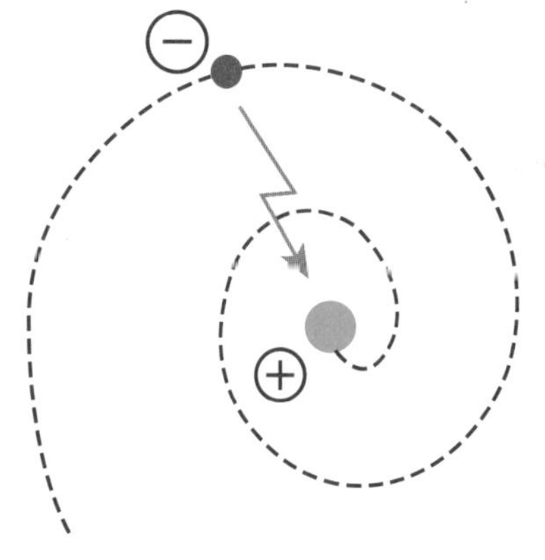

◀ 卢瑟福模型存在的问题

根据麦克斯韦理论，电荷的运动会产生辐射，这意味着电子绕核运动会辐射电磁波，从而损失能量，最终坠落到核上。但事实上，原子很稳定。

VS.

▲ 麦克斯韦（J.C.Maxwell，1831—1879）

▲ 青年卢瑟福

在面对像麦克斯韦电磁学这样伟大的科学理论与新发现的实验冲突时，保守的科学家会局促不前，而锐意革新的科学家则会打破理论束缚，根据新的事实做出解释。玻尔在麦克斯韦和卢瑟福之间，几乎是毫不犹豫地选择了放弃电磁理论，他认为麦克斯韦的理论在原子这样小的层次上不再有效。

▲ 氢原子发射光谱线

对原子光谱的研究为揭示原子的结构开辟了新的途径，玻尔正是在卢瑟福模型的基础上，结合当时对原子光谱规律性的研究成果，提出了他自己的原子模型。

▶ 巴尔末（J.J.Balmer，1825—1898）

瑞士数学家、数学物理学家，他发现了氢原子光谱波长的规律性，并总结了其经验公式——巴尔末公式，为玻尔揭示原子结构与光谱规律性的关系奠定了基础。

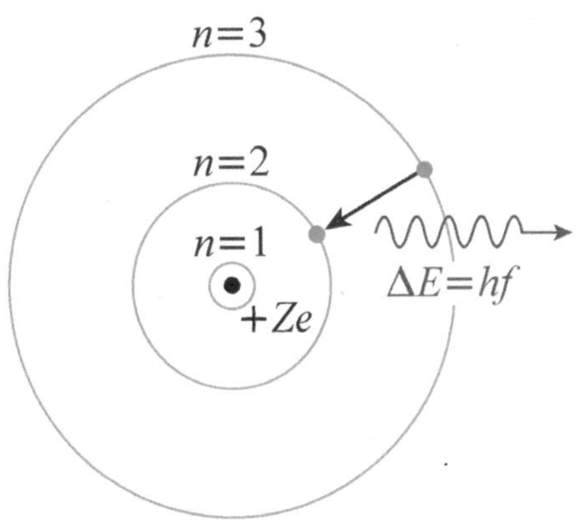

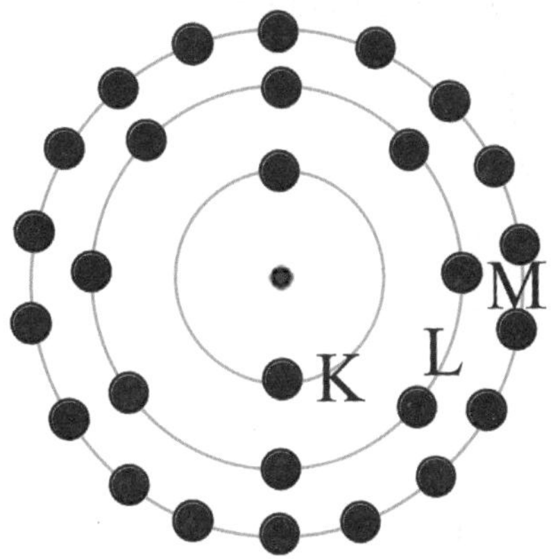

▲ 玻尔模型

玻尔在他的论文《三部曲》中对原子结构的新思想进行了系统的论述。玻尔认为核外电子只在少数有限的稳定轨道上运行，而且只有在不同轨道间跃迁时才会辐射或吸收能量。《三部曲》不仅解决了原子核外电子的稳定性问题，而且解释了原子光谱的规律性。爱因斯坦高度评价了玻尔的理论，称其为“思想领域最高形式的音乐”。

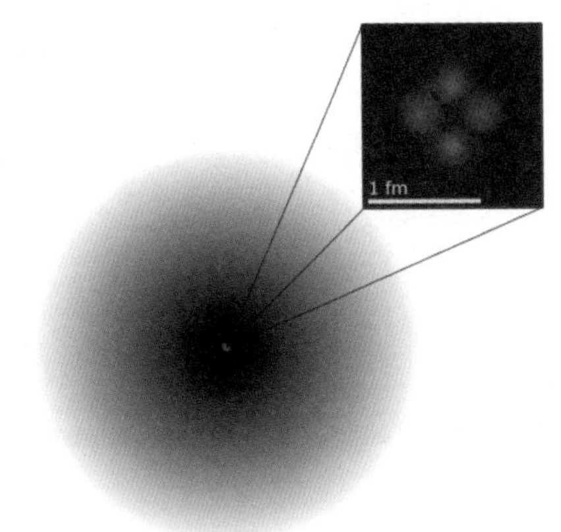

◀ 现代电子云模型

这是在海森伯和薛定谔理论的基础上提出的原子模型，认为电子在核外的轨道无法确定，只能用小黑点的疏密表示其在某处出现的概率，这很像在原子核外有一层疏密不等的“云”，所以，人们形象地称之为“电子云”。

▲ 原子核

卢瑟福不仅打开了原子的大门，而且进入了原子核内部，揭示了原子核是由质子和中子构成的致密的核。

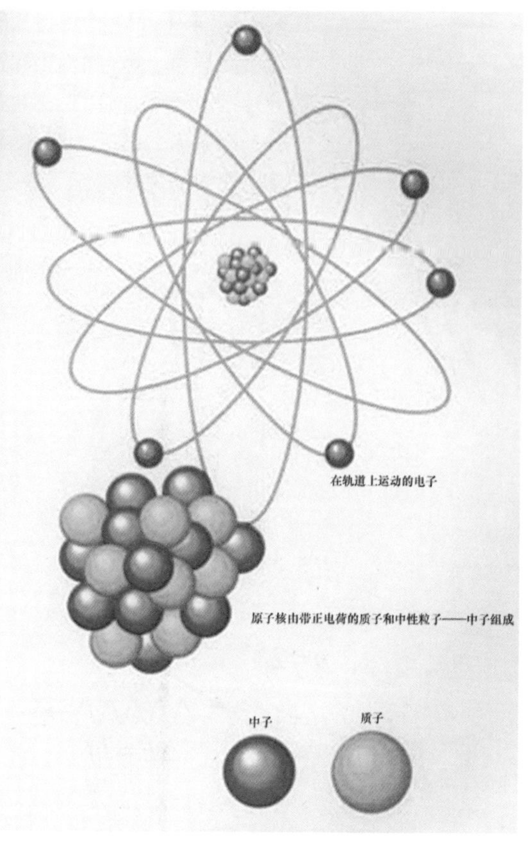

▶ 原子结构与原子核、质子、中子示意图

卢瑟福领导的对这些粒子的发现使人们走向了原子内部，而玻尔则运用他的理论思考揭示了它们的意义。

▲ 中国（东莞）散列中子源（CSNS）

自从中子被发现以来，它的优点就被人们立刻认识并运用了，利用中子进行轰击原子核的实验越来越多，这些实验为揭示原子核结构及其能量的秘密开辟了道路。

◀ 费米（Enrico Fermi，1901—1954）

当费米用中子轰击第92号铀时，意想不到的事情发生了，原子被分裂了。一开始费米并不清楚他的实验结果产生了什么神秘物质，这吸引了世界各国物理学家的注意力。

▼ 玻尔的复合原子核模型

玻尔用台球来说明了原子核的构造，并且指出，入射中子一般会造成一个核内粒子逸出，但如果入射中子的能量足够大，原子核是可能爆炸的。

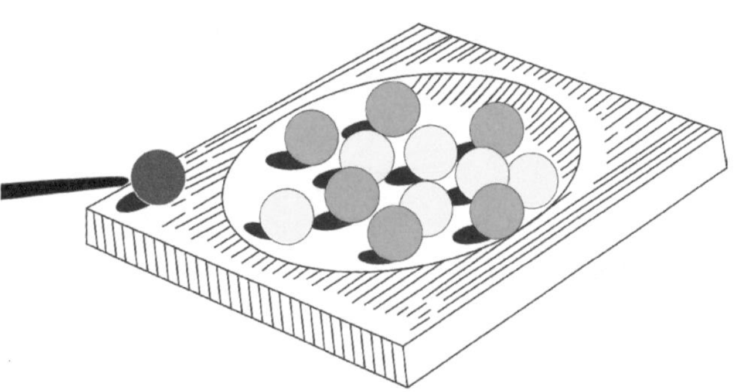

▲ 奥地利物理学家迈特娜（Lise Meitner，1878—1968）和德国科学家哈恩（Otto Hahn，1879—1968）在实验室

他们重复了费米的实验，发现中子轰击铀核后产生的其中一种元素是钡，这意味着铀核分裂了，哈恩无法理解他的发现。

▲ 弗里施（Otto Robert Frisch，1904—1979）

迈特娜和外甥弗里施沿着铀核分裂的思路进行推理，证明费米的实验确实使铀核发生了分裂。

▲ 梅特涅和弗里施根据爱因斯坦质能方程计算，发现铀核分裂所减少的质量刚好提供了所释放的能量2亿电子伏特，并且指出铀核分裂后产生的另一部分是氪。他们把这一分裂过程叫做“裂变”。

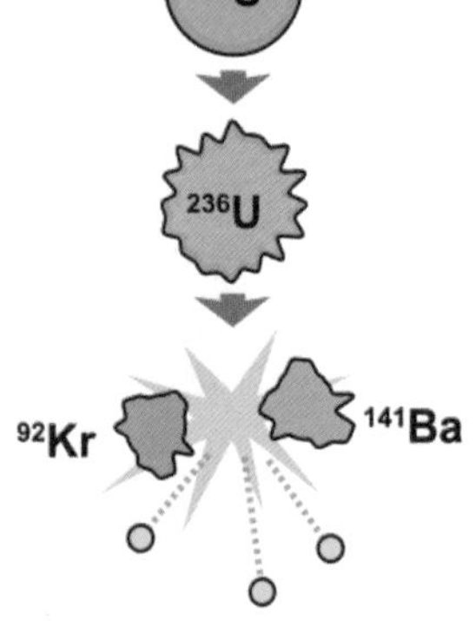

◀ 铀核裂变产生了钡和氪，并且释放了2亿电子伏特的能量。玻尔运用他的理论，准确地预言了俘获中子发生裂变的是天然铀中含量较低的同位素^{235}U。

▲ 用于核燃料的铀块

▲ 链式反应释放的巨大能量使人类制造了威力巨大的原子弹。

▲ 可控核反应使人类能够建造核电站，开启了和平利用核能的途径。

（四）

原子论和描述自然所依据的基本原理

（1929）

物理学中的新形势，曾经如此有力地提醒我们想到一条古老的真理：在伟大的生存戏剧中，我们既是观众又是演员。

——玻尔

通过我们感官的媒介而体验到的那些自然现象，常常显得是极为多样化和极为不稳定的。为了解释这一点，从很早的时候就曾经假设：现象是由很多微小粒子即所谓原子的联合作用及相互作用所引起的，而这些微小粒子本身则是不变的和稳定的，但是，因为它们很小，所以它们是不能被直接感知的。在超出我们感官所及的领域中要求形象化的图景是否合理，这是一个根本性的问题；完全撇开这个问题不谈，原子论在起先也必然带有假说的性质：而且，人们曾经相信，由于事物的本性如此，直接洞察原子世界将永远是不可能的；既然如此，人们就必须假设原子论将永远保持上述性质了。然而，曾在很多其他领域中发生过的事情也在这儿发生了；由于观察技术的发展，可能观察的界限不断地被改动了。我们只要想想借助于望远镜和分光镜而得到的对宇宙结构的洞察，或是想想利用显微镜而得到的关于机体精细结构的知识也就够了。同样，实验物理学方法的非凡发展，已经使我们知道了很多的现象，这些现象用一种直接的方式对我们报道了原子的运动和原子的数目。我们甚至知道了一些现象，它们肯定地可以假设为起源于一个单独原子的作用甚至是起源于原子的一部分的作用。然而，就在关于原子实在性的每一怀疑都已经被排除而且我们甚至已经得到了有关原子内部结构的一种细致知识的同时，我们却已经受到很有教益的提示从而想到我们知觉形式的自然界限了。我在这儿所要描绘的，正是这种独特的形势。

时间不允许我对这儿所谈的我们经验的非凡扩展进行详细的描述，这种扩展是用阴极射线、伦琴射线及放射性物质的发现来表征的。我只准备对大家提一提我们通过这些发现所得到的原子图景的主要特点。带有负电的粒子，所谓电子，因为受到一个重得多的带正电的原子核的吸引而被保持在原子中，这种电子是一切原子的公共组成。原子核的质量决定着元素的原子量，但在其他方面却对物质的属性影响很小；这些物质属性主要是依赖于原子核的电荷的，撇开正负号不谈，这一电荷永远等于电子电荷的整数倍。现在已经证实，确定着中性原子中到底有多少个电子的这一整数，恰恰就是确定着元素在所谓自然系(natural system)[①]中的位置的那一原子序数；在自然系中，各元素的物理属性和化学属性方面的独特关系被如此适当地表示了出来。关于原子序数的这一诠释，可以说代表着解决下述问题的一个重要步骤，这一问题长期以来就是自然科学的最大胆的梦想之一：根据纯数的考虑来建立对于自然规律的理解。

上述的发展肯定已经在原子论的基本概念中引起了某种变化。现在已经不再假设原子是不可改变的，而却假设原子的各部分是永恒的了。具体说来，元素的巨大稳定性依赖于这样一件事实：原子核不会受到通常的物理影响及化学影响的作用，这些影响只能引起原子中电子的键合的变化。我们的一切经验都加强了关于电子永恒性的假设，但是我们知道，原子核的稳定性是有较大局限性的。事实上，从放射性元素发出的奇特辐射，给我们提供了原子核破裂的直接证据：在破裂过程中，电子或带正电的核粒子会以很

◀法拉第在实验室工作

① 即周期系。——译者

大的能量被射出。就我们根据一切证据所能判断的来看，这种蜕变现象是在没有任何外因的情况下发生的。如果我们有一定数目的镭原子，则我们只能说，其中某一百分数的原子在下一秒中发生破裂的概率是确定的。我们以后还会回到这儿所遇到的因果描述方式的这种独特失败，这种失败是和我们对原子现象的描述的基本特点有着密切联系的。在这儿，我只想提到卢瑟福的重要发现——在某些情况下，可以由外界的影响引起原子核的破裂。我们大家都知道，卢瑟福成功地证明，某些在其他方面为稳定的元素，当它们的原子核被从放射性核中发出的粒子所击中时，它们的原子核就可能分裂开来。这种人工控制下的元素嬗变的第一个实例，可以说标志了自然科学史中的一个阶段，并打开了一个全新的物理学领域，即原子核内部的探索。然而，我并不准备详细叙述这一新领域所开辟的那些前景，而只准备讨论讨论一般的知识，这种知识是通过依据上述原子结构观念来说明元素的通常物理属性和化学属性的那些努力而得到的。

初看起来，解决所考虑的问题可能显得是十分简单的。我们所涉及的原子图景是一个很小的力学体系的图景，在某些主要特点上，这种力学体系甚至是和我们自己的太阳系相像的：在太阳系的描述中，力学曾经得到了如此巨大的胜利，并给我们提供了一个满足通常物理学中的因果要求的主要例证。确实，根据有关各行星瞬时位置及瞬时运动的知识，我们可以在表观地不受限制的精确度下算出各行星在以后任一时刻的位置和运动。但是，当人们考虑原子结构问题时，在上述这种力学描述中可以选取任意初态这一事实却引起了巨大的困难。事实上，如果我们必须考虑无限多个连续变化的原子运动态，那么我们就会和原子具有确定属性这种实验知识发生明显的矛盾。人们或者会相信，元素的属性并不对我们直接报道个体原子的行为，而是相反，我们永远涉及的是适用于多个原子之平均情况的统计规律性。在热的机械论中，我们就有一个众所周知的实例，表明着在原子论中运用统计力学考虑的富有成果性。这种理论不但使我们能够说明热力学的基本定律，而且也使我们对于许多一般的物质属性有一个理解。然而，各种元素具有另外一些属性，这些属性使我们能够对于原子各组成部分的运动态得出更加直接的结论。最重要的是，我们必须假设，元素在某些情况下发出的并作为每一元素之特征的光，其品质在本质上是取决于单个原子中所发生的过程的。正如无线电波能使我们理解广播电台装置中的电振动的性质一样，根据光的电磁理论我们就必须预期，元素特征光谱中各个谱线的频率，应该给我们提供有关原子中的电子运动的信息。然而，力学并没有给予我们诠释这种信息的充分基础。事实上，由于上述力学运动态连续变化的可能性，甚至连理解明锐光谱线的发生都是不可能的。

然而，普朗克关于所谓作用量子的发现，已经提供了我们描述自然所缺少的要素：为了说明原子的行为，这一要素显然是必要的。这一发现起源于普朗克关于黑体辐射的研究：这种黑体辐射，因为和所用物质的特定属性无关，所以给热的机械论及辐射的电磁理论的适用范围提供了一种决定性的检验。正是这些理论在说明黑体辐射定律方面的无能为力，就引导普朗克认识了自然规律的一种一向不曾被人注意的普遍特征。这一特征在通常物理现象的描述中肯定是不明显的，但是，在我们对依赖于个体原子的那些效应所作的说明中，这一特征却引起了一种全面的革命。例如，不同于作为习见自然描述之特征的那种对于连续性的要求，作用量子的不可分性要求在原子现象的描述中有一个本质的不连续性要素。当把新知识和我们通常的物理概念方案结合起来时所遇到的困难，通过关于光的本性的讨论而变得特别明显了。虽然从一切较早的实验结果判断起来光的本性问题已经在电磁理论的构架中得到了完全满意的解决，但是，联系到他对光电效应的解释，爱因斯坦却又重新掀起了这一问题的讨论。我们在这儿所遇到的形势，是由这样一件事实来表征的：很明显，我们不得不在有关光传播的两种互相矛盾的观念之间进行抉择：一种是光波的概念，另一种是光量子理论的颗粒观点。每一种观念都表现着我们经验的一些基本方面。我们以后即将看到，这种表观上的两难推论，标志着我们知觉形式的一种和作用量子密切有关的独特局限性。比较仔细地分析一下基本物理概念在描述原子现象时的适用性，就能将这一局限性揭露出来。

确实，只有自觉地放弃我们对于形象化及因果性的通常要求，才能使普朗克的发现在依据我们关于原子各组成部分的知识来解释元素的属性时是富有成果的。将作用量子的不可分性看成一个出发点，作者曾经建议，原子态的每一改变都应该看成一种不能描述得更加细致的个体过程；通过这种过程，原子将从一个所谓的稳定态进入另一个稳定态。按照这种观点，元素光谱并不向我们提供和原子各部分的运动有关的信息，而是每一条谱线都和两个稳定态间的跃迁过程相联系，频率和作用量子的乘积就确定着过程中原子能量的改变。用这种办法，我们发现有可能得到光谱学普遍定律的简单解释，这些定律已由巴尔末、里德伯和里茨成功地从实验数据中推得。这种关于光谱起源的观点，也得到弗兰克和赫兹关于原子和自由电子间的碰撞的那些众所周知的实验的支持。已经发现，在这种碰撞中可以进行交换的那些能量，是和根据光谱算出的两个稳定态之间的能量差确切符合的：其中一个就是原子在碰撞之前所处的稳定态，而另一个则是原子在碰撞之后所可能进入的稳定态。整个说来，这种观点提供了一种整理实验数据的合理方式，但是，很明显，只有放弃了得到关于个体跃迁过程的细致描述的一切企图，才能得到这种合理性。在这儿，我们离一种因果描述是如此遥远，以致可以说，处于某一稳定态的一个原子在到达其他稳定态的各种可能跃迁之间是有一种自由选择的。根据事物的本性，我们只能应用概率考虑来预言个体过程的发生，正如爱因斯坦所强调指出的，这一事实和自发放射性转变所适应的条件是密切相似的。

这种处理原子结构问题的方式有一个独特的特点，那就是广泛地使用了整数，而整数在光谱学的经验定律中也是起着重要作用的。例如，稳定态的分类除了依赖于原子序数以外，还依赖于所谓的量子数。关于这种量子数的系统分类，索末菲曾经有过非常大的贡献。整个说来，所考虑的观点已经使我们能够依据我们关于原子结构的普遍观念来在相当大的程度上说明元素的属性及关系了。考虑到对于我们习见物理概念的巨大违背，人们也许会对这种说明的成为可能感到惊奇，因为，归根结蒂，我们关于原子组成部分的全部知识是以上述那种习见物理概念为基础的。确实，质量和电荷之类的概念的任何应用，显然是和力学定律及电动力学定律的运用相等效的。然而，在下述要求中已经发现了一种方法，可以在经典理论不再成立的其他领域中使这样一些概念成为有用；人们要求，在作用量子可以忽略不计的那种边缘区域中，量子力学的描述要和习见的描述直接融合起来：在量子论中应用经过再诠释的每一经典概念的那种努力，在所谓对应原理中得到了表现；这种再诠释应该满足上述要求，而并不和作用量子不可分性的公设发生分歧。然而,在实际地完成以对应原理为依据的完备描述之前,还有很多困难要克服,而且,陈述一种首尾一致的量子力学只有在最近几年才成为可能。这种量子力学可以看成经典力学的自然推广,而且,在这种量子力学中,连续的因果描述被换成了基本上是统计性的描述方式。

走向这一目的的一个决定性的步骤,是由一位年轻的德国物理学家沃尔纳·海森伯作出的:他曾证明,普通的运动概念可以在无矛盾的方式下换成经典运动定律的形式化的应用;而作用量子则只出现于某些运算法则中,这些法则适用于代替了力学量的那些符号。然而,对于量子论问题的这一巧妙处理,却对我们的抽象能力提出了巨大的要求,因此,在量子力学的发展和澄清中,一些新技巧的发现就曾经是具有深远意义的了;这些技巧虽然具有形式化的性质,但却更加满足形象化的要求。我所指的是由路易·德布罗意所引入的物质波的概念。这一概念在薛定谔的手中已被证实为如此地富有成果,尤其是当联系到稳定态的概念时——各个稳定态的量子数被诠释为代表着各该稳定态的驻波的节面数。德布罗意的出发点,就是存在于支配着光传播的那些定律和适用于物质客体运动的那些定律之间的相似性,这种相似性在经典力学的发展中已经是如此重要的了。事实上,波动力学形成上述爱因斯坦光量子理论的一个自然的对立面。正如在光量子理论中一样,在波动力学中我们处理的也并不是一种自足的思维方案,而是正如玻恩所特别强调的那样,处理的是陈述支配着原子现象的那些统计规律的一种权宜之计。诚然,从它的方式来看,电子被金属晶体反射的实验对物质波概念所提供的证实是和关于光传播的波动观念的实验证据同样带有决定性的。然而,我们必须记得,物质波的应用只限于那样一些现象,在各该现象的描述中必须将作用量子考虑在内,从而这些现象也就是位于某一领域之外的。在那一领域中,有可能完成一种和我们的习见知觉方式相适应的因果描述,而且,在那一领域中,我们可以赋予"物质的本性"和"光的本性"这一类的说法以通常理解下的含义。

借助于量子力学,我们掌握了一个广阔的经验范围。特别是,我们能够说明关于元素的物理属性及化学属性的很多细节。最近以来,甚至已经能够得到关于放射性转变的一种诠释;在这种诠释中,适用于这些过程的经验概率定律,表现为量子论所特有的那种独特统计描述方式的一个直接推论。这种诠释为波动观念的富有成果性和它的形式化本性提供了一个卓越的例证。一方面,我们在这里和习见的运动概念有一种直接的联系,因为,由于原子核所放出的那些碎片能量很大,从而这些粒子的路径是可以直接观察的;另一方面,通常的力学概念完全不能给我们提供有关蜕变过程之历程的描述,因为按照这种概念,原子核周围的力场将阻止各粒子从原子核中逸出。然而,根据量子力学,事态却是颇为不同的。虽然力场仍然是一种障碍,会使大部分的物质波折回,但是,它却允许一小部分物质波透出。在某一段时间内这样透出的一部分波,就给我们提供了原子核在该段时间内发生破裂的概率的一种量度。不加上述条件而谈论"物质的本性",其困难几乎不可能显示得再突出一些了。

在光量子概念的情况中,在我们的观念图景和可观察光效应之发生概率的计算之间,也存在类似的关系。但是,按照经典的电磁学概念,我们并不能赋予光以任何严格意义下的物质性,因为光现象的观察永远依赖于对物质粒子的一种能量传递和动量传递。

光量子概念的可理解的内容,倒毋宁说限于使我们能够考究能量和动量的守恒的那种说明。归根结蒂,下述事实毕竟是量子力学的最独特的特点之一:尽管经典力学概念及经典电磁学概念有其局限性,但是,保持能量守恒定律和动量守恒定律却是可能的。在某些方面,这些定律形成作为量子论基础的物质粒子永恒性假设的一种完美无缺的对立面;这一假设在量子论中严格地得到保持,尽管一些关于运动的观念是被放弃了的。

正如经典力学一样,量子力学也宣称要对它的适用范围内的一切现象作出详尽无遗的说明。确实,比较仔细地考察一下我们通过原子现象的直接测量所能得到的信息以及在这方面我们对基本物理概念的应用所能赋予的含义,就可以得出对原子现象应用根本上是统计性的描述方式的必然性。一方面,我们必须记得,这些基本物理概念的含义是完全和习见的物理想法联系在一起的。例如,基本粒子的永恒性形成任何关于时空关系的说法的前提,正如能量守恒定律和动量守恒定律形成能量概念和动量概念的任何应用的基础一样。另一方面,作用量子的不可分性,这一公设就代表着完全超出经典观念之外的一个要素。在测量的情况下,这一要素不但要求客体和测量仪器之间的一种有限的相互作用,而且甚至要求在我们对这种相互作用所作的说明中有一种确定的活动范围。由于有这种情况,以在空间和时间中排比基本粒子为目的的任何测量,都要求我们放弃对于粒子和用来作为参照系的测量尺杆及时钟之间的能量交换及动量交换进行严格的说明。同样,粒子能量和粒子动量的任何测定,都要求我们放弃粒子在时间和空间中的精确标示。在这两种情况下,测量的本性所要求的经典概念的应用,预先就是和严格因果描述的放弃相等同的,这样的考虑直接导致反比式的测不准关系式。这种关系式是海森伯建立起来的,他曾利用这种关系式作为彻底考察量子力学逻辑无矛盾性的基础。正如作者所证明的,我们在这儿所遇到的这种根本的不确定性,可以认为直接地表示着形象化概念在原子现象之描述中的适用性的绝对界限,这种界限出现于一种表观上的二难推论中,该推论出现于光的本性和物质的本性这一问题中。

就这样,我们不得不在原子现象的描述中对于形象化和因果性有所放弃;这种放弃很可能被认为是形成原子观念出发点的那些愿望的一种挫折。但是,从原子论的目前观点看来,我们必须认为这种放弃本身就是我们理解力的重大进步。确实,在我们有理由期望科学的普遍基本原理可以适用的那种领域中,是不存在这些原理的失效问题的。事实上,作用量子的发现,不但向我们指示了经典物理学的自然界限,而且,由于刷新了不以我们的观察为转移的现象的客观存在这一古老哲学问题,这一发现也使我们面临着自然科学中一种前所未见的形势。正如我们已经看到的,任何观察都需要和现象的进程发生一种干扰。这种干扰具有这样一种性质:它会使我们失去因果描述方式所依据的基础。就这样,自然本身就对我们谈论客观存在的现象的可能性加上了限制;就我们所能判断的看来,这种限制恰恰是在量子力学的陈述中得到表达的。然而,这并不能看成进一步前进的障碍,我们只应该对一种必要性有所准备,那就是,必须越来越广泛地脱离我们对于直接形象化的自然描述的习见要求。最重要的是,我们可以在量子论和相对论相遇的领域中期待新的惊人事件,在这一领域中,一些悬而未决的困难仍然存在,它们阻碍着我们知识广度的全面融合,以及这两种理论给予我们的说明自然现象的不同权宜方式之间的全面融合。

即使是在这一演讲的结尾,我也很愿意借这个机会来强调爱因斯坦的相对论在物理学的最近发展中,在使我们解脱对于形象化的要求方面的巨大意义。我们已经从相对论中学习到,我们的感官所要求的空间和时间的截然划分,其适宜性只不过依赖于这样一件事实——通常出现的速度是比光速小得多的。同样,我们可以说,普朗克的发现已经引导我们认识到,用因果要求来表征的我们整个的习见态度,其适宜性完全依赖于这样一件事实——和我们在通常的现象中所涉及的作用量比较起来,作用量子是非常小的。相对论提醒我们想到一切物理现象的主观性,这是一种本质地依赖于观察者运动状态的性质;同样,量子论所阐明的原子现象及其观察的结合,也强迫我们在应用我们的表达方式时要保持一种慎重性。这种慎重性和心理学问题中所需要的那种慎重性相类似:在心理学问题中,我们不断地遇到区划客观内容的困难。我希望我不致被误解为企图引入一种和自然科学精神不相容的神秘主义。为了免除这种误解,我或许可以在这方面请大家想到两种讨论之间的独特平行性:一种是重新掀起的关于因果原理之正确性的讨论,另一种是自从很早的时代就已持续进行的关于自由意志的讨论。正如意志自由是我们的心理生活的经验范畴一样,因果性可以认为是我们用来将我们的感官印象加以条理化的一种知觉形式。但是,与此同时,我们在这两种情况中都涉及一些理想化,它们的自然界限是有待探讨的,而且它们在下述意义上是彼此依存的:在主体和客体之间的关系中,意志感和因果要求是同样不可缺少的两种要素,而这种关系则形成知识问题的核心。

在结束以前,在这样一次自然科学家的联合会议上接触到一个问题或许是很自然的。这个问题就是:我在这儿所描述的我们关于原子现象的知识的最近发展,可以给关于生命机体的问题带来什么样的光明?虽然现在还不可能对这一问题提出一种详尽无遗的回答,但是,我们或许已经可以窥见生命机体问题和量子论思想之间的某种联系了。这方面的第一个暗示,我们是在下述情况中找到的:在机体和感官印象所依赖的外在世界之间,相互作用可以小到和作用量子相接近的地步,无论如何在某些情况下是如此的。正如人们常常提到的,少数几个光量子就足以造成一种视觉印象。因此,我们看到,机体的独立性和灵敏度方面的要求,在这儿是在自然规律所允许的最大限度内得到满足的;而且,在对于陈述生物学问题具有决定性意义的其他论点上,我们对于遇到类似情况也必须有所准备。然而,如果生理现象显示出一种发展到上述极限的精致性,那么,这就确实意味着,我们同时也接近了借助于我们通常的形象化观念来对这些现象进行单义描述的极限。这一点绝不和下述事实相矛盾:生命机体相当广泛地给我们提出一些问题,这些问题属于我们的形象化知觉形式范围之内,并且曾经形成了物理观点和化学观点的一个有成果的适用领域。而且我们也看不到这些观点的适用性的任何直接的极限。正如我们在原则上不需要区分水管中的水流和血管中的血流一样,我们同样也不应该预先期待在神经中感官印象的传播和金属导线中电的传导之间有任何深入的根本性的差别。诚然,对于所有这些现象来说,一种细致的说明就会把我们带到原子物理学的领域中。确实,单就电传导而言,我们在非常晚近的几年中才刚刚得知,只有那种作为量子论之特征的关于我们的形象化运动概念的界限,才使我们能够理解电子在导线的金属原子之间如何可以前进。然而,在这些现象的事例中,对于说明那些首先需要我们加以考虑的效应来说,描述方式的这样一种改进是并非必要的。但是,在更加深奥的生物学问题中,我们所关心的是机体反映外界刺激时的自由和适应能力，而对于这种问题来说，我们就必须期待发现这样一件事实——更大范围的联系的认知将要求我们将一些条件考虑在内，这些条件和在原子现象的情况下确定着因果描述方式的界限的那些条件相同。此外，就我们所知，意识是和生命不可分割地联系着的，而这一事实就应该使我们准备发现这样一种情况——生和死之间的区别问题，本身就是不能用言词的通常意义来概括的。一个物理学家竟然接触到这样一些问题，这或许可以用一个理由来进行辩护，那就是，物理学中的新形势，曾经如此有力地提醒我们想到一条古老的真理：在伟大的生存戏剧中，我们既是观众又是演员。

费米领导设计的世界上第一座人工核反应堆——芝加哥1号堆

第四集

原子物理学和人类知识

· *Part Four* ·

如果没有权利索取一切科学情报，没有权利对一切可能成为灾祸根源的活动进行国际监督，一切控制显然都不会有什么效果。

——玻尔

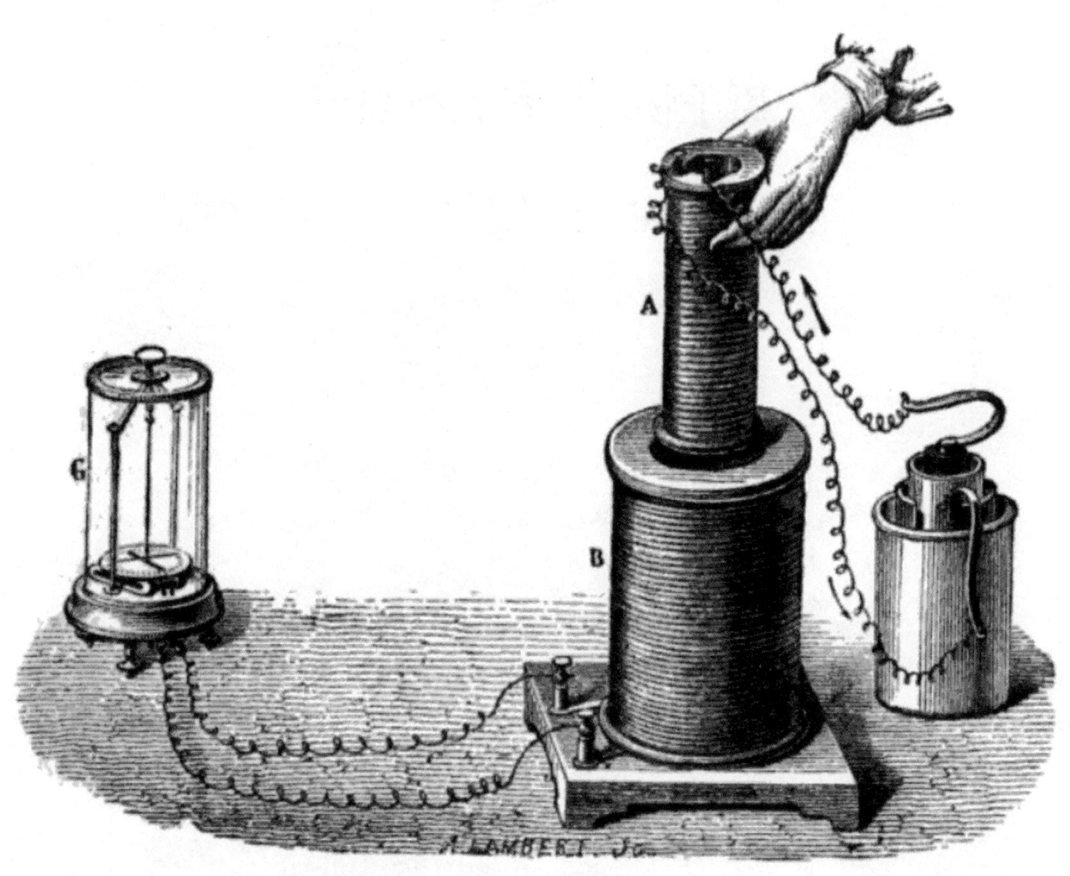

法拉第用于检测线圈感应电流的器材

引　论

原子物理学的发展给我们带来的教益，主要就在于认识了原子过程中的一种整体性特点，这种特点是通过作用量子的发现而显示出来的。

——玻尔

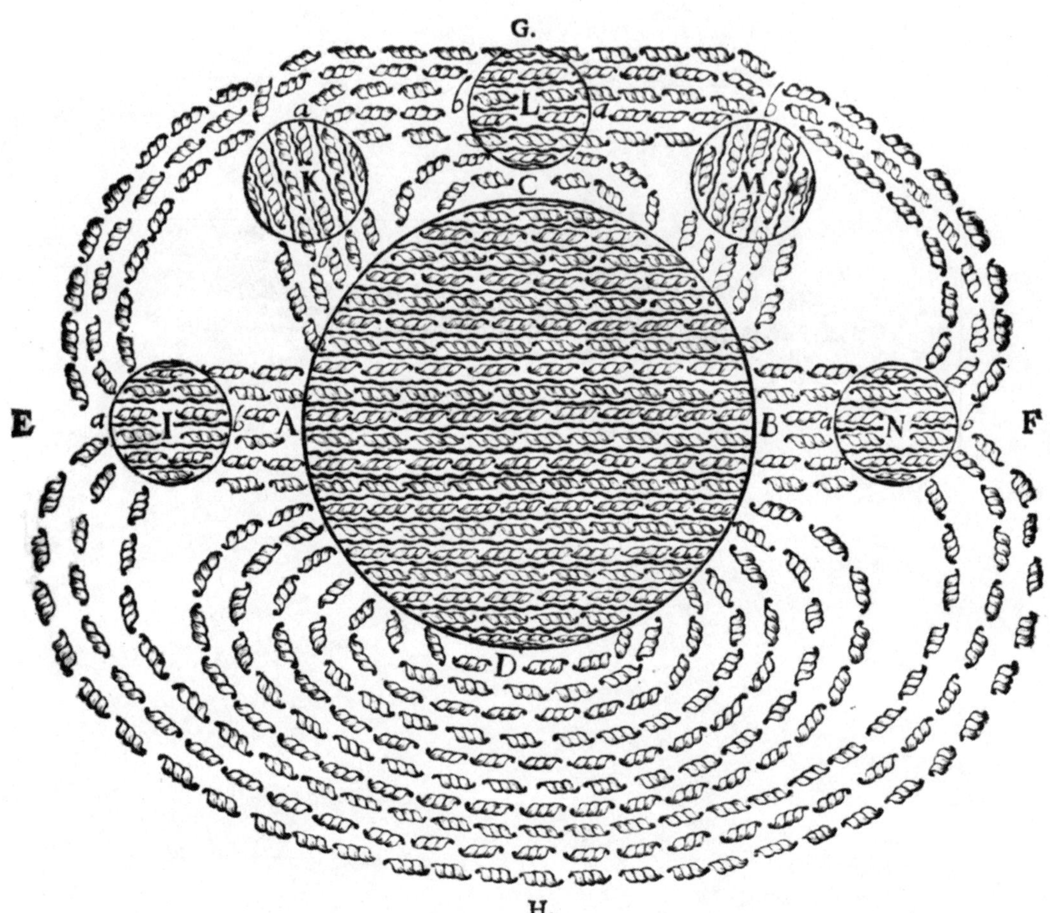
G.
a
b
L
a
b
K
M
C
b
a
E
a
I
b
A
B
a
N
b
F
D
H.

对于一般哲学思维的发展来说，物理科学的重要性，不但在于它对我们与日俱增的有关自然界——我们自己也是自然界的一部分——的知识有所贡献，而且在于它时常提供一些检验和精化我们的概念工具的机会。在 20 世纪中，关于物质的原子构造的研究，曾经给经典物理概念的范围揭示了一种出人意料的界限，而且曾经刷新了结合在传统哲学中的那种对于科学解释的要求。本来，理解原子现象需要一些基本概念，现在，无歧义地应用这些概念的基础得到了修正，那么，这种修正的影响，也就远远超出了物理科学这一特殊领域。

如众所周知，原子物理学的发展给我们带来的教益，主要就在于认识了原子过程中的一种整体性特点，这种特点是通过作用量子的发现而显示出来的。以下的文章将介绍量子物理学现状的主要方面，同时也将强调指出，这种现状和我们在其他知识领域中的地位有些什么相似之点；那些所谓其他的知识领域，是指机械自然观范围以外的一些领域。我们不是在这儿处理那些多少有点模糊的类似性，而是要考查正确运用我们表达事物的思维手段的条件。这些考虑不但旨在使我们熟悉物理科学的新颖现状，而且，由于原子问题有着比较简单的特点，所以这也可能有助于弄清楚在一些更广阔的领域中进行客观描述的条件。

本集所收的七篇文章，虽然是如此紧密地相互联系着的，但是它们却形成分离的三组，各组依次写于 1932—1938 年、1949 年和 1949—1957 年。头三篇论文是和上集的文章直接有关的，文中针对生命机体及人类文化所显示的整体性特点讨论了生物学问题及人类学问题。当然，我们根本不曾企图对这些课题提出一种囊括无遗的处理；我们仅仅企图指出，这些问题是怎样在原子物理学一般教益的背景上突现出来的。

第四篇文章处理了物理学家们对量子物理学引起的认识论问题所进行的讨论。由于课题的性质，多少涉及一些数学工具是不可避免的，但是，要理解这些辩论并不需要什么专门知识。争辩的结果使我们明确了观察问题的新方面，这种新方面蕴涵于下述情况之中：原子客体和测量仪器之间的相互作用，构成量子现象中一个不可分割的部分。因此，用不同实验装置得到的证据，并不能按照惯常的路线来加以概括，而且，考虑到获致经验时种种条件的必要性，就直接要求我们使用互补性的描述方式。

最后一组文章是和第一组文章密切有关的，但是，在介绍量子物理学的现状时应用的术语已作改善，我们希望这样的术语可以使一般的论证较为通俗易懂。当把这种术语应用于范围更广的问题时，我们特别强调了无歧义地应用那些用来说明经验的概念时的先决条件。论证的要点是：为了得到客观的描述和协调的概括，几乎在每一个知识领域中都必须注意获致证据时所处的情况。

◀笛卡儿绘制的地球磁场图

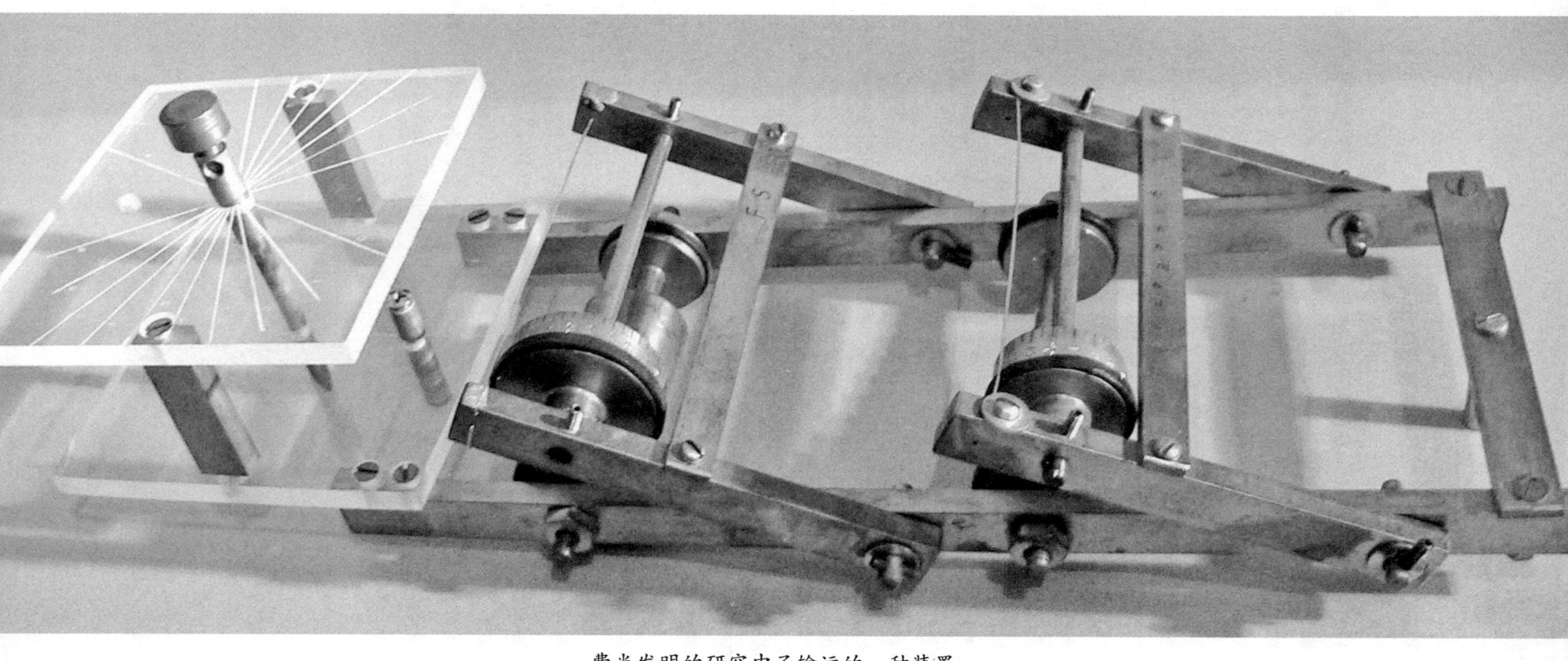

费米发明的研究中子输运的一种装置

（一）

光和生命

（1932）

生物的主要特征必须到一种奇特的有机体中去找；在这种有机体中，可以用普通力学来加以分析的一些特点和典型的原子论的特点交织在一起，其交织程度是无生命物质中的交织程度所无法比拟的。

——玻尔

作为一个只限于研究无生物体的属性的物理学家，我在接受盛情的邀请来在这样一个科学家的集会上发表演说时是不无踌躇的。今天，诸位科学家会聚一堂，为的是推进我们关于光在治疗疾病上的有益效果的知识。对于这一门美好的、对人类福利如此重要的科学，我实在不能有所贡献。我最多只能谈谈纯无机的光现象，这种现象多少年来特别吸引了物理学家们的注意，其最大原因就在于光是我们的主要观察工具这一事实。然而，我曾经想到，借此机会通过这样一次谈话来接触一个问题也许是有兴趣的，那就是：在较狭窄的物理学领域中得到的结果，可以在多大程度上影响我们对于生物在自然科学大厦中所占地位的看法？尽管生命之谜有着很微妙的性质，这一问题却在科学的每一发展阶段中都出现过；科学解释的本义，就在于将比较复杂的现象分析为比较简单的现象。在目前，使得老问题又获得了新兴趣的，是对自然现象进行力学描述的根本局限性，这种局限性是由原子论的最近发展揭示出来的。这一发展恰恰就起源于光和物体之间的相互作用的较深入的研究，这种相互作用表现了一些特点，它们不满足一向认为一种物理解释所必须满足的要求。正如我将尽力阐明的，物理学家们为了掌握这一情况而作的努力，在某些方面颇像生物学家们向来就多多少少直觉地对生命特征所抱的态度。但是，我愿意同时强调一下，只有在这种形式的方面，光和生命才显现一种类似性。光，这或许是一切物理现象中最不复杂的一种；生命，它却表现着一种科学分析所难以捉摸的多样性。

按照物理学的观点，光可以定义为在隔着一个距离的物体间进行的能量传递。如所周知，这种效应在电磁理论中得到了一种简单解释，而电磁理论则可以看成为了缓和超距作用与近距作用之间的矛盾而对经典力学作出的一种合理的引申。按照这种理论，光被描述为耦合着的电振荡和磁振荡，它和通常的无线电波之间的区别，只在于振荡频率较高和波长较短而已。光的传播，在实际上可说是直线的；当用肉眼或适当仪器来确定物体位置时，就是以这种直线传播为根据的。而事实上，光的直线传播完全依赖于光的波长远小于所涉及的物体线度及仪器线度这一事实。同时，光传播中的波动特点，不但是我们说明色现象的基础，而且它对于光学现象的任何精密分析来说也是不可缺少的——在光谱学中，色现象曾经提供了有关物质结构的十分重要的报道。作为上述这种光学现象的一个典型例子，我只要举出干涉图样就可以了：当光可以从光源沿着两条不同的路程传播到一个屏上时，这种干涉图样就会出现。这里我们发现：在屏上，在两个波列的周相一致的那些点上，也就是说，在两个光束中的电振荡、磁振荡具有相同方向的那些点上，两个光束所将分别引起的那些效果是加强的；在这种振荡具有相反方向而两个波列又被称为具有异周相的那些点上，二光束的效果减弱甚至可以消失。这种干涉图样给光传播的波动图景提供了如此彻底的验证，以致这种图景不能看成通常意义下的假说，而应该看成所观察现象的恰当解释。

但是，大家知道，由于在能量传递的机构中发现了原子性的基本特征，而且从电磁理论的观点看来这种原子性十分难以理解，因此，近年以来，光的本性问题又重新被人们讨

◀1911 年秋第一届索尔维会议集体照

论起来。事实上，任何的光能传递过程都可以追溯到一些个体过程：在每一个这样的个体过程中，有一个所谓的光量子被交换；光量子的能量，等于电磁振荡频率和普适作用量子（或称普朗克常量）的乘积。在光效应的原子性和电磁理论中能量传递的连续性之间，存在着明显的矛盾，这种矛盾给我们提出了一个二难推论，它是物理学中从未遇到过的。例如，尽管光传播的波动图景显然不够完备，但绝不存在把它换成某种以普通力学概念为基础的其他图景的问题。特别是，必须强调，光量子不能被看成可以具有通常力学意义下的确定轨道的一种粒子。如果我们用一个不透明的物体把其中一个光束挡住，以保证光能只经过光源和屏之间的二路程之一来进行传播，那么干涉图样就会完全消失；与此同样，在必须重视光的波动结构的任何现象中，要想追寻个别光量子的路径而不致严重地扰乱所研究的现象，也是不可能的。事实上，我们的光传播图景的空间连续性和光效应的原子性，乃是两个互补的方面。这种说法的含意是，它们说明着光现象的同等重要的两个特点，这两个特点绝不能被置于直接矛盾的情况下，因为在力学上对它们进一步加以分析时就要使用互相排斥的实验装置。同时，正是这种情况迫使我们放弃光现象的完全的、因果性的说明，并迫使我们只好满足于概率律，这些规律所根据的事实是能量传递的电磁描述，在统计意义上仍旧是正确的。这就形成所谓对应论证——就是表示要在最大程度上力求应用经典力学理论及经典电磁理论中的概念，尽管这些理论和作用量子是矛盾的——的一种典型应用。

起初，这种情况可能显得令人很不舒服，但是，正如科学上常常发生的情况那样，当新的发现使我们认识到一向认为不可缺少的那些概念也有其本质的局限性时，我们就获得了这样的报酬：我们得到更全面的看法和更高的能力，可以把过去甚至可能显得互相矛盾的那些现象联系起来。确实，作用量子所表示的经典力学的界限，曾经给我们提供了理解原子内在稳定性的一个线索；自然现象的力学描述，就是以这种稳定性为其根本依据的。当然，原子的不可分性无法用力学术语来理解，这从来就是原子论的基本特征；甚至在原子的不可分性被组成原子及分子的基本带电粒子（电子和质子）的不可分性所代替以后，这种情况实际上也未改变。我所要涉及的，不是这些基本粒子的内在稳定性问题，而是由它们组成的原子结构的内在稳定性问题。如果我们从力学观点或电磁理论观点来处理这一问题，我们就找不到充分根据来说明各元素的特殊属性，甚至找不到充分根据来说明刚体的存在——我们用来在时间和空间中整理各种现象的一切测量，归根结蒂是依赖于刚体的存在的。这些困难，现在被一种认识所克服了：人们认识到一个原子的任何一次确定的变化，都是一个单独的过程，代表着原子从它的一个所谓稳定态到另一个所谓稳定态的完整跃迁。而且，既然在原子发射光或吸收光的跃迁过程中恰恰有一个光量子被发射或被吸收，那么，通过光谱学的观察，我们就能直接测定每一个稳定态的能量。通过研究原子碰撞中及化学反应中的能量交换，这样得出的知识也曾经很有教益地得到了证实。

近年以来，沿着对应论证的路线，原子力学曾经得到了显著的发展，这种发展给我们提供了计算原子稳定态能量及计算跃迁过程概率的适当方法，于是就使我们对原子属性所作的说明，变得像利用牛顿力学来对天文经验所作的标示一样可以理解了。尽管原子力学的一般问题比较复杂，但是，对于上述发展来说，我们在分析较简单的光学现象时所得到的教益，却曾经是最为重要的。例如，在稳定态概念的无歧义应用和原子内在运动的力学分析之间，存在着一种互补关系，就如同光量子和辐射的电磁理论之间的互补关系一样。事实上，追索跃迁过程之细致历程的任何企图，都将涉及原子和测量仪器之间的一种不可控制的能量交换，这种能量交换将完全打乱我们所要研究的能量平衡。只有在所涉及的作用量大于一个作用量子，从而可以把现象划分得更细的情况下，才能够对经验进行因果性的力学描述。如果这个条件并不满足，那么测量仪器对所研究客体的作用就不能被忽视，而这种作用就会在作通常形式的完备力学描述时所需的各种报道之间引起互斥性。这种原子现象的力学分析所具有的表观不完备性，归根结蒂是起源于忽视了任何测量过程中都固有的客体对测量仪器的反作用。正如相对性这一普遍概念表明任何现象都和用来在时间、空间中标示它的参照系有着本质联系一样，互补性这一概念也可以用来表示原子物理学中所遇到的根本界限：现象的客观存在和观察它们的方法有关。

力学基础的这一修正，一直扩展到物理解释这一概念本身。这一修正，不但对于充分理解原子论的现状来说是必不可少的，而且它也提供了一种按照和物理学的关系来讨论生命问题的新背景。这绝不是说，我们在原子现象中会遇到一些比普通的物理效应更和生物属性相近的特点。初看起来，原子力学的本质上的统计性，甚至是和出奇精致的生物器官相矛盾的。然而，我们必须记得，正是这种互补性的描述方式为原子过程中的规律性留下了余地，这种规律性是力学中所没有的，但在我们说明生命机体的行为和无机物质的特性时都是同等重要的。例如，在植物的碳素同化过程中——动物的营养也大量依赖于这个过程——我们遇到的是这样一种现象，在理解该现象时，光化学过程的特殊性显然是不可缺少的。同样，原子结构的非力学的稳定性也惹人注意地表现在叶绿素或血红蛋白这一类高度复杂化合物的特性中，而叶绿素及血红蛋白在植物的同化及动物的呼吸中是起着根本作用的。但是，比起认为生物和钟表之类的纯机械装置相类似的那种看法来，从一般化学经验得来的类似性（例如古代人们把生命和火相比拟的作法），并不能提出有关生命机体的更加令人满意的解释。事实上，生物的主要特征必须到一种奇特的有机体中去找，在这种有机体中，可以用普通力学来加以分析的一些特点和典型的原子论的特点交织在一起，其交织程度是无生命物质中的交织程度所无法比拟的。

关于这种有机体的发展程度，眼的构造和机能提供了一个有教育意义的例证，在探讨眼的构造和机能方面，光现象的简单性又曾经是最有帮助的。我不准备在这儿涉及细节问题，我只想提醒大家，眼科学如何对我们揭示了作为一种光学仪器的人眼的理想属性。确实，不可避免的干涉效应对成像所加的限制，实际上是和一些网膜分区的大小相一致的，这些网膜分区各自有其独立的神经和脑部相连。不但如此，既然每一网膜分区吸收单独一个光量子就能造成视觉印象，那么，眼的灵敏度就可以说已经达到了光过程的原子性所规定的极限了。在这两个方面，眼的效率实际上和在下述装置中所得到的效率相同：这种装置就是，把一个良好的望远镜或显微镜和一个适当的放大器连接起来，使得每一个单独过程都可以被观察到。诚然，利用这样的仪器可以大大地增强我们的观察能力，但是，由于受到光现象的基本性质的限制，比眼更有效地适应其本身目的的仪器是不可设想的。现在，通过物理学的最近发展而认识到的这种眼的理想精密性就使我们想到：其他的器官，不论是用来从环境接收信息的还是用来对感觉发生反应的，也都会对其本身目的显示同样的适应性；而且，在这些器官中，用作用量子来表示的那种个体性的特点，也会在和某种放大机构的关系方面显示出具有决定意义的重要性。在眼中追索这种极限是可能的，而在任何其他器官中则迄今为止是不可能的，其所以如此，不过是由于以上曾经谈到的光现象的极端简单性而已。

然而，认识到原子论特点在生命机体的机构中的根本重要性，还绝不足以得到有关生物学现象的概括解释。因此，当前的问题是，在我们根据物理经验而对生命有所理解之前，是不是在自然现象的分析中还缺少某些基本的要素呢？尽管千变万化的生物学现象实际上可以说是不可穷尽的，但是，如果不对"物理解释"所应有的含义进行比作用量子这一发现所要求的更为深入的检验，那么上述问题的答案就是无法得出的。一方面，在生理学研究中经常出现的那些和无机物质的特征如此不同的奇妙特征，曾经把生物学家引向一个信念，认为不可能按照纯物理的概念来正确理解生命的重要特点。另一方面，设想有一种奇怪的、物理学所不知道的"生命力"控制着有机生命，也很难使所谓活力论(vitalism)的观点得到清晰的表达。事实上，我想我们大家都同意牛顿的看法：科学的终极基础，就是关于大自然将在相同条件下显示相同效应的预期。因此，如果我们竟然能把关于生命机体的机构的分析推进到原子现象的分析的地步，那么，我们就不应该期望找到无机物质所没有的任何特点。然而，在这个二难推论中必须记住，生物学研究的条件和物理学研究的条件是不能直接相比的，因为保持研究对象的活命的必要对前一种研究加了一种限制，这种限制在物理学中找不到它的对应。例如，如果我们企图研究一个动物的各种器官，直到能够说出单个原子在生命机能中起什么作用的地步，那么我们就无疑地要杀死这个动物。在有关生命机体的每一实验中，必然要在各机体所处的物理条件方面留下某种不确定性；而这种想法也就提示说，我们所必须留给机体的最小自由，将刚好大到足以使该机体对我们"保守其最后秘密"的地步。按照这种观点，生命的存在恰恰就应该被认为是生物学中的一种基本事实，就如同作用量子的存在应该被认为是原子物理学中不能从通常的机械物理学推出的基本事实一样。事实上，原子稳定性在本质上不能用力学来加以分析，作为生命之特征的那些奇特机能也不能用物理学或化学来加以解释，而在这种不可分析性和不可解释性之间是存在着一种切近的类似性的。

然而，在追索这种类似性时我们必须记得，在原子物理学和生物学中，问题表现着一些本质上不同的方面。在原子物理学领域中，我们的兴趣主要在于物质在最简单形态下的行动；而在生物学领域中，我们所考虑的物质体系的复杂性却带有一种根本性质，因为即使是最原始的机体也包含着很多很多个原子。不错，普通力学的广阔适用范围，包括对原子物理学中所用仪器的说明在内，恰恰就是根据这样一种可能性：当我们处理包含很多很多原子的物体时，可以充分地忽视作用量子所规定的描述中的互补性。尽管原子论特点有着本质上的重要性，但是，作为生物学研究的特点的却是另一事实：我们永远不能把任一单独原子所在的外界条件，控制得像原子物理中基本实验的条件那样细致。事实上，我们甚至不能说出哪些特定原子是确实属于某一生命机体的，因为任何一种生理机能都伴随着一种物质交换过程，通过这种过程，一些原子经常在组成生物的有机体中出出进进。事实上，这种物质交换过程在一个生物机体的所有部分中扩展到这样一种程度，以至于我们不能在原子规模下明确区分生物机构的两种特点：一种是可以用普通力学来加以无歧义说明的，另一种是肯定需要考虑到作用量子的。物理学研究和生物学研究之间的这一根本区别，意味着不能给物理概念对生命问题的适用性定出一个明确的界限，来和因果性力学描述领域及原子力学中的真正量子现象之间的界限相对应。上述类似性的这种表观局限性，其根源一直深入到生命和力学这些名词的定义，这种定义归根结蒂是公约性的。一方面，如果我们不来分辨生命机体和无生命物体，而把生命概念引申到一切自然现象中去，那么生物学中的物理学界限问题就不再有什么意义。另一方面，如果我们按照日常语言把力学一词理解为自然现象的无歧义的因果描述，那么像原子力学这样一个名词也就没有意义了。我不准备进一步讨论这种单纯的术语问题，我只要指出，我们所考虑的类似性，其要素也就在于两种事物之间的明显互斥性：一方面是个体的自我保存和自我繁殖这一类典型的生命特点，另一方面是任何物理分析所必需的可分性。由于存在这种本质上的互补特点，力学分析中所没有的目的概念，就在生物学中找到了一定的用武之地。确实，在这种意义上，目的论的论证可以认为是生理学描述中的合法特点；这种生理学描述适当照顾到生命的特征，就像原子物理学中的对应论证照顾到作用量子一样。

当然，在讨论纯物理概念对于生命机体的适用性时，我们曾经像看待物质世界的任何其他现象一样来看待生命。然而，几乎用不着强调，作为生物学研究之特征的这种态度，绝不能引起对生命的心理学一面的任何忽视。恰恰相反，认识到力学概念在原子物理学中的局限性，倒毋宁说是更适于调和生理学观点和心理学观点之间的表观矛盾的。事实上，在原子力学中必须考虑测量仪器和所研究客体之间的相互作用，这种必要性和心理分析中的一些奇特困难很类似，那些奇特困难起源于这样一件事实：当把注意力集中于心理内容的任一特殊方面时，心理内容本身就必然会改变。这种类似性为心理-物理平行论提供了重要的阐释，把这种类似性加以扩大将使我们离题太远。然而，我愿意强调一下，这儿所谈的这种性质的考虑，是和想要在原子现象的统计描述中寻找对物质行为加以精神影响的新可能性的任何企图都是完全相反的。例如，人们有时说，某一原子过程在身体中发生的概率，可能受到意志的直接影响。按照我们的观点，这种看法是不可能有什么明确意义的。事实上，按照心理-物理平行论的广义解释，意志自由应该看成和那样一种生物机能相对应的意识生活的特点，该种生物机能不但不能适用因果性的力学描述，而且甚至也不能在物理上被分析到足以明确适用原子物理学统计规律的那种程度。用不着进入形而上学的猜测，我或许可以再说一句：对于“解释”这一概念的分析很自然地要和取消对我们自己的意识活动的解释同始同终。

最后，几乎用不到强调，我在这儿所说的一切，绝没有对物理科学及生物科学的未来发展表示任何怀疑主义的意思。事实上，这样的怀疑主义是现时代物理学家们所不能设想的；在这个时代，正是由于认识到我们的最基本概念的局限性，才引起了物理科学的如此惊人的发展。放弃对于生命的解释，也不曾妨碍已经在生物学各分支中发生了的奇妙的进步，包括在医学上被证实为如此有益的那些进步在内。即使我们不能在健康和疾病之间画一条明确的分界线，只要我们不离开前进的大道，在作为本会议题的这一特殊领域中就不会有怀疑主义存在的余地。从芬孙(Finsen)的开创性的工作开始，人们就已经沿着这一大道成功地前进了。这一大道的突出标志，就在于把研究光疗法的医学效果和研究光的物理特点最为紧密地结合起来。

（二）

生物学和原子物理学

（1937）

特有的生物学规律性代表着一些自然现象，它们和用来说明无生物体的属性的自然规律之间存在着互补关系，就如同在原子本身属性的稳定性和组成原子的粒子的那些可以用时空坐标来描述的行动之间存在着互补关系一样。

——玻尔

伽瓦尼(Galvani)的不朽工作[①],在整个科学领域中开展了一个新时代:他的工作是一个最辉煌的例证,说明把对无生命自然界规律的探讨和对生命机体属性的研究密切结合起来是极有成果的。因此,借此机会回顾一下多少年来科学家们对物理学和生物学之间的关系问题所持的态度,特别是讨论一下最近期间原子论的非凡发展在这方面所创造的前景,可能是合适的。

自从科学刚刚萌芽的时候起,在企图对千变万化的自然现象得到一种概括的看法方面,原子论就曾经成为兴趣的焦点。例如,德谟克利特(Democritus)就曾经以非常深刻的直觉能力强调过,对于物质普通属性的任何合理说明,都需要用到原子论。大家知道,他也曾经企图利用原子论的概念来解释有机生命的特色,甚至解释人类心理的特色。由于这种极端唯物的观念带有相当的幻想性,所以就引起了一种很自然的反作用:亚里士多德(Aristotle)以其对当时物理知识及生物知识的同样精湛的理解,完全地摒弃了原子理论,并试图提供一个充分广阔的构架,以根据本质上是目的论的概念来说明丰富的自然现象。然而,由于人们逐渐认识到一些基本自然规律对无生物体和有生机体都同样适用,亚里士多德学说的夸大性也就被揭露了出来。

在这方面,当想到以后成为物理学员真正基础的那些力学原理的建立时,注意到下述事实是不无兴趣的:按照大家熟悉的一种传说,阿基米德(Archimedes)关于浮体平衡原理的发现,是受到了他自己的身体在浴盆中升起时的感觉的启示,但这一发现也同样可能根据石头在水中会变轻的那种普通经验来得到。同样,伽利略(Galileo)通过观察美丽的比萨教堂中的挂灯摆动而认识了动力学的基本规律,而不是通过注视秋千上的一个小孩而认识了这种规律,这也应该认为是十分偶然的。但是,对于人们逐步认识到控制着自然现象的那些原理的本质统一性来说,这种[生物和无生物之间的]纯粹外表上的类似性,当然不会起多大作用,它当然不如生命机体和工业机械之间的那种根源深远的相似性来得重要。这种相似性,通过解剖学和生理学的研究而被揭示了出来:这种研究在文艺复兴时代曾经进行得非常强烈,尤其是在这儿,在意大利。

这种对待自然哲学的新的、实验性的处理方式,从两个方面受到了同样的鼓励,那就是,由哥白尼(Copernicus)的见解而带来的世界图景的扩大,以及由哈维(Harvey)的伟大成就而引起的对于动物身体中循环机构的阐明。这种处理方式开辟了一些前景;对于这种前景所抱的热诚,在玻勒利(Borelli)的工作中得到了或许是最突出的表现,他曾经非常细致地阐明了骨胳和肌肉在动物运动中所起的机械功能。这种工作的经典性,绝没有因为玻勒利本人及其门人的企图而受到妨害,他们企图也用原始的机械模型来解释神经作用和腺体分泌作用。这种企图的明显的武断性和粗糙性很快地就惹起了普通的批评。通过人们给玻勒利学派所起的"医术物理学家"(iatro-physicists)这一个半讽刺的名字,

◀索尔维会议发起人比利时化学家索尔维(Ernest Solvay,1838—1922)

① 路·伽瓦尼是一名生物学家。他在解剖工作中发现,当青蛙的神经或肌由和不同的金属较触时,青蛙的腿将发生痉挛现象。这种发现导致后来所谓接触电势差的研究,随后就导致了化学电池的制造。——译者

我们至今还记得这种批评呢。同样，人们也曾经力图把日益丰富的纯粹化学变化的知识应用到生理过程上去。这种努力的根基是稳固的，而且在绥尔威(Sylvius)那儿找到了非常热诚的代表人：但是，由于夸大了消化及发酵和最简单无机反应之间的表面类似性，由于过于急迫地把这种类似性用于医学目的，这种企图也招致了一种反对，以致人们把这种早熟的努力标名为“医术化学”(iatro-chemistry)。

在我们看来，利用物理学和化学来概括说明生命机体性质的这种开创性的努力之所以收获不大，其原因是很明显的。人们不仅要等到拉瓦锡(Lavoisier)的年代才能揭露化学的基本原理(这种原理后来要为理解呼吸作用提供线索，然后又为所谓有机化学的非凡发展提供基础)，而且，在伽瓦尼的发现以前，物理学规律的一个根本方面还没被发现。想想这种事情是很有启发性的：一种萌芽，在伏特(Volta)、奥斯特(Øersted)、法拉第(Faraday)和麦克斯韦(Maxwell)等人的手中将要发展成一种其重要性可以和牛顿力学分庭抗礼的理论结构，而这种萌芽却是从一种有着生物学目的的研究中生长出来的。事实上，检测伽瓦尼电流所必需的并在以后顺利制成的灵敏仪器，如果没有由大自然本身在高等动物的神经纤维中提供了榜样，那么，尽管在富兰克林(Franklin)的手中很有成果地进行了有关带电体的实验，要从这种实验进步到伽瓦尼电流的研究那也是很难想象的。

在这儿，即使只是提纲式的，要来叙述一下伽瓦尼以来的物理学和化学的惊人发展，或是列举一下 19 世纪生物学一切分支的各种发现，那都是办不到的。从马耳皮基(Mslpighi)和斯帕兰扎尼(Spallanzani)在这所被世人尊敬的大学中进行的开创性工作到近代的胚胎学和细菌学，或者是从伽瓦尼本人到最近的有关神经冲动的绝妙研究，我们只要回想一下这样的发展路线也就够了。尽管这样对于很多典型生物学反应的物理方面和化学方面的影响远大得到了理解，但是，机体结构的出奇精致性，以及机体中相互联系着的调节机构的多样性，仍旧如此遥远地超过关于无生自然界的任何经验，以至于我们仍旧感到和以往一样不能沿着这种路线来对生命本身作出一种解释。事实上，最近发现了所谓病毒的毒化效应和生殖性质，当我们亲眼看到这一发现在和上述问题有关的方面所引起的热烈的科学争论时，我们感到自己面临着一个二难推论，就像德谟克利特和亚里士多德所面临的问题一样地尖锐。

在这种形势下，虽然是在一种非常不同的背景上，人们的兴趣又都集中到原子论上来了。因为道尔顿(Dalton)曾经应用原子论的观念来阐明化合物组成所服从的定量规律并得到了十分肯定的成功，所以原子论已经变成一切化学推理的不可缺少的基础和无往不利的指南。不仅如此，物理学中实验技术的惊人改进，甚至为我们提供了一些方法来研究和个体原子的作用直接有关的那些现象。这种发展彻底清除了这样一种传统偏见：由于我们感官的粗糙性，关于原子确实存在的任何证明都永远是人类经验所不能达到的。同时，这种发展所揭示的自然规律中的原子性特征，也比物质之有限可分性这一古老教义所表示的更为深入。我们事实上已经体会到，如果要理解真正的原子现象，我们的概念构架——既适于用来说明我们日常生活经验的，又适于用来陈述宏大物体之行动所适合的并构成所谓经典物理学这一辉煌大厦的全部定律体系的——就得从根本上加以扩展。然而，为了理解自然哲学中这种新形势在合理态度上对于生物学基本问题所提供的可能性，必须简单地回忆一下引导我们认识到原子理论现状的主要发展路线。

如众所周知，近代原子物理学的起点，就在于对于电的本身的原子性的认识。这种原子性，首先通过法拉第有关伽瓦尼电解的著名研究指示了出来，而后通过稀薄气体的美丽放电现象中电子的分出而确定了下来；在19世纪末叶，稀薄气体的放电现象吸引了人们很大的注意。虽然J.J.汤姆逊的光辉研究很快地就显示了电子在千变万化的物理现象和化学现象中所起的重要作用，但是，直到卢瑟福发现原子核为止，我们关于物质结构单位的知识一直是不完全的：卢瑟福的发现，使他在某些重元素的自发放射性嬗变方面的开创性工作得到了极大的荣誉。事实上，这种发现第一次对普通化学反应中的元素不变性提出了一种确凿的解释——在普通化学反应中，微小而沉重的原子核保持不变，只有原子核周围的轻微电子的分布才会受到影响。此外，这种发现不但对天然放射性的起源提供了直接的理解（在天然放射过程中，我们遇到原子核本身的爆裂），而且也为元素的感生嬗变提供了直接的理解。这种感生嬗变是卢瑟福在后来发现的：用高速重粒子轰击元素，当这些粒子和原子核碰撞时就可以使原子核发生蜕变。

要在这儿进一步讨论原子核嬗变的研究——将是物理学家们在本届会议上的主要论题之一——所打开的神奇的新研究领域，就离题太远了。我们的论证要点，事实上不能到这种新经验中去找，而要到下述事实中去找：除非激烈地脱离开经典的力学概念和电磁学概念，否则就不可能根据卢瑟福原子模型的已经确立的主要特点来说明普通的物理现象和化学现象。事实上，虽然牛顿力学对于开普勒（Kepler）定律所表示的行星运动的和谐性有所洞察，但是，像太阳系这种力学模型的稳定性却和原子的电子组态的内在稳定性不尽相同；当太阳系这一类的体系受到扰动时，它并没有返回原有状态的趋势，而原子的内在稳定性则是说明各元素的不同属性所必需的。最重要的是，原子的内在稳定性已由光谱分析肯定证明了。如众所周知，光谱分析曾经表明，每一种元素都具有一种由明锐谱线组成的特征光谱，这种光谱对于外界条件的依赖性小到那样的程度，以致我们得到了一种通过光谱仪的观察来鉴定极远星体的物质组成的方法。

然而，解决这种二难推论的一个线索，早已由普朗克关于基本作用量子的发现提供了出来，这种发现是另一种很不相同的物理研究的结果。如众所周知，这种发现，是普朗克通过对物质和辐射之间的热平衡的特点进行天才的分析而得到的。按照热力学的普遍原理，这种热平衡的特点应该和物质的特性完全无关，从而也应该和关于原子结构的任何特殊概念完全无关。事实上，基本作用量子的存在表明着物理过程的个体性的新面貌。这种新面貌是经典的力学定律和电磁学定律所完全没有的，它把各该定律的适用性本质上局限于那样一些现象：它们所涉及的作用量大于普朗克的原子论式的新恒量所定义的单个量子。这个条件虽然在通常物理经验的现象中是充分满足的，但对原子中的电子行动却是根本不成立的，而且，事实上只是由于作用量子的存在，才使电子不能和原子核融合成一个中性的、实际上可以看成无限小的重粒子。

认识到这种情况就立刻使我们想到：每一电子和原子核周围的场的结合，可以描述为一系列的个体过程。通过这种过程，原子将从它的一个所谓稳定态转变到另一个所谓稳定态，并以一个单独的电磁辐射量子的形式放出其被释放的能量。这种观点和爱因斯坦对于光电效应的很成功的解释是很相近的，而且，通过弗兰克和赫兹在用电子碰撞原子而激发光谱线的方面所作的优美的研究，这种观点得到了极有说服力的证实。事实上，这种观点不但直接解释了巴尔末（Balmer）、里德伯（Rydberg）和里茨（Ritz）等人所发现的那种费解的线光谱普遍定律，而且，在光谱学证据的帮助下，这种观点也逐渐导致了原子中任一电子的稳定态类型的系统化的分类法。这种系统化的分类法，可以完全说明著名的门捷列夫周期表中所表示的元素物理性质及化学性质之间的那种可惊异的关系。这样一种关于物质属性的说明，显得似乎是一种古老想法的实现：把自然律的陈述归结为纯数的研究；这简直超过了毕达哥拉斯学派的梦想。关于原子过程之个体性的基本假设，同时涉及本质上放弃物理事件之间的细致因果联系的问题，这种细致的因果联系多少年来曾经是自然哲学的无可怀疑的基础。

要回返到和因果原理能够相容的描述方式吗？任何这样的问题都被多种多样的毫不含糊的经验所否决了。不但如此，人们很快地就证实，把想要说明原子理论中作用量子之存在的那种原始企图发展成一种适当的、本质上是统计性的原子力学是可能的，这种原子力学，在无矛盾性和完全性方面都可以和经典力学这一理论结构充分媲美，它是经典力学的一种合理的推广。如众所周知，这种新的所谓量子力学的建立，主要应归功于年轻一代物理学家们的天才贡献——这种量子力学的建立，且不说它在原子物理学的和化学的一切分支中所取得的惊人成就，事实上它已经根本澄清了原子现象之分析及综合方面的认识论的基础。在这一领域中，就连观察问题本身也曾受到海森伯——量子力学的主要创始人之一——的修正。这种修正，事实上引导人们发现了一向不曾注意的先决条件——无歧义地应用那些甚至是最基本的、描述自然所根据的概念时的先决条件。这儿的分界点在于这样一种认识：任何按照经典物理学的习惯方式来分析作用量子所规定的那种原子过程之“个体性”的企图，都会受到一种不可避免的相互作用的破坏，这种相互作用存在于有关的原子客体和为此目的所必需的测量仪器之间。

这种情况的一个直接后果就是，利用不同实验装置对原子客体的行动所作的一些观察，一般并不能按照经典物理学的通常方法来相互结合。具体说来，以在空间和时间中标示原子中的电子为目的的任何假想过程，将不可避免地带来原子和测量装置之间的一种本质上不可控制的动量交换和能量交换，这种动量交换和能量交换将把作用量子所对应的原子稳定性的显著规律性完全消除掉。反之，这种规律性的说明蕴涵着能量和动量的守恒定律，而这种规律性的任何考察，都会在原则上带来对原子中个体电子的时空标示的放弃。于是，在这种互斥条件下得到的经验，显示着量子现象的不同方面，这些方面绝不是不相容的，必须认为它们是以一种新颖的方式而“互补”的。事实上，“互补性”这种观点，绝不意味着随便地放弃对于原子现象的分析；相反地，它表示着这一领域中的丰富经验的一种合理综合，这一领域超出了因果性这一概念的自然适用界限。

虽然这种探究的进行受到了相对论这一伟大范例的鼓舞，而正是通过揭露无歧义地应用一切物理概念的出人意表的先决条件，相对论才开辟了概括表面上不相容的现象的新可能；但是，我们必须知道，在近代原子理论中所遇到的形势是在物理学史上没有先例的。事实上，通过爱因斯坦的工作，经典物理学的概念构架得到了一种可惊异的统一性和完备性，整个这一概念构架建立在这样一种假设的基础上：可以把物质客体的行动和它们的观测问题区别开来：这种假设和我们在物理现象方面的日常经验适应得很好。要想在这种不能无限制应用的常见的理想化方法方面为原子理论寻求类似的教益，我们事实上必须到心理学这一类的完全不同的科学分支中去找，甚至要到前辈思想家如释迦牟尼和老子所遭遇的那样一些认识论问题中去找；当他们企图调和我们在宇宙大舞台中既作为观众又作为演员的两种不同地位时，他们就遇到这种问题。但是，承认在相隔如此遥远的人类兴趣领域中出现着的问题之间会有一种纯粹逻辑方面的类似性，绝不意味着要在原子物理学中接受和真正科学精神不相容的任何神秘主义。相反地，这种认识鼓励我们去检验一个问题：当把我们的最简单的概念应用于原子现象时，我们会遇到一些出人意料的佯谬问题，这种佯谬问题的直截了当的解决是否有助于澄清其他经验范围中的思维困难？

有不少的启示，使我们在生命或自由意志和原子现象的那样一些特征之间来寻找一种直接的关联，为了理解那种特征，经典物理学的构架显然是太狭窄的。事实上，可以指出生命机体的反应有很多特征，例如视觉的灵敏性或是穿透性辐射对于基因突变的诱导，这种特征无疑地和个体原子过程后果的一种放大过程——和作为原子物理学的实验技术基础的那种过程相类似——有关。但是，生物机体及调节机构的精致性远远超过预期的情况，这认识仍然不能帮助我们说明生命的特征。事实上，所谓生物学现象的整体方面和目的方面，肯定不能直接用通过作用量子的发现而揭露出来的原子过程的个体性特点来加以解释；倒不如说，量子力学的统计本质，初看起来甚至是增加了理解真正的生物学规律性的困难。然而，在这种二难推论中，原子理论的普遍教益就启示我们，要想把物理学定律同适用于描述生命现象的概念调和起来，唯一的途径就是要检查观察物理现象和观察生物现象的条件的本质区别。

开宗明义，我们就得注意这样一件事实：如果我们用一种实验装置来研究构成一个生命机体的那些原子的行动，而一直达到原子物理的基本实验对单个原子所进行的研究的那种程度，那么，任何一种这样的实验装置，就都会排除保持该机体存活的可能。和生命有着不可分割的联系的那种无休止的物质交换过程，甚至意味着不能把一个生命机体看成在说明物质的一般物理性质和化学性质时所考虑的那种明确定义的物质体系。事实上，我们逐渐领会到，特有的生物学规律性代表着一些自然规律，它们和用来说明无生物体的属性的自然规律之间存在着互补关系，就如同在原子本身属性的稳定性和组成原子的粒子的那些可以用时空坐标来描述的行动之间存在着互补关系一样。在这种意义上，生命本身的存在，不论就它的定义还是就它的观测来说，都应该看成生物学的一个不能进一步加以分析的基本假设，就如同作用量子的存在和物质的终极原子性一起形成原子物理学的基本根据一样。

可以看到，这样一种观点距离机械论和活力论的极端教义是同样遥远的。一方面，它认为把生命机体和机器相互比拟是不适当的，不管这种机器是古代医术物理学家所设想的比较简单的结构还是最精密的近代放大机构；如果我们无批判地强调这种近代放大机构，我们就将得到"医术量子学者"的绰号。另一方面，这种观点认为，企图引入和已经很好地确立了的物理规律性及化学规律性不相容的某种特殊的生物学定律，那也是不合理的；这种企图在今天又有所抬头，因为人们受到胚胎学上关于细胞成长和细胞分化的新奇经验的影响。在这方面我们必须特别记住，在互补性的构架中避免任何这种逻辑矛盾的可能性，正是由这样一件事实提供出来的：生物学研究的任何结果，都不可能用不同于物理学及化学的方式来清楚地加以描述，这正如即使是说明原子物理学中的经验最后也得依靠那些在意识上记录感觉所不可缺少的概念一样。

最后这种说法又把我们带到心理学领域中——科学研究中的定义问题和观察问题所带来的困难，远在这些问题在自然科学中尖锐化起来以前就已经清楚地被认识到了。事实上，在心理经验中不可能区分现象本身及现象的感知，这种不可能性很明显地要求人们放弃按照经典物理学的模型来进行简单的因果描述；而且，用“思想”“感觉”这一类的字眼来描述这种经验的那种用法，也极有启发性地使我们想起在原子物理学中遇到的互补性。我不准备在这儿谈到更多的细节；我只要强调，正是这种在内心中明确区分主观和客观的不可能性，提供了表现意志的必要的自由。然而，像人们时常提议的那样，将自由意志和原子物理学中的因果性界限更直接地联系起来，那却是和我在这儿关于生物学问题所说的那些话的基本倾向没有共同之处的。

在结束这一演讲时我愿意指出，这次集会是要纪念一位伟大的先驱，他的根本性的发现对于物理学和生物学都是十分重要的。这次集会给物理学家和生物学家提供了值得欢迎的进行有益讨论的机会，因此，作为一个物理学家而竟然远远超出了自己的特定科学领域，我希望大家原谅我的冒昧。

(三)

自然哲学和人类文化

(1938)

我们进入了人类未之前闻的原子世界;这种进入确实是一种探险,可以和环球旅行者们的充满新发现的伟大旅行媲美,可以和天文学家们向天空深处的大胆探索媲美。

——玻尔

Die sucht immer, ihr gemeinte sie vor

ich wüßte ihr heute Eisenbahnfahrbü-

e zu sagen wären u. auf welchen

stelle. Doch nun ist das Papier wirk-

lebe wohl u. vergiß nicht deinen dich

?: Max Planck.

我非常踌躇地接受了这次盛情的邀请，来到人类学和人种学的杰出代表们的集会上发表演说。作为一个物理学家，对于人类学和人种学，我当然不具备第一手知识。但是，当就连历史环境都对我们每一个人述说着不同于各次例会所讨论的一些关于生活的方面时[①]，利用这个特殊机会，试图用少量言词把我们的注意力引向自然哲学之最近发展的认识论方面、引向这种认识论问题和一般人类问题之间的关系，这或许并非是枯燥的。尽管我们的不同学科领域彼此相距很远，但是，一旦我们涉及的并非日常经验时，那就必须审慎应用一切习见约定，物理学家们所得到的这个新教益的确适于提醒我们一种新的危险，这是人文学家所熟知的，即用我们自己的观点来判断其他社会的文化发展。

当然，明确划分自然哲学和人类文化是不可能的。物理科学事实上是人类文明的一个不可分割的部分，这不只是因为我们对自然力的持续掌握曾经如此全面地改变了生活的物质条件，而且也因为物理科学的研究对于澄清我们本身的存在背景作了很多贡献。现在我们再也不认为自己是很幸运地生活在宇宙中心而被居住在蛮荒边疆的比较不幸的社会所围绕着了。通过天文学和地理学的发展，我们已经认识到，我们大家全都共同居住在太阳系中的一个小小的球状行星上，而太阳系也只是更大体系的一个小部分而已。对于澄清我们自身的存在背景，这种事实的意义多么重大啊！现在，甚至连空间和时间这样的最基本的概念，它们的无歧义应用的基础也重新受到了修正。通过揭露每一物理现象和观察者的立脚点之间的本质依赖性，这种修正曾对我们的整个世界图景的统一性和优美性作出如此巨大的贡献，这种修正所给予我们的关于一切人类判断之相对性的忠告，又是何等地强有力啊！

这些伟大成就对我们的一般观点的重要性是人所共知的，而最近一些年由于全新的物理研究领域的开辟而带来的认识论的教益，则还很少有人知道。我们进入了人类前之未闻的原子世界，这种进入确实是一种可以和环球旅行者们的充满新发现的伟大旅行媲美的探险，一种可以和天文学家们向天空深处的大胆探索媲美的探险。如众所周知，物理实验技巧的奇迹式的发展，不但彻底清除了认为我们的感官粗糙性将永远阻止我们获致有关个体原子的直接知识的那种古老信念，而且甚至告诉我们：原子本身都是由更小的粒子所组成的，这种粒子可以被分离出来，它们的性质也可以分别地加以研究。然而，在这种绝妙的经验领域中，我们同时也得到这样一种教益：一向所知的构成经典物理学这一堂皇大厦的那些自然定律，只有当我们处理的物体实际上可以认为包含着无限多的原子时才是正确的。关于原子的及原子级粒子的行动的新知识，事实上在一切物理作用的可分性方面揭示了一种出人意料的界限，这种界限远远超过了物质的有限可分性这一古老教义，并且使每一个原子过程都得到了一种独特的个体性。这一发现，事实上提供了一种理解原子结构之内在稳定性的新基础，这种稳定性归根结蒂规定了普通经验的规律性。

◀普朗克 10 岁时的手迹

① 当时是在一个历史上曾经著称的克伦伯堡中举行会议，所以 N. 玻尔才有“历史环境”“特殊机会”等说法。——译者

原子物理学的这一发展到底多么激剧地改变了我们对描述自然所持的态度，这一问题或许可以用下述事实极为清楚地加以说明：为了概括个体原子过程所服从的那些独特的规律性，甚至连因果原理这种一向被认为是解释一切物理现象的当然基础都被证实为是一种过于狭窄的构架了的。当然，每人都可以理解，要放弃因果性这一概念，物理学家们曾经需要很切实的理由，但是，在原子现象的研究中，我们一再地得到这样一种教训：那些被认为老早已经得到了最后解决的问题，原来大多数还保留着很多使我们惊奇的东西。诸位一定听到过关于在光和物质的最基本属性方面出现的疑难，这种疑难在最近几年中曾使物理学家们感到非常困惑。我们在这方面遇到的表观矛盾，事实上和 20 世纪初引起相对论的发展的那些矛盾同等尖锐，而且，也正像后一种矛盾一样，对前一种矛盾的解释也只是在较深入地分析了新实验本身给描述现象所需概念的无歧义应用所带来的界限之后才得到的。在相对论中，决定性的因素在于认识到了彼此作着相对运动的观察者将以根本不同的方式来描述所给对象的行动；而觉察到原子物理学的佯谬问题则揭示了这样一件事实：客体和测量仪器之间不可避免的相互作用，给谈论原子客体和观察手段无关的那些行动的可能性加上了一种绝对的限制。

在这儿，我们面临着自然哲学中的一种全新的认识论问题——在自然哲学中，经验的一切描述一向是建立在普通语言惯例所固有的假设上，这种假设就是明确区分客体的行动和观察的手段是可能的。这种假设，不但为一切日常经验所充分证实，而且甚至构成经典物理学的整个基础，而经典物理学则正是通过相对论得到了如此美妙的完备性。然而，当我们开始处理个体原子过程之类的现象时，由于它们的本性如此，这些现象就在本质上取决于有关客体和确定实验装置所必需的那些测量仪器之间的相互作用，因此，我们这时就必须较深入地分析一个问题：关于这些客体，到底能获得哪一类的知识？一方面，在这种问题上我们必须意识到，每一物理实验的目的——在可重演的和可传达的条件下获取知识——并没有为我们留下选择的余地；不但在测量仪器的结构及使用的一切说明中，而且也在实验结果本身的描述中，我们只能应用日常的或许曾被经典物理学术语修改过的那些概念。另一方面，同样重要的是理解这样一件事实：这种情况就意味着，当所涉及的现象在原则上不属于经典物理学的范围时，任何实验结果都不能被解释为提供了和客体的独立性质有关的知识，任何实验结果都是和某种特定情况有着内在联系的，在这种特定情况的描述中，必不可少地会涉及和客体相互作用着的测量仪器。上述这一事实对于那些表观矛盾提供了直截了当的解释，当尝试着把用不同实验装置得到的有关原子客体的那些结果结合成该客体的一种自足的图景时，这种表观矛盾就会出现。

但是，在确定的实验条件下，和原子客体的行动有关的报道，可以按照原子物理学中常用的术语说成是和有关同一客体的另一种报道**互补**的，这另一种报道要用和上述条件互相排斥的实验装置来得到。虽然这两种报道并不能利用普通的观念来结合成一种单一的图景，但是它们却代表着有关该客体的一切知识的同等重要的方面，这种知识是我们在本领域中所能得到的。人们曾经试图用一种力学类比来具体想象个体性的辐射效应。事实上，正是由于认识到这种力学类比的互补性，才导致了上述光的本性难题的满意解决。同样，在和原子级粒子的行动有关的不同经验之间，存在着互补的关系，只有考虑到这种关系才能得到一个线索，来理解存在于一般力学模型的属性和统治着原子结构稳定性的独特定律之间的显著差异。这种独特定律是较好地解释物质之各种物理属性及化学属性的基础。

当然，我并不打算在这种场合下进一步讨论这样的细节，但是，我希望已经给各位提供了一个足够清楚的印象，那就是关于迅速增长着的原子领域中的经验，这儿所涉及的绝不是随便地放弃对它们的极大丰富性进行细致的分析。相反地，我们必须处理的，是要合理地发展一种对新经验进行分类和概括的方法。这些新经验，由于它们的特性不同，不能纳入因果描述的构架之内；只有当客体的行动和观察方法无关时，才能用因果性描述来说明这种行动。互补性观点绝不包括任何和科学精神相反的神秘主义，这种观点事实上是因果性这一概念的一种合理推广。

不论这种发展在物理学领域中显得多么出人意料，我相信你们有很多人已经认识到，在我所描述的关于原子现象的分析方面的形势和人类心理学中观察问题的特点之间，存在着一种切近的类似。事实上，我们可以说，近代心理学的发展可以描述为下述企图的反作用：把心理经验分析成可以像联系经典物理学实验结果那样地联系起来的要素。在内省过程中，明确区分现象本身和现象的感受是不可能的，而且，虽然我们可以常常说到把注意力转向心理经验的某一特殊方面，但是，仔细分析一下就会看到，在这种情况下我们事实上需要涉及互斥的形势。我们都知道一种古老的说法：如果我们试图分析我们自己的情感，我们就将失掉这种情感；就在这种意义上，我们在可以恰当地用“思想”和“感觉”这两个字眼来描述的心理经验之间认识到一种互补关系，和有关原子行动的不同经验之间的关系相类似：那些有关原子行动的经验是在不同实验装置下得到的，并且是通过来自我们的普通概念的不同类比来描述的。当然，利用这种对比，绝不是要来暗示在原子物理学和心理学之间存在什么较密切的关系；而只是要强调这两个领域所共有的认识论上的论证，并从而鼓励我们来看一下，比较简单的物理问题的解决可以在多大程度上有助于比较错杂的心理学问题的澄清。这种心理学问题是人类生活给我们提出的，而且是人类学家和人种学家在他们的研究工作中时常遇到的。

现在，让我们更进一步来谈谈这种观点和不同人类文化的比较之间的关系问题：首先，我们要强调存在于用“本能”和“理性”这两个字眼来表征的生物行为方式之间的那种典型的互补关系。诚然，任何这样的字眼都可以有很不相同的用法，例如，本能可以表示动力也可以代表先天的行为，而理性则可以表示深刻的感觉也可以表示自觉的论证。然而，我们这儿所涉及的，只是当用这些字眼来区分动物及人所处的那些不同情况时的实际用法。当然，谁也不会否认我们属于动物界，而且，寻找一种包举无遗的定义来把人从其他动物中表征出来将是十分困难的。确实，任何一个生命机体的潜在可能性都是不容易估计的，我想我们每一个人都曾对马戏团中动物训练所能达到的程度有一个深刻的印象。甚至在个体和个体间的信息传递方面，都不能在动物和人之间画一条明确的分界线，但是，我们的语言能力当然在这方面使我们处于本质上不同的地位。这种不同不但表现在实际经验的交流方面，而且，最重要地还表现在通过教育来对孩子们传授有关行为和推理的传统方面，而这些则都是任何人类文化的基础。

至于说到和本能相比的理性，注意到一件事实乃是绝顶重要的，那就是，不使用组织在某种语言中的概念，任何真正的人类思维就都是不可想象的，而这种概念则是每一世代都得从头学起的。事实上，这种概念的使用，不但在很大程度上抑制着其本能生活，而且，甚至大部分都和遗传本能的体现处于互斥的互补关系之中。在利用自然界的可能性来维持生命和传宗接代方面，低等动物有比人高明的地方。这种令人惊异的优越性，的确常常在下述事实中得到真实的解释：在动物方面，我们找不到上述那种有意识的思维。同样，所谓未开化民族有一种在森林或沙漠中自谋生活的可惊的本领，这种本领虽然在比较开化的社会中已经表面上不存在了，但是在我们任何一个人中偶然还会重现出来。这种本领可能证实着一个结论：这种功夫只有当其并不依靠概念思维时才是可能的，而概念思维本身则是适应于对文化发展具有头等重要性的更加多样化的一些目的的。正因为还不能清楚地使用概念，一个初生的婴儿很难算作一个人；然而，尽管他（她）比大多数幼小动物更缺少办法，但他（她）属于人类，从而他（她）当然就具有通过教育来接受一种文化的天生的可能，这就使他（她）能够置身于某种人类社会中。

这种考虑立刻就使我们面临着这样一个问题：认为每一个婴儿都具有接受某一特定人类文化的与生俱来的素质，这种广泛流传的信念是不是有充分根据？或者说，我们是否需要假设，任何一种文化都可以在非常不同的体质基础上生根滋长呢？在这儿，我们当然接触了遗传学家们——在体质特点的遗传方面进行着最为有趣的研究——争论未决的一个课题。然而，联系到这种讨论，我们首先必须记得，想区分在阐明动植物之遗传性方面如此有成果的遗传型和表现型这两个概念，首先就要基本上承认外在生活条件对物种特征属性所起的次级影响。然而，就人类社会的各种文化特征而言，问题却在下述意义上颠倒过来了：这里，分类根据的是社会历史及自然环境所形成的传统习惯。因此，在能够估计遗传上的生物学区别对所考虑的文化发展及文化保持的任何可能影响以前，对这些传统习惯以及它们固有的前提，都需要仔细地加以分析。事实上，在表征不同的民族乃至一个民族中的不同家族时，我们可以在很大程度上认为生物学的要素和精神传统是彼此无关的，而且，我们甚至很想按照定义用“人类”这个字眼来形容那些和体质遗传并非直接有关的特点。

初看起来，这样一种态度似乎只不过意味着对辩证论点的过度强调而已。但是，我们从物理科学的整个发展中得到的教益——有成果的发展根源，往往正在于对定义的适当选择。例如，当我们想到相对论的论证在科学的各个分支中带来的澄清作用时，我们确实就看到这种形式上的改进将引起多大的进步。正如我在本次演讲的前一部分已经提示过的，相对论观点肯定也有助于促成对待人类文化之间的关系问题的一种更加客观的态度——人类文化的传统差别，在很多方面是和人们描述物理经验时所用的不同的等效方式相类似的。但是，物理问题和人文问题之间的这一类似是有一定界限的，而且，夸大这种类似曾经引起对于相对论本身精髓的误解。事实上，相对论的世界图景的统一性，精确地蕴涵了一种可能性：任何一个观察者都可以在自己的概念构架中预见到任何另一观察者在他自己的构架中如何描述经验。然而，对于不同人类文化之间的关系这个问题，采取无偏见态度的主要障碍就在于传统背景方面的根深蒂固的差别，不同人类社会之间的文化的协调就是以这种背景为基础的，而且，这种背景排除了这些文化之间的任何简单比较。

在这方面，最重要之点在于互补性观点可以成为适应这种形势的一种方式。事实上，当研究和我们自己的文化有所不同的人类文化时，我们需要处理一种特殊的观察问题，在较深入的分析下，这种问题将表现许多和原子问题及心理学问题共有的特点；在原子问题或心理学问题中，客体和测量仪器之间的相互作用，或是客观内容和观察主体的不可分割性，将阻止人们直接应用那些用来说明日常生活经验的习见概念。特别是在研究未开化民族的文化时，人种学家们不但确实知道必要的接触有破坏这种文化的危险，而且他们甚至面临这种研究对他们自己的人生态度的反作用问题。这儿我所指的是那种为探险家们所熟知的经验，由于体验到在和他们自己的习惯、传统极不相同的习惯、传统下人类生活也能显示一种出人意料的内在和谐，他们动摇了一向未经觉察的偏见。作为一个特别激烈的例子，我或者可以请大家回忆一下在某些社会中男人和女人所处的地位是如何地颠倒，这种颠倒不但表现在家庭责任和社会责任方面，而且表现在行为和心理方面。在这种场合，即使我们很多人或许都感到难以承认这样一种可能性：所涉及的民族有他们的特定的文化而不是有我们自己的文化，而我们则有我们自己的文化而不是有他们的文化，这完全是命运使然，但是，很显然，甚至在这方面的一丝一毫的怀疑，都意味着否认任何独立形成的人类文化中所固有的那种民族自得感。

在原子物理学中，对于用不同实验装置得到的，而且只能用互斥的概念来具体想象的那些经验，我们用互补性来表征它们之间的关系。按照颇为相似的办法，我们可以正确地说不同的人类文化是彼此互补的。事实上，每一种文化都代表传统习惯之间的一种和谐的平衡，利用这种平衡，人类生活的潜在能力在一种方式下表露出来，以使我们认识到它的无限丰富性和无限多样性的新方面。当然，在这一领域中，不可能像和明确定义原子对象的行动有关的互补经验之间那样地存在着绝对互斥的关系，因为可以看成完全自足的文化是难以存在的。相反地，通过很多例证我们大家都知道，不同人类社会之间的某种程度的接触可以怎样导致传统之间的融合，这种融合会引起全新文化的产生。在这方面，对于人类文明的进步来说，由移民或征服而引起的人口混合，其重要性几乎是毋庸赘言的。事实上，通过关于文化发展史的一种与日俱增的知识而对逐渐消除偏见有所贡献，这或许是人文科学研究的最大希望——逐渐消除偏见，这正是所有科学的共同目的。

正如我在这一演讲的开始所强调的，要对于本届会议各位专家所讨论的问题的解决有所贡献，那当然不是我所能作到的。我的唯一目的就是使大家对于认识论的一般态度有一个印象——这是我们在远离人类情感的领域中被迫接受的，如同我们在简单物理实验的分析中一样。然而，我不知道我是否已经用适当的言词把这种印象传达给大家，而且，在结束之前，我或许可以谈一个经验，这个经验使我最为生动地回想起自己在这方面的无能。为了对听众说明，我并不是用偏见这个字眼来表示对其他文化的任何责难，而只是用它来表示我们的必然带有偏见的概念构架，我有一次曾经开玩笑地谈到丹麦人对他们窗外那美丽海峡对面住着的瑞典兄弟所抱的传统偏见——那些瑞典人，我们甚至就在这一堡垒中和他们打过多少世纪的仗，而且，通过和他们的接触，我们多少年来曾经得到这么多的有益的灵感。在那次演讲之后，有一位听众居然走来对我说，他不了解我为什么要恨瑞典人。好，诸位可以想见，我当时是感到多么惊奇！显然，我那一次一定是把自己的意见谈得太纠缠了，而且，恐怕今天我也谈得非常晦涩。但是，我仍然希望不曾讲得如此不明不白，以至于使大家对我的论证线索发生任何那样的误解。

德国哥廷根大学

（四）

就原子物理学中的认识论问题和爱因斯坦进行的商榷

（1949）

经典物理学理论在说明原子现象方面的失败，由于有关原子结构的知识的进步而更加受到了强调。最重要的是，卢瑟福关于原子核的发现，立刻就揭露了经典力学概念及经典电动力学概念在说明原子内在稳定性方面的不适用。

——玻尔

S = k. log W
LVDWIG
BOLTZMANN
1844 – 1906
DR PHIL. PAULA
BOLTZMANN
GEB. CHIARI
1891 – 1977
ARTHUR
BOLTZMANN
DIPL. ING. DR PHIL. HOFRAT
1881 – 1952
LVDWIG
BOLTZMANN
1923 – 1943
TZTER MÄNNLICHER NACHKOM
GEFALLEN BEI SMOLENSK
HENRIETTE
BOLTZMANN
EB. EDLE VON AIGENTLER
1854 – 1938

"当代哲学家"丛书的编者邀我为该书——在该书中,现代科学家们要表彰爱因斯坦对自然哲学的进步所作的划时代的贡献,并且要对他的天才所给予我们的指导表示我们整整这一代人的感谢——写一篇文章。当接受到这一邀请时,关于怎样才能最好地说明我是何等感谢他对我的启示,我曾经想了很多。在这方面,我不禁想起了多少年来我曾经有幸和爱因斯坦就原子物理学之近代发展所引起的认识论问题进行商讨的那些生动场合,而且我感到,除了把这种曾经对我是最可宝贵的和最有鼓舞力的商讨叙述一番以外,我是很难作得更好了。我也希望,这种叙述可以在更大的范围内使人得到一种印象,那就是,在新的经验一次又一次地要求重新考虑我们的观点的那种领域中,坦率地交换意见对于该领域中的进步是如何地不可缺少。

从一开始,主要争论点就在于用什么态度来看待作为物理学新颖发展之特征的对自然哲学惯常原理的背离;物理学的新颖发展是在本世纪的第一年由普朗克关于普适作用量子的发现所引起的。这一发现,显示了自然定律中的一种原子性特点,该特点远远超出了物质的有限可分性这一古老教义;这种发现确实曾经告诉我们,物理学的各种经典理论是一些理想化,只有在所涉及的作用量远远大于一个量子时,这种理想化才能无歧义地加以应用。要讨论的问题——在应付困难的努力中放弃原子过程的因果描述方式,这应该被看成对最后仍会复活的一些概念的暂时违背呢,还是应该认为我们面临着在物理现象的分析与综合之间得到适当和谐的一个不可改变的步骤呢?为了描述我们的讨论背景,并且尽可能清楚地提出支持双方观点的那些论证,我感到有必要适当详细地追述一下这种发展的主要特点;对于这种发展,爱因斯坦本人曾经作过非常带有决定性的贡献。

如所周知,在普朗克对于热辐射问题的天才处理中,指引着他得到他的基本发现的是热力学定律和多自由度力学体系所显示的统计规律性之间的密切关系,这种密切关系原先是由玻尔兹曼(Boltzmann)揭露的。在他的工作中,普朗克主要涉及的是本质上带有统计特征的考虑,而且,关于量子存在所暗示的对力学基础及电动力学基础的违背程度,普朗克也非常谨慎地没有提出明确的结论;而爱因斯坦对于量子论的独创性的贡献(1905),则恰恰在于认识到像光电效应这一类的物理现象是如何直接地和个体的量子效应有关①。正是在爱因斯坦通过发展相对论而为物理科学奠定了一个新基础的同一年,他以一种大胆的精神探讨了新颖的原子性特征,这种特征指向经典物理学的范围以外。

以其可靠的直觉,爱因斯坦就这样一步步地被引到一个结论:任何辐射过程,都涉及个体光量子或称"光子"的发射或吸收,光子的能量和动量,依次是

$$E = h\nu \quad 及 \quad P = h\sigma \tag{1}$$

式中 h 是普朗克恒量,而 ν 和 σ 依次是单位时间中的振动次数和单位长度上的波数。尽

◀位于维也纳的玻尔兹曼(Ludwig Boltzmann,1844—1906)墓碑

① A. Einstein, *Ann. Phys*, 17, 132(1905).

管光子概念很有收获，但这个概念却蕴涵了一种非常出人意料的二难推论，因为辐射的任何简单粒子图景显然都和干涉效应不相容，这种干涉效应代表着辐射现象的十分不可缺少的一面，而且这种干涉效应只能按照波动图景的观点来加以描述。这种二难推论的尖锐性，因为一件事实而被加强了，那就是，干涉效应是我们定义频率概念和波长概念的唯一手段，而频率和波长则恰恰出现于光子的能量表示式及动量表示式中。

在这一形势下，不可能有什么企图对辐射现象进行因果性分析的问题，而只能通过对立图景的结合使用来估计发生个体辐射过程的概率。然而，最重要的是理解这一点：这种情况下的概率定律的应用，在目的上是和统计考虑法的通常应用根本不同的；在通常应用中，统计考虑被当作说明结构十分复杂的力学体系之属性的一种方法。事实上，在量子物理学中，我们所遇到的并不是这一类的复杂性，而是经典的概念构架在概括表征着基元过程的不可分性或“个体性”这种奇异特点方面的无能为力。

经典物理学理论在说明原子现象方面的失败，由于有关原子结构的知识的进步而更加受到了强调。最重要的是，卢瑟福关于原子核的发现(1911)，立刻就揭露了经典力学概念及经典电动力学概念在说明原子内在稳定性方面的不适用。在这儿，量子论又提供了一个阐明情况的线索，而且我们发现，原子的稳定性，正如元素光谱所服从的经验定律一样，可以在一种假设下得到解释：使原子的能量发生改变的任何原子反应都涉及在两个所谓量子稳定态之间的一种完全的跃迁，而且，具体说来，光谱是通过一种类似跨步的过程来发射的，在这种过程中，每一次跃迁都伴同着一个单色光量子的发射，其能量正好等于爱因斯坦光子的能量。

这些概念很快就通过弗兰克和赫兹在所作的用电子撞击原子来激发光谱的实验(1914)中得到了证实。这些概念带来了因果性描述的进一步放弃，因为光谱定律的解释显然意味着，处于激发态的一个原子，通常具有跃迁到这一个或那一个较低能态而发射光子的可能。事实上，稳定态概念本身就是和在这些跃迁中进行选择的指示不相容，而只和这些个体跃迁过程的相对概率的概念相容的。估计这种相对概率的唯一指导，就是所谓的对应原理。这一原理起源于在原子过程的统计解释和经典理论的预期结论之间寻求最密切的可能联系的工作；而经典理论在一种极限情况下是应该成立的，这种极限就是，在分析现象的一切阶段中所涉及的作用量都要远远大于普适量子。

那时，任何普遍的无矛盾的量子论都还无从看到，但是，当时盛行的看法，或者可以用作者在1913年的一次演讲中的下述引文来加以说明[①]：

我希望我已经把自己的意见说得足够清楚，以使你们可以理解，这种考虑和曾经正确地被称为经典电动力学理论的那种出奇协调的概念纲要矛盾到多大程度。另一方面，我曾经试图——也正是通过对这一矛盾的大力强调——来给你们造成一个印象：过些时候，也可能在这些概念中确立某种统一联系。

通过1917年的有关辐射平衡的著名文章[②]，爱因斯坦本人使量子论的发展出现了重

① N. Bohr, The Theory of Spectra and Atomic Constitution(N. 玻尔，光谱和原子结构理论. Cambridge, University Press, 1922.

② A. Einstein, *Physik*, *Z*, 18, 121(1917).

要的进步：他在该文中证明，热辐射的普朗克定律，可以很简单地根据和原子结构的量子理论的基本概念相适应的假设推出。为此目的，爱因斯坦陈述了关于稳定态之间发生辐射跃迁的普遍统计法则——他不但假设，当一个原子受到一个辐射场的作用时，单位时间内发生吸收过程以及发射过程的概率将和照射强度成正比；而且他还假设，即使没有外界扰动，自发的发射过程也会发生，其发生速率和某一个固有的概率相对应。在后一方面，爱因斯坦以一种很有启发性的方式强调了统计描述的根本性，他使人们注意到关于发生自发辐射跃迁的假设和放射性物质嬗变所服从的著名定律之间的类似性。

联系到对于热力学在辐射问题上的要求的一种彻底分析，爱因斯坦通过指出一件事实而更进一步强调了这种二难推论——他指出，论证表明，任何的辐射过程都在一种意义上是"单方向的"，其意义是，不但在吸收过程中会有一个和光子对应的沿着光子传播方向的动量被传到一个原子上，而且发光的原子也会得到一个沿相反方向的冲动，虽然按照波动图景在发射过程中是不可能存在什么选定一个单独方向的问题的。对于这种惊人的结论，爱因斯坦自己的态度表现在文章末尾的一段话中。这段话可以翻译如下：

基元过程的这些特点，看来已使辐射问题的一种真正量子处理的发展成为不可避免的了。本理论的缺陷在于这样一件事实：一方面，没有能够和波动概念建立较密切的联系；而另一方面，它在基元过程的时间和方向上留有偶然性。尽管如此，我还是充分信任已经开始的道路的可靠性的。

当我在1920年访问柏林时，我有幸和爱因斯坦第一次晤面，那时，这些基本问题就成为我们的谈话主题。这种使我常常回忆起来的讨论，使我在对爱因斯坦的一切敬仰之上又对他的超然态度增加了一种深刻的印象。肯定地，像"导引光子的鬼波"这一类他所爱用的形象化词句，绝不意味着什么神秘主义的倾向，而只是表现了他的深刻语句后面的一种意味深长的幽默。但是，在态度和看法上还是存在着一定差别的。因为，爱因斯坦最善于不抛弃连续性和因果性来标示表面上矛盾着的经验，他或者比别人更不愿意放弃这些概念；在别人看来，放弃这方面的概念显得是标示原子现象方面千变万化的证据这一当前工作所能遵循的唯一道路，而这些原子现象方面的证据正在这一新知识领域的探索过程中一天天地积累起来。

在后来几年中，原子问题吸引了人数急剧增加的物理学家们的注意，同时，人们更加尖锐地感到了量子论所固有的那种明显的矛盾。作为这种形势的例证的，是1922年斯特恩-盖拉赫效应(Stern-Gerlach effect)的发现所引起的讨论。一方面，这一效应突出地支持了稳定态概念，具体说来，支持了索末菲所发展起来的塞曼效应的量子理论；另一方面，正如爱因斯坦和艾伦菲斯特所清晰表明的①，这一效应为构成一种原子在磁场中的行动图景的任何企图带来了不可克服的困难。康普顿关于X射线被电子散射时所引起的波长改变的发现(1924)，也带来了类似的佯谬问题。如众所周知，这一现象最直接地证实了关于辐射过程中的能量传递和动量传递的爱因斯坦观点；同时，同样清楚的是，任何粒子碰撞的简单图景都不能为这一现象提供一个详尽无遗的描述。在这种困难的冲击

① A. Einstein and P. Ehrenfest, *Z. Physik*, 11, 31(1922).

下，有一段时间人们甚至曾经对个体辐射过程中的能量守恒及动量守恒怀疑起来①。然而，在更加精密的实验面前，这种观点很快地被放弃了，那些精密实验给出了光子偏角和对应的电子反冲之间的关系。

澄清这一形势的道路，事实上是由一种更有概括性的量子论的发展铺平了的。走向这一目的的第一步是德布罗意在1925年得到的一种认识——他认识到，波粒二象性不只是辐射的属性，而且对于说明物质粒子的行动也是同样不可缺少的。这种概念很快就由关于电子干涉现象的实验令人信服地加以证实了。这一概念立刻受到了爱因斯坦的欢迎，他早已觉察到热辐射的性质和所谓简并态下气体的性质之间的深刻类似②。薛定谔极为成功地推行了这一路线(1926)。具体说来，他曾证明如何用某一波动方程的本征解来表示原子体系的稳定态；引导薛定谔建立这一波动方程的，是原先由哈密顿得出的力学问题和光学问题之间的形式上的类似。但是，由于在波动描述中普通叠加原理的要求和基元原子过程的个体性特点之间存在着表观矛盾，量子论的那些佯谬方面不但绝没有得到改善，甚至反而被加强了。

同时，海森伯曾经奠定了一种合理化的量子力学的基础(1925)。通过玻恩和约尔丹的贡献，同样也通过狄拉克的贡献，这种量子力学很快地发展了起来。在这一理论中引入了一种形式体系：在这种形式体系中，经典力学的运动学变量和动力学变量被换成了一些服从着不可对易代数学的符号。尽管放弃了轨道图景，力学中的哈密顿正则方程却没有改变，而普朗克恒量则仅仅出现在适用于任一组共轭变量 q 和 p 的对易法则中：

$$qp - pq = \sqrt{-1}\,\frac{h}{2\pi} \tag{2}$$

将这些符号用各矩阵元和稳定态之间的跃迁有关的矩阵来代表，对应原理的定量陈述就第一次成为可能。这儿需要提一下，走向这一目标的一个很重要的预备步骤，曾经通过建立一种色散现象的量子论而得到，在这方面克拉默斯是特别有贡献的。在这种理论中，关于吸收过程及发射过程之发生概率的爱因斯坦普遍法则得到了基本的应用。

薛定谔很快地证明出来，这种量子力学的形式体系，可以和数学上往往比较方便的波动论方法给出同样的结果，而且，在以后几年中，逐渐发展了一些普遍方法来对原子过程进行本质上是统计的描述——这种方法将个体性特点和叠加原理的要求结合了起来，这二者是量子论的同等重要的特征。在本阶段的许多进展中，可以指出这样一件事实：这种形式体系被证实为可以把不相容原理纳入理论中来；该原理适用于多电子体系的态，而且在量子力学提出之前已由泡利根据原子光谱的分析得了出来。很多很多经验事实的定量概括，消除了对于量子力学形式体系之富有成果及适于应用的任何怀疑，但是，量子力学形式体系的抽象性却引起了广泛的不安感觉。要阐明这种情况，确实就需要对原子物理学中的观察问题本身进行彻底的检查。

如众所周知，这方面的发展是由海森伯在1927年开始的③。他曾指出，可能得到的关于原子体系的态的知识，永远会带来一种奇特的“不确定性”。例如，按照基本关系式

---

① N. Bohr, H. A. Kramers and J. S. Slater, *Phil. Mag.*, 47, 785(1924).

② A. Einstein, *Berl. Ber.* 261(1924); 3 and 8(1925).

③ W. Heisenberg, *Z. Physik*, 43, 172(1927).

(1),利用高频辐射和某种类似显微镜的装置对一个电子的位置进行的任一测定,是和电子及测量装置之间的一个动量交换联系着的;越想把位置测准,动量交换就越大。通过将这种考虑和量子力学形式体系的要求相比较,海森伯使我们注意到这样一件事实:对易法则(2)对 q、p 这两个共轭变量的确定性加上了一种互成反比的限制,这种限制用一个关系式来表示:

$$\Delta q \cdot \Delta p \approx h \tag{3}$$

式中 Δq 和 Δp 是适当定义的测定这些变量时的不准度。正如海森伯所证明的,它指示着量子力学中的统计描述和测量上的实际可能性之间的密切关系。这种所谓的测不准关系式对于阐明那一佯谬是最为重要的,该佯谬是由于企图参照习见的物理图景来分析量子效应而引起的。

在 1927 年 9 月为纪念伏特而在科莫召开的国际物理学会议上,原子物理学的新的进步从不同方面受到了评论。在这一场合的一次演讲中[①],我提出了一种很恰当地叫作"互补性"的观点,用来概括量子现象的个体性特点,并同时澄清这一经验领域中的观察问题的奇特面貌。为此目的,认识到这样一件事实是有决定意义的:不管现象超出经典物理解释的范围多么远,对于现象的说明必须用经典术语表示出来。论证很简单:我们把"实验"一词理解为这样一种情况,在该情况下我们可以告诉别人我们曾经作了什么和学到了什么,从而关于实验装置和观察结果的说明就必须通过经典物理术语的适当应用而以一种无歧义的语言表达出来。

有一个关键问题后来变成了以下即将报道的讨论的一个主题,这一关键问题就在于,不能明确地区分原子客体的行动及其和测量仪器之间的相互作用,该仪器是用来确定现象发生时的条件的。事实上,典型量子效应的个体性,确切地表现在这样一种情况中:任何将现象加以细分的企图都将要求一种实验装置的改变,这种改变将引入在客体和测量仪器之间发生原则上不可控制的相互作用的新可能性。其结果就是,在不同实验条件下得到的证据,并不能在单独一个图景中加以概括,而必须被认为是互补的。所谓互补,就表示只有这些现象的总体才能将关于客体的可能知识包罗罄尽。

在这种情况下,在赋予原子客体以习见的物理属性方面出现了一个歧义要素,例如,在关于电子及光子的粒子性和波动性的二难推论中,这种歧义要素就是很显然的;在这种二难推论中,我们需要处理两种对抗的图景,其中每一种都涉及经验事实的一个重要方面。关于如何通过对一些互补现象发生时所处实验条件的分析来消除这种表观佯谬,也可以用康普顿效应来作为一个例证,这种效应的合理描述起先曾给我们带来十分严重的困难。例如,任何用来研究电子和光子之间的能量交换及动量交换的装置,必然会给足以确定表示式(1)中的波数及频率的相互作用带来时空描述上的不准性。反之,任何更精确地确定光子和电子的碰撞地点的企图,也将由于和定义时空参照系的固定标尺及固定时钟之间的不可避免的相互作用而排斥了有关动量平衡及能量平衡的一切较精确的说明。

正如我在演讲中所强调的,量子力学形式体系,精确地为互补描述方式提供了一种

① Atti del Congresso Internazionale dei Fisici, Como, Settembre 1927(重刊于 *Nature*, 121, 78 and 580, 1928).

适当工具；这种量子力学形式体系提供了一种纯符号的方案，这种方案只能适应着对应原理来预言在用经典概念确定了的条件下所能得出的结果。这儿必须记得，甚至在测不准关系式(3)中，我们遇到的也是这种形式体系的一个推论，该推论不能用适于描述经典物理图景的词句来无歧义地加以表达。例如，像"我们不能既知道原子客体的动量又知道原子客体的位置"这样一句话，立刻就会引起关于该客体这两种属性的物理实在性的问题。这种问题，只能一方面参照无歧义应用时空概念的条件，另一方面参照动力学的守恒定律来予以回答。虽然将这些概念结合在事件的因果链条的单一图景中乃是经典力学的精髓所在，但是，研究各互补现象时所用的实验装置是互斥的，这一情况恰好就为超出因果描述以外的规律性提供了余地。

在原子物理学中，重新审查无歧义应用基本物理概念的基础的必要性，在一定方式上使人想起引导爱因斯坦对一切时空概念的应用进行创造性的修正——通过强调观察问题的根本重要性而给我们的世界图景带来了如此巨大的统一性——那种形势。虽然处理方法十分新颖，在相对论中，因果描述毕竟是在任一给定的参照系内被保留了下来的，但是，在量子论中，客体和测量仪器之间的不可控制的相互作用，却迫使我们甚至在这一方面也要有所放弃。然而，这种认识绝不表示对量子力学描述的范围加以任何限制；而且，科莫演讲中所提出的全部论点，也就在于论证一件事实：互补性观点可以看成因果性概念本身的一种合理推广。

在科莫的一般讨论中，我们全都为爱因斯坦没有出席而感到惋惜；但是，不久以后，在1927年10月，我就有机会在布鲁塞尔索尔维研究所(Solvay Institute)的第五届物理学会议上遇到了他。那次会议是为了讨论"电子和光子"这一题目而召开的。在那几次索尔维会议上，爱因斯坦从一开始就成为一个举足轻重的人物，而且我们很多人都是抱着很大期望去参加那届会议的——我们想听听爱因斯坦对最近阶段的发展有什么反应——这种发展，就我们看来，在澄清爱因斯坦本人从一开始就十分天才地抽引出来的那些问题方面已经走得很远了。在讨论中，整个的论题都通过各方面的贡献而受到了评论，而且，上面叙述的论点也重新提了出来。然而，在讨论中，爱因斯坦对于量子力学中放弃时间、空间中的因果说明的程度表示了一种深深的担心。

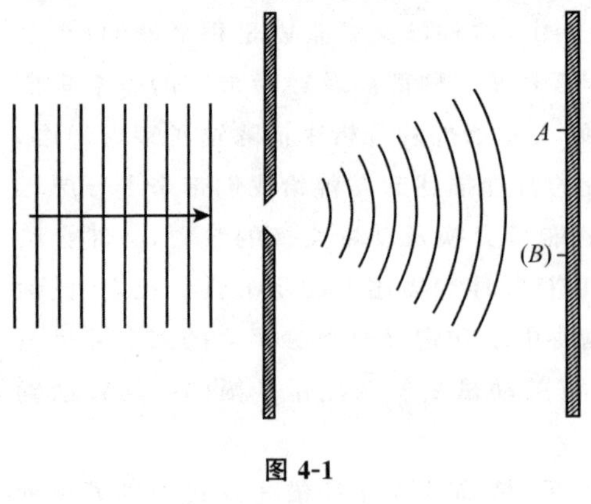

图 4-1

为了说明他的态度，爱因斯坦在一次会议上提出了一个简单例子①：如图4-1所示，一个粒子(电子或光子)穿过壁障上的一个小孔或窄缝，壁障后面相隔一定距离有一张照相底片。由于和粒子运动相联系的、在图中以细线表示出来的波的绕射，在这种条件下并不能肯定地预言电子将达到照相底片上的哪一点，而只能计算在一次实验中将在底片上任一给定区域中发现电子的概率。爱因斯坦很尖锐地感到的这种描述中的表观困难是

① Institut International de Physique Solvay, *Rapport et discussions* du 5^{e} Conseil, Paris 1928, 253ff.

这样一件事实：如果在实验中电子被记录在底片的 A 点上，那么，根本就不再存在什么在另一点(B)上观察到电子效应的问题，而普通波动传播的定律却并没有在这样两个事件中留下任何联系的余地。

爱因斯坦的态度在一小部分人中引起了热烈的讨论。多少年来就是我们二人挚友的艾伦菲斯特也以一种最为活跃和最有裨益的方式参加了这次讨论。无疑地，我们全都认识到，在上一例子中，这一形势和统计学在处理复杂力学体系时的应用绝不相类似，它倒是使我们想起爱因斯坦自己关于个体辐射效应中之单向性的早期结论的背景，这种单向性和一种简单的波动图景大相径庭。然而，人们的讨论却集中在这样的问题上：量子力学的描述，是已经把可观察的现象说明罄尽了呢，还是像爱因斯坦所坚持的那样可以进一步加以分析呢？尤其是，能否通过将个体过程中能量及动量的细致平衡考虑在内而得到现象的一种完备描述呢？

为了阐明爱因斯坦的论证趋势，在这儿结合着在空间和时间中定域粒子的问题来考虑考虑动量平衡和能量平衡的某些简单特点是能够说明问题的。为此目的，我们将分析一种简单情况：一个粒子穿过壁障上的一个小孔，小孔带有快门或不带快门，依次如图 4-2a 及 4-2b 所示。图的左部的等距平行线，表示和那种粒子运动态相对应的平面波列；该粒子在到达壁障之前具有一个动量 p，这个动量通过方程(1)中的第二式来和波数 σ 相联系。按照波在透过小孔时的绕射，壁障右方的粒子运动态将用一个球面波列来代表；该波列有一个适当定义的角度孔径 θ，而且在图 4-2b 的情况下还有一个有限的径向延伸。由此可见，这种态的描述将涉及一个平行于壁障的粒子分动量的不准量 Δp，而且，在有快门的壁障的情况下，还会涉及一个动能的附加不准量 ΔE。

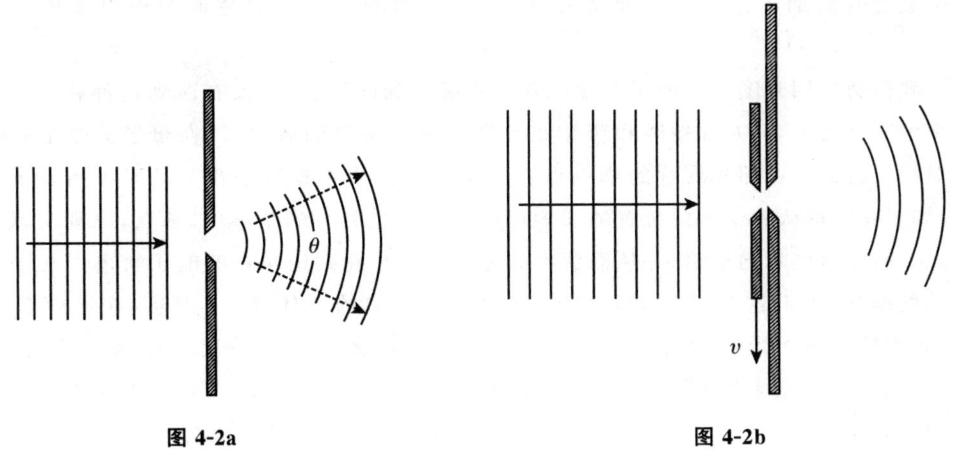

图 4-2a　　图 4-2b

因为小孔的半径 α 提供了壁障上粒子位置不准量 Δp 的一种量度，而且又有 $\theta\approx\frac{1}{\sigma\alpha}$，因此，应用(1)式即得 $\Delta p\approx\theta p\approx h/\Delta q$，这是和测不准关系式(3)相一致的。当然，这一结果也可以通过考虑下述事实而直接得出：由于波场在孔隙处有一个有限的延伸，平行于壁障平面的波数分量就将有一个不准量 $\Delta\sigma\approx 1/\alpha\approx 1/\Delta q$。同理，图 4-2b 中有限波列的谐分量的频率范围，显然是 $\Delta v\approx 1/\Delta t$，式中 Δt 是快门保持小孔开放的时间，从而也就代表粒子通过壁障的时间的不准量。因此，由(1)式即得：

$$\Delta E \cdot \Delta t \approx h \tag{4}$$

这又是和适用于 E,t 这两个共轭变量的关系式(3)相一致的。

从守恒定律的观点看来，出现于通过小孔后的粒子态的描述中的这种不准量，其来源可以根寻到粒子和壁障及快门之间的动量交换及能量交换。在图 4-2a 及图 4-2b 中所考虑的参照系中，壁障的速度可以略去而只需考虑粒子和壁障之间的一个动量交换 Δp。然而，在时间 Δt 中保持小孔开放的快门，却是以一个相当大的速度 $v\approx\alpha/\Delta t$ 而运动的，从而一个动量传递 Δp 将引起快门和粒子之间的一个能量交换，其值约为

$$v\Delta p \approx \frac{\Delta q \cdot \Delta p}{\Delta t} \approx \frac{h}{\Delta t}$$

这又是和(4)式所给出的不准量 ΔE 同数量级的，从而也就是不违背动量平衡和能量平衡的。

现在，爱因斯坦所提出的问题就是：通过控制粒子的时空定域所带来的动量传递和能量传递，可以在多大程度上更细致地确定通过小孔以后的粒子态？这儿必须考虑到。到此为止，壁障及快门的位置和运动，一直被假设为已在时空参照系中精密确定。这种假设意味着，在这些物体的态的描述中，存在着一些固有的动量不准量和能量不准量；当然，如果壁障和快门足够沉重，这些不准量就不一定会显著地影响速度。然而，如果我们要足够精确地知道测量装置中这些部分的动量和能量，以控制各该部分和所考虑粒子之间的动量交换和能量交换，那么，按照普遍的测不准关系式，我们就会失去在空间、时间中精确定域各该部分的可能性。因此，我们就必须分析，这种情况将在多大程度上影响整个装置的预期用途。我们即将看到，这一关键问题将很清楚地表现出现象的互补特征。

我们暂且回到图 4-1 所示简单装置的情况。到此为止，并没有谈到这种装置是作什么用的。事实上，只有在壁障和照相底片具有确定位置的假设下，在量子力学形式体系中对粒子将记录在照相底片的哪一点上这个问题提出更细致的预言才是不可能的。然而，如果我们承认关于壁障位置的知识可以有一个足够大的不准度，那么，原则上就应该可以控制传给壁障的动量，并从而更准确地预言从小孔到记录点的电子轨道。至于量子力学的描述，我们这儿必须处理由壁障和粒子构成的二体体系，而且，在康普顿效应中，我们所涉及的恰恰就是守恒定律对这样一个体系的明显应用。在这一效应中，例如，利用一个云室来观察电子的反冲，我们就能预言散射光子实际上将在哪一方向上被观察到。

这一类考虑的重要性，在讨论的过程中曾经通过对下述装置的分析而得到了最有趣的说明：在这种装置中，在带有窄缝的壁障和照相底片之间，放上了另一个带有两条平行窄缝的壁障，如图 4-3 所示。如果有一个平行的电子束(或光子束)从左方射在第一个壁障上，那么，在通常情况下我们就会在底片上看到干涉条纹；在图的右部，用照相底片上的影线表示了这种干涉条纹的正视图。在使用强粒子注时，这种图样是由很多很多个体过程的积累而构成的；每一个过程将在照相底片上得出一个小斑点，而这些斑点的分布服从着可以根据波动分析导出的一个简单定律。同样的分布也将在那样许多实验的统

计解释中得到；各该实验所用的粒子注非常弱，以致在每一次曝光中只有一个电子（或光子）到达照相底片上的某一点，如图中小星号所示。现在，如果我们假设电子将通过第二个壁障上的上一窄缝或下一窄缝，如图中虚线箭头所示，那么，在这两种情况下传给第一壁障的动量就应该是不同的。既然如此，爱因斯坦就建议，对于这种动量传递的一种控制，将使我们能够更精细地对现象进行分析，而特别说来，将使我们有可能决定电子在到达底片之前通过的是哪一个窄缝。

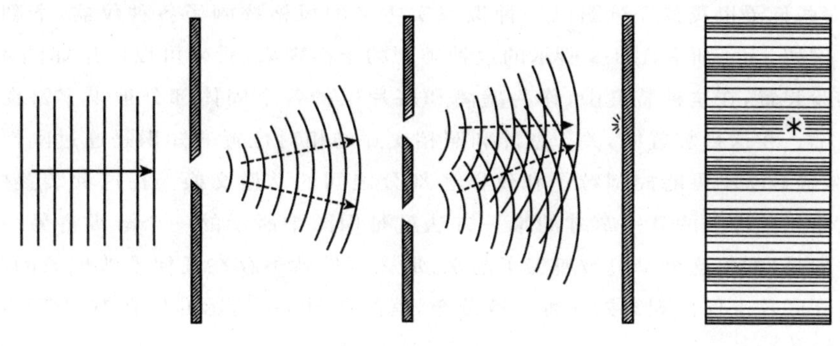

图 4-3

然而，较精确的分析表明，所建议的对动量传递的控制将引起有关壁障位置的知识的不确定性。这就将排除所考虑的干涉现象的出现。事实上，如果 ω 是假想的通过上缝或下缝的粒子轨道之间的夹角，那么，按照(1)式，这两种情况下的动量传递之差就将等于 $h\sigma\omega$；而且，按照测不准关系式，精确得足以量度这种差别的对于壁障动量的任何控制，将引起壁障位置的一个最小不准量，其值可与 $1/\sigma\omega$ 相比拟。如果，如图所示，带有两条窄缝的壁障是放在第一壁障和照相底片的正中间的，那么，就可看到单位长度上的条纹数将恰好等于 $\sigma\omega$；而且，既然第一壁障位置的一个大约等于 $1/\sigma\omega$ 的不准量将引起相等的条纹位置的不准量，那也就可以看出不会出现任何干涉效应。当第二壁障放在第一壁障和底片之间的其他位置时，也很容易得到同样的结果，而且，如果不用第一壁障而用三个物体中的任一其他物体来为了所述目的而控制动量传递，我们也会得到同样的结果。

这一点有着很重大的逻辑后果，因为这是在寻求粒子轨道或是观察干涉效应方面为我们提供了一个选择余地的唯一情况。这种选择使我们免于得到佯谬的必然结论：一个电子或光子的行动依赖于壁障上它所不会通过的一个窄缝的存在。在这里，我们牵涉到一个典型的例证，表明互补性的现象如何在互斥的实验装置下出现，而且，我们恰好面临着在量子效应的分析中明确划分原子客体的独立行动及其与测量仪器的相互作用的不可能性，该测量仪器是用来确定现象发生时的条件的。

关于在面临着经验的分析和综合方面的一种新颖形势时所应取的态度问题，我们的谈话很自然地接触到哲学思维的很多方面，但是，不管在处理方法和意见方面有多少分歧，一种十分幽默的精神却使讨论进行得很活跃。在爱因斯坦那方面，他嘲弄地问我们，是不是我们真的能够相信上帝的权力要依靠掷骰戏。为了回答这一问题，我指出了古代思想家已经注意到的、在赋予日常语言中的天命一词以各种属性时所应有的重大慎审性。我也记得,在讨论的顶点,艾伦菲斯特如何以其逗弄友人的亲切态度而开玩笑地指出了爱因斯坦的态度和相对论反对者的态度之间的表观相似性,但是,艾伦菲斯特紧接着又说,在和爱因斯坦取得一致之前他是不能放心的。

爱因斯坦的关怀和批评,很有价值地激励我们所有的人来再度检验和原子现象的描述有关的形势的各个方面。对于我来说,这是一种很可欢迎的刺激,迫使我进一步澄清测量仪器所起的作用。而且,为了更加突出地表明互补性现象发生时所处实验条件的互斥性,在那些日子里我曾经试图以一种拟现实主义的风格描画了各种仪器,下列各图就是例子。例如,为了研究图 4-3 所示的这种类型的干涉现象,看来可以应用如图 4-4 所示的一种实验装置,在这种装置中,作为壁障和底片架的各个固体部分被牢牢钉在一个共同的底座上。在这种装置中,关于壁障和照相底片的相对位置的知识是通过刚性连接来保证的,装置显然不可能控制粒子和仪器各部分之间的动量交换。在这种装置中,保证粒子通过第二壁障上的某一窄缝的唯一方法就是用图中所示的一个滑板将另一窄缝遮盖起来。但是,如果这个窄缝被遮盖了起来,那么当然就不存在任何干涉现象的问题;而我们就将在底片上仅仅观察到一种连续分布,就如在图 4-1 所示的只有 10 个固定壁障的情况下一样。

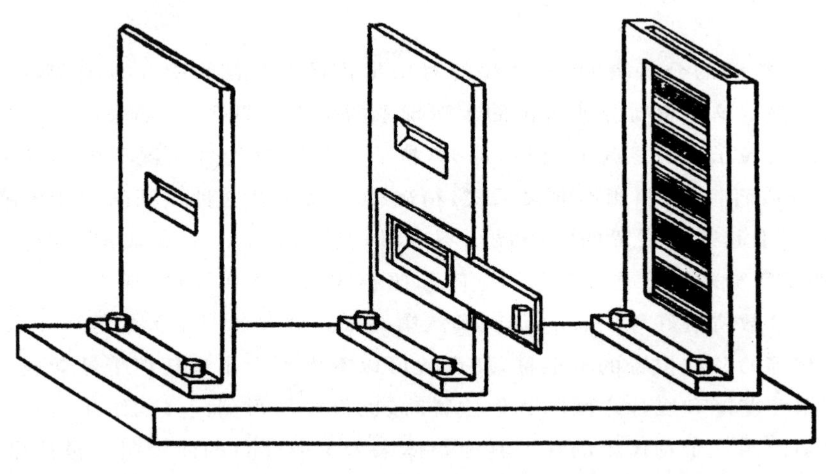

图 4-4

在它的说明涉及细致的动量平衡的那种现象的研究中,整个设备中的某些部分自然必须能够不依赖于其他部分而发生运动,这样一种仪器如图 4-5 所示。在图 4-5 中,一个带有一条窄缝的壁障用细弹簧挂在一个固体支架上,该支架和本装置的其他不动部分共同钉在一个底座上。壁障上的刻度和支架上的指针,表示着对壁障运动的一种研究;这种研究是估计传给壁障的必要动量时所必需的,该动量将使我们能够对粒子通过窄缝时所发生的偏转作出结论。然而,不论用什么方法对刻度进行读数,必将引起壁障动量的一个不可控制的改变,那么,在我们关于窄缝位置的知识和动量控制的精确度之间,就应该存在一种反比关系,这是和测不准原理相一致的。

在同样的半认真的风格下,图 4-6 代表用来研究那种现象的一部分装置,这种现象不同于刚刚讨论的那些问题,它明显地涉及时间坐标。这一部分装置是和一个结实的时钟刚性地连接起来的一个快门，时钟装在底座上，底座上装有一个壁障，并装有性质类似的其他部分，这些部分由同一时钟来控制，或由和该时钟调准了的其他时钟来控制。本图的特殊目的在于强调一个时钟是一部机器，其运转可以完全地用普通力学来加以说明，而且它的运转既不会受到对它的指针进行读数的影响，也不会受到它的零件和一个原子级粒子之间的相互作用的影响。例如，保证了小孔在某一确定时刻开放，这样一种仪器可以用来精确地量度一个电子或光子从壁障到某一另外地点所需的时间；但是，在控制传给快门的能量以得到有关通过壁障的粒子能量的结论方面，这种装置显然没有留下任何可能性。如果我们的兴趣在于这种结论，我们就当然要应用一种装置，其快门机件不可能再作为精确时钟来使用，而有关壁障小孔开放时刻的知识就会有一个不准量，这种不准量和能量量度的精确度之间由普通关系式(4)来联系。

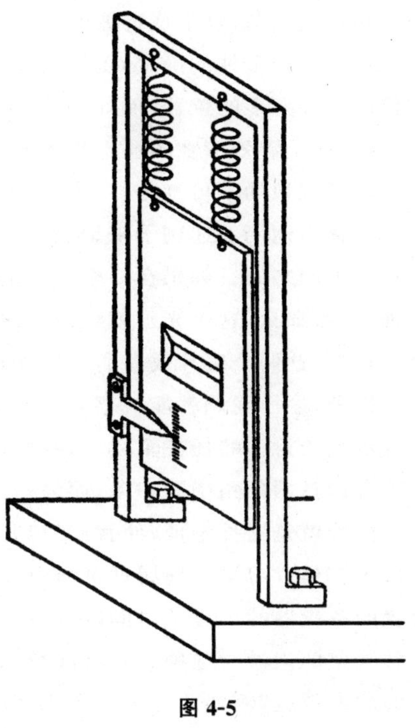

图 4-5

关于这种多少实际的装置及其多少假想的用途的设想，在把人们的注意力引到问题的本质特征方面是很有教育意义的。这儿的主要之点就在于所考查的客体以及测量仪器之间的区分，这种测量仪器是用来按照经典概念确定现象发生时所处的条件的。我们可以附带指出，牵涉到从原子级粒子到壁障及快门之类的沉重物体的动量传递或能量传递的严格控制的实验，即使实际上可以完成，那也是非常困难的，但是，这对说明上述的考虑并无影响。有着决定意义的只是：在这种情况下，不同于真正的测量仪器，这些沉重

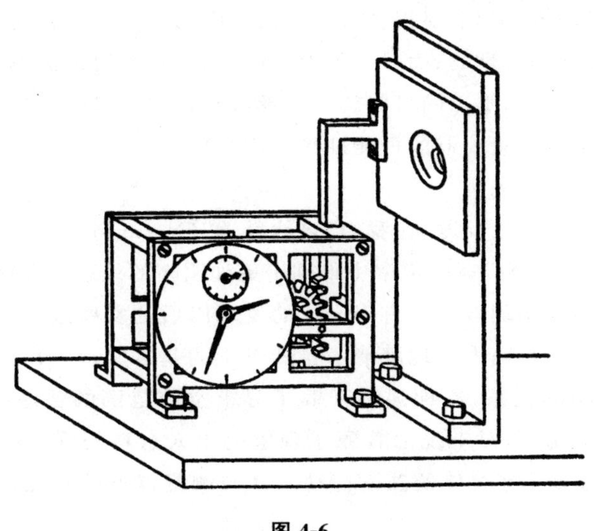

图 4-6

物体和粒子一道，就形成需要对它应用量子力学形式体系的一个体系。至于明确应用这种形式体系的条件的确定，更加重要的就是要把整个实验装置全都考虑在内。事实上，把任何一件再多的仪器(例如小镜)引入粒子的路程上，就可能意味着将有新的干涉效应发生，这种干涉效应在本质上影响着有关即将真正记录下来的结果的预言。

原子现象的不可细分性，为我们规定了放弃该种现象的具体想象的程度，这种程度可以很突出地用下述例子来说明——爱因斯坦在很早的时期就提醒我们注意的，也是他时常回想起来的。如果在一个光子的路程上放一个“半反射镜”，而使光子的传播方向有两种可能，那么，这个光子就可以记录在二照相底片中的任一底片上，而且只能记录在一个底片上(这两个底片放在所考虑的这两个方向上，而且相距很远)。我们也可以把底片换成镜子，这样我们就能观察到显示着两个反射波列之间的干涉的效应。于是，在形象地表示光子行动的任一企图中，我们就将遇到这样一种困难：我们必须承认，一方面光子永远会选择两条路中的一条，而另一方面它的行动又表现得好像它选择了两条。

恰恰就是这种论证，使我们想到量子现象的不可细分性，而且，这种论证也揭露了赋予原子客体以习见物理属性的歧义性。具体说来，我们必须注意到，除了说明构成实验装置的各仪器的位置及时间以外，时空概念在原子现象描述中的任何无歧义应用都限于一种观察的记录。这种观察将涉及照相底片上的一些痕迹，或者涉及类似的实际上不可逆的放大效应，例如云室中一个离子上的水滴的形成。当然，用来制造测量仪器的材料和记录机构依靠它来进行工作的材料，其性质终归是决定于作用量子的存在的，但是，这种情况和此处讨论的量子力学描述的适用性及完备性问题的各个方面无关。

在爱因斯坦提出普遍的反对意见的同一次聚会上，这些问题在索尔维会议上很有教育意义地受到了不同方面的评论[①]。在那一场合下，我们对那些只能对它提出统计性预见的现象应该如何谈论它的出现，也进行了很有兴趣的讨论。问题是：对于个体效应的发生，我们是应该接受狄拉克所提出的术语而认为所涉及的是“自然”的选择呢？还是应该像海森伯所建议的那样，认为所涉及的是制造测量仪器并测读其记录的“观察者”的选择？然而，任何这样的术语都会显得含义晦涩的。因为，一方面，认为自然具有通常意义下的意志，那是很难认为合理的；而另一方面，观察者肯定不可能影响在他所准备的条件下出现的事件。照我看来，唯一的可能就在于承认在这一经验领域中我们涉及的是个体现象，并承认，我们掌握测量仪器的可能性只允许我们在所要研究的不同的、互补的现象类型之间进行选择。

这儿谈到的一些认识论问题，在我为“自然科学”(Naturwissenschaften)期刊1929年普朗克“70诞辰”纪念专号所写的文章中得到了更加明晰的处理。在该文中，也曾把由普适作用量子的发现所得出的教益和有限光速的发现以后的发展进行了对比，后一发展通过爱因斯坦的开创性工作而大大地澄清了自然哲学的基本原理。在相对论中，强调了一切现象和参照系之间的关系，这种强调开辟了寻求空前范围的普遍物理定律的全新方法。在量子论中我们论证，对于统治着原子现象的出人意料的规律性的逻辑概括，就要求我们认识到一件事实：在客体的独立行动及其与测量仪器的相互作用之间，并不能画

① 同上书，248页及以后。

出明确的分界线，该测量仪器规定了所用的参照系。

在这一方面，量子论为我们提供了物理科学中的一种新颖形势，但是，我们曾经强调，在经验的分析和综合方面，这一形势和我们在人类知识和人类兴趣的很多其他领域中所遇到的形势十分相近。如众所周知，心理学中的很多困难，起源于分析心理经验的各种方面时客观-主观分界线的不同画法。事实上，像“思想”和“感情”这一类的字眼，在说明意识生活的变化及范围方面是同等地不可缺少的，人们以一种互补的方式来使用这些字眼，这和原子物理学中使用时空坐标及动力学守恒定律的方式是相似的。这种相似性的精确陈述，当然会涉及术语上的复杂性；作者的地位或许可以用该文中的一段话来最清楚地加以说明，这段话提示了在任一字眼的实际应用及其严格定义的尝试之间永远存在着的那种互斥关系。然而，这种讨论，其主要目的是要指出一种前景——利用从新的、但基本上简单的物理经验的研究中得出的教益来解决一般的认识论问题。这种讨论，主要是由于我们希望对爱因斯坦的态度有所影响而受到了启示。

在 1930 年的索尔维会议上我们又和爱因斯坦相见了，我们的讨论发生了一个十足戏剧性的转折。爱因斯坦反对这样一种观点——如果一些测量仪器的目的是要规定现象的时空参照系，那么，对于客体和测量仪器间的动量交换及能量交换的一种控制就要被排除。为了反对这一观点，爱因斯坦提出了一种论证：当把相对论的要求考虑在内时，这样的控制就是可能的。特别说来，能量和质量之间的普遍关系是用爱因斯坦的著名公式来表示的：

$$E = mc^2 \tag{5}$$

根据这一关系，我们就可以利用简单的称量重量的方法来量度任一体系的总能量，从而在原则上也就可以控制当和一个原子客体相互作用时传给该体系的能量。

作为适用于这种目的的一种装置，爱因斯坦提出了如图 4-7 所示的一种装置：这是一个盒子，在某一盒壁上有一个小孔，这一个小孔可以用一个快门来启闭，快门由盒中的时钟装置来带动。如果，在开始时，盒中包含着一定量的辐射，而时钟则调节得从某一选定时刻开始使快门在一段很短的时间内敞开，那么，就能作到使一个光子从小孔中放出，而放出的时刻则可测量得尽量准确。此外，在这一事件前后分别量度整个盒子的重量，看来好像也可以任意精确地测量光子的能量，这肯定是和量子力学中时间不准量及能量不准量之间的反比关系相矛盾的。

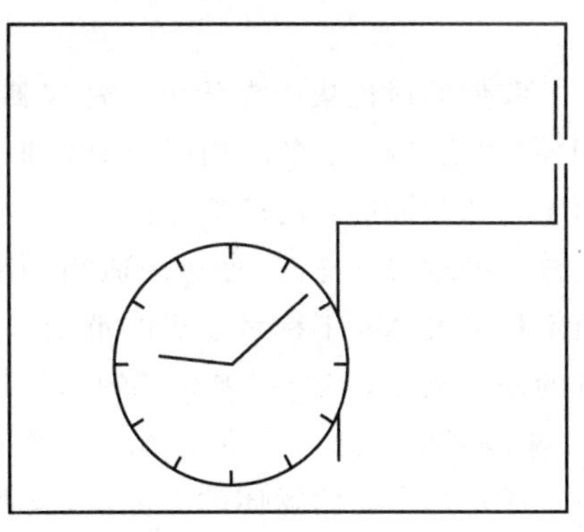

图 4-7

这种论证等于一次严重的挑战，并引起了对整个问题的彻底检查。然而，作为讨论的结果，我们认清这种论证是不可能成立的。对于这种讨论，爱因斯坦本人曾经很有效地作出了贡献。事实上，在考虑这一问题时，发现必须更仔细地研究将惯性质量和引力质量等同起来所引起的后果。在应用关系式(5)时是暗示了这种等同性的。特别重要的是要考虑到钟表的快慢和该钟表在引力场中的位置之间的关系。这种关系是根据引力效应和在加速参照系中观察到的现象之间的爱因斯坦等效原理得到的，它通过太阳的光谱线的红移而为人所知。

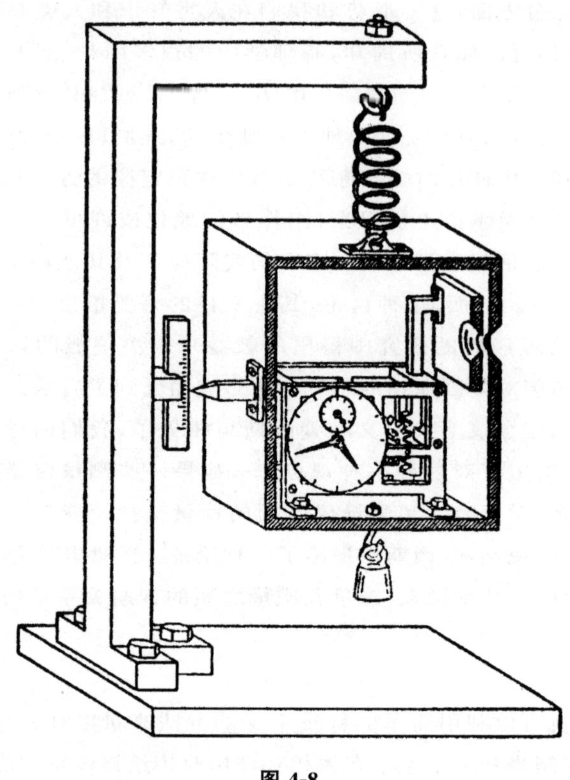

图 4-8

我们的讨论集中在使用一种仪器的可能性上，该仪器包括了爱因斯坦的装置，并在图 4-8 中用和以上各图相同的似真非真的方法画了出来。为了表现盒子的内部，图中画出了它的剖面图：盒子悬挂在一个弹簧秤上；盒上装有指针，秤架上装有刻度尺，以便确定盒子的位置。于是，通过用适当的荷重来将盒子调节到零位置的方法，就可以在任意给定精确度 Δm 下称量盒子的重量。现在，重要的是，在一个给定精确度 Δq 下对盒子位置的任一测定，都会带来盒子的动量控制方面的一个最小不准量 Δp，这二者是由关系式(3)来联系的。这一不准量 Δp，显然又小于引力场在称量过程的整段时间 T 中所能给予一个质量为 Δm 的物体的总冲量，或者说：

$$\Delta p \approx \frac{h}{\Delta q} < Tg \cdot \Delta m \tag{6}$$

式中 g 是重力恒量。由此可见，指针读数 q 的精确度越大，称量时间 T 就越长，如果要把盒子及其内容的质量测到一个给定精确度 Δm 的话。

现在，按照广义相对论，当沿着引力方向移动一段距离 Δq 时，一个时钟的快慢就会改变，即在一段时间 T 中的读数改变一个量 ΔT，这个量由下列关系式给出：

$$\frac{\Delta T}{T} = \frac{1}{c^2} g \cdot \Delta q \tag{7}$$

因此，将(6)式和(7)式们相比较我们就看到，在称量过程之后，在我们关于时钟调节的知

识中将有一个不准量

$$\Delta T > \frac{h}{c^2 \cdot \Delta m}$$

和公式(5)一起,这一关系式再次引到和测不准原理相一致的结果:

$$\Delta T \cdot \Delta E > h$$

由此可见,用这种仪器来作为精确测定光子能量的工具,我们就将不能控制光子逸出的时刻。

这种讨论对于相对论论证的有力性和合理性是非常好的说明:这种讨论再一次地强调指出,在研究原子现象时,必须区分用来规定参照系的真正测量仪器和那些必须认为是研究对象的部分;在那些部分的说明中,量子效应是不能略去不计的。尽管量子力学描述方式的可靠性及其广阔范围都得到了很有启示意义的肯定,在以后和我进行的一次交谈中,爱因斯坦仍旧表示对于显然地缺乏一些解释自然的巩固奠定的原理感到不安。缺乏这种原理,是每个人都同意的,然而,从我的观点看来我只能这样回答:当处理在一个全新的经验领域中建立秩序的工作时,我们几乎不能对任何习见的原理有所信任,不论这种原理多么广阔;我们只能要求避免逻辑上的矛盾,而在这一方面量子力学的数学形式体系肯定应该满足一切要求。

1930 年的索尔维会议,是我和爱因斯坦能够在艾伦菲斯特的鼓励性的和中介性的影响下得到裨益的最后一次。但是,在他 1933 年令世人深感哀悼的逝世以前不久,艾伦菲斯特告诉我,爱因斯坦远远没有满足而且已经以其常有的敏锐性认识到了形势的新方面,这些新方面可以支持他的批评的态度。事实上,通过进一步检验应用一种秤装置的可能性,爱因斯坦曾经察知了其他的步骤——即使并不能完成他原先所提出的任务,却似乎引入了一种超出逻辑解释的可能性以外的佯谬。例如,爱因斯坦曾经指出,在预先称量了装有时钟的盒子的重量并令一个光子逸出之后,我们仍旧有一种选择的余地——或者再称量重量,或者打开盒子并将时钟读数和标准时计比较。由此可见,在这种时候我们仍旧可以任意抉择,可以就光子的能量作出结论或是就光子自盒中逸出的时刻作出结论。于是,从光子的逸出到它后来和另一种适当的测量仪器发生相互作用,我们可以不对它进行任何干涉而就它的到达时刻*或是*它被吸收时所放出的能量作出精确的预见。但是,按照量子力学形式体系,一个孤立粒子的态的确定不可能同时涉及和时间标度之间的一种明确联系以及能量的一种精确测定,因此,看来这种形式体系似乎并不能提供一种适当的描述方式。

爱因斯坦的寻根究底的精神,再一次找出了量子力学中的形势的一个奇特方面,这种奇特方面以一种惊人的方式表现着我们在多大程度上超越了自然现象的习见解释。但是,我仍然不能同意艾伦菲斯特所报道的他这种说法的倾向。按照我的意见,要论证一种逻辑上和谐的数学形式体系的不适用,必须说明它的结论和经验相违背,或是证明它的预见并没有把观测上的可能性包举无遗,除此以外再没有别的办法;而爱因斯坦的论证却并不能引向这样的目的。事实上,我们必须知道,在所讨论的问题中,我们所涉及的并不是一种*单独的*特定实验装置,而是*两种*不同的、互斥的装置:在一种装置中,秤和另一个光谱计之类的仪器,被用来研究光子所传递的能量;在另一种装置中,一个用标准钟控制着快门和另一个同类的、并和第一个时钟调准了的仪器，被用来研究一个光子在一段给定距离上的传播时间。正如爱因斯坦所承认的，在这两种情况下，所能观察到的效应被认为应该和理论的预见完全一致。

这种问题再一次强调了考虑整个实验装置的必要性。对于量子力学形式体系的任何明确应用来说，这种实验装置的确定是不可缺少的。可以附带说明，爱因斯坦所设想的这种佯谬，在图 4-5 所示的这种简单装置中也会遇到。事实上，在预先量度了壁障动量之后，我们在原则上仍有选择的余地：当一个电子或一个光子已经通过了窄缝时，我们可以重新量度动量或是控制壁障的位置，并从而对以后的其他观察得出预见。也可以再说明一句，在利用一种确定实验装置所可能得出的可观察效应方面，不论我们制造仪器和使用仪器的方案是预先确定的，还是直到粒子已经走在从一个仪器到另一个仪器的路上时才完成的，那都显然是没有关系的。

在量子力学描述中，我们在制造并使用实验装置方面的自由，用一种可能性来适当表现：可以选择出现于形式体系之任一正当应用中的那些经典地定义了的参量。确实，在所有这些方面，量子力学都显示一种和经典物理学中已经熟知的情况之间的对应关系；当考虑到量子现象所固有的个体性时，这种对应关系是尽可能密切的。恰恰就在帮助人们十分清楚地理解这一点上，爱因斯坦的参与就成为使人们探索形势的主要方面的一种最受欢迎的激励。

下一次索尔维会议是在 1933 年召开的，其主题是原子核的结构和性质。正是在这期间，由于实验上的发现同样也由于量子力学的有成果的新应用，在这一领域中得到了非常巨大的进展。在这方面，几乎用不着提醒，正是由人为核转变的研究中得出的证据，为有关质量、能量等效性的爱因斯坦基本定律提供了一种最直接的验证，这一定律后来成为原子核物理学研究的一种永远重要的指南。我们也可以提到，爱因斯坦的一种直觉认识是怎样被自发核蜕变的量子力学解释所证实的：爱因斯坦认识到，在放射性转变定律和个体辐射效应的概率法则之间有一种密切关系。事实上，我们在自发核蜕变中所涉及的是统计描述方式的典型例证，而且，在人所共知的粒子穿透势垒的佯谬中，最显著地表现了能量-动量守恒和时空坐标之间的互补关系。

爱因斯坦本人没有出席会议。会议召开时正是由于政治界的悲剧性发展而显得天昏地暗的时候。这种发展后来深深地影响了爱因斯坦的命运，并且在为人类服务方面大大地增加了他的负担。在此次会议的几个月以前，我访问了普林斯顿。当时爱因斯坦是该地新建的高等研究所中的客人，不久以后他就成为该研究所的永久研究人员。在这次访问中，我曾经得到机会和他再度交谈原子物理学的认识论的方面，但是，我们处理问题和表达问题的方式之间的差别仍然阻滞了相互的了解。尽管至此为止只有比较少的人参加了本文所述的这种讨论，不久以后，爱因斯坦对许多人在量子论方面的观点所持的批评态度却通过一篇论文而引起了公众的注意①，该文题名为“物理实在的量子力学描述能否被认为是完备的?”，由爱因斯坦、波多尔斯基(Podolsky)和罗森(Rosen)在 1935 年发表。

---

① A. Einstein, B. Podolsky and N. Rosen, *Phys. Rev.*, 47, 777(1935).

该文的论证是根据一个判据。文章的作者们将此判据表现在下列一句话中："如果我们能够不对体系进行任何干扰而肯定地(即在等于 1 的概率下)预言一物理量的值，那么，就有物理实在的一个要素和这一物理量相对应。"作者们考虑了一个体系的态的表象，该体系由两部分构成，它们曾经在一段有限的时间内发生相互作用。通过在这方面对量子力学形式体系的结论的一种优美的论述，他们证明，尽管某些量的确定不能在其中一个部分体系的表象中结合起来，但是，通过和另一个部分体系有关的测量，这些量却可以被预见到。按照他们的判据，作者们因此就得出结论，说量子力学并没有"提供物理实在的一种完备描述"；他们并且表示相信，应该可能发展一种有关现象的更适用的说明。

由于论证的明彻特点和表观上无可怀疑的特点，爱因斯坦、波多尔斯基和罗森的文章在物理学家中间引起了一种激动，而且在一般性的哲学讨论方面也起了很大的作用。所得结果肯定是很微妙的，而且适于用来强调在量子力学中我们离开形象化的具体想象有多远。然而，我们即将看到，我们在这儿所涉及的问题，恰恰就是爱因斯坦在以前的讨论中所提出的那种问题，而且，在几个月以后的一篇论文中[①]，我曾试图证明，从互补观点看来，表观上的矛盾是完全不存在的。论证的趋势本质上是和以上的叙述相同的，但是，为了回忆当时讨论问题的方式，我愿意从我写的文章中征引几行。

例如，在谈到爱因斯坦、波多尔斯基和罗森根据他们的结论得出的结论之后，我写道：

> 然而，这样一种论证，看来并不能影响量子力学描述的可靠性。这种描述是建筑在一种和谐的数学形式体系上的，该形式体系自动地概括了任何这种的测量过程，表观上的矛盾，事实上只表示习见的自然哲学观点对于合理地说明我们在量子力学中所涉及的那种现象是本质上不适用的。事实上，由作用量子的存在规定了的客体和测量仪器之间的有限相互作用，引起了最后放弃因果性这一经典概念并激烈地修正我们对于物理实在问题的态度的必要性——因为客体对测量仪器的反作用是不可控制的，如果测量仪器适用于它们的目的的话。事实上，我们即将看到，当应用于我们在这儿所涉及的实际问题时，像上述作者们所提出的这一类的有关实在的判据——不论它的陈述显得多么慎审——也是包含着一种本质上的含糊性的。

至于爱因斯坦、波多尔斯基和罗森所处理的那种特殊问题，后来也得到了说明。我们曾经证明，关于由两个相互作用着的原子客体组成的系统，由它的态表象的形式体系所得到的结论是和上述的论证相对应的；上述的论证，和用来研究一些互补性现象的实验装置的讨论有关。事实上，尽管任何一对共轭的空间变量 q 和动量变量 p 都满足(2)式所示的非对易乘法法则，尽管它们只能确定到由(3)式表示的那种互感反比的不准量，但是，和体系的组成部分有关的两个空间坐标之差 q_1-q_2，却是可以和对应的动量分量之和 p_1+p_2 对易的：这一点可以从 q_1 和 p_2 及 q_2 和 p_1 的可对易性直接得出。因此，q_1-q_2 和 p_1+p_2 二者都可以在复合体系的一个态中精确地确定，于是，如果用直接测量确定了

---

① N. Pohr, *Phys. Rev.*, 48, 696(1935).

q_2 或 p_2，那么我们就能依次地预言 q_1 或 p_1 的值。如果我们取如图 4-5 所示的一个粒子和一个壁障作为体系的两个部分，我们就会看到，通过在壁障处进行的测量来确定粒子态的可能性，就是和我们在之前描述过的、而后又在稍后上讨论过的情况相对应的。在该讨论中曾经谈到，当粒子已经通过了壁障以后，在原则上，我们对于量度壁障位置或壁障动量是有选择余地的，而且，在每一种选择下，都可以对以后的关于粒子的观察作出预言。正如一再强调过的，这儿的主要之点在于，在这样一些测量中，需要用到互斥的实验装置。

我那篇文章的论点，总结在下列一段中：

按照我们的观点，我们现在看到，在爱因斯坦、波多尔斯基和罗森所提出的关于物理实在的上述判据的叙述中，在“不对系统进行任何干扰”这种说法中包含着一种含糊性。当然，在刚刚考虑过的这一类情况下，在测量过程的最后的决定性步骤中，并不存在对所研究的系统加以力学干扰的问题。但是，即使在这一步骤中，本质上也还存在对于那种条件的影响问题，该种条件规定着有关系统未来行动的预言的可能类型。为了描述可以恰当地叫作“物理实在”的任何现象，这种条件是一种必要的因素，既然如此，我们就看到，上述各作者的论证并不能证实他们关于量子力学描述本质上是不完备的那种结论。相反地，由以上的讨论可以看出，这种描述可以认为是测量过程之无歧义解释的一切可能性的合理应用，这种测量可以和量子力学领域中的客体及测量仪器之间的不可控制的相互作用相容。事实上，为新的物理定律留下了余地的，正是可以无歧义地定义互补物理量的任何两种实验过程的互斥性。这种新的物理定律的并存，初看起来是和基本科学原理相矛盾的。互补性这个概念所要表征的，正是物理现象的描述方面的这一全新形势。

在重读这一段话时，我深深觉察到表达方面的无力。这种缺点一定会使人很难领会论证的趋势——论证的目的在于显示当处理那样一些现象时在客体的物理属性方面引入的本质歧义性；在各该现象中，并不能在客体本身的行动及客体和测量仪器的相互作用之间画出任何的明确界线。然而，我希望，关于在以往的年代中和爱因斯坦进行的讨论的这种叙述，可以使人们得到一个印象，使人们领会到为了在这一经验领域中保持逻辑秩序就必须激剧地修正适用于物理解释的基本原理。在使我们熟悉量子物理学的形势方面，和爱因斯坦进行的讨论是有很大贡献的。

爱因斯坦本人在当时所持的看法，表述在“物理学和实在”一文中，该文发表于 1936 年的“富兰克林研究所期刊”①。文章的开始，爱因斯坦很明白地论述了经典物理学理论中基本原理的逐步发展以及这些原理和物理实在问题的关系；他曾经在文中论证，量子力学描述只能看成说明很多很多原子体系之平均行动的一种手段。对于认为量子力学已经提供了个体现象的包举无遗的描述的那种信念，他的态度表现于下列词句中：“相信这一点可能在逻辑上并不矛盾，但是它和我的科学直觉冲突得太厉害，因此我不禁要寻求一种更完备的观念。”

---

① A. Einstein, *J. Franklin Inst*, 221, 349(1936).

即使这种态度可能显得是自身协调的，但它却意味着对上述的全部论证的一种摈弃。这种论证的目的在于说明，在量子力学中，我们所涉及的并不是对于原子现象的更细致分析的一种武断的放弃，而是对于这种分析的原则上的不可能性的一种认识。在概括明确定义的事实方面，量子效应的独特个体性使我们面临着一种新颖形势——在经典物理学中是前之未闻的，而且是和我们用来排比、调节日常经验的那些习见概念相矛盾的。正是在这一方面，量子论曾经要求人们重新修正无歧义应用基本概念的基础——这是发展中的新的一步，自从相对论被提出以来，这种发展就已经成为近代物理学的突出特征了。

在以后的年代中，原子物理学形势的更具哲学性的方面引起了越来越多的人们的兴趣。具体说来，这些方面在 1936 年 7 月在哥本哈根召开的第二届科学统一性国际会议上得到了讨论。在这一场合的一次演讲中①，我曾尝试着强调了存在于因果描述在原子物理学中受到的限制和我们在其他知识领域中遇到的情况之间的认识论方面的类似性。这种对比的一个主要目的，就是要使人们注意到在人类兴趣的很多领域中也有必要面对和量子论中出现的问题相类似的问题，并从而使人们对于物理学家为了克服他们的严重困难而发展起来的表面看来很过分的表现方式有一个较熟悉的背景。

除了上面已经谈到过的在心理学中表现得很明显的互补特点以外，这种关系的实例也可以在生物学中找到，尤其是在机械论观点和活力论观点的对比方面。联系到观察问题，上述这种问题曾经成为我在 1932 年哥本哈根国际光疗会议上所作的一次演讲的主题②。在那次演讲中曾经附带指出，通过原子物理学的发展，甚至莱布尼兹(Leibniz)和斯宾诺莎(Spinoza)所觉察到的那种心理-物理平行论也得到了一种更广阔的范围。原子物理学的发展迫使我们对“解释问题”采取一种态度，这种态度使人回想起古代的格言：当寻求生活中的调谐时，人们永远不应该忘记，我们自己在现实戏剧中既是演员又是观众。

这样一种说法将很自然地在许多人的思想中造成一种不合乎科学精神的基本神秘主义的印象，因此，在上述的 1936 年的会议上，我曾经试图消除这样的误解，并试图说明唯一的问题是要努力澄清在一切知识领域中对经验进行分析和综合的那些条件③。但是，恐怕我在这一方面并没有能够很好地说服听众；在听众们看来，既然物理学家们自己的意见都不一致，那么，是否有必要在这样大的程度上放弃自然现象的解释方面的习惯要求显然就是很可怀疑的。主要通过 1937 年和爱因斯坦在普林斯顿进行的一次新讨论，使我深深认识到在一切术语问题和论辩问题中保持极度慎审的重要性。那一次，我们在一种幽默的争论中没能取得一致，争论的问题是：如果斯宾诺莎活得够长而看到了今天的发展，他将会赞成谁的意见？

关于术语和论辩方面的问题，在 1938 年在华沙召开的一次会议上曾经特别地进行讨论，这次会议是由国联的国际知识界合作协会召开的④。在召开会议以前的几年中，由

① N. Bobr, *Philosophy of Science*, 4, 289(1937).

② IIe Congrès internationaI de la Lumière, Copenhague, 1932.

③ 见本注①。

④ New Theories in Physics(物理学中的新理论，Paris，1938)，11.

于在原子核的组成及性质方面的若干基本发现，同样也由于考虑到相对论要求的数学形式体系的重要发展，量子物理学曾经得到了重大的进步。在后一种发展方面，狄拉克关于电子的天才量子理论，对于一般量子力学描述方式的能力及富有成效提供了一种显著的例证。在电子偶的产生现象和质湮现象中，我们事实上涉及了原子性的新的基本特点。这种新特点是和表现在不相容原理中的量子统计学的非经典特性密切联系着的，这种新特点要求我们更广泛地放弃按照形象化的表示法来解释事物。

同时，关于原子物理学中的认识论问题的讨论更加吸引了我的注意。在评论爱因斯坦关于量子力学描述方式的不完备性的观点时，我更加直接地接触到了术语问题。在这一方面，我曾警告人们特别注意在物理文献中时常看到的一些词句，例如“通过观察来干扰现象”或“通过测量来创造原子客体的物理属性”。这些词句可以使人想起量子论中的表观佯谬，但它们同时也很容易引起误解，因为，“现象”和“观察”以及“属性”和“测量”这些字眼，都是在一种很难和日常语言及实际定义相容的方式下被使用的。

作为一种更适当的表达方式，我曾提议用现象一词来代表在特定环境下得到的观察结果，这种特定环境包括整个实验装置的说明在内。在这样的术语下，观察问题就不会再有什么特殊的复杂性，因为在实际的实验中一切观察结果都是用清晰的叙述来表达的。例如，这种叙述可能涉及电子到达照相底片的地点的记录。此外，用这样的方式来讲话也便于强调这样一点：符号式量子力学形式体系的适当物理解释，只在于和个体现象有关的肯定的或统计性的预见，这些个体现象是在用经典物理概念定义了的条件下出现的。

尽管在引起相对论发展的和引起量子论发展的那些物理问题之间有很多差别，但是，相对论论证和互补性论证之间的一种纯逻辑方面的对比将使人们看到，在放弃客体的惯常物理属性的绝对意义方面，这二者是有着一些显著的类似点的。此外，在说明实际经验时忽略测量仪器本身的原子性结构，这也同样是相对论的应用及量子论的应用的特征。例如，作用量子远小于普通经验（包括物理仪器的装置及使用在内）所涉及的作用量，这在原子物理学中是十分重要的，正如世界是由很多很多原子构成的这一事实在广义相对论中是十分重要的一样。正如人们时常指出的，广义相对论要求，测量角度的仪器，其线度要能作得远小于空间的曲率半径。

在华沙演讲中，我对相对论中和量子论中使用不能直接具体想象的符号的问题评论如下：

> 两种理论的形式体系在其本身范围内提供了概括一切可能经验的适当方法，甚至这两种形式体系也显示了深刻的类似性。事实上，在两种情况下，通过应用多维几何学和非对易代数学来推广经典物理理论而得到的惊人的简单性，本质上是以习见符号 $\sqrt{-1}$ 的引用为基础的。事实上，仔细分析起来，所述形式体系的抽象性，对于相对论和对于量子论都是同样典型的特点，而且，在这一方面看来，如果相对论被看成经典物理学的一种完满化，而不被看成在近代物理学发展的促使下彻底修正我们在比较观察结果时的思维方法的一个根本性的步骤，那不过纯粹是一个传统问题罢了。

诚然，在原子物理学中，我们当然还面临着若干没有解决的基本问题，尤其是在电荷基元单位和普适作用量子之间的密切关系方面，但是，这些问题和此处讨论的认识论问题之间的联系，并不比相对论论证的适用性和至今悬而未决的宇宙论问题之间的联系更为密切。不论是在相对论中还是在量子论中，我们都牵涉到科学分析和科学综合的一些新特点，而且，在这一方面，指出一件事是不无兴趣的：即使是在19世纪这一伟大的批判哲学时代，人们也只探讨过对于经验的时空标示及因果联系的适用性究竟能在多大程度上给予先验的论证的问题。至于这些人类思想范畴的固有界限及合理推广的问题，人们却从来没有探讨过。

虽然近年以来我曾有很多机会和爱因斯坦相见，但是，继续进行的、使我经常受到新的激动的讨论，却一直没有在原子物理学中的认识论问题上得出一个共同的看法。我们的相反观点，在最近一期的《辩证法》(*Dialectica*)上得到或许是最清楚的说明[①]，那里给出了这些问题的普通论述。然而，鉴于在手法和背景都必然会影响每个人的态度的那种问题的共同理解上有着很多障碍，我很高兴借此机会来对发展情况作一个更广泛的说明：就我看来，通过这种发展，物理科学中的一个真正的危机已经被克服了。我们由此得到的教益，似乎已经把我们带到了在内容和形式之间追求协调的永无休止的努力中的一个决定步骤，并且似乎已经再一次告诉我们：没有一个形式构架就不可能掌握任何内容，而任何一种形式，不论以往被证实为如何有用，对于概括新经验来说也可能显得是过于狭隘的。

在目前看来，不但在哲学家和物理学家之间很难得到共同的理解。而且甚至在不同学派的物理学家之间也很难得到共同的理解。在这一类的情况下，困难的根源肯定地常常在于语言的不同用法，这种不同的用法意味着不同的处埋问题的路线。在哥本哈根研究所中，当年曾有一些不同国度的青年物理学家到那儿来讨论问题。当遇到麻烦时，我们常常用一些玩笑话来安慰自己，其中包括有关两种真理的一种古老说法：一种真理包括一些简单而明白的叙述，它们简明得使相反的说法显然无法得到维护；另一种真理就是所谓的“深奥真理”，和这种真理相反的叙述也包含着“深奥真理”。原来，一个新领域中的发展通常要经历一些阶段，经过这些阶段，混乱性将逐渐为秩序性所代替；但是，尤其是在中间阶段，深奥真理常常表明当前的工作是十分动人的，并且是启示着人们的想象，去寻求一个更牢固的依据的。对于在严肃和幽默之间寻求适当平衡的这样一种努力，爱因斯坦本人就是一个伟大的范例；而且，我相信，通过整整一代物理学家的异常有效的合作，我们已经接近了逻辑秩序可以使我们避免深奥真理的那一目的。当我这样表示时，我希望爱因斯坦也会承认这一点，我希望可以用这种信念来为以上的许多说法寻求谅解。

作为本文主题的和爱因斯坦进行的商榷，曾经延续了很多年，在这些年中，原子物理学领域中有了很大的进步。不论我们的会晤是长久还是短暂，这些会晤都在我的记忆中留下了深刻而经久的印象，而且，在撰写这一文章时，我可以说一直在和爱因斯坦进行争辩，甚至在讨论表面上看来和我们会晤时所争论的那些问题相去很远的课题时也是如

① N. Bohr, *Dialectica*, 1, 312(1948).

此。至于有关谈话内容的叙述，我当然知道我只依靠了自己的记忆；同时我也可以想到，爱因斯坦对量子论发展的许多特点的看法可能和我的看法并不相同，在量子论的发展中，爱因斯坦是曾经起过很大作用的。无论如何，我相信我已经不无成功地说明了这样一个问题：在和爱因斯坦的每一次接触中，我们大家都会得到启示，能够从这种启示中获得裨益对我是如何地重要啊！

（五）

知识的统一性

（1954）

物理现象的说明到底在多大程度上依赖于观察者的立足点？这一问题的探索绝没有引起混乱和错杂；这种探索被证实为一种很有价值的指导，可以用来寻求一切观察者所共有的普遍物理定律。

——玻尔

在多大程度上我们可以谈论知识的统一性？在回答这一问题之前，我们可以问一问知识一词本身是什么意思。我不准备进行一种学术性的哲学论述，对于这种论述，我是没有必要的学识的。然而，每一个科学家都经常遇到经验的客观描述问题。所谓客观描述，指的是无歧义的思想交流。当然，我们的基本工具，就是适应于实际生活及社会交往的需要的平常语言。在这儿，我们不准备涉及这种语言的起源问题，而只来谈谈它在科学交流方面的范围问题，特别是在超出日常生活事件的经验的增长过程中如何保持客观性的问题。

必须注意的主要之点是，一切知识都是在一种用来说明先前所有的经验的概念构架中表现出来的，而且任何的这种构架在概括新经验方面都可能是过于狭隘的。在很多知识领域中进行的科学研究，确实曾经一再地证明了放弃或改造某些观点的必要性，那些观点由于很有成果和表面看来可以无限应用而曾经被认为是合理解释所不可缺少的。虽然这种发展是由一些特殊的研究发端的，但它们却遗留下来一种对知识的统一来说是很重要的普遍教益。事实上，概念构架的扩张不但适于用来在有关的知识分支中保持秩序，而且也显示了我们在表面看来相去很远的知识领域中在经验的分析和综合方面所处地位的类似性，这种类似性意味着一种越来越广阔的客观描述的可能性。

当谈到一种概念构架时，我们指的不过是经验之间的关系的无歧义逻辑表现。这种态度在历史发展上也是显而易见的；在历史发展中，形式逻辑已经不能再和语义学的研究明确划分，甚至不能再和哲学措辞法的研究明确划分了。数学曾经起了特殊的作用，它对逻辑思维的发展曾经有过十分决定性的贡献——通过它明确定义的抽象过程，它在表达和谐关系方面提供了难以估价的助力。但是，在我们的讨论中，我们将不把数学看成一种独立的知识分支，而宁愿把它看成一般语言的一种精确化，这种精确化给一般语言补充了表现各种关系的适当工具。对于这些关系来说，通常的语言表达法是不确切的或纠缠不清的。在这一方面可以强调，正是通过避免涉及渗透在日常语言中的自觉的主体，数学符号的应用才保证了客观描述所要求的定义的无歧义性。

所谓精密科学的发展，是以测量结果之间的数字关系的建立为其特征的。这种发展确实受到了抽象数学方法的决定性的推动，这种抽象数学方法起源于推广逻辑结构的独立探求。这种情况在物理学中得到了特殊的例证。物理学，本来被理解为和我们自己也是其中一部分的那一自然界有关的一切知识，而后来则逐渐被理解为统治着无生命物质属性的基本定律的研究了。即使在这一比较简单的课题中，也必需经常注意客观描述问题，这种必要性多少年来曾经深深影响了各哲学派别的态度。在现代，新的经验领域的探索曾经揭露了无歧义地应用某些最基本概念的出人意料的先决条件，并从而给我们带来一种认识论上的教益。这种教益所涉及的问题，远远超出了物理科学的范围，因此，在开始我们的讨论时首先简要地叙述一下这种发展，那就可能是方便合宜的。

如果要仔细地回顾人们如何消除了神秘的宇宙论的概念和有关我们自己的动作目的的论点，如何在伽利略的开创性工作的基础上建立了无矛盾的力学体系，如何通过牛

◀卢瑟福在麦克吉尔大学

顿的胜利而使这种力学体系达到了如此完美的地步,那就会使我们离题太远。最重要的是,牛顿力学的原理意味着原因和结果问题的一种影响远大的澄清——从在某一时刻利用可测量的量来确定了的一个物理系统的态出发,牛顿力学原理使我们能够预言该系统在以后任一时刻的态。大家都知道,这样一种决定论的或因果性的说明如何导致了一种机械的自然观,并终于变成了一切知识领域中科学解释的一种典型,不论这种知识用什么方法取得。在这方面,很重要的是这样一件事实:更加广阔的物理经验领域的研究,曾经揭示了进一步考虑观察问题的必要性。

经典力学是以应用和日常生活事件有关的图景及概念为基础的,在这种意义上,经典力学在它的广大适用领域中提供了一种客观描述。但是,不论牛顿力学中所用的理想化显得如何合理,这些理想化却远远超出了我们的基本概念所能适用的经验范围。例如,就连绝对空间和绝对时间这些概念的适当应用,也和光的传播在实际上可以认为是瞬时性的这一事实有着内在联系——这种瞬时传播使我们可以不依赖于物体速度而确定我们周围物体的位置,并可以把各个事件排列在一种唯一的时间顺序中。然而,当企图进一步对电磁现象及光现象作合理解释时曾经发现,彼此以很大的速度而相对运动着的观察者,将用不同的方式来标示各个事件。这些观察者对于刚体的形状及位置可能具有不同的看法。不仅如此,在一个观察者看来是在不同的空间点上同时发生的事件,在另一个观察者看来却可能是在不同时刻发生的。

物理现象的说明到底在多大程度上依赖于观察者的立足点?这一问题的探索绝没有引起混乱和错杂;这种探索被证实为一种很有价值的指导,可以用来寻求一切观察者所共有的普遍物理定律。爱因斯坦保留了决定论的概念,但他只信赖明确的量度之间的关系,这种量度最后归结到事件的重合。就这样,爱因斯坦成功地改造并推广了经典物理学的整个结构,成功地为我们的世界图景找到了一种超过一切预料的统一性。在广义相对论中,是以一种弯曲的四维时空度量作为描述的基础的,这种四维时空度量自动地照顾到引力效应,而光信号的速度的特殊作用则代表着速度这一物理概念的任何合理应用的上限。引用这种陌生的但是明确的数学抽象,绝不意味着什么歧义性,相反地,它倒很有教育意义地说明了一个问题:概念构架的一种扩展如何提供了一种消除主观因素并扩大客观描述范围的适当方式。

通过物质的原子构造的探索,揭露了观察问题的新的、出人意料的特点。如众所周知,物质的有限可分性这一概念是古已有之的,引入这一概念,是为了说明物质不顾自然现象的多样化而保持其特征属性的那种性能。但是,几乎到现时代为止,这种观点一直被认为本质上是一种假说——其意思是,由于我们的感官和工具是由不可胜数的一些原子构成的,它们的粗糙性就使原子观点好像不能用直接的观察来验证。尽管如此,随着19世纪的化学及物理学中的巨大进步,原子概念已被证实为越来越有成果。具体说来,将经典力学直接应用于原子及分子在不断运动时发生的相互作用,就使人们对热力学原理得到了一种普遍的理解。

在20世纪中,人们研究了新发现的物质属性,例如天然放射性,这种研究已经很有说服力地巩固了原子论的基础。具体说来,通过放大机构的发展,已经能够研究本质上依赖于单个原子的那种现象,甚至能够获得有关原子体系的结构的广泛知识。作为第一步，人们认识到电子是一切实物的一种公共组成，而且，通过卢瑟福有关原子核的发现，我们的关于原子结构的概念得到了重要的完善化：一个原子核，以一个极小的体积几乎包括了整个原子的质量。元素的属性在普通的物理过程或化学过程中保持不变，这种不变性可以直接用一种情况来加以解释：在这种过程中，虽然电子的结合可以受到很大影响，但原子核却是并不改变的。然而，卢瑟福发现，利用更加有力的设备可以引起原子核的嬗变；通过这种发现，卢瑟福开辟了一个全新的研究领域，这种研究常常被称为现代炼金术。如众所周知，这种研究后来导致了释放原子核中所储藏的巨大能量的可能。

虽然物质的很多基本性质都可以用简单的原子图景来加以说明，但是，从一开始就很明显，经典的力学概念和电磁学概念并不足以说明元素不同特性所显示的原子结构的本质稳定性。然而，普适作用量子的发现却提供了解决问题的一个线索，这种发现是在20世纪的第一年由普朗克通过深入分析热辐射定律而得到的。这一发现揭露了原子过程中的一种超出机械自然观以外的整体性，并且明显地证明了一件事实：经典的物理理论是只能用来描述那样一些现象的理想化，在各该现象的分析中一切作用量都足够地大，以致于可以将作用量子略去不计。尽管这一条件在日常规模的现象中是大大得到满足的；但在原子现象中，我们却遇到一些完全新型的、不能适用决定论的形象描述的规律性。

要把经典物理学合理地推广，使它容许作用量子的存在而又仍能对于定义电子及原子核之惯性质量及电荷的那些实验事实有一个无歧义的解释，这是一种非常艰巨的工作。然而，通过一整代的理论物理学家的协同努力，逐渐发展了原子现象的一种无矛盾的、在广大范围内包举无遗的描述。这种描述使用了一种数学形式体系，在这种体系中，经典物理学理论中的变量被换成一些符号，它们服从一种非对易的算法，算式中包含着普朗克恒量。正由于这种数学抽象法的特性，这种形式体系并不能得到一种符合习见路线的形象解释，它的目的是要在那些在明确定义的条件下得出的观察结果之间直接建立关系。不同的个体量子过程可以发生于一个给定的实验装置中，适应着这一情况，所建立的关系就具有一种固有的统计性。

借助于量子力学的形式体系，曾经很细致地说明了和物质的物理属性及化学属性有关的许许多多的实验事实。此外，在这种形式体系中照顾到相对论不变性的要求，已经能够在广大的范围内整理和基本粒子的属性及原子核的结构有关的迅速增长的新知识。尽管量子力学威力惊人，但它却激烈地违背了习惯上的物理解释，尤其是放弃了决定论这一概念本身。这种情况在很多物理学家和哲学家的心中引起了怀疑：在量子力学中，我们所面临的是一时的权宜之计呢，还是客观描述方面的一种不可挽回的步骤呢？要澄清这一问题，事实上就必须剧烈地修正描述物理经验和概括物理经验的基础。

在这一点上，我们首先必须认识到，即使当现象超出了经典物理学理论的范围时，实验装置的说明和观察结果的记录也必须利用经过技术物理学术语适当补充了的平常语言表示出来。这是一种很清楚的逻辑要求，因为“实验”一词本身就表明这样一种情况：在该情况下，我们可以告诉别人我们已经作了什么和已经学到了什么。然而，在经典物理学和量子物理学中的现象的分析方面，基本的区别就在于：在前一种分析中，客体和测量仪器之间的相互作用可以略去不计或得到补偿；而在后一种分析中，这种相互作用却形成现象的一个不可分割的部分。事实上，一种严格意义上的量子现象，其本质整体性在这样一种情况下得到了逻辑上的表达：企图对现象进行任何明确定义的细分，都需要一种实验装置上的、和现象本身的表现不能相容的变化。

特别说来，不可能分别控制原子客体和确定实验条件所必不可少的各种仪器之间的相互作用，这种不可能性就阻止了时空标示和动力学守恒定律之间的不受限制的结合，而经典物理学中的决定论的描述则是以这种结合为基础的。事实上，时间概念和空间概念的任何无歧义应用都要引用一种实验装置，这种实验装置将涉及一种原则上不可控制的、对固定标尺和校准时钟的动量传递和能量传递，该标尺和该时钟是定义参照系所必需的。相反地，对以动量守恒定律及能量守恒定律来表征的现象加以说明，在原则上就会引起对细致时空标示的一种放弃。这些情况在海森伯的测不准关系式中得到了定量的表达，该关系式规定着在一物理体系的态的定义中确定运动学变量及动力学变量时的不准量。然而，适应着量子力学形式体系的特点，这种关系式并不能按照和经典图景有关的客体属性来加以解释。我们这儿所涉及的，是无歧义应用两种概念的互斥条件——一方面是时间和空间的概念，另一方面是动力学守恒定律的概念。

在这一点上，人们有时谈到"通过观察来干扰现象"或"通过测量来创造原子客体的物理属性"。但是，这样一些词句很容易引起误会，因为，在这儿，像现象和观察以及属性和测量这样一些字眼是在一种和日常语言及实际定义不相容的方式下被使用的。遵循着客观描述的路线，更加适当的作法是用现象一词表示在那样一种情况下得到的观察结果，该情况的描述包括对整个实验装置的说明。利用了这种术语，量子物理学中的观察问题就不再带有任何的特殊复杂性，此外，这也可以直接提醒我们，每一个原子现象都是封闭的。所谓封闭，表示现象的观察是以利用在有着不可逆性能的适当放大装置中所得到的记录为基础的，例如，这种记录可能是由于电子透入乳胶而在照相底片上造成的永久性的斑点。在这一方面，重要地是要知道，只有当涉及这样的封闭现象时，量子力学形式体系才有其明确定义的应用。也正是在这一方面，它代表经典物理学的一种合理推广，在这种推广中，事件进程的每一阶段都是用可测量的量来加以描述的。

经典物理学所预设的进行实验的自由当然保留了下来，它是和实验装置的自由选择相对应的，量子力学形式体系的数学结构为这种选择提供了适当的余地。一般说来，同一个实验装置可能给出不同的记录，这种情况有时很形象地被称为这些可能记录之间的"自然的抉择"。毋庸赘言，这样一个词句绝不意味着自然的拟人化，它不过表明并不能按照惯常方式确定一种封闭的不可分的现象的进展方向而已。在这里，逻辑的处理方法只限于推导个别现象在给定的实验条件下出现的相对概率。在这一方面，量子力学表现为决定论力学描述的一种合乎逻辑的推广——当物理现象的规模足够大以致可以将作用量子忽略不计时，量子力学就当作一种极限情况包括了决定论的力学。

原子物理学的一个最突出的特征就是在一些实验条件下观察到的那些现象之间的新颖关系，这些实验条件要用不同的基本概念来描述。事实上，当人们企图按照经典方式来描绘一种原子过程的历程时，所得的经验可能显得是相互矛盾的，但是，不论如何矛盾，它们却代表着有关原子系统的同样重要的知识，而且，它们的总体就包举无遗地代表了这种知识。在这种意义上，这样的经验应该被看成是互补的。互补性这一概念绝不会使我们离开自然的独立观察者的地位，这一概念应该被认为是在逻辑上表现了我们在这一经验领域中进行客观描述时所占的位置。人们认识到，测量仪器和所研究的物理体系之间的相互作用，构成量子现象的一个不可分割的部分。这种认识，不但揭露了机械自然观的一种出人意料的局限性，而且迫使我们在整理经验时必须适当注意到观察条件——所谓机械自然观，是以赋予物理系统以独立特性为其特征的。

关于对一种物理解释必须要求些什么的问题，是一个争论很多的问题。当考虑这一问题时，我们必须记得，经典力学已经意味着放弃了匀速直线运动的原因，而相对论则告诉我们不变性及等效性的论点必须怎样地被看成合理解释的范畴。同理，在量子物理学的互补描述中，我们遇到一种更进一步的自相协调的推广，这种推广可以把在说明物质基本属性方面带有决定意义的一些规律性包括在内，但是，这种推广超出了决定论描述的范围。就这样，物理科学的历史表明，在揭示习见概念的出人意料的局限性方面，更广阔经验领域的探索将怎样指示出保持逻辑秩序的新方法。我们现在即将论证，包括在原子物理学发展中的认识论教益，使我们想到在远远超出物理科学范围的那些经验的描述及概括中也有一些类似情况，而且，这种教益也使我们可以找出一些共同特点来推动有关知识统一性的寻求。

当离开物理学的正式领域时，我们所面临的第一个问题就是生命机体在自然现象的描述中的地位问题。在最初，在有生命物质和无生命物质之间并没有画什么明确界线。如众所周知，强调了单个机体的完整性，亚里士多德曾经反对过原子论者的观点，而且，甚至在讨论力学基础时他也保留了目的和能力这一类的概念。但是，在文艺复兴时代，在解剖学和生理学中得到了一些伟大发现，尤其是提出了经典力学。在这种经典力学的决定论的描述中，消除了有关目的的一切思想，结果就出现了一种完全机械主义的自然观，而且很多有机的机能也确实可以用物质的物理属性和化学属性来加以说明，而这些属性则可以用简单的原子概念来得到广泛的解释。诚然，机体的结构及作用过程，会引起原子过程的一种往往显得和热力学定律难以调和的有序化——热力学定律意味着，在构成一个孤立物理系统的各原子之间，有一种不断无序化的趋势。但是，维持并发展有机体系所必需的自由能，是由系统的环境通过营养和呼吸而不断供应着的。如果充分注意到这种情况，就可以清楚地看到在这方面并不存在任何违反普遍的物理定律的问题。

在最近几十年中，我们在关于机体的结构及作用过程的知识方面得到了很大的进展，而且，特别说来，已经清楚地知道量子规律性在这种问题的很多方面都起着一种基本作用。这样的规律性，对于那些高度复杂的分子结构的显著稳定性来说是根本重要的；这些分子结构是规定着物种遗传性的那些细胞的重要组成，不但如此，关于用穿透性辐射照射机体而引起的突变的研究，也提供了量子力学统计定律的一种惊人应用。此外也曾发现，对于机体完整性十分重要的感觉器官，其灵敏度接近于个体量子过程的水平，而放大机构则在神经信息的传递中起着特别重要的作用。虽然是以一种新颖的方式，整个的发展再一次地将生物学问题的机械论处理方式提到了显著地位，但是，有一个问题同时也变得尖锐起来：将有机体和高度复杂、高度精密的体系相对比，例如和近代工业的机器或和电子计算机相对比，是否可以提供一种适当的基础来对生命机体所显示的自动调节机构进行客观描述？

当回到原子物理学所给予我们的认识论教益时，我们首先必须知道，量子物理学中所研究的封闭过程，并不是直接和生物学机能相类似的，为了保持生物学机能，必须在机体和环境之间有一种不断的物质交换和能量交换。此外，任何的实验装置，只要它能够将这种机能控制到可以用物理方式来明确描述的程度，就一定会阻止了生命的自由体现。然而，这一情况恰恰就提示了对待有机生命问题的一种态度，这种态度提供了机械论处理方式和目的论处理方式之间的一种更恰当的平衡。事实上，正如作用量子在原子现象的说明中显得是一种既不能解释也不需解释的要素一样，生命概念在生物科学中也是一种基本概念——在生物科学中，在生命机体的存在和进化方面，我们所关心的是我们所属的自然界中各种可能性的显示，而不是我们自己所能进行的实验的结果。事实上，我们必须认识到，至少在趋势上，客观描述的要求是由生物学研究中实际地应用论证和应用概念时的那种特征性的互补方式来满足的，那些论证以物理科学及化学科学的全部资料为基础，而那些概念则直接涉及超出这些科学以外的机体的整体性。重要的是，只有放弃了生命的普通意义下的解释，我们才有可能考虑生命的特征。

当然，正如在物理学中一样，在生物学中我们是保持了独立观察者的地位的，问题只是对于经验作逻辑概括的条件有所不同而已。对于动物和人类的先天行为及条件行为的研究来说，这种说法也成立；而心理学概念则是很容易适应于这种研究的。即使在一种肯定是行为主义的处理方式中，也几乎不能避免这样的概念，而且，当我们处理如此高度复杂的行为，以致这些行为的描述实际上涉及个体机体方面的内省过程时，“意识”这一概念就会自动出现。在这儿，我们牵涉到本能一词和理性一词的互斥性的应用，这种应用要用本能行为在人类社会中所受的抑制程度来表明。虽然在试图说明我们的精神时我们在观察的独立性方面遇到越来越大的困难，但是，甚至在人类心理学中，仍旧可能在很大程度上保持客观描述的要求。在这一方面，注意到下述事实是很有兴趣的：虽然在物理科学的早期阶段人们可以直接信赖那些能够有一种简单的因果说明的日常生活事件的特点，但是，从语言发源时起，人们就应用了我们的思想内容的一种本质上互补的描述。事实上，这种语言交流中所采用的丰富术语，并不指示一种连绵不断的事件进程，而是指示着互斥的经验；这些经验，用注意所及的内容和“我们自己”一语所表示的背景之间的不同分界线来表征。

一方面是我们考虑自己的行动的动机时的情况，另一方面是我们体验到一种决心感时的情况，这两种情况之间的关系就是一个最显著的例子。在正常生活中，这种分界线的变动是有点直觉地被觉察到的，但是，所谓“自我错乱”的症状，在精神病学中也是尽人皆知的，这种症状可能导致人格的瓦解。用表面看来互相矛盾的属性来表示人类意识的同等重要的一些方面，这种用法确实和原子物理学中的情况十分相像；在原子物理学中，互补的现象需要用不同的基本概念来定义。最重要的是，“意识的”一词指示着可以在记忆中保留下来的经验，这一情况就意味着意识的经验和肉体的观察之间的一种比较。在这样的类似中，不可能为“下意识”这一概念提供一种无歧义的内涵，这就和不可能为量子力学形式体系提供一种形象解释相对应。附带谈到，神经官能症的心理分析疗法，可以说是通过使病人得到新的意识经验的方法，而不是通过帮助他窥测他的“下意识”深处的方法来恢复他的记忆内容的平衡。

从一种生物学的观点看来，要解释精神现象的特征，我们只能作出这样的结论：每一种意识的经验都和机体中的一种残存印象相对应，这种印象等于神经系统中种种活动过程的成果——不受内省的影响，而且也很难用机械论的方法来下一个包举无遗的定义——的一个不可逆的记录。无疑地，牵涉到很多神经细胞的相互作用的这种记录，是和机体的任一单个细胞的永久性结构根本不同的，这种永久性的结构和发生学上的再生作用有联系。然而，从一种目的论的观点看来，我们不但可以强调这种永久记录在影响我们对后来刺激的反应方面的用处，而且同样可以强调另一事实的重要：子孙后代并不会受到个体的实际经验的干扰，而是只依赖于那些机体属性的再生作用，各该属性被证实为对于知识的积累和利用是合用的。在任何寻根究底的企图中，我们当然必须有在每一步中遇到越来越大的困难的准备，而且，很有启发性的是，我们越是接近和我们的意识特征有关的那些生命机体的特点，物理科学的简单概念就越是难以直接应用。

为了说明这一论点，我们将简略地谈谈自由意志这一古老问题。根据以上的叙述可以清楚地看到，意志一词对于精神现象的一种包举无遗的描述是必不可少的，但是，问题在于我们能够在多大程度上谈到按照我们的可能来行动的自由。只要采取无限制的决定论观点，这种自由的概念当然就会受到排除。然而，原子物理学的一般教益，尤其是生物学现象之机械论描述法的有限范围那种教益，都暗示着机体适应环境的能力是包括了选择达到这种目的的最合适方式的能力的。因为不可能在一个纯物理的基础上来判断这种问题，所以最重要的，就在于认识到心理学经验可以提供有关问题的更贴切的知识。决定性的一点就是，如果我们企图预言别人在给定情况下将要作什么，我们就不但需要力求了解他的整个背景，包括他的生活历史中可能对个性的形成有所贡献的一切方面，而且我们也必须认识到，我们的最终目标是要自己设身处地地为他着想。当然，对于某件事情，无法断言是因为一个人相信他能作才去作呢，还是因为他愿作他才能作，但是，很难否认的是，可以说我们有一种感觉，认为可以按照情况作出最好的判断。从客观描述的观点来看，这是没有什么可以增减的，从而在这种意义上我们可以既合乎实际而又合乎逻辑地谈到意志的自由，其谈论的方式也就是为责任和希望一类的字眼保留了用武之地的那种方式，而责任和希望之类的字眼，是和人类交流思想所必需的其他字眼一样地无法定义的。

这样的考虑，指示了有关我们的观察地位的教益所具有的认识论含意，这种教益是物理科学的发展所带给我们的。由于放弃了对于解释所提的习见要求，我们也就得到了概括更广泛经验领域的一种逻辑方法；这种方法使人们有必要适当注意主观-客观分界线的画法。既然在哲学文献中有时会涉及客观性、主观性乃至实在性的不同水平，那么就可以强调，正如实在主义及唯心主义一类的观念一样，终极主观这一概念在我们所定义的客观描述中是没有它的地位的，但是，这种情况当然并不意味着对我们所关心的问题的范围有所限制。

既经讨论了科学中的和知识统一性有关的某些问题之后，现在我要开始谈谈在我们的程序上提出的更进一步的问题：是不是有什么不同于科学真理的诗意的、精神的或文化的真理？作为一个科学家，进入这些领域是很勉强的，但是，我将以一种如上所示的态度来冒昧地评论评论这一问题。当论证我们的表达方式和我们所关心的经验领域之间的关系时,我们事实上直接面临着科学和艺术的关系问题。艺术所能给我们的滋养,起源于它使我们想到一些和谐性的那种能力,这些和谐性超出了系统分析的界限。文学、绘画和音乐,可以说形成了一系列的表达方式,在这种表达方式中,越来越广泛地放弃了作为科学交流之特征的定义,这就使想象力得到一种更自由的表现。特别说来,在诗歌中,这一目的是通过和观察情况的变动有关的字句排比来达成的。通过这种排比,在感情上统一了人类知识的许多方面。

尽管一切艺术作品都需要灵感,但是,指出这一点并没什么不妥之处:即使在他的创作高潮中,艺术家也是依赖于我们所在的共同人类基础的。特别说来,我们必须知道,在谈到艺术成就时最常用到的所谓"即兴"之类的字眼,表示了一切思想交流所不可缺少的一种特点。不但在日常谈话中我们对于表达自己思想的字句的选择会或多或少地不加注意,而且,甚至在有字斟句酌之可能的文章写作中,要解决每一字句的取舍问题,也需要一种本质上和"即兴"等效的最后决心。附带谈到,在作为一切真正艺术成就之特色的严肃性和幽默性之间的平衡中,我们会回想到一些互补的方面。这些方面在儿童游戏中是很显著的,而在成人生活中也同样是可以觉察的。事实上,如果我们力图十分严肃地谈论问题,我们很快地就面临被听众和自己看成极为乏味的危险。但是,如果我们时常设法开开玩笑,那么我们很快就会发现,连自己带听众都处于莎士比亚戏剧丑角的那种不亦乐乎的心情中。

在科学和艺术的对比中我们当然不应该忘记,在科学中,我们所遇到的是论证经验并发展概念来概括这些经验的系统协作,其作法就如同把石头搬来并垒成一个建筑一样;而在艺术中,我们所遇到的却是更加直觉地唤起情感的个人努力,这种情感使我们想到自己的处境的整体。在这儿,我们遇到这样一种情况:正像"真理"一词一样,知识的统一性问题显然包括着歧义性。事实上,在精神价值和文化价值的问题上,我们也会想起和一种恰当的平衡有关的那些认识论问题,这种平衡存在于我们企图得到一种无所不包的看法来看待千变万化的生活的那种欲望和我们以一种逻辑上合理的方式来表现我们自己的那种能力之间。

在这里,科学和宗教采取的出发点根本不同:科学的目的在于发展一种普遍方法来整理普通的人类经验;宗教的根源则在于在社会内部推进见解和行为的和谐性的那种努力。当然,在任何宗教中,社会成员所共有的一切知识是包括在普遍构架之内的,这种构架的原始内容就是在崇拜和信仰中所强调的那些价值和概念。因此,直到随后的科学发展带来了新颖的宇宙论教益和认识论教益为止,内容和构架之间的内在关系是不需要什么注意的。历史进程在这些方面提供了很多例证,我们可以特别提到科学和宗教之间的和欧洲文艺复兴时代机械自然观的发展相与俱来的那种真正的决裂。一方面,有很多一向被认为是神灵的显示的现象,作为普遍的、不变的自然定律的结果而显现了出来。另一方面,物理方法和物理观点又和宗教所不可缺少的对于人类的价值及理想的重视相去甚远。因此,作为所谓经验主义哲学和批判主义哲学这两个学派的共同点,就出现了或多或少模糊地区分客观知识和主观信仰的一种态度。

然而,近代的科学发展强调了适当注意主观-客观分界线的画法对于无歧义思想交流的必要性。这样一来,就为知识和信仰这一类字眼的应用创造了一种新的基础。最重要的是，关于因果性概念之固有界限的认识，曾经提供了一种构架，在这种构架中，宇宙前定性这一概念被自然进化这一概念所代替了。在人类社会的组织方面我们可以特别强调，个人在团体中的地位的描写，显示着一些典型的互补方面，这些互补方面和价值的估计及估计价值所在的背景之间的变动着的界线有关。确实，每一个稳定的人类社会都需要一种用法律条文规定下来的公平正道，但是同时，脱离了家庭和朋友的生活，显然会失掉它的某些最可宝贵的价值。而且，虽然公正和仁慈的尽可能密切的结合代表着一切文化中的共同目标，但是必须承认，任何需要严格执行法律的场合都没有显示仁慈的余地，而且，相反地，仁爱和恻隐可能是和一切的公正概念相冲突的。这一点，在很多宗教中通过象征这些理想的神祇之间的斗争而神话式地显示了出来——在古代的东方哲学中，它是用下述的训诫来加以强调的：当在人生中寻求和谐时，永远不要忘记我们自己在现实舞台上既是演员又是观众。

当比较以受到历史事件哺育的传统为基础的不同文化时，我们就遇到在一种传统背景上来估价另一民族的文化的困难。在这方面，民族文化之间的关系有时被形容为互补的关系，虽然这一说法不能按照它在原子物理学或心理分析学中的那种严格意义来理解；在原子物理学或心理分析学中，所遇到的是我们的处境的不变特征。事实上，不但民族之间的接触常常引起保持着民族传统之可贵因素的文化融合，而且人类学的研究越来越变成一种显示文化发展之共同特点的最重要的源泉。确实，知识的统一性问题，是和追求广泛理解以作为提高人类文化之一种方法的那种奋斗分不开的。

在结束这一演讲时，我感到必须请求原谅，因为在谈论这种一般性的问题时竟然如此大量地涉及了以物理科学为代表的特殊知识领域。但是，我曾经试图指示一种普遍的态度，这种态度受到我们今天在这一领域中所得教益的启示，而且在我看来这种态度对知识的统一性问题是很重要的。这种态度可以这样来总结：力求作到和谐地概括我们处境的越来越广泛的一些方面，承认任何经验都不能不用一种逻辑构架来加以定义，并承认任何外观上的不和谐都只能通过概念构架的适当扩充来加以消除。

哥廷根城市一角

（六）

原子和人类知识

（1955）

初看起来，原子科学竟然包含了一种普遍性的教益，这似乎是使人惊异的；但是，我们必须记得，在它的一切发展阶段中，原子科学都曾经牵涉到一些意义深远的知识问题。

——玻尔

在科学史上，在知识的进步以及在我们自己就是其中一部分的那个自然界的掌握方面，20 世纪中对于原子世界的探索是没有先例的。然而，和知识及能力的每一增长相联系着，有一种更大的责任——各种协约的履行及原子时代新危险的消除则使我们的整个文化面临着一种严重的挑战，这种挑战只能用建筑在人类共处关系之相互理解上的全体人民的合作来应对。在这种形势下，重要的问题是在于意识到，多少年来，科学在阐明我们的知识基础的努力中曾经团结了人类。科学是无国界的，它的成就是人类的公共财富。正如我将试图说明的，原子的研究不但已经使我们的洞察力深入到一个新的知识领域中，而且已经刷新了一般知识问题的面貌，这种研究留下了非常广泛的后果，它的进步是以世界范围的合作为基础的。

初看起来，原子科学竟然包含了一种普遍性的教益，这似乎是使人惊异的，但是，我们必须记得，在它的一切发展阶段中，原子科学都曾经牵涉到一些意义深远的知识问题。例如，通过承认物质可分性有一种极限，古代的思想家们企图找到一种基础来理解自然现象所显示的永久性的特征，而不管它们的多种多样和千变万化。虽然从文艺复兴以来原子概念曾对物理学及化学的发展越来越有贡献，但是，直到 20 世纪的初叶为止，这种概念都被看成了一种假说。事实上，人们曾经认为，本身就是由很多很多原子构成的我们的感官，对于观察物质的最小部分来说当然是过于粗糙的。然而，通过 19 世纪末和 20 世纪初的伟大发现，这种形势在根本上起了变化；而且，如众所周知，实验技术的进步已经使人们有可能记录单个原子的效应，并获得关于组成原子本身的更基本的粒子的知识。

虽然古代的原子论对于机械自然观的发展曾经有过深刻的影响，但是，使得追索表现在所谓经典物理中的规律成为可能的，却是直接可以认知的天文经验及物理经验的研究。按照伽利略的准则，现象的说明应该以可测量的量为根据，这种准则使人们有可能消除那些长期阻碍了力学之合理陈述的物活主义观点。在牛顿的原理中，奠定了一种决定论描述的基础——按照这种描述，人们可以根据一个物理体系在某一给定时刻的状态的知识来预见该体系在后来任一时刻的时态。利用相同的方式，也可以说明电磁现象。然而，这就要求，除了各带电体及磁化体的位置和速度以外，体系状态的描述还应该包括每一空间点上的电力和磁力在所给时刻的强度和方向。

作为经典物理学的特征的概念构架，很久以来就被设想为提供了描述一切物理现象的正确工具，而且，它对原子概念的应用和发展也是相当有用的。当然，对于包括着很多很多组成部分的普通物体一类的体系，根本不存在什么体系状态的包举无遗的描述问题。但是，不放弃决定论的概念，也曾经可能根据经典力学原理导出一些反映着物质客体很多属性的统计规律。虽然力学的运动定律允许单个过程沿完全相反的程序进行，但是，在作为分子相互作用结果的统计性的能量平衡中，却找到了热现象不可逆性的本征特点的充分解释。力学应用的这一巨大扩充，进一步强调了原子概念在描述自然方面的不可缺少性，并开拓了计算实物中的原子数目的初步可能性。

◀德国物理学家哈恩(Otto Hahn，1879—1968)的笔记本然而,热力学定律的基础的澄清,不可避免地开辟了认识原子过程中的一种整体性特点的道路,这种整体性特点远远超过了物质之有限可分性的古老教义。如众所周知,热辐射的较深入的分析,变成了经典物理概念的适用范围的试金石。电磁波的发现,当时已经为理解光的传播准备了基础,这种发现解释了实物的很多光学性质,但是,解释辐射平衡的努力,却给这一类的概念带来了不可克服的困难。在这里,人们必须处理以普遍原理为根据的、和物质结构的特殊假设完全无关的论证。这种情况在 20 世纪的第一年引导普朗克发现了普适作用量子,这一发现清楚地表明,经典物理描述是一种有着有限适用性的理想化。在普通规模的现象中,所涉及的作用量比作用量子大得多,从而可以把作用量子忽略不计。然而,在真正的量子过程中,我们就遇到一些和机械自然观完全不合的、并且不能适用形象化的决定论描述的规律性。

普朗克的发现给物理学家们带来的任务,恰恰就是通过彻底分析应用我们的最基本概念时所根据的先决条件来在经典物理描述的一种合理推广中为作用量子提供余地。在引起了很多惊诧的量子物理学的发展过程中,我们时常被迫想到我们自己在一个经验领域中的处境的困难,这种经验和可以适用我们的表达方式来加以描述的那些经验很不相同。通过很多国家的物理学家们的广泛而有力的合作,曾经得到了很快的进步,这些物理学家的不同的处理方法,以一种最有成果的方式越来越明确地找到了问题的焦点。在今天这一场合下,当然不可能详尽地谈论个别的贡献,但是,作为以后考虑问题的基础,我将简略地对大家叙述一下这种发展的主要面貌。

普朗克曾经很慎重地把自己局限在统计的论证中,他并且强调了在细致地描述自然时放弃经典基础的困难,而爱因斯坦却很大胆地指出了在个体原子现象中考虑到作用量子的必要性。就在他通过相对论的建立而非常和谐地使经典物理构架得到完善的同一年,爱因斯坦曾经证明,要描述有关光电效应的观察结果,就需要承认对于从物质中逸出的每一个电子的能量传递是和一个所谓辐射量子的吸收相对应的。既然波动概念对于说明光的传播是必需的,那就不可能存在什么将波动概念简单地换成一种粒子描述的问题,从而人们就面临着一种奇特的二难推论。要解决这种问题,就需要彻底地分析形象化概念的适用范围。

如众所周知,由于卢瑟福发现了原子核,这一问题就受到了进一步的强调。这种原子核虽然很小,却几乎包含了原子质量的全部,原子核的电荷则和中性原子中的电子数相对应。这一发现提供了一种简单的原子图景,这种图景直接启发了力学概念及电磁学概念的应用。但是,很清楚的是,按照经典物理学原理,带电粒子的任何位形都不能具有说明原子的物理属性及化学属性所必需的那种稳定性。特别说来,按照经典的电磁理论,电子围绕原子核的任何运动都会引起能量的不断辐射,这种辐射意味着体系的迅速收缩,直到电子和原子核结合成一个线度远小于所给定的原子线度的中性粒子为止。然而,在一向完全无法理解的元素线光谱的经验定律中,发现了一种暗示,表明作用量子对于原子的稳定性及辐射反应是有着决定性的重要意义的。

新的出发点在这儿变成了所谓的量子假设——一个原子的每一能量变化,都是原子在两个稳定态之间的一次完全跃迁的结果。进一步假设了一切的原子辐射反应都涉及一个单独光量子的发射或吸收,就可以根据光谱定出各稳定态的能量值。显然,在决定论描述的范围内，不可能对跃迁过程的不可分割性以及各过程在给定条件下的出现提出任何解释。然而，人们证实，有可能得到有关原子中电子的结合情况的一种概观，在所谓对应原理的帮助下，这种概观反映了很多的物质属性。通过和经典上预期的各过程的进程进行对比，曾经想寻找一些准则来适应量子假设而对描述加以统计的推广。但是，事情变得越来越清楚，为了得到原子现象的一种合理的说明，甚至必须进一步放弃图景的应用并对整个的描述进行一种剧烈的改造，以便为作用量子所蕴涵的一切特征留出余地。

由于很多现代最卓越的理论物理学家的天才贡献而得到的解答，是惊人地简单的。正如在相对论的陈述中一样，在高度发展的数学抽象中找到了适当的工具。在经典物理学中用来描述一个体系的状态的那些量，在量子力学形式体系中被换成了一些符号性的算符，它们的对易性受到一些法则的限制，这些法则中包含着作用量子。这就意味着，像粒子的空间坐标及对应的动量分量这一类的量，不能同时被赋予确定的值。在这种方式下，这种形式体系的统计特征被表示为经典物理学描述的一种很自然的推广。此外，这种推广也可以进一步陈述为一些规律性，它们限制着等同粒子的个体性，而且，像作用量子本身一样，这些规律性也不能用通常的物理图景表示出来。

利用量子力学的方法，可以说明大量的关于实物的物理属性和化学属性的实验事实。不但原子及分子中的电子结合情况得到了详尽的阐明，而且关于原子核的结构及反应也得到了一种深入的识见。在这方面我们可以指出，自发放射性嬗变的概率定律，已经被很和谐地纳入了统计的量子力学描述之中。对于新的基本粒子的属性的理解，也由于使这种形式体系适应于相对论不变性的要求而得到了不断的进步，这些新的基本粒子是近几年来在高能原子核嬗变的研究中观察到的。但是，我们在这儿仍然面临着一些新问题，这些问题的解决显然要求进一步的抽象，以便把作用量子和基元电荷结合起来。

尽管量子力学在如此广阔的经验领域中富有成果，但是，它那种放弃对物理解释提出习见要求的作法却使得许多物理家和哲学家有所怀疑，他们怀疑我们在这儿所遇到的是原子现象的一种包举无遗的描述这一事实。特别说来，有人表示了这样一种看法：统计的描述方式必须认为是一种权宜之计，在原则上，应该用一种决定论的描述方式来代替它。但是，这一问题的彻底讨论，却使我们作为原子物理学中观察者的地位得到了澄清，而原子物理学是给我们带来了在此次演讲的开始时所谈到的那种认识论的教益的。

由于科学的目的就在于扩大并整理我们的经验。所以人类知识的条件的任何分析，必须以考虑我们的思想交流手段的特点及范围为基础。当然，我们的基本手段就是为了适应环境及组织人类团体而发展起来的语言。但是，经验的增长曾经反复地对日常语言中所包括的那些概念及想法的充分性提出疑问。由于物理问题比较简单，它们是特别适于用来考察我们的思想交流手段的应用的。事实上，原子物理学的发展曾经告诉我们，不脱离平常的语言，怎样就能够创造一种足够宽广的构架来对新的经验进行包举无遗的描述。

在这方面必须意识到，在物理经验的每一种说明中，人们必须利用在经典物理学中所利用的交流手段来既描述实验条件又描述观察结果。在分析单个的原子级粒子时，利用不可逆的放大机构可以作到这一点——例如，利用由电子撞击而造成的照相底片上的斑点,或是在一种计数器中造成的一个电荷;而观察结果则只涉及粒子被记录下来的地点和时间,或是涉及到达计数器时的粒子能量。当然,在这种报道中,人们预先假设照相底片和实验装置其他部分的相对位置是已知的。例如,这些部分可能是用来确定时空坐标的起着调节作用的壁障及快门,或是一些确定着作用在粒子上的外力场并可用来量度能量的带电体及磁化体。实验条件可以在很多方面加以改变,但是问题在于,在每一种情况下,我们都应该能够告诉别人我们作了什么和学到了什么,因此,测量仪器的作用过程必须在经典物理的概念构架内加以描述。

由于一切测量都涉及一些足够沉重的物体,在描述这些物体时可以将作用量子忽略不计,因此,严格说来,原子物理学中并不存在什么新的观察问题。原子效应的放大过程只强调了观察概念本身的不可逆性,这种放大过程使说明建筑在可测量的量的基础上,并使现象得到一种奇特的封闭特点。在经典物理学的构架内,测量仪器的描述和研究对象的描述原则上并无区别;而当我们研究量子现象时情况却根本不同,因为作用量子在利用时空坐标及能量-动量等量来描述体系的态的方面加上了一些限制。既然经典物理学的决定论描述是以关于时空坐标和力学守恒定律之间的无限相容性的假设为基础的,那么我们在量子现象中显然就面临着一个问题:在原子客体方面,这样的描述能否得到充分的保持?

人们发现,为了澄清这一要点,客体和测量仪器之间的相互作用在量子现象的描述中所占的地位是特别重要的。例如,正如海森伯所强调的,按照量子力学,将一个客体定位于一个有限时空域中就会涉及仪器和客体之间的一种动量交换和能量交换,所选的时空域越小,这种交换就越大。因此,最重要就是要研究,在现象的描述中,可以在多大程度上分别考虑观察带来的相互作用。这一问题曾经是许多讨论的焦点,而且出现过许多旨在完全控制所有的相互作用的方案。但是,在这些考虑中,对于一件事实没有适当地加以注意,那就是:测量仪器作用过程的说明本身就意味着,作用量子所蕴涵的这些仪器和原子客体之间的任何相互作用,都是不可分割地存在于现象中的。

事实上,每一种可以在一个有限时空域中记录一个原子级粒子的实验装置,都需要用到固定的杆尺和校准的时钟。根据定义,这些杆尺和时钟就排除了控制传给它们的动量及能量的可能;反之,动力学守恒定律在量子物理学中的任何无歧义的应用,都要使现象的描述涉及对于细致的时空标示的一种原则上的放弃。实验条件的这种互斥性,就意味着在现象的一种明确定义的描述中,必须把全部的实验装置考虑在内。量子现象的不可分性,在一种情况中得到了必然的反映,那就是,任何可定义的细分都要求着实验装置的一种改变,这种改变将引起新的个体现象。于是,决定论描述的基础本身就消失了,而预言的统计性则被这样一件事实所证实——在同一实验装置中,一般会出现和不同的个体过程相对应的观察结果。

这样的考虑不但澄清了上述那种光的传播方面的二难推论,而且完全解决了物质粒子行动的形象表示所面临的对应佯谬。当然,在这儿,我们不能寻求一种习见意义上的物理解释,我们在一个新的经验领域中所能要求的,只是消除任何表观上的矛盾而已。不论不同实验条件下的原子现象表现得多么矛盾,其中每一个现象却都是明确定义了的,而且所有这些现象的总体就包罗了有关客体的一切可定义的知识。在这种意义上,这些现象必须认为是互补的。量子力学形式体系的唯一目的，就是要概括在不同实验条件下得到的观察结果，这些实验条件是用简单的物理概念来描述的。这种形式体系，恰恰给出了一个很大经验领域的这样一种包举无遗的互补说明。形象表示的放弃只和原子客体的态有关系，而描述实验条件的基础，以及我们选择这些条件的自由，则仍然保留了下来。整个形式体系只能适用于封闭现象。在所有这些方面，这种形式体系必须认为是经典物理学的一种合理的推广。

由于机械自然观对哲学思维的影响，人们有时感到在互补性概念中有一种和科学描述的客观性不相容的关于主观观察者的论述。这是可以理解的。当然，在每一经验领域中，必须在观察者和观察内容之间保持一种明确的分界线，但是，我们必须意识到，作用量子的发现曾经刷新了描述自然的基础，而且揭示了一向未经注意的合理应用交流经验所必需的那些概念时的先决条件。我们看到，在量子物理学中，测量仪器的作用过程的一种说明对于现象的定义是不可缺少的，而且，可以说，我们必须适当地区分主观和客观，以便对于每一单独事例都能无歧义地应用描述中所用的那些基本物理概念。互补性概念绝不包括和科学精神不相容的任何神秘主义，它指示了描述并概括原子物理学中的经验的逻辑基础。

正如物理科学的早期进展一样，原子物理学的认识论教益，很自然地引起了关于在其他知识领域中进行客观描述时所用的交流手段的重新考虑。主要是对于观察问题的强调，提出了生命机体在自然描述中的地位问题，以及我们自己作为思想着和活动着的人的状况问题。虽然在某种程度上有可能在经典物理学构架中将机体和机器进行对比，但是，很明显，这种对比并没有充分考虑到很多的生命特征。在灵魂和肉体的原始区分所带来的困难中，机械自然观在描述人的处境方面的不适用性表现得特别明显。

在这儿，我们所面临的问题显然是和一件事实有联系的，那就是：人类存在的很多方面的描述，需要用到并不是直接以简单物理图景为根据的一种术语。然而，认识到这样的图景在说明原子现象方面的有限适用性，就为生物学现象和心理学现象怎样在客观描述的构架中得到概括提供了一种线索。和以前一样，在这儿，认识到观察者和交流内容之间的分别是很重要的。在机械自然观中，主观-客观分界线是固定的；而一种更广阔描述的用武之地，却通过这样一种认识而被提供了出来：我们的概念的合乎逻辑的应用，要求着这种分界线的不同画法。

不必企图包举无遗地定义有机生命，我们可以说，一个生命机体是由它的整体性和适应性来表征的，这就意味着，描述一个机体的内在机能及机体对外来刺激的反应，常常需要用到“有目的的”这样一个在物理学和化学中所没有的字眼。虽然原子物理学的结果在生物物理学及生物化学中得到了大量的应用，但是，封闭的个体量子现象当然不曾显示使人想到生命概念的任何特点。如上所述，在一个广阔的经验领域中表现为包举无遗的原子现象的描述，是以那样的测量仪器的自由应用为基础的，这些测量是正确应用基本概念所必需的。但是，在一个生命机体中，测量仪器和研究对象之间的这样一种区分几乎是不能充分贯彻的，从而我们就必须对这样一种情况有所准备：每一种实验装置，如果它的目的是在于对机体的机能提出一种在原子物理学意义上明确定义的描述，它就将是和生命的体现不能相容的。

在生物学研究中，关于机体的整体性特征及目的性反应的说法，是和关于结构及调节过程的越来越详细的知识共同使用的，这种知识甚至在医学上也带来了十分伟大的进步。我们在这儿遇到一种对待一个领域的实际方式，在这种领域中，用来描述该领域之各个方面的表达手段牵涉到互斥的观察条件。在这一方面必须意识到，所谓机械论的态度和目的论的态度并不是互相矛盾的两种观点，它们显示了一种和我们作为自然观察者的地位有关的互补关系。然而，为了避免误解，意识到一点是很重要的，那就是，和原子规律性的说明相反，有机生命的一种描述和生命发展的可能性的一种估价都不能以概念构架的完备性为目的，而只能以其足够的广度为目的。

在心理经验的说明中，我们遇到一些和物理学术语距离更远的观察条件及对应的表达手段。且不说在描述动物行为时应用“本能”和“理性”这一类字眼的必要程度及合理程度，对于我们自己和对于别人同样适用的“意识”一词，当描述人类状况时也是不可缺少的。在适应环境时所用的术语，可以用简单的物理图景及因果概念作为出发点，而我们对意识状态的说明却需要用到一种典型的互补描述方式。事实上，思想和感觉这一类字眼的应用，并不牵涉到一个坚固地联系着的因果链，而是牵涉到一些经验，这些经验因为意识内容和我们模糊地自称的背景之间的不同区分而相互排斥。

感到“决心”时的经验和有意识地考虑行为动机时的经验，二者之间的关系是特别有教育意义的。这些表面上相反的表达手段在描述意识生活的丰富性方面的不可缺少性，突出地使我们想起原子物理学中应用基本物理概念的那种方式。然而，在这样一种对比中我们必须意识到，心理经验并不能加以物理测量，而且，“决心”这一概念并不表示一种决定论描述的推广，而是从一开始就指示着人类生活的特征，不涉及关于意志自由的古老哲学讨论。我将仅仅指出，在我们的状况的客观描述中，“决心”一词的应用是和希望及责任这一类词的应用密切对应的，而这一类的词对于人类的思想交流也是同样不可缺少的。

在这儿，我们遇到一些问题，它们接触到人类的共处关系，而问题中表达手段的多样性则起源于利用任何固定分界线来表征个人在社会中所起作用的不可能性。在不同生活条件下发展起来的人类文化，在所建立的传统和社会型式方面表现了如此强烈的对比，这一事实使人可以在某种意义上把这些文化说成是互补的。然而，在这儿，我们绝不是在处理肯定互斥的一些特征，就像我们在物理学普遍问题及心理学普遍问题的客观描述中所遇到的那些特征一样；我们所处理的，是可以通过民族间的广泛交往而得到理解或改进的态度上的差别。在我们的时代，当增长着的知识和能力将一切人的命运空前地连接起来时，科学中的国际协作有着广泛的工作要作，这种工作要靠对于人类知识的普遍条件的认识来推进。

（七）

物理科学和生命问题

（1957）

不论在观察条件方面有多么不同，生物学经验的交流并不比物理事实的描述包含更多的对于主观观察者的依赖性。

——玻尔

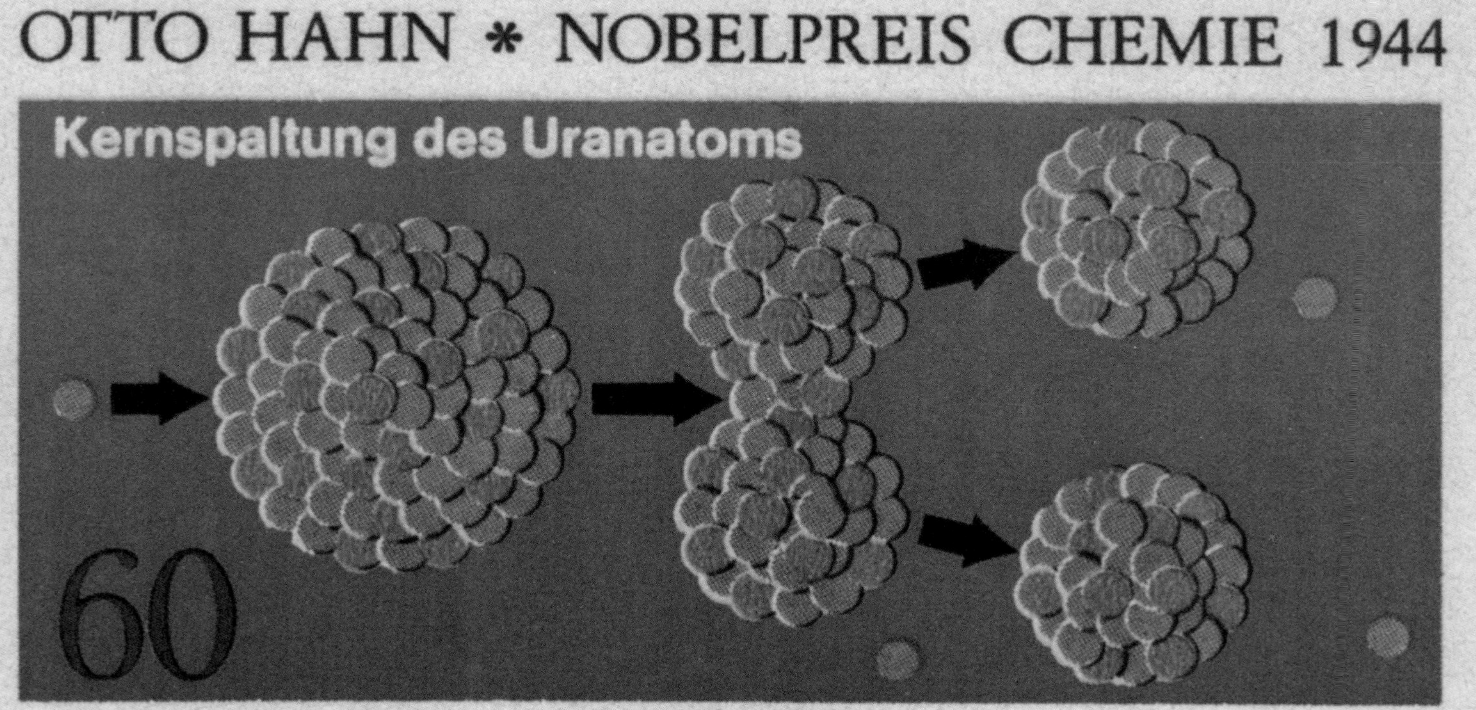
OTTO HAHN * NOBELPREIS CHEMIE 1944
Kernspaltung des Uranatoms
60
DEUTSCHE BUNDESPOST
1979

我欣然接受哥本哈根医学学会的邀请来作一次斯坦诺演讲。这个学会要用这种演讲来纪念这一位著名的丹麦科学家——他的成就越来越受到赞扬，不但在本国，而且在整个的科学界。作为讲题，我选了这样一个问题，它在多少年来吸引了人们的注意；而尼尔斯·斯坦孙本人也曾对它深切关心[①]，那就是：物理经验可以在多大程度上帮助我们解释体现得繁富而多样的有机生命。我将试图说明，最近几十年中的物理学发展，特别是通过对一向我们未经进入的原子世界的探索而在我们作为自己是其一部分的那个自然界的观察者的地位方面得到的教益，曾经为看待这一问题的态度创造了一种新背景。

甚至在古希腊的哲学学派中，在说明生命机体和其他物质客体之间的显著差别所用的思维手段方面也可以发现很不相同的一些意见。如众所周知，原子论者认为，一切物质的有限可分性，不但对于简单物理现象的解释是必要的，而且对于机体的机能及其有关心理经验的解释也是必要的。另一方面，亚里士多德反驳了原子概念，而且，有鉴于一切生命机体所显示的整体性，他主张在自然的描述中必须引用完美性和目的性之类的概念。

差不多在2000年的时间内情况都基本上没有改变，而直到文艺复兴时代才在物理学中和生物学中得到了伟大的发现，这些发现后来带来了新的刺激因素。物理学的进步，首要地在于放弃了将推动力看成运动原因的亚里士多德概念。伽利略认识到匀速运动是惯性的表现，他强调了力作为运动变化的原因，他的认识和强调，后来成为力学发展的基础。牛顿以受到后世赞叹的方式赋予了这种力学以巩固而完备的形式。在这种所谓的经典力学中，一切有关目的性的说法都被消除掉了，因为事件的历程被描述为所给初始条件的自动后果。

力学的进步不可避免地在当时的一切科学中造成了强烈的印象。特别说来，维萨里的解剖学研究和哈维关于血液循环的发现，就启示了生命机体和按力学定律而工作的机器之间的对比。在哲学方面，特别是笛卡儿，强调了动物和自动装置之间的类似性，但他认为人类有一个在脑部某一腺体中和肉体相互作用着的灵魂。但是，当时关于这种问题的知识的不足性，在斯坦诺的关于脑的解剖学的著名巴黎演讲中得到了强调，这一演讲证实了斯坦诺的一切科学工作的巨大观察能力和胸怀开阔的特征。

后来的生物学发展，尤其是在发明了显微镜以后，揭示了器官结构和调节过程的出人意料的精致性。在机械论概念就这样得到了越来越广泛的应用的同时，在机体中奇妙的再生能力和适应能力的启迪下，人们也一再地表示过所谓的活力论观点或目的论观点。这种观点并没有回返到关于在机体中起着作用的一种生命力的原始概念，而是强调了物理学处理方式在说明生命特征中的不足性。作为本世纪(20世纪)初期这方面的情况的一种清醒表示，我愿征引我的父亲、生理学家克里斯蒂安·玻尔在他的论文"论病理

◀德国物理学家哈恩纪念邮票

---

① 尼尔斯·斯坦孙，即尼古拉斯·斯坦诺，丹麦科学家，1638—1686。——译者

肺扩张”的绪言中的一列叙述，该论文发表于1910年的哥本哈根大学年报。

只要生理学可以被描述为自然科学的一个特殊分支，它的特定任务就在于作为一种给定的经验对象来研究机体所特有的现象，以便能够理解自动调节中的各种部分，并理解这些部分如何随着外在影响及内在过程的变化而相互平衡、相互协调。于是，用目的一词来描述机体的维持并认为达成这种维持的调节机构是有目的的，也就是合乎这种任务的本性的。正是在这种意义上，我们在以下将应用关于有机机能的“目的性”这一概念。然而，为了使这一概念在每一单独事例中的应用不致于显得空洞甚或引起误解，必须要求在这种应用之前应对所考虑的有机现象进行足够彻底的考查，以便一步一步地阐明该现象在机体的维持中有所贡献的那种特殊方式。这只不过是要求在科学上证实目的性这一概念是符合着它的定义而在所给事例中被应用的，虽然这种要求可能显得是不言而喻的，但是，强调这种要求却是不无必要的。事实上，生理学研究曾揭露了为数够多的极为精致的调节作用，这种情况就引诱人们将每一种被观察到的生命表现都认为是有目的的，而不去设法对它的详细作用过程进行实验上的探讨。利用在各种有机机能之间很容易出现的类似性，根据关于目的性在所给事例中的特点的主观判断来解释这种作用过程，这不过是其次的一步而已。但是，正如许多例子所证实的，在我们关于机体的如此有限的知识下，这样的个人判断多么容易发生错误也是很明显的。在这种情况下，研究程序得到错误结果的原因，就在于缺乏过程细节的实验演示。但是，作为一种启发性的原理，关于有机过程之目的性的先验假设，本身却是十分自然的，而且，由于机体中的条件的极端复杂和难以理解，为了陈述所要研究的特殊问题并寻求解决该问题的途径，这种假设不但可能被证实为有用的，而且可能被证实为不可缺少的。但是，可以适当地用于预备性考查的是一件事物，可以合理地看成实际达成的结果却是另一件事物。至于一种给定机能在整个机体的维持方面的目的性问题，正如以上所强调的，这种结果只能通过详细示明达到目的所取的途径来取得。

这些说法表示了一些人的态度。我就是在这些人的圈子中长大的，在我的年轻时代，我曾经倾听过他们的讨论，我所以引述这些说法，是因为它们为研究生命机体在自然描述中的地位问题提供了一个适当的出发点。正如我所要说明的，原子物理学的近代发展，在扩大了我们关于原子及其更加基本的组成的知识的同时，曾经揭示了所谓机械自然观的原则上的局限性，并从而为和我们的讲题最有关系的一个问题——对于一种科学解释，我们可以如何理解和要求什么？开创了一个新背景。

为了尽可能清楚地表明物理学中的形势，我将从提请大家想到一种极端态度开始；这种态度，在经典力学伟大成功的冲动下，在拉普拉斯(Laplace)的著名的世界机器观念中表现了出来。这一机器的各个组成部分之间的一切相互作用都服从力学定律，从而，一个知道这些部分在一给定时刻的相对位置及速度的智者就能预言世界上以后发生的一切事件，包括动物和人的行为在内。如众所周知，这一观念曾经在哲学讨论中起过很重要的作用，在这整个的观念中，没有适当注意应用交流经验所不可缺少的概念时的先决条件。

在这方面，后来的物理学发展曾经给了我们一种有力的教训。将热现象看成气体、液体及固体中的分子的不断运动，这样一种影响深远的解释已经唤起人们注意到说明经验时的观察条件的重要性。当然，这儿不可能存在详细描述不可胜数的粒子彼此之间的运动问题，而只能存在利用普遍的力学原理来推导热运动的统计规律问题。在简单力学过程的可逆性和作为很多热力学现象之特征的不可逆性之间，有一种独特的对立，这种对立用这样一件事实来说明——温度和熵之类的概念的对于实验条件的应用，是和单个分子的运动的完全控制不相容的。

在生命机体的维持和生长中，人们常常看到和热力学定律所蕴涵的、在孤立物理系统中趋于温度平衡及能量平衡的那种趋势相矛盾的现象。然而，我们必须记得，一些机体是通过营养和呼吸不断地补充着自由能的，而且，最彻底的生理学研究也并不曾揭示对热力学定律的任何违背。但是，认识到生命机体和普通的动力机器之间的这些相似之点，当然还绝不足以回答机体在自然描述中的地位问题，显然要求我们对观察问题进行更深入的分析。

通过普适作用量子的发现，观察问题以一种出人预料的方式被提到了重要的地位：作用量子表示着原子过程中的一种整体性特点，该特点使人无法分辨现象的观察和客体的独立行动，而这种分辨是机械自然观的特征。在普通尺度的物理系统中，事件被表示为用可测量的量来描述的状态的序列；这种作法以一件事实为基础，那就是：这里所涉及的一切作用量都足够大，以致我们可以忽略客体和用作测量工具的物体之间的相互作用。在作用量子起着决定性作用从而这种相互作用成为现象的一个不可分割的部分的条件下，就不可能在同样程度上赋予事件以一种力学上明确定义的程序。

我们在这儿所面临的通常物理图景的崩溃，突出地表现在不依赖于观察条件而谈论原子客体属性的困难中。事实上，一个电子可以被叫作一个带电的物质粒子，因为它的惯性质量的量度永远给出相同的结果，而且原子体系之间的电荷传递永远等于所谓单元电荷的若干倍。但是，当电子通过晶体时出现的干涉效应，却是和粒子运动的力学概念不相容的。在关于光的本性的著名的二难推论中，我们也遇到类似的特点，因为光学现象要求波动传播的概念，而原子光电效应中的动量传递及能量传递则涉及粒子的力学概念。

这种在物理科学中显得很新颖的形势，曾经要求人们重新分析应用我们用来描述环境的概念时的先决条件。当然，在原子物理学中，我们仍然保有通过实验来对自然提出问题的自由，但是我们必须认识到：可以用很多方式加以改变的实验条件都只是用那样重的物体来定义，以致在描述这些物体的功能时我们可以忽略作用量子。有关原子客体的报道，只包括各该客体在这种测量仪器上造成的记号，例如由于一个电子的撞击而在放置于实验装置中的照相底片上产生的一个斑点，这种记号是由不可逆的放大效应显示出来的。这一情况就使现象具有一种独特的封闭特点，它直接指示着观察概念本身的原则不可逆性。

然而，量子物理学中最重要的特殊形势在于，所得的关于原子客体的报道，不能按照作为机械自然观之特征的处理路线来加以概括。一般说来，在同一实验装置下可以出现属于不同的个体量子过程的观察结果，这一事实就已经为决定论描述方式带来了一种原则上的局限性。经典物理描述是以无限可分性的要求为基础的，这一要求也显然和典型量子现象中的整体性特点不能相容：该特点使得任何可以定义的细分都要求实验装置的一种改变，其结果将引起新的个体效应的出现。

为了表征在不同实验条件下观察到的现象之间的关系，必须引入“互补性”这一术语来强调这样一件事实：这样一些现象的总体，包罗了有关原子客体的一切可定义的报道。互补性概念绝没有包括对习见物理解释的随便放弃，这种概念直接指示了我们在一个经验领域中作为观察者的那种地位，在该领域中，用来描述现象的那些概念的无歧义应用是本质地依赖于观察条件的。通过经典物理学概念构架的一种数学推广，已经能够发展一种为作用量子的逻辑纳入留有余地的形式体系。这种所谓的量子力学，直接以陈述统计规律为目的，这些统计规律适用于在明确定义的观察条件下得到的证据。这种描述之所以在原则上是完备的，是由于把经典物理概念保持到一种包括了实验条件的任何可定义的改变的程度。

量子力学描述的互补特点，清楚地表现在对原子体系的结构及反应的说明中。例如，关于决定着元素的特征光谱并决定着化学价的原子能态及分子能态的规律，只有在排除了控制原子中及分子中电子位置的可能性的情况下才会出现。在这方面，注意到一点是很令人产生兴趣的——结构式在化学中的有成果的应用，完全是以原子核比电子重得多这一事实为基础的。然而，在原子核本身的稳定性和嬗变方面，量子力学特点却又是具有决定意义的。只有在一种超出机械自然观范围以外的互补描述中，才可能为那些基本规律性找到用武之地，这些规律性决定着组成我们的工具及身体的那些物质的属性。

如众所周知，原子物理学领域中的进步，在生物科学中得到了广泛的应用。特别说来，我可以提到我们所得到的、关于决定着物种之遗传性的细胞中那些化学结构的独特稳定性的理解和关于用特殊射线来照射机体所引起的突变的统计定律的理解。此外，和观察个体原子级粒子时所用的效应相似的放大效应，在很多机体的机能中也起着决定性的作用。利用这种方法，典型生物学现象的不可逆性得到了强调；而机体作用过程的描述中所固有的时间方向，则在机体应用过去的经验来对将来的刺激发生反应的过程中显著地表示了出来。

在这种很有希望的发展中，我们遇到纯粹物理概念及化学概念的应用在生物学问题中的一种重要的、就其特性来说几乎是没有限制的引申，而且，既然量子力学表现为经典物理学的一种合理推广，那么整个的这种处理方式就可以叫作机械论的方式。然而，问题在于，这种进步在什么意义上消除了生物学中所谓目的主义论点的应用基础？在这儿，我们必须意识到，封闭量子现象的描述及概括并没有显示任何的特点，表示一种原子组织可以按照我们在生命机体的维持及进化中所看到的方式来使自己适应环境。此外，必须强调，关于机体中不断交换着的一切原子的、在量子物理学意义上包举无遗的一种说明，不但是无法实现的，而且也要求着和生命的体现不相容的观察条件。

然而，关于观察工具在定义基本物理概念时所起作用的教益，为目的性之类的概念的逻辑应用提供了一个线索；这种概念不属于物理学的范围，但是在描述有机现象时却很适用。事实上，在这种背景上显然可见，所谓机械论的和目的论的态度，并不代表关于生物学问题的两种矛盾观点，倒毋宁说，它们强调了一些观察条件的互斥性，这些观察条件是在我们追求生命的一种越来越丰富的描述时所同样不可缺少的。在这儿，当然并不存在那样一种解释,该解释和简单机械装置或复杂电子计算机的作用过程的经典物理解释相类似:我们所关心的,是要更广泛地分析我们在交流中所用的思维手段的先决条件及范围,这种分析已经成为物理学较新发展的很重要的特征。

不论在观察条件方面有多么不同,生物学经验的交流并不比物理事实的描述包含更多的对于主观观察者的依赖性。例如,到此为止,一直不需要更加细致地分析作为心理现象解释之特征的观察条件;要进行这种解释,我们就不能依靠当确定我们在无生自然界中的位置时发展起来的概念构架。然而,有一件事实指示了心理经验和物理观察之间的对比——意识经验可以记忆下来,从而必须认为它是和机体的组成中的永久性改变有联系的。在意识经验之间的关系方面,我们也遇到一些特点,使我们想起概括原子现象的条件。在交流我们的内心状态时所用的丰富词汇,事实上涉及一种典型的互补描述方式,这种描述方式对应于注意力集中于其上的那种内容的经常改变。

和说明原子现象的个体性所需要的那种力学描述方式的程度比较起来,机体的整体性和人格的统一性当然使我们面临着合理运用我们的交流手段的那种构架的进一步推广。在这方面必须强调,无歧义描述所必需的主观和客观之间的分界线是用这样一种方法来保持的——在涉及我们自己的每一次交流中,我们可以说都引入了一个新的主体,它并不表现为交流内容的一部分。几乎用不到强调,正是选择主观-客观分界线的这种自由,为意识现象的多样性和人类生活的丰富性留下了余地。

20 世纪物理学发展所导致的对待一般知识问题的态度,和斯坦诺时代处理这种问题的方式是有本质不同的。然而,这绝不意味着我们离开了斯坦诺所走的、得到了很伟大成果的知识丰富化的道路,但是,我们已经意识到,作为斯坦诺的工作的特点的、为了优美及和谐而进行的努力,要求我们不断地修正我们的交流手段的先决条件及范围。

普林斯顿高等研究院鸟瞰图

第五集

原子物理学和人类知识续编

(1958—1962)

· *Part Five* ·

尽管量子力学作为整理有关原子现象的大量资料的手段是很有力的,但是,它离开了因果解释的习惯要求,从而也就很自然地引起了一个问题:我们在这儿所涉及的,是不是经验的完备无遗的描述呢?

——玻尔

奥地利物理学家迈特娜
（Lise Meitner，1878—1968）

（一）

量子物理学与哲学因果性和互补性

（1958）

经典物理理论的形象化描述，代表着仅仅对那样一些现象为正确的理想化，在各该现象的分析中，所涉及的一切作用量都足够大，以致可以将作用量子略去不计。尽管这一条件在普通规模的现象中是大大地得到满足的，但是，在和原子级粒子有关的实验资料中，我们却遇到一种和决定论的分析不相容的新型规律性。

——玻尔

物理科学对哲学的意义，不但在于稳步地增加我们关于无生命物质的经验，而且首先在于提供一种机会，来检验我们的某些最基本概念的基础和适用范围。尽管实验资料的积累和理论概念的发展带来了术语的改进，但是，物理经验的所有阐述，当然归根结蒂是以日常语言为基础的，这种语言适用于确定我们的环境并追寻原因和结果之间的关系。事实上，伽利略的纲领——把物理现象的描述建立在可测定的量的基础上的纲领，曾经给整理越来越大的经验领域提供了坚实的基础。

在牛顿力学中，物质体系的状态决定于各物体的瞬时位置和瞬时速度。在这种力学中已经证明，仅仅依据关于体系在一个已知时刻的状态以及作用于各物体上的力的知识，就能通过了解得很清楚的简单原理，推出体系在任一其他时刻的状态。这样一种描述，显然代表用决定论思想来表示的一种因果关系的理想形式，人们发现这种描述是有着更宽广的适用范围的。例如，在电磁现象的阐明中，我们必须考虑力以有限速度而传播的过程，但是，决定论的描述仍然可以在这种阐明中保留下来，其方法是：在状态的定义中，不但要包括各带电体的位置和速度，而且要包括电力和磁力在给定时刻在每一个空间点上的方向和强度。

相对性思想中包含着一种关于物理现象的描述对观察者所选参照系的依赖程度的认识，这种认识并没有从本质上改变上述这些方面的形势。在这里，我们涉及了一种最有成果的发展，它曾经使我们能够表述一切观察者所公有的物理定律，并将以前显得彼此无关的现象联系起来。虽然在这一表述中用到了四维非欧几里得度规之类的数学抽象，但是，对于每一观察者来说，物理诠释却还是建筑在空间和时间的普通区分上的，并且是保留了描述的决定论特性的。而且，正如爱因斯坦所强调的，不同观察者的时空坐标表示法，永远不会蕴涵着可以称为事件因果顺序的那种序列的反向，因此，相对论不但扩大了决定论描述的范围，而且也加强了它的基础。这种决定论的描述，乃是通常称为经典物理学的那座宏伟大厦的特征。

然而，普朗克的基本作用量子的发现——揭示了原子过程中所固有的一种远远超过物质有限可分性这一古代见解的整体性特点——却在物理科学中开辟了一个新纪元。事实上，问题变得很清楚：经典物理理论的形象化描述，代表着仅仅对那样一些现象为正确的理想化，在各该现象的分析中，所涉及的一切作用量都足够大，以致可以将作用量子略去不计。尽管这一条件在普通规模的现象中是大大得到满足的，但是，在和原子级粒子有关的实验资料中，我们却遇到一种和决定论的分析不相容的新型规律性。这些量子定律规定着原子体系的奇特稳定性以及各体系之间的反应，因而它们归根结蒂也应该能够说明我们的观察手段所依据的那些物质属性。

因此，物理学家们当时面临的问题，就是要发展经典物理学的一种合理的推广，这种推广应该可以将作用量子很协调地包括在内。在用比较原始的方法对实验资料进行了预备性的考察之后，通过引入适当的数学抽象，这一困难任务终于完成了。例如，在量子力学形式体系中，通常用来定义物理体系的状态的那些物理量，被换成了一些符号性的

◀2005 年世界物理年会期间，中国台北市 101 大楼上显示的质能方程

算符，这些算符服从着和普朗克恒量有关的非对易算法。这种程序阻止我们，使我们不能将这些量确定到经典物理学之决定论描述所要求的那种程度，但是，它却允许我们确定出这些量的值谱分布，这也就是和原子过程有关的资料所揭示的那种值谱分布。适应着这种形式体系的非形象化特性，它的物理诠释被表示成了和在给定实验条件下所得观察结果有关的、本质上属于统计类型的一些定律。

尽管量子力学作为整理有关原子现象的大量资料的手段是很有力的，但是，它离开了因果解释的习惯要求，从而也就很自然地引起了一个问题：我们在这儿所涉及的，是不是经验的完备无遗的描述呢？这一问题的解答，显然要求人们比较仔细地检查检查在分析原子现象时无歧义地应用经典物理学概念的条件。决定性的一点在于认识到这一事实：实验装置的描述和观察结果的记录，必须通过用通常物理术语适当改进过的日常语言来给出。这是一种简单的逻辑要求，因为对于“实验”一词，我们只能理解为这样的程序：关于该程序，我们能够告诉别人我们作了什么和学到了什么。

在实际的实验装置中，这种要求的满足是通过用一些刚体当作测量仪器来加以保证的：各刚体应该足够重，以致可以对它们的相对位置和相对速度进行完全经典的说明。与此有关，也很重要的是记住下述情况：一切有关原子客体的无歧义的知识，都是依据遗留在确定着实验条件的那些物体上的永久性记号——例如由电子的撞击而在照相底片上造成的一个斑点——来推得的。记录原子客体的出现所依据的那些不可逆的放大效应，并不会引起任何特殊的麻烦，它们仅仅提醒我们注意观察概念本身所固有的本质不可逆性而已。在这方面，原子现象的描述具有完全客观的性质，其意义是：这里没有明白地涉及任何个别的观察者，因此，只要适当照顾相对论的要求，就不会在知识的传达中引入任何歧义了。

在所有这些方面，量子物理学中的观察问题，是和经典的物理学处理方式毫无不同的。然而，在量子现象的分析中，本质上新的特点却在于引入了测量仪器和被研究客体之间的根本区别。这是下述必要性的直接后果：在说明测量仪器的功能时，必须应用纯经典的术语，而在原理上排除关于作用量子的任何考虑。在它们那一方面，现象的那些量子特点是由依据观察结果而推得的关于原子客体的知识来显露的。在经典物理学的范围内，客体和仪器之间的相互作用可以略去不计，或者，如果必要的话，可以设法将它补偿掉，但是，在量子物理学中，这种相互作用却形成现象的一个不可分割的部分。因此，在原理上，真正量子现象的无歧义的说明，必须包括对于实验装置之一切有关特点的描述。

重复进行按上述方式定义的同一实验，一般会得出关于客体的不同记录。这一事实本身就直接暗示着：这一领域中的经验的概括说明，必然是由统计规律表示出来的。几乎用不着强调，我们在这儿所涉及的，并不是统计学的习惯应用的一种类似事例；在习惯应用中，是用统计学来描述一些物理体系，它们的结构过于复杂，以致实际上无法将它们的状态定义得像决定论的说明所要求的那样完备。在量子现象的情况中，决定论的说明所蕴涵的各事件的无限可分性，在原理上是被指定实验条件的要求所排除了的。事实上，真正量子现象所特有的整体性特点是在下述情况中得到逻辑表示的：任何明确规定的再分划的尝试，都会要求对实验装置进行一种和所研究现象的定义不相容的改变。

在经典物理学的范围内，某一给定客体的一切特征属性，在原理上可以用单独一个实验装置来确定，尽管在实际上用不同的装置来研究现象的不同方面往往是方便的。事实上，用这种方法得到的数据仅仅互相补充，并且可以结合成关于所研究客体之性能的首尾一致的图景。然而，在量子物理学中，用不同实验装置得到的关于原子客体的资料，却显示着一种很新颖的互补关系。事实上，必须认识到，这样的资料就详尽无遗地概括了关于客体的一切可设想的知识，尽管当企图把它们结合成单独一种图景时这些资料显得是相互矛盾的。互补性这一思想绝不会限制我们以实验的形式向大自然提出问题的那些努力，它仅仅在测量仪器和客体之间的相互作用形成现象的一个不可分割的部分时，表征着我们通过这种询问所能接收到的答案而已。

当然，实验装置的经典描述以及关于原子客体的记录的不可逆性，保证着和因果性的基本要求相容的一种因果顺序，但是，决定论理想的无可挽回的放弃，却在支配着一些基本概念之无歧义应用的互补关系中得到了突出的表示，而经典的物理描述却以这些基本概念的无限制结合为基础。事实上，要确定一个原子级粒子在一个有限时空域中的出现，就要用到这样一种实验装置：它涉及对固定标尺及校准时钟之类物体的动量传递和能量传递，而这种传递是不能包括在各该物体之功能的描述中的，如果这些物体应该起到定义参照系的作用的话。反之，动量守恒定律和能量守恒定律对原子过程的任何严格应用，在原理上就暗示着放弃粒子的详细时空标定。

这些情况在海森伯的测不准关系式中得到了定量的表示——这种关系式指示着在量子力学中确定一些运动学变量和动力学变量时的反比式的活动范围，而这些变量则是在经典力学中定义体系状态所必须用到的。事实上，在量子力学形式体系中表示着这些变量的那些符号的有限对易性，就对应于无歧义地定义各该变量时所要求的那些实验装置的互斥性。在这方面，我们所涉及的当然不是精确测量方面的限制，而是时空概念和动力学守恒定律的明确应用方面的限制，后一种限制是由测量仪器和原子客体之间的必要区分所带来的。

当处理原子问题时，借助于薛定谔的态函数来进行具体的计算是最为方便的——由这种态函数，可以通过确定的数学运算推演出支配着在特定条件下所能得到的观测结果的那些统计规律。然而，必须认识到，我们在这里所处理的是一种纯符号性的手续，它的无歧义的物理诠释归根结蒂要涉及完备的实验装置。忽视这一点有时引起过混乱，具体说来，诸如“观察对现象的扰乱”或“测量对客体物理属性的创造”这一类语句的应用，就几乎是和日常语言及实际定义不相容的。

与此有关，甚至提出了这样的问题：为了更恰当地表示有关的形势，是否必须采用多值逻辑学呢？然而，由以上的论证就可看出，对于日常语言和普通逻辑学的一切违背都可以得到避免，只要将“现象”一词仅仅用来指示可以无歧义地传达的知识就行了，在这种知识的说明中，“测量”一词是在标准化的比较这一简单意义下被应用的。术语选择方面的这种慎重性在探索新的经验领域时是特别重要的，在那种领域中，知识不能被概括于那种在经典物理学中得到如此不受局限的应用的习见构架之中。

正是在这一背景下，可以看到量子力学在一致性和完备性方面是满足有关合理解释的一切条件的。例如，强调在明确规定的实验条件下得到的永久性记录乃是量子力学形式体系之合理诠释的基础，这种强调就对应于经典的物理解释中所蕴涵的一个前提：事件之因果顺序的每一步，在原理上都是可以得到验证的。而且，可以将每一种可设想的实验装置全都考虑到，这种可能性就提供着描述上的完备性，和经典物理学中所追求的完备性相仿佛。

这样的论证当然并不意味着，在原子物理学中，我们在实验资料以及便于概括该种资料的数学工具方面就没有更多的东西好学习了。事实上，事情似乎是这样．为了说明在探索很高能量的原子过程时揭露出来的那些新颖特点，人们必须在形式体系中引入更进一步的抽象。然而，决定性的问题在于，在这方面也根本不存在回到那种描述方式的问题，该种描述方式在较高的程度上满足关于因果关系之形象化表示的习见要求。

我们已经看到，量子规律性不能按经典路线来加以分析。这一事实本身就要求，在经验的说明中，在测量仪器和原子客体之间要有一种逻辑的区分，这种区分在原理上就阻碍着概括性的决定论描述。总之，可以强调指出，互补性这一较宽广的构架绝不会导致任何对于因果性这一理想的随意放弃，它直接表示着我们在说明物质基本属性方面所处的地位，这些属性是经典物理描述的前题，而它们又超出经典物理描述范围之外。

不管适用相对性思想和互补性思想的典型形势是何等地不相同，这两种形势在认识论方面却表现着深远的相似之点。事实上，在两种情况下我们都涉及对于协调性的寻求，这种协调性不能概括在说明范围更窄的物理经验领域时所采用的那种形象化概念之中。但是，有决定意义的一点是：不论在哪一种情况下，我们的观念构架的适当扩展，都并不蕴涵对于观察主体的任何引用，这种引用是会阻止经验的无歧义传达的。在相对论性的论证中，这种客观性是通过适当照顾现象对观察者参照系的依赖性来加以保证的；而在互补描述中，则通过适当注意基本物理概念之明确应用所要求的条件来避免全部的主观性。

从一般性的哲学观点来看，重要的是：在其他知识领域中的分析和综合方面，我们都面临着一些形势，它们是会使我们想起量子物理学中的形势的。例如，生命机体的不可分割性和有意识的个人以及人类文化的特征，都显示出一些整体性特点，这些特点的说明，蕴涵着一种典型的互补描述方式。由于在这些较宽广领域中传达经验时可供应用的丰富辞汇有着很不相同的用法，最重要的是由于在哲学文献中对于因果性概念有着各色各样的诠释，所以上述比较的目的有时是被误解了的。然而，用于描述物理科学中较简单形势的适当术语的逐渐发展，却表明我们所处理的并不是一些或多或少模糊的类比，而是在较宽广领域中的不同方面之间遇到的一些逻辑关系的清楚的实例。

（二）

人类知识的统一性

（1960）

为了扩大并整理我们关于周围世界的经验而进行科学探索，多少年来已被证实是富有成果的，尤其是在促进技术的不断进步方面，这种进步已在很大程度上改变了我们日常生活的体制。

——玻尔

TIME

THE WEEKLY NEWSMAGAZINE

COSMOCLAST EINSTEIN

All matter is speed and flame.

这一讲话题目中所提到的问题，是像人类文明本身一样古老的，但是，在我们的年代，随着学术研究和社会活动的与日俱增的专门化，这一问题却重新引起了人们的注意。人文学家们和科学家们对人类问题采取着明显不同的处理方式。对于由这些处理方式所引起的广泛的混乱，人们从各方面表示了关怀，而且，与此有关，人们甚至谈论着现代社会中的文化裂痕。但是，我们一定不要忘记，我们是生活在很多知识领域都在迅速发展的时代，在这方面，常使我们想起欧洲文艺复兴的时代。

不论当时对于从中世纪世界观中解脱出来感到多么困难，所谓“科学革命”的成果现在却肯定成为普通文化背景的一部分了。在 20 世纪中，各门科学的巨大进步不但大大推动了技术和医学的前进，而且同时也在关于我们作为自然观察者的地位问题上给了我们以出人意料的教益。谈到自然界，我们自己也是它的一部分呢！这种发展绝不意味着人文科学和物理科学的分裂，它只带来了对于我们对待普通人类问题的态度很为重要的消息；正如我要试图指明的，这种消息给知识的统一性这一古老问题提供了新的远景。

为了扩大并整理我们关于周围世界的经验而进行科学探索，多少年来已被证实是富有成果的，尤其是在促进技术的不断进步方面，这种进步已在很大程度上改变了我们日常生活的体制。天文学、大地测量学和冶金学在埃及、美索不达米亚、印度和中国的早期发展，主要是为社会的需要服务的，而在古希腊，我们却初次遇到一些系统化的努力，其目的在于阐明用来描述知识和整理知识的那些基本原理。

特别说来，我们赞赏那些希腊数学家们，他们打下了牢固的基础，而后来的世世代代正是建筑在这种基础上的。对于我们的主题来说，重要的是在于意识到这一事实：数学符号和数学运算的定义是以普通语言的简单逻辑应用为基础的。因此，数学不应被看成以经验的积累为基础的一个特殊的知识分支，而应被看成普通语言的一种精确化，它用表示关系的适当工具补充了普通的语言，对于这些关系来说，通常的字句表达是不准确的或太纠缠的。

鉴于常使较广泛范围的人们感到可怕的那种数学抽象的表观难懂性，我们可以指出，甚至初等的数学训练都能使中学生们看透著名的阿基琉斯和乌龟赛跑的佯谬问题。如果乌龟比阿基琉斯超前极少的一点，这个行走如飞的英雄怎能追上并超过那个缓慢地爬行的动物呢？事实上，当阿基琉斯到达乌龟的起跑点时，他将发现乌龟已沿着跑道爬到较远的地方了，而这种情况将无限地重复下去。我几乎用不着提醒你们，这种类型的事例的逻辑分析，在数学概念和数学方法的发展中是起了重要作用的。

从一开始，数学的应用对于物理科学的进步来说就是必不可少的。尽管欧几里得几何学已经足以使阿基米德阐明静力学平衡的基本问题，物质体的运动的详尽描述却要求发展微分算法，而牛顿力学这一宏伟巨厦就是建筑在这种算法上的。最重要的是，依据简单的力学原理及万有引力定律来对我们太阳系中各行星的轨道运动作出的解释，深刻地影响了以后各世纪中的一般哲学态度并且加强了下述观点：为了概括理解一切知识，

◀《时代》杂志封面上的爱因斯坦

空间和时间也像原因和结果一样应该被看成一些先验的范畴。

但是，我们时代中的物理经验的扩大，却已经使我们有必要从根本上修正无歧义地应用我们那些最基本概念的基础，而且也已经改变了我们对于物理科学的目的的看法。事实上，从我们现在的观点看来，与其把物理学看成关于先验地给出的某些事物的研究，倒不如把它看成整理并探索人类经验的一些方法的发展。在这方面，我们的任务必然是用一种方式来说明这种经验，该方式不依赖于个人的主观判断，从而在下述意义上是客观的：这种经验可以用通常的人类语言来无歧义地加以传达。

至于反映在"这儿""那儿"和"早些""晚些"等等原始用法中的空间概念和时间概念本身，那就必须记得，对于我们通常的判定方位来说，远大于我们附近各物体的速度的光的巨大传播速度是多么地重要。然而，已经证实，甚至通过最精密的测量也无法在实验室中确定地球绕日的轨道运动的任何效应，这种可惊异的情况就表明：彼此之间有着高速相对运动的观察者，对于刚体的形状和刚体之间的距离应该有不同的感受，而且，在一个观察者看来是同时发生的事件，在另一个观察者看来甚至也可以是在不同时刻发生的。认识到物理经验的说明对观察者的立足点的依赖程度，绝不会导致使人思想混乱的复杂性；相反地，在追寻对一切观察者都正确的基本规律时，这种认识已被证实为最富有成果的了。

事实上，通过广义相对论，爱因斯坦在放弃绝对空间和绝对时间的一切想法方面使我们的世界图景得到了一种超过任何以前梦想的统一性和协调性；这种理论，提供了关于普通语言之一致性及适用范围的有益的教益。虽然理论的适当表述涉及四维非欧几里得几何学这样的数学抽象，但是，它的物理诠释却是根本地建筑在下述可能性之上的：每一个观察者都可能保留空间和时间之间的截然区分，并且可能考察任一其他观察者在他的参照系中将如何借助于普通语言来描述经验和标定经验。

以 20 世纪第一年普朗克普适作用量子的发现为起点的发展，揭露了观察问题的新的基本方面，这些基本方面就使我们必须对利用原因和效果等字眼来分析现象的基础本身加以修正。事实上，这一发现证明，所谓经典物理学的广阔适用性是完全以下述情况为依据的：在任何通常规模的现象中，所涉及的作用量是如此地大，以致可以将量子完全忽略掉。然而，在原子过程中，我们却遇到一种新颖的规律性，它们不具备因果的形象化描述，而原子体系的独特稳定性却以它们为依归。物质的一切属性归根结蒂是依赖于这种独特稳定性的。

在由物理实验技巧之现代精华所开辟的这一新的经验领域中，我们已经遇到很多伟大的惊人事件，甚至已经面临着这样一个问题：通过用实验来对大自然提出问题，我们所能接受到的是什么类型的答案？事实上，在普通经验的说明中被认为理所当然的是：所考察的客体是不受观察的扰乱的。诚然，当我们通过望远镜来看月球时，我们就接受到从月球表面反射过来的太阳光，但是，这种反射引起的反冲是太小了，它对像月球这样重的物体的位置和速度不可能有任何效应。然而，如果我们需要处理原子体系，它们的结构和对外界影响的反应是在根本上取决于作用量子的，那么，我们所处的地位就完全不同了。

我们所面对的问题是，在这种情况下，我们怎样才能得到客观的描述。这时，有决定意义的是意识到下述事实：不论现象超出普通经验的范围多么远，实验装置的描述和观察结果的记录都必须是以普通语言为基础的。在实际的实验过程中，这一要求是大大地得到满足的，其方法是：应用光阑和照相底片之类的沉重物体来确定实验条件，这些物体的使用方式是可以用经典物理学来说明的。然而，恰恰是这种情况，就排除了把测量仪器和所考察的原子客体之间的相互作用和现象分开来加以说明的可能性。

特别是，这种形势阻碍着时空标定和动量、能量守恒定律之间的无限制的结合，而经典物理学的因果的形象化描述则是以这种结合为基础的。例如，对于在某时刻所占的位置已经被控制了的一个原子级粒子，目的在于确定该粒子在较后时刻位于何处的一种实验装置，就蕴涵着对固定标尺和校准时钟的一种在原理上不可控制的动量传递和能量传递，这种标尺和时钟是定义参照系所必需的。相反地，应用适于研究动量平衡和能量平衡的任一装置（这对说明原子体系的本质属性是有决定意义的），就意味着放弃对构成各该体系的粒子进行详细的时空标定。

在这些情况下，下述事实就是不值得惊异的了：利用同一种实验装置，我们可以得到对应于各种个体量子过程的不同记录，关于这些个体量子过程的出现，我们只能作出统计的说明。同样，我们必须准备发现：用不同的、互相排斥的实验装置得到的资料，可以显示没有前例的对立性，从而初看起来这些资料甚至显得是矛盾的。

正是在这种形势下，就有必要引用互补性思想来提供一种足够宽广的构架，以容纳那些不能概括在单独一个图景中的基本自然规律的说明。事实上，在明确规定的实验条件下得出的、并且是适当应用基本物理概念表示出来的那种资料，就其全部来说，就完备无遗地概括了可以用普通语言来传达的关于原子客体的一切知识。

通过一种叫作量子力学的数学形式体系的逐步建立，按照互补性路线来详尽地说明一个新的广阔的经验领域已经是可能的了。在这种形式体系中，各个基本物理量被换成了一些服从某种算法的符号性的算符，这种算法牵涉到作用量子，并反映着各个对应测量手续的不可对易性。正是通过将作用量子看成一种并无习见解释的要素——这正如相对论中作为最大信号速度的光速所起的作用一样，这一形式体系才能被看成经典物理学概念构架的一种合理的推广。然而，对于我们的主题，有着决定意义的一点却是：量子力学的物理内容已由它的表述统计规律的能力包罗罄尽，这种规律支配着在用平常语言指明的条件下得到的观察结果。

在原子物理学中，我们关心的是无比准确的规律性。在这里，只有将实验条件的明白论述包括在现象的说明中，才能得到客观的描述，这一事实以一种新颖的方式强调着知识和我们提问题的可能性之间的不可分离性。我们在这儿涉及的是一般认识论的教益，它阐明着我们在许多其他的人类兴趣领域中所处的地位。

具体说来，所谓心理经验的分析和综合的条件，一直是哲学中的一个重要问题。很明显，涉及到一些互斥经验的字眼儿，例如思想和情感之类，从刚刚开始有语言时就是以一种典型的互补方式被应用的了。然而，在这方面，需要特别注意主体-客体分界线。关于我们的精神状态和精神活动的任何无歧义的传达，当然就蕴涵着我们的意识内容和粗略地称为“我们自己”的那一背景之间的一种区分，但是，详尽无遗地描述意识生活之丰富性的任何企图，都在不同形势下要求我们不同地画定主体和客体之间的界线。

为了阐明这一重要论点，我打算引用丹麦诗人和哲学家保罗·马丁·摩勒（Paul Martin Møller）的话——他生活在大约一百年以前，并留下了一本未完成的小说，这本小说至今还被本国的年老一代、同样也被年轻一代很愉快地阅读着。在他的叫作《一个丹麦大学生的奇遇记》的小说中，作者对于我们所处地位的不同方面之间的相互影响给出了特别生动和特别有启发性的说明；这是以一群大学生中间的讨论作为例证的，那些大学生有着不同的性格和不同的对待生活的态度。

我将特别提到两个堂兄弟之间的交谈：其中一个对实际事务是精明强干的，属于当时乃至现在的大学生们所说的实利主义者的类型；而另一个叫作硕士（licentiate）的，却热中于对他的社交活动很不利的那些漫无边际的哲学冥想。当实利主义者责备硕士，说他没有能够下定决心来利用他的朋友们好心好意地提供给他的找到一个实际工作的机会时，可怜的硕士极诚恳地表示了歉意，但是他解释了他的思索使他遭遇到的那些困难。

于是他说："我的无休止的追问使我不能得到任何成就。而且，我开始想到我自己的关于发现自己所处的那种状况的想法。我甚至想到我在想它，并把我自己分成相互考虑的后退着的'我'的无限序列。我不知道停止在哪一个'我'上来将它看成实际的我，而且，我一经停止在某一个'我'上，事实上就又有一个停止于其上的'我'了。我搞糊涂了，并且感到晕头转向，就如我低头注视着一个无底的深渊一样，而我的沉思终于造成了可怕的头疼。"

他的堂兄弟回答说："我无论如何不能帮助你搞清楚你那些'我'。那完全是在我的活动范围以外的事，而且，如果我让自己进入你那些超人的冥想，我就也会成为或变得像你一样疯疯颠颠了。我的路线是抓紧那些看得见摸得着的东西，并且沿着常识的康庄大道前进，因此，我的那些'我'从不会纠缠起来。"

完全撇开讲这故事时的那种精致的幽默不谈，要想比这个更贴切地说明我们大家都会遇到的那种状况的各个本质方面，那肯定是不容易的。幸好，在正常生活中，陷入硕士那种可悲境地的危险是很小的，我们逐渐变得习惯于应付实际需要，并学会用普通语言来传达我们需要的是什么和我们想的是什么。在这种调节中，严肃和幽默之间的平衡起着不小的作用。这种平衡在儿童游戏中非常突出，而在成年生活中也同样是觉察得到的。

当转入多少年来被哲学家们讨论过的意志自由问题时，必须特别注意使用"沉思"和"决心"之类的字眼时的那种互补方式。即使我们无法说，是由于我们推测自己能作某件事情因而才愿意去作呢，还是由于我们愿意从而我们才能作这件事，但是我们可以说，能够尽可能好地适应环境的那种感觉乃是一种普通的人类经验。事实上，"决心"这个概念在人类的思想传达中起着不可缺少的作用，就如"希望"和"责任"之类的字眼一样；脱离了应用这些字眼时的上下文，"希望"和"责任"等字眼同样是不可定义的。

说明意识生活时的主体-客体分界线的可变动性，是和一种经验丰富性相对应的，这些经验是如此地五花八门，以致引起了不同的处理方式。至于我们关于他人的知识，我们当然只看到他们的行为,但是我们必须意识到,当这种行为是如此复杂,以致在用普通语言说明它时要涉及自身知觉时,“意识”一词就是不可避免的了。然而,事情很明显,对于最终主体的一切追求都是和客观描述的目的相矛盾的,这种描述要求主体和客体处于面对面的地位。

这样的考虑绝不导致对于灵感的任何低估,这种灵感是伟大的艺术创作通过指示出我们地位中那种协调的整体性的一些特点而提供给我们的。事实上,当在越来越大的程度上放弃逻辑分析而允许弹奏全部的感情之弦时,诗、画与乐就包含着沟通一些极端方式的可能性,那些极端方式常被表征为实用主义的和神秘主义的,等等。相反地,古印度的思想家们,就已经理解了对这种整体性作出详尽无遗的描述时的逻辑困难。特别说来,通过强调指出要求回答存在的意义问题乃是徒劳无益的,他们设法避免了生活中明显的不协调性,他们懂得“意义”一词的任何应用都蕴涵着比较,而我们又能把整个的存在和什么相比较呢?

我们这种论证的目的在于强调:不论是在科学中,在哲学中还是在艺术中,一切可能对人类有帮助的经验,必须能够用人类的表达方式来加以传达,而且,正是在这种基础上,我们将处理知识统一性的问题。因此,面对着多种多样的文化发展,我们就可以寻索一切文明中生根于人类共同状况中的那些特点。尤其是,我们认识到,个人在社会中的地位本身,就显示着多样化的、往往是互斥的一些方面。

当处理所谓伦理价值的基础这一古老问题时,我们首先就得问问像“正义”和“仁慈”之类的概念的适用范围是什么(这些概念尽可能密切地结合,在一切人类社会中都是被希求着的)。但是,问题很明显,在可以明确地应用被公认了的司法条款的那种情况下,是没有自由地表现仁慈的余地的。但是,正如著名的希腊悲剧家们所特别强调的那样,同样清楚的是,恻隐之心是可以使每一个人和任何简明表述的正义概念发生冲突的。我们在这里面临着人类地位所固有的和令人难忘地表现在古代中国哲学中的一些互补关系。那种哲学提醒我们,在生存大戏剧中,我们自己既是演员又是观众。

当比较不同的民族文化时,我们就遇到依照一个民族的传统来评价另一个民族的文化的特殊困难。事实上,每一文化所固有的自足性的要素,都密切地对应着作为生物机体中任一物种之特征的自卫本能。然而,在这方面,重要的在于意识到这一事实:以由历史事件哺育成的传统为基础的各种文化,其互斥特征是不能和在物理学、心理学以及伦理学中所遇到的那些特征直接相比的,这里我们处理的是人类共同状况的内禀特点。

事实上,正如在欧洲史中特别明显地表示出来的,民族之间的接触往往造成文化的融合,而融合后的文化仍保存着原有民族传统的有价值的要素。在这次会议上,关于如何弥补所谓现代社会中的文化裂痕的问题,吸引了很大的注意力。归根结蒂,这问题就是一个更狭义的教育问题。对待这一问题的态度,看来不但需要知识,而且,我想每个人都会同意,这里也还需要某种幽默。但是,最严重的任务就是要在有着很不相同的文化背景的民族之间促进相互了解。

事实上，科学和技术在现时代的急剧进步，带来了提高人类福利的无比希望，而同时也带来了对全人类安全的严重威胁，这种进步对我们的整个文明提出了迫切的挑战。当然，知识和潜力的每一次增加，曾经总是意味着更大的责任，但是，在目前的时刻，当一切人们的命运已经不可分割地联系起来时，以了解人类共同地位之每一方面为基础的相互信赖的合作，就比在人类历史中的任何较早时期都更加必要了。

（三）

各门科学间的联系

（1960）

原子世界中的研究怎样提供了新的机会来寻索奥斯特所谈到的自然界的协调性，这种协调性我们或许宁愿称之为人类知识的统一性。确确实实，只有意识到这种协调性或统一性，才能帮助我们对我们的地位保持一种均衡的态度，并避免科学和技术的突飞猛进在几乎每一个人类兴趣领域中可能如此容易地引起的那种混乱。

——玻尔

HEY!
ARE
YOUR
DRAWERS
CLOSED
?
HAVE YOU LEFT
ANYTHING OUT
OF THE SAFE
?

我接受盛情的邀请，到这次国际制药科学会议的开幕式上讲话，虽然不无踌躇，但是很高兴。作为一个物理学家，我当然没有那种对药物学领域的深入理解，就像此次与会的来自不同国度的很多杰出科学家们在最丰富的程度上所具有的那样。然而，在这个场合评论评论一切科学分支中我们的知识之间的密切联系，却可能是尚称恰当的。这种联系实在是由汉斯·克里斯蒂安·奥斯特(Hans Christian Ørsted)很有力地和很热诚地强调过的，他在丹麦初次建立了正规的制药检查，而且，在他的基础科学研究中以及他在丹麦社会中的多方面的和有成果的活动中，这种联系对他来说乃是一种经常的灵感源泉。

关于出现在自然界中的实物可能有助于治疗人类疾病的经验，可以追溯到人类文明的初期，当时人们还不知道理性的科学探索这一概念呢。但是，回忆一下在树林中和草地上寻找草药，曾经何等有力地刺激了植物分类学的发展，却是很有趣的。而且，药物的制备及其疗效的研究，对化学的进步来说也已证实为具有不可缺少的重要性了。

长期以来，对实物的属性及其转变的研究，曾经显著地远离了物理学处理方式所特有的那种用时间和空间以及原因和效果来说明我们周围各物体之性能的一些努力。事实上，这种处理方式就是牛顿力学这整座大厦的基础，甚至是以奥斯特和法拉第(Michael Faraday)的发现为根据的电磁理论的基础。通过它们的技术应用，这些理论已经大大地改变了我们的日常生活体制。

关于物质是由原子构成的这一古代见解，在19世纪中得到了发展，这种发展促使人们寻求化学和物理学之间的更密切的联系。一方面，化学元素概念的澄清，引导人们理解了支配着各该元素以何种比例出现于化学化合中的那些定律。另一方面，对于惊人简单的气体属性的研究又导致了热的动力论的发展，这就给有着如此有成效的应用(特别是在物理化学中的应用)的热力学普遍定律提供了解释。

然而，以电磁理论为依据的关于热辐射平衡的研究，却揭示了原子过程中的一种和经典物理学概念不可调和的整体性特点。事实上，普朗克普适作用量子的发现告诉我们，大块物质的性能的习见描述，其广泛适用性是完全建筑在下述情况的基础上的：在通常规模的现象中，所涉及的作用量是如此之大，以致量子是可以完全忽略不计的。然而，在个体的原子过程中，我们却遇到一些足以说明原子体系之独特稳定性的新颖规律性，而物质的一切属性归根结蒂是依赖于这种稳定性的。

为了整理这一新的丰富的经验领域，曾经要求从根本上修正无歧义应用我们最基本的物理概念的基础。为了说明我们在物理实验中实际上作了什么和学到了什么，当然就需要用普通语言来描述实验装置和观测记录。但是，在原子现象的研究中，我们却遇到这样一种情况：用相同的装置重复进行实验，可以导致不同的记录；而用不同装置来作的实验又可以得出一些初看起来仿佛是相互矛盾的结果。

这些表观佯谬的阐明已由下述认识给出：被研究客体和我们的观察工具之间的相互作用，在普通经验中是可以忽略或单独考虑的，而在量子物理学领域中它却形成现象的一个不可分割的部分。事实上，在这样的条件下，经验不能按习见方式被结合起来，而是

◀美国曼哈顿计划中使用的安全提示

必须认为各种现象是彼此互补的，其意义是：它们的全体就详尽无遗地概括了可以无歧义地表达出来的关于原子客体的一切知识。

对于沿互补路线的概括描述，已由所谓量子力学形式体系创造了适用的数学工具；利用这种形式体系，我们已经能够在很大的程度上说明物质的物理属性和化学属性。物理学家和化学家之间的幽默争论阐明了这一进步的性质和范围，争论的问题在于：是化学已经被物理学并吞了呢，还是物理学已经变成了化学？

详细谈论今天的原子科学的巨大发展将使我们离题太远，从而我将只是简单地提到：在电子和原子核的结合中，以及在各电子将各原子结合成化合物分子时所起的作用中，我们都遇到典型的量子效应，对于这些效应，习见的形象表示法是不适用的。但是，由于原子核的质量比电子的质量大得多，因此就有可能高度近似地说明分子中的原子组态，该组态对应于知道得很清楚的、在整理化学资料时被证实为如此不可缺少的化学结构式。

整个处理方式不但和普通的化学动力学相一致，而且甚至还加强了化学动力学所依据的那些简单假设。例如，在导致化学化合的任何过程中，新分子的属性并不会根本地依赖于发生相互作用而形成新分子的那些分子的组成，而是只依赖于组成新分子的各个原子的相对定位。这种分子的状态的任何次级特征（对应于从分子形成过程中遗留下来的振动），确实不会在本质上影响各分子的化学属性，而且，由于媒质中普遍的热骚动，这些特征将很快地和分子的以往历史不再有任何联系。

作用量子给物质特有属性的普遍理解提供了线索。这种普遍理解已经开始了一个自然科学迅速成长的时期，它使人在很多方面回想起 16 世纪和 17 世纪中的科学革命。在这些最能给人以深刻印象的发展中，生物化学的现代兴起就是一例；对于生理学和药物学来说，生物化学曾经是同等有益的。特别说来，有机化学和无机化学之间的界限的大大削减，就重新提出了一个古老问题：物理科学究竟可以在多大程度上说明生命的表现？

通过解剖学和生理学的发展，人们逐渐认识了生物机体结构的巨大复杂性和形形色色的控制机体机能的精致调节机制，这种认识经常导致一些疑问：机体中的秩序的保持，是否能够和热力学普遍定律相容呢？但是，从现代的化学动力学的观点看来，是不能期望存在任何这样的分歧的，而且，当彻底地考察伴随着机体的新陈代谢和运动的能量交换及熵交换时，事实上从来没有发现过热力学原理的任何局限性。

近年来，在生物细胞的复杂分子结构的知识方面，特别是在将遗传信息一代一代传递下去的特定分子链的知识方面，已经取得了巨大的进步。而且，我们对于一些酶过程的理解也在稳步增长中，通过这些酶过程，遗传信息完成着指导蛋白质之类的其他特定分子结构的形成的任务。事实上，就我们所知，我们在这里遇到的可能是细胞结构稳定性的稳步增长过程，这种过程的自由能损耗和普通不可逆化学过程中的熵增加相对应。

在这一背景上，很自然地会出现这样的观点：在机体的全部生活中，我们遇到一些并无直接可逆性质的过程，它们和由营养及呼吸所维持的有利条件下的不断增长的稳定性相对应。尽管生物机体和自动机器在规模和功能方面很不相同，我们在这里却遇到二者之间的一种影响深远的类似性。事实上，在最近的技术进步的基础上，已经可以设计按任何预定方式进行工作的机器，这也包括机器本身的维修和复制在内，只要它们能够得到必要的材料和能源。

但是，在关于机体和机器之间的比较这一争论很多的问题方面，最重要的是要记得，有机的生命是一些自然资源的表现，它们远远超过用来制造机器的那些资源。事实上，在说明用于计算及用于控制的那些装置的作用过程时，我们可以根本不管物质的原子构造，而仅仅说明所用材料的力学性质和电学性质，并仅仅应用支配着各机件之间的相互作用的简单物理定律。但是，有机进化的全部历史，却对我们显示着自然界中尝试原子相互作用之无限可能性的那些结果。

不足为奇的是，由于有着极大的复杂性，各机体显示出一些属性和潜力，这些和所谓无生命物质在简单的可重演的实验条件下所显示的那些属性和潜力形成突出的对照。正是在这一背景上，涉及机体整体行为的诸如目的性和自我保存性之类的概念，才在生物学研究中得到了富有成果的应用。

在有关生物学基础的讨论中，关于超出物理学语言之外的那些概念起什么作用的问题，曾经成为一个主要的论题。从一方面，曾经表示过这样的观点：尽管这种概念具有明显的有效性，但它们终于会被证实为多余的。从另一方面，却曾经有人这样论证：在这儿，我们遇到的是说明生命的表现时不可再简化的要素。

量子物理学在我们作为自然观察者的地位问题上给予我们的教益，给这种讨论提供了新的背景。事实上，这种教益提示我们，生物学现象的客观描述方面的形势，在普通生理学中和现代生物化学中反映着不同的处理方式。生物学中互补性描述方式的基础，不是与化学动力学中已经照顾到的客体和测量仪器之间的相互作用的控制问题相联系，而是与机体的实际上不可穷尽的复杂性相联系。

这种形势几乎不能看成是带有暂时性的，看来它倒是和我们整个概念构架所曾采取的发展道路有着内在的联系，这种发展从满足日常生活的较原始的要求，趋于适应系统科学研究所得的知识的增长。例如，只要"生命"一词因为实用的原因或认识论的原因而被保留下来，生物学中的二元处理方式就肯定会继续存在。

在我们的讨论中，我们一直是将生物机体看成被考察的客体的，其方式和我们在力图概括关于自然界任何其他部分的经验时所用的方式相同。当我们处理心理学问题时，我们就进入一个新的知识领域，在那里，分析和综合的问题多年以来就吸引着生动的兴趣。我们在社会交往中用来传达我们的精神状态的那种语言，确实是和物理科学中通常采用的那种语言很不相同的。例如，类似"沉思"和"决心"之类的字眼，指示着互相排斥的、但又同样是意识生活之特征的一些状况，这些字眼从语言刚刚起源时就在一种典型的互补方式下被应用着了。

精神经验和我们身体中物理过程、化学过程之间的密切关系，在很大程度上被药物在精神病方面的应用所证实了。一切曾经意识到的东西都可以被记住，这种记忆的程度也清楚地反映着有关的生理过程的不可逆性。当然，继续进行这样的讨论是很引人入胜的，但是，每前进一步都会出现新的困难，这种困难同这种探索所能应用的各个概念的有限适用范围有着本质的联系。

在这次演讲中我曾经试图说明，原子世界中的研究怎样提供了新的机会来寻索奥斯特所谈到的自然界的协调性，这种协调性我们或许宁愿称之为人类知识的统一性。确确实实，只有意识到这种协调性或统一性，才能帮助我们对我们的地位保持一种均衡的态度，并避免科学和技术的突飞猛进在几乎每一人类兴趣领域中可能如此容易地引起的那种混乱。此次会议的议程正是对下述事实的证明：制药科学和药物科学代表着对自然奥秘的探索的一个不可分割的部分，通过这种探索，我们力图提高人类的理解和福利。我希望你们的集会将对这一伟大目标有所贡献，我愿意表示我最热诚的愿望，愿此次会议对你们所有的人都成为富有启发性的经验。

（四）

再论光和生命[①]

（1962）

我几乎用不着强调，意识一词是出现于一种行为的描述中的，那种行为如此复杂，以致它的传达蕴涵着关于个体性机体对自己的认知的问题。而且，例如思想和情感之类的字眼都涉及互斥的经验。因此，自从人类语言刚刚起源时起，这些字眼就已经是以一种典型的互补方式被应用着了。

——玻尔

① 当为了出版而校订这一稿件时，曾经作了一些小的形式上的改动。——英文本编者原注

应我的老友马克斯·德尔布吕克(Max Delbrück)之邀,来到科伦大学这一新的实验遗传学研究所的落成典礼上讲话,这对我来说是一种很大的喜悦。当然,作为一个物理学家,我对本研究所要致力的那一广阔而迅速发展着的研究领域是没有第一手知识的,但是,我欢迎德尔布吕克的建议,来到这里评论评论关于生物学和原子物理学之间的关系的某些一般见解。这些见解是我在题名为《光和生命》的一篇演讲中提出的,那篇演讲是三十年前在哥本哈根召开的一次国际辐射疗法会议上发表的。德尔布吕克当时作为一个物理学家在哥本哈根和我们一起工作,他对这些见解感到了很大的兴趣。他很亲切地说过,这些见解刺激了他对生物学的兴趣,并且在他那些成功的实验遗传学研究方面对他提出了挑战。

生物机体在一般物理经验中的地位问题,多年以来曾经吸引了科学家们和哲学家们的注意。例如,机体的不可分割性会使亚里士多德感到这对物质有限可分性的假设是一种根本性的困难。在这种假设中,原子论学派企图找到理解在自然界起着统治作用的秩序——尽管物理现象是形形色色的,但秩序还是有的。相反地,卢克莱修(Lucretius)总结了原子论的论证,他把从种子到一棵植物的成长解释为某种基元结构在发展过程中的持久性的证据,这种考虑突出地使人联想到现代实验遗传学中的处理方式。

但是,在经典力学在文艺复兴时期的发展及其后来对热力学定律之原子论诠释的有成果的应用以后,机体的复杂结构及复杂机能中的秩序的保持,就常常被设想为会引起一些不可克服的困难了。然而,20 世纪第一年发现了作用量子,这却给对待这种问题的态度创造了新的背景,这一发现揭示了原子过程中的一种整体性特点,远远超出了物质有限可分性的古代学说。事实上,这一发现给原子体系及分子体系的惊人稳定性提供了线索,而构成我们的工具乃至我们的身体的那些物质的属性,归根结蒂是依赖于这种稳定性的。

我在上述演讲中提出的那些见解,曾经因为当时刚刚建成了一种逻辑上无矛盾的量子力学形式体系而受到启示。这种发展,曾经从根本上澄清了原子物理学中客观说明的条件,这涉及到一切主观判断的消除。决定性的问题在于,尽管我们所遇到的是超出了决定论的形象化描述范围之外的现象,但是,我们必须应用以经典物理学术语适当改进了的普通语言来表达我们在以实验的形式向大自然提出问题时,曾经作了什么和学到了什么。在实际的物理实验过程中,这一要求是这样满足的:应用光阑、透镜以及照相底片之类的刚体作为测量仪器,这些物体足够大和足够重,以致在说明它们的形态以及相对位置和相对位移时,可以忽略它们的原子构成中所根本涉及的任何量子特点。

在经典物理学中,我们假设现象可以无限地分割,特别是测量仪器和所考察客体之间的相互作用是可以忽略的,或者无论如何是可以补偿掉的。然而,普适作用量子所表示的原子过程的不可分性这一特点,却意味着在量子物理学中,这一相互作用是现象的一个不可分割的部分;如果仪器应该起到确定实验装置和记录观测结果的作用,这一相互作用就是不能分别开来加以说明的。这种记录,例如照相底片上由电子撞击而造成的

◀美国总统杜鲁门签署 1946 年原子能法案,设立美国原子能委员会

斑点，本质上涉及一些不可逆过程；这一情况并不给实验的诠释带来特殊的困难，而是强调了观察概念本身在原理上就已蕴涵着的那种不可逆性。

在同一明确定义的实验装置中，我们一般会得到不同的个体过程的记录，那么，这一事实也就使得对量子现象应用统计说明成为不可缺少的了。而且，不可能将在不同实验装置下观察到的现象结合成一个单一的经典图景，这种不可能性就意味着这些表观上矛盾的现象必须被认为是互补的；互补的意义是将这些现象汇总起来，它们就将关于原子客体的一切明确定义的知识包罗罄尽了。事实上，这些方面的任何逻辑矛盾都已被量子力学形式体系的数学一致性排除掉了，这一形式体系起着表达统计规律的作用，那些统计规律适用于在任一组给定实验条件下求得的观察结果。

对于我们的主题具有决定重要性的是：量子物理学中的互补性这一根本特点，适于用来澄清众所周知的关于电磁辐射和物质粒子的二象性的佯谬问题，这一特点在原子体系属性及分子体系属性的说明中表现得同样突出。例如，企图在时间和空间中确定原子及分子中的那些电子，就要用到一种排斥光谱规律和化学键的出现的实验装置。但是，原子核比电子重得多，这一事实就使我们有可能将分子结构中各原子的相对位置确定到足以赋予化学结构式以具体意义的程度，而化学结构式在化学研究中是被证实为如此富有成果的。事实上，放弃原子体系的电子结构的形象描述，而仅仅应用关于分子过程中的阈能及结合能的经验知识，我们就能够在一个广阔的经验领域中，应用以明白确立的热力学定律为基础的普通的化学动力学来处理这种体系的反应。

这些说法同样适用于生物物理学和生物化学，在这些学科中，我们在 20 世纪中曾经亲眼看到了如此非凡的进步。当然，机体中在实际上可以认为是均匀的那种温度，就将热力学的要求归结成了自由能的固定不变或稳步递减。因此，看来可以这样假设：一切永久出现或暂时出现的大分子结构(macromolecular structures)，其形成代表着一些本质上不可逆的过程，这些过程在营养和呼吸所保持的有利条件下增加着机体的稳定性。当然，正如布里顿(Britten)和伽莫夫(Gamow)近来曾经讨论过的，植物中的光合作用也是由全面的熵增过程伴随着的。

尽管有这样的一般考虑，长久以来事情却显得是这样的：生物机体中的那些调节机能，通过细胞生理学和胚胎学的研究而特别地受到了揭示，它们显示了对普通的物理经验及化学经验是如此陌生的精致性，以致这种精致性指示了一些生物学基本规律的存在，这些规律在以可重演的简单实验条件被研究的无生命物质属性中并没有对应的东西。强调了在以完备的原子说明为目的的条件下保持机体生命的那些困难，我从而就提出了这样的建议：生命的存在，本身就可以看成生物学中的基本事实，其意义正如作用量子在原子物理学中必须认为是不能归结为经典物理学概念的基本要素一样。

当从我们现在的立足点再来考虑这种猜测时必须记得，生物学的任务不可能是说明长久地或暂时地包括在生物机体中的无数原子中每一原子的命运。在研究调节性的生物学机构时，形势却是这样的：在这些机构的详细结构和它们在维持整个机体的生命中所完成的机能之间，不能划定截然的分界线。事实上，实用生理学中所用的很多名词，都反映着一种研究程序，在这种程序中，人们从认识机体各部分的机能作用开始，试图对各该部分的更精致结构以及涉及到各该部分的那些过程进行物理的和化学的说明。毫无疑问，只要人们为了实用的或认识论的原因而谈到生命，就一定要用这样一些目的论的名词来补充分子生物学的术语。然而，这一情况本身并不意味着在把明白确立的原子物理学原理应用于生物学时会受到任何限制[①]。

为了处理这一根本问题，必须区分下述两种理念：第一，在很小的范围内发生并在很短的时段内完成的各别的原子过程；第二，由分子聚集而形成的较大结构的构造和机能，这些分子在可以和细胞分裂的周期相比或大于该周期的时间内保持在一起。即使是机体的这种结构要素，也时常显现出一些属性和一种性能，它们蕴涵着一种特殊的组织，比我们所能制造的任何机器部件所显示的更为特殊。事实上，现代的机械装置及电磁计算装置的零件，其功能只不过取决于它们的形状以及机械刚度、电导率和磁化率之类的普通材料属性。只要所考虑的是机器的构造，这些材料就总是由原子的或多或少规则的结晶集体形成的；而在生物机体中我们却遇到另一种可注意的节奏，在那种节奏中分子的聚合作用时常被扰乱，这种聚合作用如果无限进行下去，是会使机体像一块晶体那样地僵死的。

* * *[②]

物理方法和物理观点的应用，已经在很多其他生物学领域中引起了巨大的进步。近来关于肌肉精细结构的发现以及关于神经活动所需物质的输运的发现，就是一些给人以深刻印象的例子。这些发现增加了我们关于机体复杂性的知识，而它们同时也指示着一些迄今未被注意到的物理机制的可能性。在实验遗传学中，季莫叶夫-李索夫斯基(Timofjeev-Ressofskij)、齐莫尔(Zimmer)和德尔布吕克关于由穿透性辐射引起的突变的早期研究，使人们第一次可以近似地确定染色体内对基因稳定性而言的临界空间广延。但是，整个这一领域中的新的转折点，是在大约十年以前随着克里克(Crick)和沃森(Watson)关于解释 DNA 分子结构的一种天才建议而相与俱来的[③]。我很生动地记得德尔布吕克是怎样告诉我这一发现的，他说，这一发现可能在微观生物学中导致一次革命，足以和以卢瑟福有核原子模型为起点的原子物理学中的发展相媲美。

与此有关，我也可以回想起几年以前克里斯蒂安·安芬森(Christian Anfinsen)在哥本哈根一次讨论会上的演讲是怎样开头的：他说，他和他的同道们一直认为自己是有学问的实验遗传学家和生物化学家，但是，现在他们感到自己更像是一些试图在多多少少不连贯的生物化学资料中找出一点头绪的业余爱好者了。他所描绘的这种形势，确实和物理学家们因为原子核的发现——那一发现以如此出人意料的程度完善了我们关于原子结构的知识，它对我们挑战，要我们看看怎样才能利用它来整理累积起来的关于物质的物理属性和化学属性的知识——而面临过的形势非常相似。如众所周知，通过整整一

---

① 在(用德语作的)科伦演讲中，作者插入了下列的话：归根结蒂，这是人们在生物学中如何前进的问题。我想，三十年前物理学家们的惊奇感现在已经进入了新的轮回。生命将永远是令人惊奇的，而改变的却是惊奇感和试图去理解的那种勇气之间的平衡(据录音记录译出)。——英文本编者原注

② 此处略去一段，评论了赫雅西(George Hevesy)的同位素示踪原子的研究。这种研究表明，在胎儿阶段引入老鼠骨骼中的钙原子，绝大部分都会在老鼠的一生中停留在那里。作者讨论了这样一个问题：在骨骼生长期间，机体怎样才能在如此惊人的程度上节约它的钙呢？——英文本编者原注

③ 1953 年，克里克和沃森提出脱氧核糖核酸(DNA)的双螺旋结构模型，为有关遗传学的许多研究开辟了道路。许多实验证明，染色体上的遗传物质不是蛋白质而是 DNA，这种物质是“遗传密码”的载体。——译者

代的物理学家们的共同努力，这一目的在几十年内就已大大地达到了；这种情况在强度上和范围上都和近年来出现于实验遗传学及分子生物学中的情况相仿佛。

* * *[①]

在结束之前，我愿意简单地提到和生命有关的所谓精神经验所可能提供的生物学知识来源。我几乎用不着强调，“意识”一词是出现于一种行为的描述中的，那种行为如此复杂，以致它的传达蕴涵着关于个体性机体对自己的认知的问题。而且，例如“思想”和“情感”之类的字眼都涉及互斥的经验，因此，自从人类语言刚刚起源时起，这些字眼就已经是以一种典型的互补方式被应用着了。当然，在客观的物理描述中并不涉及观察着的主体，而在谈到意识经验时我们却说“我想”和“我感到”。但是，这和量子物理学中将实验装置之一切重要特点全都考虑在内的要求颇为类似，这种类似性是由我们联系在代名词上的不同动词来反映的。

我们所曾意识到的任一事物都会被记住，这一事实指示着该事物会在机体中留下永久性的记号。当然，我们这里涉及的只是对于行动和思考具有重要性的新颖经验。例如，我们在正常情况下不会意识到我们的呼吸和心跳，而且也几乎不会注意到当我们运动四肢时的肌肉动作和骨骼动作。然而，当接受到我们当时或以后要按照它来有所行动的知觉印象时，神经系统中就会发生导致新的调节作用的某种不可逆的变化。无需涉及脑活动之分区和汇集的任何或多或少素朴的图景，将这种调节作用和用来在新形势下恢复稳定性的那种不可逆过程相比较是很引人入胜的。当然，有遗传性的只是这种过程的可能性而不是它们的实际痕迹，这就使各个后代不会受到思维历史的影响，不论这种思维对后代的教育可能有多大价值。

为了对在这一设备精良的新研究所中工作着的一群杰出科学家即将取得研究上的成功表示我最热诚的祝愿，我所能想到的最美好的远景就是：这个研究所将对增加我们在一种自然秩序方面的深入理解有所贡献，而那种秩序的阐明则正是原子概念的最初目的！

---

① 此处略去了评论细胞生长过程中的节奏问题的一段。作者特别讨论了DNA倍生过程的控制，讨论了染色体的结构在这一过程中以及在遗传物质的稳定性中所可能起的作用。更进一步，他讨论了倍生过程和来自DNA的信息的传递有着密切关系的可能性。——英文本编者原注

（五）

1958 年度卢瑟福纪念讲座[①]

——关于原子核科学的奠基人以及以他的工作为基础的若干发展的一些回忆

（1961）

在那些日子里，很多来自不同国度的年轻物理学家，曾经在卢瑟福作为物理学家的才华和作为科学合作领导人的独一无二的天赋的吸引下，集合在他的周围。

——玻尔

① 本文完成于 1961 年，根据一篇无底稿的演讲补充而成；该演讲在 1958 年 11 月 28 日发表于伦敦物理学会在皇家科学技术学院召开的一次集会上。

Square GALILEO GALILEI
CERN

接受物理学会的邀请，来在“卢瑟福纪念讲座”的序列中作出一点贡献，这对我来说是一种喜悦。多少年来，在这种讲座中，卢瑟福的很多最亲近的合作者曾经评述了他的基本科学成就，并且叙述了关于他的伟大人格的回忆。作为在很年轻时就有幸参加在卢瑟福的启示下进行工作的物理学家集体的一员，作为在连续许多年中如此受惠于他的温暖友情的一个人，我对于重提我最珍贵的某些回忆的任务是愉快的。因为在单独一次演讲中不可能企图对欧内斯特·卢瑟福的宏伟的、多方面的终生工作及其深远后果进行概括叙述，我将仅仅谈到我具有个人回忆的那些时期，以及我了解得最清楚的那些发展。

I

我初次得到瞻仰卢瑟福的风采和亲聆卢瑟福的谈吐的伟大经验，是在 1911 年的秋季。当时，经过在哥本哈根的大学学习之后，我正在剑桥和 J. J. 汤姆逊一起工作，而卢瑟福则从曼彻斯特来到剑桥，在卡文迪许年度聚餐会上发表演说。虽然在此场合我并没有和卢瑟福发生个人接触，但我对他人格上的魅力和魄力却留下了深刻的印象：不论在哪儿工作，卢瑟福都曾经借助于他的性格取得了几乎难以置信的功绩。聚餐会是在最有风趣的气氛中进行的，它使卢瑟福的许多同道有机会重提当时已经和他的名字联系在一起的很多轶事。在关于他是如何沉浸在他的研究中的各种例证中间，据说有一个卡文迪许实验室的助手曾经注意到这样一件事：在多少年来曾经在这一著名实验室中工作过的所有热心的青年物理学家当中，卢瑟福是最能够狠狠地咒骂他的仪器的一个人。

在卢瑟福自己的演说中，我特别记得他对他的老朋友 C. T. R. 威尔逊(C. T. R. Wilson)的最新成就表示祝贺时的那种热情。那时威尔逊刚刚用天才的云室方法得到了最初的几张 α 射线径迹的照片，这些照片表明，在通常是显然很直的径迹中，有几条径迹很清楚地有着突然的曲折。当然，卢瑟福是完全熟悉这一现象的——仅仅在几个月以前，这种现象才引导他得到了关于原子核的划时代的发现；但是他却承认，α 射线生活史的这样的细节现在竟可以直接用我们的眼睛看到，这真是使他极端高兴的一个惊人事件。联系到这一点，卢瑟福非常赞赏地谈到，当他们在卡文迪许协力工作时，威尔逊就已经用越来越精密的仪器坚持不懈地研究云雾的形成了。正如威尔逊后来告诉我的，他对这一优美现象的兴趣是早在年轻时代就已被唤醒了的，那时他曾经注意过，当气流升上苏格兰的山岭而后再下降到山谷中时，云雾就会出现，而后又消失。

在卡文迪许聚餐会的几个星期以后，我到曼彻斯特去拜访我逝世不久的父亲的一位同事，他也是卢瑟福的一个亲密朋友。在那里，我再次有机会见到卢瑟福，这期间他曾经参加了在布鲁塞尔召开的索尔维会议的开幕式，并初次会晤了普朗克和爱因斯坦。在谈

◀欧洲核子研究中心(CERN)科学与创新球

话中，卢瑟福用他所特有的热诚谈到物理科学中很多新的前景，他欣然同意了我的志愿：当我预计在1912年初春结束了在剑桥的学习以后，我将参加在他的实验室中工作的那一集体；在剑桥，我曾经对J.J.汤姆逊关于原子的电子构造的创见深感兴趣①。

在那些日子里，很多来自不同国度的年轻物理学家，曾经在卢瑟福作为物理学家的才华和作为科学合作领导人的独一无二的天赋的吸引下，集合在他的周围。虽然卢瑟福总是非常忙于从事他自己的工作的进展，但是，当任何一个青年人觉得自己有了一种哪怕是不很高明的想法时，他也总是很耐心地听下去。同时，他有着完全的独立态度，他对于权威很少有什么敬意，而且不能容忍他所谓的那种"夸夸其谈"。在这种场合下，他有时甚至可以用一种孩子气的方式谈到那些年高德劭的同道，但他从来不让自己卷入个人的争端中，而且他经常说："能够败坏某人名誉的只有一个人，那就是他自己！"

很自然，沿每一方向追索发现原子核所将引起的后果，这就是整个曼彻斯特集体的兴趣中心。在我留在实验室中的头几个星期中，我按照卢瑟福的建议学习了一门关于研究放射性的实验方法的入门课程——课程是在盖革(Geiger)、马科尔(Makower)和马斯登(Marsden)的有经验的教导下为大学生和新的访问者们开设的。但是，我的兴趣很快就转向了新原子模型的一般理论涵义，特别是这种模型所提供的一种可能性，即在物质的物理属性和化学属性中，有可能明确地区分起源于原子核本身的那些属性和主要依赖于受到原子核束缚的电子的分布的那些属性，该束缚电子到原子核的距离是比原子核的线度大得多的。

尽管放射性蜕变的解释必须到原子核的内在结构中去找，但是，事情很明显，各元素的普通的物理特征和化学特征是表现着周围电子体系的属性的。甚至也已经弄清楚，由于原子核的质量很大而其体积则比整个原子的体积小得多，从而电子体系的结构也就几乎仅仅依赖于核的总电荷了。这种考虑立刻就提示了一种前景：可以将每种元素的物理属性和化学属性的说明建筑在单独的一个数上，这个数表示着作为电荷基元单位之倍数的核电荷，现在大家把它叫作原子序数。

在发展这样一些观点时，我通过和乔治·赫维西讨论而受到了很大鼓励，在曼彻斯特集体中，他的化学知识是特别广博的。具体而言，早在1911年，他就想出了巧妙的示踪原子法，从那时起，这种示踪原子在化学研究和生物学研究中已经变成如此有力的工具了。正如赫维西自己很幽默地描述过的，引导他得到这种方法的是一件繁重工作的负结果，这件工作是在卢瑟福的挑战下进行的——卢瑟福告诉他说，"如果他真有本领"，他应该在"从大量的氯化铅中分离出宝贵的镭D"上助一臂之力。这种氯化铅是从沥青铀矿中提取出来的，并且是由奥地利政府赠送给卢瑟福的。

在和赫维西谈到在蒙特利尔(Moutreal)和曼彻斯特进行奇妙探险的那些年头时，我的观点取得了更加确切的形式：在那几年中，在贝克勒尔(Becquerel)和居里夫人(Madame Curie)的发现之后，卢瑟福和他的合作者们通过逐步解决放射性蜕变的次序和相互联系而建立了关于放射性的科学。例如，当我听说已经鉴定下来的稳定元素和衰变元素

① 据一般传说，玻尔和汤姆逊在学术见解和其他方面是有龃龉的，但是，在各种场合下，玻尔一直很称道汤姆逊。这也许是玻尔的"世故"之处。——译者

的数目超过了著名的门捷列夫周期中可以利用的位置数时，我一下子就想到，这些在化学上无法分离的物质具有相同的核电荷，其不同只在于核的质量和内在结构了。关于这种物质的存在，索迪(Soddy)早就提到过，后来他把这种物质命名为“同位素”。直接可以得到的结论是：和原子量的任何改变完全无关，元素将通过放射性衰变而在周期表中向下移两位或向上移一位，这分别对应于由 α 射线或 β 射线的发射而引起的核电荷的减少或增加。

当我找到卢瑟福去听听他对这些见解的反应时，他照例对任何有希望的简单性表示了敏锐的兴趣，但他以特有的慎重提出告诫说，不要过度强调原子模型的意义而从比较贫乏的实验资料进行外推。但是，或许从很多方面都有人提出过的这种观点，在当时的曼彻斯特集体中是曾经讨论得很热闹的，而且，特别是通过赫维西的以及罗素(Russell)的化学研究，支持这种观点的证据也在迅速出现着了。

特别说来，关于原子序数确定着元素的一般物理属性的这种见解，曾经从罗素和洛西(Rossi)关于镭和钍的混合物的光谱研究中得到了有力的支持，这一研究指示了这两种物质的光谱的等同性，尽管它们的放射性及原子量是不同的。依据对当时可用的全部资料的分析，罗素在 1912 年秋末对化学学会所作的一次演讲中，指出了个别放射过程和所引起的元素原子序数的改变之间的普遍关系。

在这方面很有趣的是，经过进一步的研究，特别是经过富来克(Fleck)的研究，完整形式的放射性位移定律在几个月以后就由在格拉斯哥工作的索迪提出了，同样也由在卡尔斯鲁厄(Karlsruhe)工作的法扬斯(Fajans)提出了。这些作者并没认识到该定律和卢瑟福原子模型的基本特点之间的密切关系，而且法扬斯甚至认为，显然和原子的电子构造有关的化学属性的改变，是反驳认为 α 射线和 β 射线全都起源于核的那种模型的有力证据。大约就在同时，阿姆斯特丹的范登布鲁克(Van den Broek)也独立地引入了原子序数的概念，但是，在他的元素分类中，对于每一种稳定的或放射性的物质仍然分别指定了不同的核电荷。

直到那时，在曼彻斯特集体内部，讨论的主要对象还是发现原子核所引起的直接后果。然而，要依据卢瑟福原子模型来解释积累起来的关于物质的普通物理属性和普通化学属性的经验，其一般程序却带来了更加烦难的问题，这些问题是要在后来几年中逐渐澄清的。因此，在 1912 年，问题只能是当时形势的一般面貌的初步了解而已。

从一开始就很明显，按照卢瑟福模型，原子体系的典型稳定性是完全不能和经典的力学原理及电动力学原理相容的。事实上，根据牛顿力学，任何的点电荷系都不可能有稳定的静态平衡；而按照麦克斯韦电动力学，电子绕核的任何运动又都会通过辐射而引起能量耗散，并伴随着体系的持续收缩，结果，原子核和电子就会结合到一个比原子尺寸小得多的区域中去了。

但是，这种形势并不是过于值得惊奇的，因为，对于经典物理学理论的一种根本性的限制，已由 1900 年的普朗克普适作用量子的发现揭示了出来。这种发现，特别是经过爱因斯坦的处理，已经在比热和光化反应的说明方面得到了如此有希望的应用。因此，完全独立于原子结构方面的新的实验资料，当时已经存在着一种广泛的期望，认为量子概念可能和物质的原子构造这一整个问题有着决定性的关系了。

例如，正如我后来得知的，A. 哈斯(A. Haas)在1910年就曾经试图以汤姆逊的原子模型为基础，用能量和谐振子频率之间的普朗克关系式来确定电子运动的线度和周期。而且，在1912年，J. 尼科尔逊(J. Nicholson)在研究星云光谱和日冕光谱中某些谱线的起源时也曾应用了量子化的角动量。然而，最值得提到的是，遵循着能斯特(Nernst)关于分子的量子化转动的早期概念，N. 比耶鲁姆(N. Bjerrum)在1912年已经预言了双原子气体中红外吸收谱线的带结构，而这样他就向着分子光谱的详尽分析迈出了第一步，这种分析是依据后来的量子论对普遍的光谱并合定律的解释而最终完成的。

在1912年春天，在我停留于曼彻斯特的早期阶段，我已经确信卢瑟福原子的电子构造是彻头彻尾地由作用量子支配着的了。这种观点得到了不止一件事实的支持；这不但是普朗克关系式显得近似地适用于和元素的化学属性及光学属性有关的那些结合得较松的电子，而更重要的是关于原子内部结合得最紧的那些电子的类似关系也被追索过了。由巴克拉(Barkla)发现的特征穿透辐射，就显示着这种关系。例如，当我还在剑桥时，惠廷顿(Whiddington)就测量了用电子轰击各种元素来产生巴克拉辐射时所需的能量，这种测量结果显示着一些简单的规律性，这正是依据对最紧密结合电子的结合能的估计所应预期的那种规律性，该电子是沿普朗克轨道绕核转动的，而核的电荷由原子序数来确定。根据最近发表的劳伦斯·布拉格(Lawrence Bragg)的卢瑟福纪念讲座，我曾经很感兴趣地得知，当时正在利兹(Leeds)的威廉·布拉格(William Bragg)，在他那以劳厄(Laue)的1912年的发现为基础的关于X射线谱的初次研究中，就已充分认识到惠廷顿的结果同巴克拉辐射及门捷列夫周期表中的元素次序之间的联系很有关系了。这一问题通过莫斯莱(Moseley)在曼彻斯特的工作而很快地得到了非常完备的阐明。

在我停留在曼彻斯特的最后几个月中，我主要从事于物质对α射线及β射线的阻止本领的理论探讨。这一问题最初曾由J. J. 汤姆逊依据他自己的原子模型的观点讨论过，而当时则刚刚由达尔文(Darwin)依据卢瑟福模型重新进行了检查。联系到上述那种关于原子中电子结合过程所涉及的频率的考虑，我觉得从射线粒子到电子的能量传递可以仿照辐射的发射和吸收来简单地加以处理。这样就证明，可以把关于阻止本领的测量结果，解释为对赋予氢和氦以原子序数1和2的那种作法的又一种支持；这种作法可以和一般的化学资料相容，特别是和卢瑟福及罗伊兹(Royds)的演示相容——他们曾经演示，通过收集从薄壁射气管中逸出的α粒子，可以形成氦气。对于较重物质的更复杂情况，也和预料的原子序数及电子结合能的估计值达成了近似的符合，但是，理论方法过于原始，以致不能得到更精确的结果。如众所周知，利用现代量子力学方法对这一问题加以适当处理，是由H. 贝特(H. Bethe)在1930年首次完成的。

虽然卢瑟福当时正在集中精力准备他的巨著《放射性物质及其辐射》，但他还是用持久的兴趣注意了我的工作。这使我得到一个机会知道，他对自己的学生所发表的东西一向是很关心的。在回到丹麦以后，我在1912年仲夏结了婚，而且，在我们于八月间到英格兰和苏格兰作婚后旅行时，我的妻子和我路过曼彻斯特去拜访卢瑟福，并交出我关于阻止本领问题的论文的完成稿。卢瑟福和他的夫人热诚地接待了我们，这种热情给多年以来联系着我们两家的亲密友谊打下了基础。

Ⅱ

在哥本哈根安顿下来以后，我和卢瑟福保持了密切的接触，我定期地向他报告了我在曼彻斯特已经开始的关于一般原子问题的工作进展。卢瑟福的复信总是很鼓舞人的，这些复信的共同点就是当谈到他的实验室中的工作时的那种主动性和兴致勃勃。这事实上是历时25年的长期通信的开始。每当翻阅这些信件时，我都会重新回忆起卢瑟福对他所开辟的领域中的进步所抱的热诚，以及他对试图在该领域中有所贡献的任何人的努力所感到的浓厚兴趣。

我在1912年秋季写给卢瑟福的那些信件，谈到了追寻作用量子在卢瑟福原子的电子结构中所起的作用的持续努力，其中也包括分子键合的问题和辐射效应及磁效应的问题。但是，稳定性问题在所有这些考虑中引起了纠缠不清的困难，这些困难刺激着我们去寻求更坚实的立脚点。然而，经过按更一致的方式来应用量子概念的各式各样的尝试以后，我在1913年的初春才认识到，直接适用于卢瑟福原子的稳定性问题的一个线索，是由支配着元素光谱的惊人简单的定律提供出来的。

在罗兰(Rowland)等人对谱线波长的极端精确的测量的基础上，在巴尔末的贡献和卢瑟福在曼彻斯特的前任教授舒斯特(Schuster)的贡献之后，普遍的光谱定律已由里德伯十分巧妙地搞清楚了。彻底分析线光谱中的主要线系及其相互关系的主要结果，就在于认识到已知元素的光谱中每一谱线的频率ν都可以无比精确地写成$\nu=T'-T''$，式中T'和T''是作为元素之特征的许多谱项中的两项。

这一基本的并合定律显然不能有普通的力学解释，而且，可以很有兴趣地回想起，瑞利勋爵(Lord Rayleigh)在这方面曾经怎样恰当地强调过下述事实：一个机械模型的各个简正振动模式的频率之间的任何普遍关系，应该是各该频率的二次式而不是它们的一次式。对于卢瑟福原子来说，我们甚至不能期望有什么线光谱，因为，按照普通的电动力学，伴随着电子运动的辐射，其频率应该随着能量的发射而连续变化。因此，很自然地可以试图将光谱的解释直接建筑在并合定律的基础上。

事实上，接受了爱因斯坦关于能量为$h\nu$(h是普朗克恒量)的光量子或光子的概念，人们不免就要假设，原子对辐射的每一发射或吸收，都是由一个能量传递$h(T'-T'')$所伴随的一次个体过程，并将hT解释为原子的某种稳定状态中或所谓稳定态中的电子结合能。具体说来，这一假设给线系谱中各发射谱线及吸收谱线的表观奇特性提供了直截了当的解释。例如，在发射过程中，我们看到的是原子从高能级到低能级的跃迁；而在吸收过程中，我们遇到的则一般是原子从具有最低能量的基态到它的一个受激态的跃迁。

在氢光谱这一最简单的情况中，各谱项可以很精确地表示为$T_n=R/n^2$，式中n是一个整数而R只是里德伯常量。这样，上述解释就导致氢原子中电子结合能的一系列递减的值。这指示着一种跨步式的过程，通过这种过程，原来离核很远的电子将通过辐射跃迁而进入用越来越低的 n 值表征着的结合得越来越牢固的稳定态，直到达到了用 $n=1$ 来标志的基态为止。此外，将这一稳定态的结合能和沿着开普勒轨道绕核运动的电子的能量相比较，所得到的轨道线度是和由气体属性推得的原子线度具有相同数量级的。

在卢瑟福原子模型的基础上，这一观点也直截了当地为里德伯恒量在其他元素的更复杂光谱中的出现提示了解释。例如，我们得到结论，这儿遇到一些涉及原子受激态的跃迁过程；在这种受激态中，有一个电子被弄到结合在核周围的其他电子所占的区域以外去了，因此这个电子就受到和单位电荷周围的力场相似的一个力场的作用[①]。

探索卢瑟福原子模型和光谱资料之间的更密切的关系，很明显地带来了一些困扰的问题。一方面，电子和原子核的电荷及质量的定义本身，是完全建筑在依据经典力学原理和经典电动力学原理对物理现象进行分析的基础上。另一方面，认为原子内能的任何改变都包括二稳定态间的完全的跃迁，这种所谓量子公设就排除了按照经典原理来说明辐射过程或说明涉及原子稳定性的任何其他反应的可能性。

正如我们今天所知道的，这种问题的解决要求发展一种数学形式体系，其恰当诠释蕴涵了对无歧义地应用基本物理概念的基础的根本修正，蕴涵了对于在不同实验条件下观察到的各种现象之间的互补关系的认识。但是，在当时，仍可利用经典物理图景来在稳定态的分类方面取得某种进步，这种分类是以关于谐振子能态的普朗克原始假设为基础的。具体说来，更仔细地比较频率已定的振子和电子以依赖于结合能的公转频率而绕核进行的开普勒运动，就能得到一个分类的出发点。

事实上，正如在谐振子情况下一样，简单的计算表明，对于氢原子的每一稳定态来说，可以令在电子的一个轨道周期中求出的作用量积分等于 nh，这一条件在圆形轨道的情况下和角动量以 $h/2\pi$ 为单位的量子化相等效。这种相等关系使我们可以用电子电荷 e、电子质量 m 和普朗克恒量将里德伯恒量表示出来，所遵循的公式为

$$R=\frac{2\pi me^4}{h^3}$$

在当时可用的 e、m 和 h 的测量结果的精确范围内，我们发现这一结果和 R 的经验值是一致的。

虽然这种一致性指示了应用力学模型来把稳定态形象化的适用范围，但是，量子概念和普通力学原理的任何结合都会涉及的那些困难当然还是存在着的。因此，最令人放心的就在于发现了下述事实：光谱问题的全部处理方式，满足一种明显的要求，即它可以包括经典描述，作为所涉及的作用量够大以致可以忽略单个量子的那种极限情况。这种考虑确实提供了所谓对应原理的初次指示，该原理的目的在于，将量子物理学的本质上是统计性的说明表示成经典物理描述的合理推广。

例如，在通常的电动力学中，从一个电子体系发出的辐射的成分，应该取决于将体系的运动分解成谐振动时所能得到的那些频率和振幅。当然，在电子绕重核的开普勒运动和由体系稳定态间的跃迁所发射的辐射之间，是不存在这样的简单关系的。然而，在一

① 就是说，核电荷受到剩下来的那些电子电荷的“屏蔽”，从而在效果上有一个单位电荷(即电子电荷的正值)。——译者

种极限情况，即对于量子数 n 的两个值远大于它们的差数的那种跃迁，却可以证明，作为一些无规的个体跃迁过程的结果而出现的辐射，其成分谱线的频率是和电子运动的谐振动分量的频率渐近地重合的。而且，在开普勒轨道中，不同于简谐振动，除了公转频率以外还会出现较高的泛频，这一事实就提供了给氢光谱中各谱项的任意并合寻求一种经典类例的可能性。

但是，卢瑟福原子模型和光谱资料之间的关系的明确证实，却在一段时间内受到一种奇特情况的阻碍。早在二十年前，皮克灵(Pickering)就曾经在遥远星体的光谱中观察到一个线系，其中各谱线的波长和普通氢光谱中的波长显示着很密切的数值关系。因此，这些谱线一般被认为属于氢，甚至里德伯也这样认为，其目的是要消除氢光谱的简单性和包括最接近氢光谱的碱金属光谱在内的其他元素光谱的复杂性之间的明显对立。连杰出的光谱学家 A. 福勒也持有这一观点，当时他刚刚在用充有氢氦混合气体的放电管作的实验中观察到了皮克灵线及新的有关线系。

然而，皮克灵谱线和福勒谱线不能包括在适用于氢光谱的里德伯公式中，除非允许谱项表示式中的数 n 既可以取整数值又可以取半整数值，但是，这种假设却将明显地破坏向能量和光谱频率间的经典关系的渐近式的趋近。另一方面，这种对应性对于另一种体系的光谱却是仍然适用的，该体系由一个电子和一个电荷为 Ze 的核组成，其稳定态由相同的一些作用量积分值 nh 来确定。事实上，这种体系的谱项应表示为 Z^2R/n^2，这一表示式在 $Z=2$ 的情况下将和在里德伯公式中引用半整数 n 值时得出相同的结果。于是，很自然地可以认为，皮克灵谱线和福勒谱线属于被星体中或福勒所用放电管中的强烈热骚动所电离了的氦。事实上，如果这种结论得到证实，那就是已经向着依据卢瑟福模型来建立不同元素的属性之间的定量关系迈出了第一步。

Ⅲ

当我在 1913 年 3 月间写信给卢瑟福并附寄我的一篇关于原子结构量子论的论文底稿时，我强调了解决皮克灵谱线的起源问题的重要性，并借此机会询问了以此为目的的实验能否在他的实验室中进行，那里从舒斯特时代起就有了适当的光谱学仪器了。我接到了即时的复信，复信如此典型地显示了卢瑟福的敏锐的科学判断和助人为乐的对人态度，因此我愿将此信的全文引出如下。

3 月 20 日，1913 年

亲爱的玻尔博士，

您的论文已安全收到，我抱着很大兴趣读过了，但是，俟有余暇，我要再仔细地读一读。您关于氢光谱起源方式的想法是很巧妙的，而且看来是很合用的，但是，普朗克概念和旧式力学的混合却使人很难对什么是它的基础得到一个物理概念。在我看来，您的假说中有一个严重困难，我毫不怀疑，您也充分意识到了这种困难，那就是，当一个电子从一个稳定态转入另一稳定态时,它怎样决定它将以什么频率振动呢?在我看来,您似乎不得不假定电子事先就知道它将在什么地方停下来。

在论文的布局方面,我愿提出一点较次要的批评。我想,当您力图作到叙述清楚时,您有一种将文章写得太长的倾向,也有一种在文章的不同部分重复您的叙述的倾向。我认为您的文章实在应该加以精炼,而且我认为这是在清楚性方面不作任何牺牲就可以作到的。我不知道您是否注意到这样一件事实:长篇的论文可以将读者吓倒,他们感到自己没有时间泡到这种论文中去。

我愿意很仔细地阅读您的论文,并将我对于各个细节的意见告诉您。我将很高兴地把它转给 *Phil. Mag.*[①],但是如果它的篇幅能够精简到适当的分量我就更高兴了。无论如何,我将在英文方面对它作一切必要的修改。

我很愿意看到您继续写出的论文,但是,望您牢牢记住我的劝告,并在不影响清楚的条件下将它们写得尽量地简单一些。听到您以后要到英国来我很高兴,当您来曼彻斯特时我们将非常愿意见到您。

附带说到,我对于您在福勒光谱方面的思索深感兴趣。我在这里对埃文斯(Evans)谈了一下,他告诉我,他也对此深感兴趣,而且,我想,当他在下学期回到这里时,我们完全可能尝试着就此问题作一些实验。一般的工作进行得很好,但我因为发现 α 粒子的质量比应有的值颇大一些而暂时受阻了。如果这是对的,它就是如此重要的一个结论,以致我非到在每一点上都肯定其精确性时是不能发表它的。实验要用去大量的时间,而且必须以很大的精确度来进行。

您的最忠诚的

E. 卢瑟福

再者,我想您并不反对我按照自己的判断,在您的论文中删去我认为不必要的材料吧?盼复。

卢瑟福的第一点意见肯定是很恰当的,它接触到即将在后来的长期讨论中成为中心的一个问题。正如我于 1913 年 10 月在丹麦物理学会一次集会上发表的演讲中所表示的,当时我自己的观点是:正是量子公设中所涉及的那种和对物理解释的习见要求的根本分歧,就应该自动地给在适当时期将新假设纳入逻辑一致的方案中的可能性留下足够的余地。联系到卢瑟福的意见,特别有兴趣的是想到下述事实:爱因斯坦在他 1917 年关于推导温度辐射的普朗克公式的著名论文中,也采取了有关光谱起源的同一出发点,他并且指出了支配着自发辐射过程之发生的统计定律与早在 1903 年已由卢瑟福和索迪表述出来的放射性衰变基本定律之间的类似性。事实上,这条使他们一举而解决了当时所知形形色色的天然放射性现象的定律,也被证实为理解后来观察到的自发衰变过程中的奇特分支现象的一个线索。

卢瑟福来信中如此强调提出的第二点意见,使我陷入了十分为难的窘境。事实上,在接到卢瑟福的复信的前几天,我曾经给他寄去了上次稿件的经过相当扩充的修订本,

① *Phil. Mag.* 即《哲学杂志》,玻尔的早期论文大多在该刊发表。——译者

增加的内容特别涉及发射光谱和吸收光谱之间的关系以及同经典物理学理论的渐近对应关系。因此，我感到解决问题的唯一方法，就是立刻赶往曼彻斯特去同他本人当面谈清楚。虽然卢瑟福像往常一样忙录，但他对我表示了几乎是天使般的耐心，而且，经过很多个长长的夜晚的争论，他在争论中宣称从来没有想到我竟会那样地顽固，后来他终于同意把一切新旧论点全都保留在最后的论文中了。当然，不论是风格还是语言，都在卢瑟福的帮助和建议下得到了重大的改进，而且我常常有机会想到，他在反对颇为复杂的表达方面，特别是反对因谈到早先的文献而引起的很多重复方面是何等地正确，因此，此次卢瑟福纪念讲座给了我一个很好机会，使我能够更加简练地回顾一下当年那些论点的实际发展情况。

在后来的几个月中，关于被指定给氦离子的光谱的起源的争论，发生了一次戏剧性的转变。首先，埃文斯已经能够在极纯氦的放电过程中得到福勒谱线，这里连普通氢谱线的一点痕迹也看不到。但是，福勒仍然不完全信服，他强调了光谱在混合气体中可能表现的那种虚假方式。最重要的是他注意到，他对皮克灵谱线波长的精确测量结果，和令 $Z=2$ 时从我的公式算出的波长不能精确地相符。然而，这后一问题的答案很容易就被找到了，因为很明显，在里德伯恒量的表示式中，质量 m 不应被看成自由电子的质量而应被看成所谓的约化质量 $nM(m+M)^{-1}$，此处 M 是核的质量。事实上，将这一改正考虑在内，所预言的氢光谱和氦离子光谱之间的关系就和一切测量结果完全一致了。这一结果立刻受到了福勒的欢迎，他借此机会指出了这样一件事实：在其他元素的光谱中也观察到了一些线系，在那些线系中，普通的里德伯恒量必须乘上一个接近于 4 的数。通常称为电火花光谱的这种线系光谱，现在可以认为是起源于受激离子的了，这和起源于受激中性原子的所谓弧光谱是不同的。

在后来的几年中，继续进行的光谱学研究又揭示了许多原子光谱，这些原子不是失去了一个电子而是甚至失去了多个电子。特别说来，鲍恩(Bowen)的众所周知的研究导致了这样的认识：尼科尔逊所讨论过的星云光谱的起源，不应该到新的假说性的元素中去找，而应该到高度电离状态下的氧原子和氮原子中去找。后来，终于出现了这样的前景：通过分析电子一个一个地受到核的结合的那些过程，可以对每一电子在卢瑟福原子的基态中的结合情况得到一个概观。当然，在 1913 年，实验资料还太不充分，而用来对稳定态进行分类的理论方法也还没有发展到足以应对这一野心勃勃的工作的地步。

Ⅳ

这期间，关于原子的电子构造的工作也在逐渐进行。不久以后，我就又去请求卢瑟福的帮助和劝告了。于是，在 1913 年 6 月，我带着第二篇论文——除继续讨论放射性位移定律以及巴克拉辐射的起源以外，还处理了包含着多个电子的原子的基态——到了曼彻斯特。关于这一问题，我尝试着力图将一些电子轨道排列成类似于壳层结构的闭合圈。J.J.汤姆逊在早期企图依据他的原子模型来说明门捷列夫元素表中的周期性特点时,就首次地引入了这种壳层结构。

在卢瑟福的实验室,这一次我遇到了赫雅西和帕内特(Paneth):他们告诉我,初步利用示踪原子法来系统地研究硫化铅和铬酸铅的熔度已经成功,这是他们在那一年的年初在维也纳共同进行的。在每一方面来说,这些对曼彻斯特的反复访问是一种巨大的鼓舞,而且使我有宝贵的机会和实验室中的工作保持密切联系。那时,卢瑟福正在鲁滨逊(Robinson)的协助下忙于分析 β 射线的发射,并且正和安得雷德(Andrade)合作研究 γ 射线谱。此外,达尔文和莫斯莱当时正紧张地忙于有关晶体中 X 射线衍射的精细的理论探讨和实验探讨。

由于英国科学促进协会于 1913 年 9 月在伯明翰召开会议,我不久就又得到了再次见到卢瑟福的一个特殊的机会。在这次有居里夫人参加的会议上,特别开展了关于辐射问题的一般讨论,参加讨论的有瑞利、拉摩尔(Joseph Larmor)和洛伦兹(Lorentz)这样的权威人士,特别是金斯(Jeans),他作了关于量子论对原子结构问题之应用的介绍性的叙述。他那明晰的论述,事实上是对那些在曼彻斯特集体之外通常受到很多怀疑的见解第一次公开地表示了严肃的兴趣。

使卢瑟福和我们大家都感到很好玩的一次意外事件是瑞利勋爵的发言。当约瑟夫·拉摩尔爵士很郑重地请他对最近的发展表示自己的意见时,这位在早年曾经对阐明辐射问题有过如此决定性贡献的伟大的老前辈很快地回答道:“我在年轻的时候很强烈地保持过许多看法,其中一种看法就是,一个过了六十岁的人不应该对摩登的见解表示他自己的看法。虽然我必须承认,今天我的看法不再那么强烈了,但是我仍然足够强烈地保持着它,因而我不能参加这种讨论!”

当我在六月间访问曼彻斯特时,就曾经和达尔文及莫斯莱讨论过按照元素的原子序数来排列它们的适当顺序的问题,而且那时我第一次得知了莫斯莱的计划,他要用劳厄-布喇格方法系统地测量各元素的高频辐射谱,以期解决这一问题。通过莫斯莱的非凡精力和有目的地进行实验的才能,他的工作进展迅速得惊人,而早在 1913 年 11 月我就已经从他那里得到了一封最令我感兴趣的来信,信中说明了他得到的一些重要结果,并且关于如何按照已被证实为适用于光谱的那些路线来解释这些结果提了一些问题。

莫斯莱发现的简单定律,可以根据任一元素的高频辐射谱来不含糊地定出它的原子序数;在近代的物理学史和化学史中,很少有什么事件像莫斯莱的发现一样从一开始就吸引了如此普遍的兴趣。不但对于卢瑟福原子模型的决定性支持一下子就得到了承认,而且,引导门捷列夫,使他在自己的周期表中某些位置上脱离开原子量递增顺序的那种直觉,也突出地显示了出来。具体说来,事情很明显,莫斯莱定律提供了一种明确无误的指南,可以借以寻求尚未发现的元素,将它们纳入原子序数顺序的空位中去。

关于原子中的电子组态问题,莫斯莱的工作也引起了重要的进步。在原子的最内部,原子核对个体电子的引力超过各电子的相互斥力。这种优势肯定地提供了一个基础,可以理解莫斯莱谱和人们预料某一体系所应有的另一些辐射谱之间的惊人类似性,该体系由一个赤裸的核和一个束缚电子组成。然而,更仔细的比较却带来了关于原子中电子构造的壳层结构的新知识。

不久以后，科塞尔(Kossel)就对这一问题作出了重要贡献——他指出，一个电子从核周围的一系列圈或壳层中的某一壳层中被取走，可以看作K型、L型及M型巴克拉辐射的起源。特别说来，他把莫斯莱谱中的K_α成分线和K_β成分线归因于一些个体的跃迁过程，通过这种过程，K壳层中的一个电子空额将分别被L壳层或M壳层中的一个电子所补充。按照这种方式进行下去，科塞尔就能够在莫斯莱对谱线频率的测量结果中间找出进一步的关系，这就使他能够将一种元素的整个高频辐射谱表示为一个并合方案——方案中任一谱项和普朗克恒量的乘积，被认为等同于从原子的一个壳层中将一个电子移到一切壳层之外时所需的能量。

此外，科塞尔的观点也给另一事实提供了解释——波长渐增的穿透性辐射的吸收，实际上是从一个吸收界限开始的，这个界限代表着电子从对应壳层中一下子就完全离开的过程。中间受激态的不出现，被认为是由于原子基态中的一切壳层都已被占满。如所周知，通过泡利在1924年对适用于电子结合态的普遍不相容原理的表述，这一观点终于找到了最后的表示形式：泡利的表述曾受到斯通纳(Stoner)的启示，他依据对光谱规律性进行的分析，推导了卢瑟福原子的壳层结构的精致细节。

V

在1913年的秋天，史塔克(Stark)的发现在物理学家中间引起了另一次轰动——他发现了电场对氢谱线结构的惊人的巨大效应。卢瑟福按照对物理科学中一切进步的无休止的注意，当从普鲁士科学院收到史塔克的论文时，他立刻就给我写了信："我认为时机已到，您现在应该针对塞曼效应和电效应写一些东西，如果有可能将这些效应和您的理论调和一致的话。"我响应了卢瑟福的挑战，尝试着仔细考察了这个问题，而且很快地我就弄清楚，在电场的效应和磁场的效应中，我们必须处理两种很不相同的问题。

关于塞曼在1896年的著名发现，洛伦兹和拉摩尔的解释的精髓就在于：这种发现直接指示着作为线光谱起源的电子运动，其方式大致地不依赖于有关原子中电子结合机制的特殊假设。即使光谱的起源被认为是由于稳定态间的个体性的跃迁，按照拉摩尔的普遍定理，人们也会在对应原理的引导下，预期电子所发射的一切谱线都显示正常的塞曼效应，如果这些电子是像在卢瑟福原子中一样结合在一个中心对称的场中的话。而所谓反常塞曼效应，它的出现却带来一些新的疑难。只有在十多年以后，当线系谱中各谱线的复杂结构被追根到一种内禀性的电子自旋时，这些疑难才算得到了解决。不同的方面都对这一发展有过重要的贡献。关于这一发展的一种最令人感兴趣的历史叙述，可以在最近出版的一本纪念泡利的众所周知的书中找到①。

① 指：Theoretical Physics in the Twentieth Century(二十世纪中的理论物理学)，Intersctence Publishers Inc.，1960.——译者

然而,在电场的情况下,不能预期谐振子发射的辐射显示任何正比于电场强度的效应,从而史塔克的发现就肯定地排除了将电子的弹性振动看成线光谱的起源的那种通常见解。但是,对于电子绕核的开普勒运动来说,即使是比较弱的外电场,也会通过长期微扰而使轨道形状及轨道取向发生相当大的变化。通过研究轨道在外场中仍为纯周期性的那种特例,有可能应用和适用于未受扰氢原子之稳定态的那种论证类型相同的论证,来推求史塔克效应的数量级,特别是解释该效应在氢光谱线系中从一条谱线到下一条谱线的迅速增大。但是,这些考虑很显然地表明,为了解释现象的更精致的细节,原子体系的稳定态分类方法还是发展得不够的。

恰恰是在这一方面,在以后几年中,通过引入标志着角动量分量及其他作用量积分的量子数而得到了巨大的进展。这些方法是由 W.威尔逊在 1915 年初次提议的,他对氢原子中的电子轨道应用了这些方法。然而,按照牛顿力学,每一轨道在这种情况下都是单周期的,其公转频率仅仅依赖于体系的总能量,由于这种情况,任何物理效应都没有被揭示出来。但是,爱因斯坦的新力学所预言的电子质量对速度的依赖性,却消除了运动的简并性,并通过开普勒轨道远核点的不断的缓慢进动而在运动的谐振分量中引入了第二个周期。事实上,正如 1916 年索末菲在他的著名论文中所证明的,角动量和径向运动作用量的分别量子化,就使我们可以详细地解释所观察到的氢原子光谱和氦离子光谱中各谱线的精细结构了。

不仅如此,索末菲和爱泼斯坦(Epstein)还处理了磁场和电场对氢光谱的效应——通过熟练地应用多周期体系的量子化方法,他们已经能够完全符合于观察结果地通过并合而得出氢谱线的分解的谱项。这种方法和艾伦菲斯特为了适应热力学的要求而在 1914 年表述的稳定态浸渐不变性原理是相容的,这种相容性得到了下述情况的保证——各个量子数按照经典力学而涉及的作用量积分,并不会因外场的改变而改变,如果这种外场的改变比体系特征周期的变化要慢的话。

这种处理方式的有效性的进一步证据,是从对应原理对多周期体系所发射的辐射的应用中得出的,这种应用可以得出关于不同跃迁过程的相对概率的一些定性结论。这些考虑同样得到克拉默斯的肯定,他解释了氢谱线的史塔克效应成分线的表观上没有规律的强度变化。我们甚至发现,可以用对应论证来说明其他原子中某种类型的跃迁的不出现。这些跃迁不属于鲁宾诺维兹(Rubinowicz)所指出的那些通过对原子和辐射之间的反应应用能量守恒定律和角动量守恒定律就能够排除掉的跃迁。

借助于迅速增长的关于复杂光谱的结构的实验资料,同样也借助于西格巴恩(Siegbahn)及其合作者们关于高频辐射谱较精细规律性方面的方法论的寻求,多电子原子中束缚态的分类不断地得到了进展。具体说来,通过研究电子被原子核逐次结合而建成原子基态的那种方式,导致了对于原子中电子组态的壳层结构的逐渐阐明。就这样,虽然当时还不知道像电子自旋之类的重要解释要素,但是,大约在卢瑟福发现原子核后的十年之内,就已经有可能对于门捷列夫元素表中许多最突出的周期性特点得到一种总结性的解释了。

然而,整个的处理方式还是带有很大的半经验性质的,而且,人们很快就清楚地认识到,为了详尽无遗地说明各元素的物理属性和化学属性,必须以根本上新的方式脱离开经典力学，以便将量子公设纳入一种逻辑上无矛盾的方案中去。下面我们还有机会谈到这一众所周知的发展，现在我先接着讲我对卢瑟福的回忆。

Ⅵ

第一次世界大战的爆发，几乎使曼彻斯特集体完全解体，但是我很幸运地仍然和卢瑟福保持了密切的接触，他在1914年的春天曾经约我接替达尔文的舒斯特数理物理学讲座的职位。当我们在早秋时节经过一次绕过苏格兰的有风暴的航行而到达曼彻斯特时，我的妻子和我受到了少数几个老朋友的最热情的接待——在外国的合作者们已经离开而大多数的英国同事也都参了军之后，留在实验室中的就只有那几个老朋友了。卢瑟福和他的夫人当时还在美国，他们正在到新西兰探亲的归途中[①]，而且毋庸赘言，当几星期后他们安全地回到曼彻斯特时，我们大家都如释重负般地高兴地祝贺了他们。

卢瑟福本人很快地就被吸收参加了军事设计工作——他特别致力于发展追踪潜艇的声学方法，而教学生的工作则几乎完全留给了埃文斯、马科尔和我。但是，卢瑟福仍然抽一些时间来继续进行他自己的开创性的工作，这种工作在战争结束之前就已经得出了如此伟大的结果，同时，他仍然一贯地对同事们的努力表示了同样的热烈兴趣。至于原子结构的问题，在1914年发表的弗朗克(Franck)和赫兹(Hertz)用电子碰撞来激发原子的那些著名实验，也给这种问题带来了新的冲击。

一方面，用汞蒸气作的这些实验给原子过程中阶梯式的能量传递提供了最显著的证据；另一方面，实验在表观上指示出来的汞原子电离能的值，却比依据汞光谱的解释所预期的电离能的一半还要小。因此，这就引导我们猜想——所观察到的电离并不是直接和电子碰撞有关，而是起源于电极上的一种伴随着的光电效应，这种效应是由汞原子当从第一受激态回到基态时所发出的辐射引起的。在卢瑟福的鼓励下，马科尔和我计划了一些实验来探索这一问题，而且，在本实验室的有能耐的德籍玻璃工人的协助下，制成了一个有着各式电极及各式栅栏的复杂的石英仪器。这位玻璃工匠从前曾经替卢瑟福吹制过研究氦的形成问题的精致的α射线管。

卢瑟福曾经以其自由主义的人道态度，试图替这位玻璃工匠申请批准，让他能够在战时留在英国继续工作，但是，这个人的脾气在他这一行匠人中也不是少见的，他发表了一些激烈的高度爱国的言论，后来终于被英国官方拘留了。于是，当我们的精致仪器在一次事故中因支架起火而损坏时，就没有人帮我们再制造一个了，而且，当马科尔不久也自愿参了军以后，这一实验就被迫放弃了。我几乎不用再说，这一问题已由戴维斯(Davis)和高西叶(Gauthier)于1918年在纽约作的光辉实验完全独立地解决了，他们得到了预期的结果。我提到我们的无结果的尝试，只是为了说明当时曼彻斯特实验室的工

① 卢瑟福原籍新西兰。——译者

作所遇到的那种困难，这些困难很像妇女们居家过日子时所要应付的那种缺米无柴的情况。

但是，卢瑟福的坚持不懈的乐观主义对他周围的人们仍然起了最大的鼓舞作用。而且我还记得，在战争受到严重挫折时，卢瑟福曾经引证过据说是来源于拿破仑的一种说法，那就是说不可能战胜英国人，因为他们太蠢，以致连自己什么时候已经打输了都不能理解。对我来说，被接受加入卢瑟福个人的一群朋友中间的周月讨论会，也是一种最可喜和最有启发性的经验，这些人中包括哲学家亚历山大（Alexander）、历史学家陶特（Tout）、人类学家艾略特·史密斯（Elliot Smith）和化学家查姆·魏茨曼（Chaim Weizmann）。三十年后，魏茨曼成了以色列的第一任总统，卢瑟福对他的杰出人格是评价很高的。

1915年莫斯莱在加里波利战役中不幸牺牲的可悲消息，对于我们大家是一次可怕的打击。他的死使全世界的物理学家感到深切的哀痛，卢瑟福更是伤心得厉害，他本来曾经努力争取将莫斯莱从前线调到较安全的职位上的。

在1916年夏天，我妻子和我离开曼彻斯特回到了丹麦——我被任命为新设立的哥本哈根大学理论物理学教授。尽管邮政通信越来越困难，我和卢瑟福还是保持了不断的通信。在我这方面，我报告了和原子结构量子论的更普遍表示有关的工作进展，这种工作当时更加受到了前面已经提到的稳定态分类方面的发展的刺激。在这方面，卢瑟福对于我所能从欧洲大陆方面报道的任何新闻都很感兴趣，特别是我和索末菲及艾伦菲斯特的初次个人接触。在他的来信中，卢瑟福也生动地描述了他怎样在与日俱增的困难和其他负担的压力下，尽力继续进行他在各方面的研究。例如，在1916年秋季，卢瑟福描写了他对有关硬γ射线吸收的某些可惊异结果的强烈兴趣，这种γ射线是由当时刚刚能够使用的高压管产生的。

在下一年，卢瑟福越来越忙于研究利用高速α射线来产生核蜕变的可能性了，而在1917年12月9日的一封信中他已经写道：

“我有时也抽出半日余暇来搞几个自己的实验，而且我想我已经得到了一些终于会被证实为具有巨大重要性的结果。我很愿意您在这里，以便详谈。我正在探测并计数被α粒子碰得动了起来的较轻的原子，而且我想，所得的结果在很大程度上暴露了核附近的力的性质和分布。我也在试图用这种方法把原子打破。在一件事例中，结果似乎是有希望的，但是要确定下来还得作大量的工作。凯意（Kay）协助我，他现在是一个熟练的计数者了。”

一年以后，在1918年11月17日，卢瑟福用他的特有方式宣布了更进一步的进展：“我很愿意有您在这儿，以便和您讨论我在核碰撞方面所得某些结果的意义。我已经得到了某些我想是颇为惊人的结果，但是，要得到我的推论的肯定证明却还是一件烦重而冗长的工作。数那些微弱的闪灼对于老年人的眼睛是很费劲的，但是，还是在凯意的协助下，我在过去四年间的空闲时间里仍然搞了大量的工作。”

在卢瑟福于1919年的《哲学杂志》上发表的著名论文中，包括了关于他在受控核蜕变方面的基本发现的说明，文中他提到了他的老同事欧内斯特·马斯登于1918年11月到曼彻斯特的访问，马斯登是在停战日[①]在法国退伍的。在他在曼彻斯特和盖革合作的

① 11月11日为第一次世界大战停战日。——译者

过去岁月里，马斯登曾经完成过引导卢瑟福发现了原子核的一些实验——利用他在闪灼实验方面的伟大经验，马斯登协助卢瑟福澄清了高速质子的统计分布中的某些表观上的反常，这种质子是在用 α 射线轰击氮时被放出的。马斯登从曼彻斯特回新西兰担任他自己的大学职务去了，但是，多少年来他仍和卢瑟福保持着密切的接触。

在 1919 年 7 月，当在停战日以后旅行又成为可能时，我到曼彻斯特去看望卢瑟福，并且更详细地了解了他关于受控核嬗变或所谓人为核嬗变的伟大的新发现。通过这种发现，他创立了他喜欢称呼的“近代炼金术”，而且这种发现在时间过程中要在人对自然力的掌握方面引起如此惊人的后果。卢瑟福当时几乎是独自一人留在实验室中的，而且正如他在信中告诉我的，除了马斯登的短期访问以外，对他那基本研究的唯一帮助就只有他那忠实的助手威廉·凯意了。多年以来，凯意因他的善良和乐于助人而受到了实验室中每一个人的喜爱。在我的访问中，卢瑟福也谈到了他必须作出的重大决定——他被邀请担任因 J. J. 汤姆逊辞职而出缺的剑桥大学卡文迪许教授。当然，在曼彻斯特渡过了如此丰富的岁月之后，决定离开这地方对卢瑟福来说并不是容易的，但是，他当然应该响应召唤，去把独一无二的卡文迪许教授系列接续下去。

Ⅶ

从一开始，卢瑟福就在卡文迪许实验室中在自己周围聚集了一大群杰出的研究工作者。一个最可注意的人物就是阿斯顿(Aston)，他多年以来就和 J. J. 汤姆逊在一起工作，而且在战时就已开始发展质谱仪方法了，这种发展后来导致了几乎每一种元素都有同位素存在的证实。给卢瑟福原子模型提供了如此有说服力的证据的这一发现，并不是完全出人意料的。人们在曼彻斯特的早期已经理解到，当按照化学属性排列元素次序时看到的原子量顺序中的表观不规则性就暗示着，甚至对于稳定元素说来，也不可能预期核电荷和核质量有一种单值的关系。在 1920 年 1 月间和 2 月间写给我的信中，卢瑟福表示了对阿斯顿的工作，特别是关于氯的同位素的工作的喜爱，这种工作如此清楚地显示了化学原子量对整数的偏差的统计特性。他还很幽默地评论了阿斯顿的发现在卡文迪许实验室中引起的关于不同原子模型之相对优缺点的活跃争论。

属于往日的曼彻斯特集体的詹姆斯·查德威克(James Chadwick)，从一开始就参加了卢瑟福所领导的卡文迪许实验室的工作。他刚刚从德国的长期拘留中回国，在战争爆发时他是在柏林和盖革一起工作的。不论对于卢瑟福关于原子核的构造及蜕变的开创性工作的继续，还是对于这一巨大实验室的管理来说，查德威克的参加都是大有帮助的。在卢瑟福的早期剑桥时代的同事中，还有布莱克特(Blackett)和埃利斯(Ellis)，二人本来都在国防方面任职，埃利斯是在德国被拘留时受到查德威克的影响而开始搞物理的。几年以后卡皮查(Kapitza)的到来使卡文迪许集体进一步得到好处，他带来了很巧妙的设计，特别是产生前之未闻的强磁场的设计。在这一工作中，他从一开始就得到了约翰·

考克劳夫特(John Cockcroft)的协助,考克劳夫特后来以其科学洞察力和技术洞察力的独特结合成为了卢瑟福杰出的同事。

在开始时,查理·达尔文和拉尔夫·福勒共同负责了卡文迪许实验室活动的理论部分;在曼彻斯特的年代里,达尔文的数学洞察力曾经是如此有帮助的。在合作中,他们当时对统计热力学及其在大体物理学问题上的应用作出了重要贡献。在达尔文去了爱丁堡以后,直到第二次世界大战,福勒都是剑桥的主要的理论顾问和理论教师,他已经成为卢瑟福的女婿。福勒不但热情地参加了卡文迪许的工作,而且还很快就招收了许多有天赋的学生,这些学生深得福勒的启发之益。其中很突出的就是勒纳德-琼斯(Lennard Jones)和哈特瑞(Hartree),二人都沿着各自的路线对原子物理学和分子物理学的发展作出了贡献;更突出的是狄拉克,他从很年轻时就以自己独一无二的逻辑能力而出类拔萃了。

自从我于1916年离开曼彻斯特以后,我当然就试图着应用在卢瑟福的实验室中获得的经验了,而且,我很感激地想起卢瑟福曾经怎样从一开始就亲切而有效地支持了我在哥本哈根创办一个研究所,以促进理论物理学家和实验物理学家之间的密切合作的那些努力。一个特殊的鼓励就是,早在1920年秋天,当研究所的建筑接近完工时,卢瑟福就抽出时间到哥本哈根访问了我们。为了表示尊重,哥本哈根大学授予他以名誉学位,而在这一场合下他发表了一篇最激动人的和最幽默的演讲,听讲的人很久很久都还记得这篇演讲呢。

对于新研究所中的工作有很大裨益的就是,在战后不久,我在曼彻斯特的老朋友乔治·赫维西就参加到我们中间来了;在他在哥本哈根的二十多年的工作中,赫维西在同位素示踪原子法的基础上进行了他那许多著名的物理化学的研究和生物学的研究。卢瑟福所深感兴趣的一个特殊事件,就是科斯特(Coster)和赫维西应用莫斯莱的方法成功地找到了现在称为铪的未知元素,它的属性给元素周期表的解释提供了进一步的有力支持。詹姆斯·弗兰克在实验室开幕时的一次访问,给一般的实验工作带来了一个很幸运的开端——在以后的几个月中,他在用电子轰击来激发原子光谱的精密技术方面极其感人地教导了丹麦的同事们,这种技术是他和古斯塔夫·赫兹一起很巧妙地发展起来的。在许多曾经长期和我们在一起工作的杰出理论物理学家中,汉斯·克拉默斯是其中最早的一个,他在战时作为一个很年轻的人来到哥本哈根,而且在他和我们一起工作的十年中间被证实为我们集体的无价之宝,直到1926年,他才离开本研究所的讲座职位,到乌特勒支作教授去了。在克拉默斯到达哥本哈根不久以后,又来了两名很有希望的青年人——来自瑞典的奥斯卡·克莱因(Oscar Klein)和来自挪威的斯韦恩·罗西兰(Svein Rosseland),他们早在1920年就已通过指出所谓第二类碰撞而知名了,在这种碰撞中,原子受到电子轰击而从一个较高的稳定态进入较低的稳定态,而电子则获得较大速度。事实上,这种过程的发生对于保证热平衡来说是有决定意义的,这在某种方式上和诱发辐射跃迁相类似,那种跃迁在普朗克温度辐射公式的爱因斯坦推导中是起了不可缺少的作用的。关于第二类碰撞的考虑,对于阐明星体大气的辐射属性是特别重要的。在剑桥和福勒一起工作的萨哈(Saha),当时对这种阐明作出了基本的贡献。

泡利于1922年参加了哥本哈根研究所的集体;两年以后,海森伯也参加了。他们都是索末菲的学生，尽管还很年轻，他们却已经完成了最辉煌的工作。当我于1922年夏季到哥廷根讲学时，我认识了他们并对他们的非凡才能得到了深刻的印象。这次讲学开始了哥本哈根集体同玻恩(Max Born)和弗兰克领导的哥廷根集体之间的长久而富有成果的合作。从很早的时候起，我们就和剑桥这一伟大中心保持了密切联系，特别是通过达尔文、狄拉克、福勒、哈特瑞、莫特(Mott)等人对哥本哈根的较长期的访问。

Ⅷ

在那几年中，通过来自很多国家的整整一代理论物理学家的独一无二的合作，一步一步地创立了经典力学和经典电动力学的一种逻辑上无矛盾的推广。不难理解，那几年有时被描述为量子物理学上的英雄时代。看到概括物理经验方面的一种新前景如何通过不同处理方式的结合及适当数学方法的引入而逐渐显现出来，这对经历了这一发展的每一个人都是一种难忘的经验。在达到这一目的以前有很多障碍要克服，而且决定性的进步一再地是由我们中间某个最年轻的人得到的。

共同的出发点在于这样一种认识：尽管力学图景的应用给孤立原子或恒定外力下的原子的稳定态分类暂时提供了很大的帮助，但是很清楚，正如已经提到过的，一个基本上新的开端却是必要的。不但依据卢瑟福原子模型来描绘化合物电子构造的困难是越来越明显了，而且不可克服的困难也出现于详细说明光谱复杂性的任何企图中，而在氦的弧光谱的独特双线性中表现得尤其突出。

走向对应原理的更普遍表述的第一步，是由光学色散问题提供的。事实上，原子色散和谱线的选择吸收之间的密切关系，从一开始就暗示着一种对应性的处理方式——这种密切关系已由R. W. 伍德(R. W. Wood)和P. V. 贝万(P. V. Bevan)关于碱金属蒸气中的吸收和色散的巧妙实验如此优美地证实了。依据关于在原子体系稳定态间发生辐射诱发跃迁的统计定律的爱因斯坦表述，克拉默斯于1924年在建立一个普遍色散公式方面得到了成功，该公式只涉及这些稳定态的能量以及它们之间的自发跃迁概率。这种理论经过克拉默斯和海森伯进一步发展之后，甚至包括了新的色散效应，这种效应和在未受扰原子中并不出现的跃迁在辐射影响下出现的可能性有关。分子光谱中的拉曼效应(Raman effect)就是这种跃迁的一个类例。

不久以后，海森伯完成了一次具有根本重要性的进展——他在1925年引入了一种最为巧妙的形式体系，在这种形式体系中，超出渐近对应性以外的轨道图景的一切应用都被避免了。在这种大胆的观念中，力学中的正则方程仍在其哈密顿形式下被保留了下来，但是，各个共轭变量都被换成了一些服从非对易性算法的算符，那算法中既涉及普朗克恒量，又涉及$\sqrt{-1}$这个符号。事实上，通过将力学量表示成厄密矩阵，各矩阵元涉及稳定态间一切可能的跃迁过程，就发现有可能毫不含糊地导出这些稳定态的能量和有关的跃迁过程的概率。玻恩和约尔丹，同样还有狄拉克，都从一开始就对这种所谓量子力学的制订作出了重要的贡献。这种量子力学为许多原子问题的无矛盾的统计处理开辟了道路,这些问题过去一直是只能用一种半经验的方式来处理的。

对于这一伟大工作的完成来说,对最早由哈密顿强调过的力学和光学之间的形式类比的重视曾经是最有帮助和最有教育意义的。例如,指出了量子数在利用力学图景来对稳定态进行分类方面和波节数目在表征弹性媒质中可能的驻波方面所起的类似作用,L.德布罗意在1924年就已经被引导着对自由物质粒子的性能和光子的属性进行了比较。特别能够说明问题的是他关于粒子速度和波包群速度的等同性的演证,该波包由波长介于一个很小区间中的许多成分组成,每一成分都联系着一个动量,其关系由光子动量和对应的辐射频率之间的爱因斯坦方程来表示。如众所周知,这一对比的恰当性,不久就通过戴维森(Davisson)和革末(Germer)以及乔治·汤姆逊(George Thomson)发现电子在晶体上的选择散射而得到了决定性的证实。

这一时期中登峰造极的事件,就是薛定谔在1926年建立了一种更容易掌握的波动力学——在这种力学中,各个稳定态被设想为某一基本波动方程的本征解,该方程是通过将带电粒子系的哈密顿量看成一个微分算符而得到的,该算符作用在确定着体系位形的那些坐标的一个函数上。在氢原子的情况下,这一方法不但导致稳定态能量的惊人简单的确定,而且薛定谔也已证明,任何两个本征解的叠加都对应于原子中电荷和电流的一种分布。按照经典电动力学,这种分布就将引起一种单色辐射的发射或共振吸收,而辐射的频率则和氢光谱的某一谱线频率相重合。

同样,把受到入射辐射扰动的原子的电荷及电流的分布表示成确定着未受扰体系之可能稳定态集合的那些本征函数的叠加[①],薛定谔就能够解释原子对辐射的色散的基本特点。特别有启发性的是,按这种方式推导了关于康普顿效应的定律。这一效应虽然给爱因斯坦关于光子的创见提供了突出的支持,但起初却给对应性的处理带来了明显的困难。这种处理企图将能量及动量的守恒和把过程分成两个独立步骤的作法结合起来,那两个步骤就是辐射的吸收和发射,和原子体系稳定态之间的辐射跃迁相类似。

这种论证蕴涵着和经典电磁场论中的叠加原理相类似的一种叠加原理的应用,这种原理只是隐含地包括在量子力学的矩阵表述中的。对于这种论证的广阔适用范围的上述认识,意味着原子问题的处理方面的一大进步。但是,从一开始就很清楚,比起对应原理所意识到的统计描述来,波动力学并不指示着对于经典物理学处理方式的任何较缓和的修订。例如,当薛定谔在1926年到哥本哈根进行访问时,他曾经就他那美妙的工作为我们作出了给人以深刻印象的说明,我记得我们是怎样和他辩论的:不考虑量子过程之个体性的任何程序,是绝不能说明普朗克关于热辐射的基本公式的。

尽管原子过程的基本特点和经典共振问题的基本特点之间有着引人注意的类似性,但是,确实必须注意,在波动力学中,我们所处理的是一般并不取实数值而是必须用到$\sqrt{-1}$这一符号的一些函数,这正如量子力学的矩阵一样。而且,当处理不止包含一个电子的原子的构造或处理原子和自由带电粒子之间的碰撞时,态函数并不是在普通空间中而是在一个位形空间中表示出来的,该空间的维数等于整个体系的自由度数。由波动力

① 这就是量子力学中的一种"微扰法"。——译者

学得到的物理推论在本质上是统计性的，这种统计性通过玻恩对普遍碰撞问题的光辉处理而终于得到了澄清。

两种不同数学形式体系的物理内容的等效性，被变换理论所完全阐明了——这种理论是由在哥本哈根的狄拉克和在哥廷根的约尔丹所独立地表述出来的，它在量子物理学中引入了换变量的可能性，和经典动力学运动方程在哈密顿提出的正则形式下的对称特性所提供的可能性相类似。在表述包括光子概念的量子电动力学时也会遇到类似的情况。这一目的是在狄拉克的辐射量子论中初次达到的，这种理论将场的谐振分量的周相和振幅当作非对易的变量来处理[①]。如众所周知，在约尔丹、克莱因和维格纳(Wigner)的进一步巧妙贡献以后，这一形式体系在海森伯和泡利的工作中得到了基本上的完成。

量子物理学数学方法的威力和范围的一个特殊例证，是由关于等同粒子系的奇特量子统计学提供的。在这种粒子系中，我们遇到一种像作用量子本身一样超出经典物理学之外的特点。事实上，任何需要用到玻色-爱因斯坦统计学或费米-狄拉克统计学的问题，在原理上都排斥形象化的说明。具体说来，这一情况就给泡利不相容原理的表述留下了余地，这一原理不但提供了门捷列夫表的周期性关系的最后阐明，而且在以后的年代中也被证实为对于理解物质原子构造的各式各样的方面都是很有用的。

海森伯在1926年对氦光谱的双线性的巧妙解释，对于澄清量子统计学的原理作出了基本贡献。事实上，正如他所证明的，具有两个电子的原子，其稳定态的集合包括着对应于对称空间波函数和反对称空间波函数的两个不相并合的组，这两种波函数分别和电子自旋的反向取向及平行取向相联系。不久以后，海特勒(Heitler)和伦敦(London)成功地沿相同路线解释了氢原子中的键合机制，并从而开辟了理解同极化学键的道路。正如莫特所证明的，甚至卢瑟福关于原子核对带电粒子的散射的著名公式，当应用于等同粒子例如质子和氢核或α射线和氦核之间的碰撞时，也必须进行重大的修改。然而，在重核对高速α射线的大角散射的实际实验中，我们却是很好地在经典力学的适用范围内研究问题的，而卢瑟福就是从这种实验得出了他的根本性的结论。

人们与日俱增地应用了越来越精密的数学抽象，以保证原子现象的说明中的无矛盾性。在1928年，这种应用在狄拉克的电子的相对论性量子论中达到了暂时的高潮。例如，对于处理电子自旋的概念，达尔文和泡利是有过重要贡献的，而这种概念现在很和谐地被包括在狄拉克的旋量分析学中了。然而，最重要的是，联系到安德森(Anderson)和布莱克特关于正电子的发现，狄拉克理论准备了关于存在同质量的正、反粒子的认识，这种正、反粒子具有异号电荷和相对于自旋轴的相反的磁矩取向。如众所周知，我们在这里遇到了一种发展，它以一种新颖的形式恢复了和扩大了曾经作为经典物理学处理方式的基本概念之一的那种空间各向同性和时间可逆性。

我们关于物质的原子构造的知识，以及可以用来获得并整理这种知识的方法，都得到了奇妙的进步，这种进步确实已经引领着我们远远地超出了决定论的形象描述，这种描述曾经被牛顿和麦克斯韦表述得十分完善。紧紧地追随着这种发展，我曾经常常有机会想到卢瑟福关于原子核的创始性发现的重大影响，这种发现在每一阶段都对我们提出

① 即所谓“二次量子化”。——译者

了如此有力的挑战。

Ⅸ

在卢瑟福以其不倦的精力在卡文迪许实验室工作的全部长久而丰富的年月里，我常常来到剑桥，在那里，我应卢瑟福的邀请作了很多关于理论问题的系统演讲，其中也包括关于量子论发展的认识论涵义问题的演讲。在所有这些场合下，都能感觉到卢瑟福在追随这一研究领域中的进步时的那种广阔的胸怀和强烈的兴趣，对人永远都是一种巨大的鼓舞。而这一他自己所大大开拓了的研究领域竟然引领着我们远远地超出了在较早阶段曾经限制我们视野的那种地平线。

确实，人们广泛地应用了抽象数学方法来适应迅速增长着的关于原子现象的资料，这就使整个的关于观察的问题越来越显得重要了。这一问题在其根源方面是和物理科学本身一样古老的。例如，将实物的特定属性的解释建筑在一切物质的有限可分性上的古希腊哲学家们，认为我们的感官因其粗糙性而理所当然地会永远阻止对个体原子的直接观察。在这种方面，通过云室和计数机构之类的放大装置的制造，在我们的时代情况已经迅速改变了，上述计数装置原来就是由卢瑟福和盖革联系到他们对 α 粒子的数目及电荷的测量而发展起来的。但是，正如我们已经看到的，对于原子世界的探索，注定要揭露普通语言中所包括的那种描述方式的固有局限性，这种普通语言是为了适应环境和说明日常生活中的事件而发展起来的。

按照和卢瑟福的整个态度相适应的说法，我们可以说，进行实验的目的就是对大自然提出问题，而且，卢瑟福在这种工作方面的成功，当然就是由于他那种塑造问题以便能够得出最有用的答案的直觉。为了使问题能够扩大共同的知识，一个明显的要求——观测结果的记录以及确定实验条件所必需的仪器的构造和用法，都必须用平常语言来描述。在实际的物理研究中，这一要求是通过应用光阑和照相底片之类的物体来确定实验装置而大大得到满足的；这些物体是如此地大而且重，以致它们的运用可以用经典物理学来说明，尽管构成仪器的材料也和构成我们自己身体的材料一样，其属性当然在本质上依赖于作为该材料之组成的原子体系的构造和稳定性，而这种构造和稳定性是不能用经典物理学来说明的。

普通经验的描述，当然是以现象进程在空间和时间中的无限可分性以及借助于原因和结果等说法将一切步骤连成一个不间断的链条为前提。归根结蒂，这种观点是以我们的感官的精密性为依据的——为了有所感觉，我们的感官要求和所考察的客体发生如此小的相互作用，它小得在通常情况下对事件的进程没有可觉察的影响。在经典物理学的大厦中，这一形势在下述假设中得到理想化的表达——客体和观测工具之间的相互作用可以忽略不计，或者起码可以加以补偿。

然而，以作用量子为其象征的完全超出经典物理学原理之外的整体性要素，却具有这样一种后果：在研究量子过程时，任何的实验探索都蕴涵着原子客体和测量工具之间的一种相互作用，这种相互作用虽然对于表征现象是必不可少的，但是，如果实验应该完成给我们的问题得出无歧义答案的任务，那么这种相互作用就是不能[和现象本身]分开来加以说明的。确实，正是对于这一形势的认识，才使得在预期同一实验装置中的个别量子跃迁是否发生时不得不应用统计描述方式；正是对于这一形势的认识，才消除了在互斥的实验条件下观察到的那些现象之间的任何表观矛盾性。不论初看起来这些现象可能是如何的对立，但是，必须意识到，它们在下述意义上是互补的：它们的总和就详尽无遗地包罗了可以无歧义地用普通语言表达的关于原子客体的一切知识。

互补性这一概念，并不蕴涵着任何足以限制我们的探询范围的对详尽分析的背弃，而只是强调着任何一种经验领域中的不依赖于主观判断的客观描述的特性，在该种经验领域中，无歧义的传达不可避免地要涉及获得资料时所处的情况。在逻辑方面，这样一种形势在关于生理学问题和社会问题的讨论中是人所共知的，在那种讨论中，很多字眼从语言刚刚起源时就是在一种互补的方式下被应用着的。当然，我们在这里常常处理一些品质，它们并不适用于作为所谓严密科学之特征的定量分析，而按照伽利略的纲领，严密科学的任务就是将全部描述建筑在明确定义的测量上。

尽管数学总是对这种任务提供很大帮助，但是必须知道，数学符号和数学运算的定义本身就建筑在普通语言的简单的逻辑应用上。事实上，数学不应该看成是以经验的积累为基础的一种特殊的知识分支，而应该被看成是普通语言的一种精确化——这种精确化给普通语言补充了适当的工具来表示一些关系，对这些关系来说，普通的字句传达是不精确的或过于纠缠的。严格说来，量子力学和量子电动力学的数学形式体系，只不过给推导关于观测的预期结果提供了计算法则，这些结果是在用经典物理学概念来确定的明确定义的实验条件下得到的。这一描述的详尽无遗性，不但依赖于形式体系所提供的以任何可以设想的方式来选择这些条件的自由，而且也同样依赖于下述事实：为了完备起见，所考虑的各种现象的定义本身就蕴涵着观察过程中的一种不可逆要素，它强调了观察概念本身的基本上不可逆的性质。

当然，量子物理学中的互补说明中的一切矛盾，事先就都已被数学方案的逻辑一致性所排除了，这种数学方案保证了对应关系的每一要求。但是，认识到确定任何两个正则共轭变量时的反比性的变动范围，却是走向阐明量子力学中的测量问题的决定性步骤，这种变动范围表示在海森伯于1927年表述出来的测不准原理中。确实，问题变得很明显了：非对易算符对各物理量的形式化表示，直接地反映了一些操作之间的互斥关系，而有关物理量就是通过这些操作来定义和测量的。

为了熟悉这一形势，需要对这种论证的许多很不相同的实例进行详尽的处理。尽管量子物理学中的叠加原理有着推广的意义，但是，在瑞利对于显微镜成像的精确度和光谱仪器的分辨本领之间的反比关系的经典分析中，却多次找到了更详细地研究观察问题的重要指导。在这方面，达尔文对于数理物理学方法的精通曾多次被证实为极有帮助。

不论我们多么赞赏普朗克在引入普适“作用量子”概念时的幸运的遣词，不论我们多么赞赏“内禀自旋”概念的启发价值，我们总是必须意识到，这样一些概念只涉及明确规定的实验资料之间的关系，这种资料是不能用经典描述方式来加以概括的。事实上，用通常物理学单位表示着量子值或自旋值的那些数字，并不是直接地关系到经典地定义了的作用量或角动量的测量，而是只有通过量子论数学形式体系的无矛盾应用才能得到逻辑的解释的。具体说来，讨论得很多的用普通磁强计来测量自由电子的磁矩的不可能性是直接可以从下述事实看出的：在狄拉克理论中，自旋和磁矩并不是基本哈密顿运动方程的任何改变的结果，而是作为算符计算法的奇特的不可对易性的后果而出现的。

互补性和测不准性这两个概念的适当诠释问题，并不是没有经过活跃的争论、特别是 1927 年和 1930 年的索尔维会议上的争论就解决了的。在这些场合，爱因斯坦用他那巧妙的批评对我们进行了挑战，他的批评特别地启发了我们，使我们对仪器在测量过程中所占的地位进行更详细的分析。不可挽回地排除了回到因果性形象描述的可能性的决定性的一点，是这样一种认识——无歧义地应用动量和能量的普遍守恒定律的范围，从根本上受到一种情况的限制，那就是，使我们能够在空间和时间中定位原子客体的任何实验装置，蕴涵着对固定标尺和校准时钟的一种在原理上无法控制的动量和能量的传递，而这种标尺和时钟是定义参照系所不可缺少的。量子论的相对论表述的物理诠释归根结蒂是以一种可能性为依据的，那就是，在宏观测量仪器的使用说明中，相对论的一切要求都可以得到满足。

这种情况，在关于电磁场分量的可测量性的讨论中得到了特别的阐明——这种讨论是由朗道(Landau)和派尔斯(Peierls)作为反对量子场论之无矛盾性的一种严重论证而掀起的。事实上，我和罗森菲尔德(Rosenfeld)一起进行的详细研究证明，如果适当照顾到测定电场强度值和磁场强度值同指定场的光子组成之间的互斥性，理论在这方面的一切预见就都是可以应验的。在正电子理论中也遇到类似情况，在这种理论中，任何适用于测量空间电荷分布的装置都必然地蕴涵着电子偶的不可控制的产生。

电磁场的典型的量子特点并不依赖于时空尺度，因为两个基本常量(光速 c 和作用量子 h)不使我们能够测定任何具有长度量纲或时间量纲的量。然而，相对论性的电子理论却涉及到电子电荷 e 和电子质量 m，而且现象的本质特征是限制在线度数量级为 h/mc 的空间中的。然而，这一长度比“电子半径”e^2/mc^2 还是大得多的，这种电子“半径”确定着经典电磁理论概念的无歧义应用的界限——这种事实就暗示着量子电动力学仍然有着广阔的适用范围，尽管它的很多推论并不能应用涉及那样一些测量仪器的实际实验装置来检验；相关仪器足够大，以致可以略去它们的构造和使用中的统计性因素。这样一些困难，当然也会阻止对于物质基本成分的近距离相互作用的任何直接探索(这些基本成分的数目已经由于近来的发现而大大地增加了)，从而当探索它们之间的关系时我们必须准备遇到超出目前量子论范围的新的处理方式。

几乎用不着强调，这样一些问题并不出现于以卢瑟福原子模型为依据的对物质的普通的物理属性和化学属性的说明中。在分析这些属性时，只会用到成分粒子的明确定义的特征。在这里，互补描述确实对我们从一开始就遇到的原子稳定性问题提供了一种适当的处理方式。例如，光谱规律性和化学键的解释就涉及一些实验条件，而这些实验条件就和允许我们准确地控制原子体系中个体电子的位置和位移的那些实验条件是互斥的。

在这方面，决定重要的，是意识到化学中结构式的有成果的应用仅仅建筑在这样一件事实上：原子核比电子重得多，因此，和分子线度比较起来，核的位置的不准度是大大可以忽略的。当我们回顾整个的发展过程时，我们确实会认识到，关于原子质量集中在远小于原子大小的区域中的发现，曾经是理解某一巨大经验领域的一个线索，这一领域既包括着固体的结晶结构，也包括着携带生命机体遗传特性的那些复杂的分子体系。

如众所周知，量子论的方法，对于阐明有关原子核本身的构造及稳定性的许多问题也是决定重要的。关于这样一些问题的某些发现得较早的方面，我在继续论述我对卢瑟福的回忆时将有机会谈到，但是，试图详细叙述由现在一代实验物理学家和理论物理学家的工作所带来的对于内在核结构的迅速增长的洞察，那是会超出这一卢瑟福纪念讲座的范围的。这一发展，确实会使我们中间年纪较大的人们想起在卢瑟福的基本发现以后的起初几十年中对于原子的电子构造的逐步澄清。

X

当然，每一个物理学家都熟悉那一大串辉煌的研究，通过这些研究，卢瑟福扩大了我们对于原子核的属性及构造的洞察，直到他逝世为止。因此，我将仅仅提到我关于那几年的一些回忆，在那几年中，我常常有机会追随卡文迪许实验室中的工作，并通过和卢瑟福交谈而理解到他的观点的倾向，以及他和他的同事们所致力的那些问题。

卢瑟福很早就以他深刻的直觉认识到由复杂原子核的存在及其稳定性所带来的那些奇异的和新颖的问题。事实上，早在曼彻斯特时代他就已经指出，这些问题的任何处理都要用到核成分之间的短程力的假设，这种力是和带电粒子之间的电力有着本质的不同的。为了进一步搞清楚这些特殊的核力，卢瑟福和查德威克在剑桥时代的早期就彻底地研究了近核碰撞中的反常 α 射线散射。

虽然在这些研究中得到了许多很重要的新资料，但是人们却越来越感到，为了更广泛地研究原子核问题，天然 α 射线源是不够的，因而就想获得由人工加速离子而产生的可用的大强度的高能粒子束。虽然查德威克急切地要求开始建造一个适用的加速器，卢瑟福却在很多年内不愿意在他的实验室中创建如此巨大的和费钱的项目。当人们考虑到卢瑟福一直是借助于很平常的实验设备来取得奇妙的进展时，他这种态度就是完全可以理解的了。在当时看来，和天然的放射源相竞争的工作想必也是很可怕的。然而，这种前景被量子论的发展及其对原子核问题的初次应用所改变了。

早在 1920 年，卢瑟福本人就曾在他的第二次巴克尔讲座(Bakerian Lecture)中指出，尽管简单的力学概念在解释 α 粒子被核所散射时是很有用的，但是依据简单的力学概念来解释 α 射线被核所发射时却会遇到困难，因为放出的粒子速度不够大，以致当它们反向运动时不能反抗电斥力而重新进入核内。然而，粒子穿透势垒的可能性很快就作为波动力学的推论而被认识到了，而且，在 1928 年，在哥廷根工作的伽莫夫(Gamow)，同样还有普林斯顿的康顿(Condon)和哥尔内(Gurney)，就在这种基础上提出了 α 衰变的普遍解释，甚至提出了核寿命和所发射的 α 粒子的动能之间的关系的详尽说明，这是同盖革和努塔尔(Nuttall)在曼彻斯特早期所发现的经验规律相符的。

伽莫夫在 1928 年夏季来到哥本哈根加入我们的集体时，他正在研究带电粒子通过逆隧道效应而透入核中的问题。他曾经在哥廷根开始了他的工作，并和霍特曼(Houtermans)及阿特金森(Atkinson)讨论过这个问题，结果，阿特金森就被引导着提出了这样的建议：太阳能可以归结于由具有巨大热运动速度的质子的碰撞所引起的核嬗变，而按照爱丁顿(Eddington)的见解，是应该期望太阳内部存在着这样的质子的。

在 1928 年 10 月，伽莫夫到剑桥作了一次短期的访问，他和考克劳夫特讨论了从他的理论考虑得出的实验前景。考克劳夫特经过更仔细的估计后，确信用能量远小于天然放射源所发出的 α 粒子能量的质子轰击轻核，有可能得到可观察的效应。由于这种结果显得很有希望，卢瑟福接受了考克劳夫特为这种实验建造一个高压加速器的建议。考克劳夫特在 1928 年的年底开始了制造这台仪器的工作，并且于第二年在和沃尔顿(Walton)的合作中继续进行了。他们在 1930 年 3 月间用加速了的质子作了起初的几个实验，在这些实验中他们希望得到作为质子和靶核相互作用的结果而发出的 γ 射线，但是实验没有得出结果。当时由于改换实验室的关系必须重建这种仪器，而众所周知，由质子撞击锂核而产生的高速 α 粒子是在 1932 年 3 月间得到的。

这些实验开始了一个最重要进步的新阶段，在这一阶段中，不论是我们关于核反应的知识还是对于加速器技术的掌握都逐年地迅速增长了。考克劳夫特和沃尔顿的早期实验，就已经在很多方面给出了有很大意义的结果。他们不但在一切细节方面证实了量子论关于反应截面和质子能量之间的函数关系的预言，而且也已经有可能将所发射的 α 射线的动能和参加反应的粒子的质量联系起来了。感谢阿斯顿对质谱学的天才发展，这些粒子的质量当时已经知道得足够精确了。事实上，这种比较就给著名的能量和质量之间的爱因斯坦关系式提供了初次的实验检验，这种关系式是爱因斯坦在多年以前通过相对论的论证而得出的。几乎用不着重述，在原子核研究的进一步发展中，这一关系式曾被证实为何等的基本。

关于查德威克发现中子的故事，也表现了相同的戏剧性的特点。卢瑟福以其特有的远大眼光，很早就预料到核中存在着一种重的中性的成分，其质量和质子质量接近相等。后来问题逐渐变得清楚起来，这种见解确实可以解释阿斯顿关于同位素的发现——差不多一切元素都有同位素，各同位素的原子量很近似地等于氢原子量的倍数。联系到他们对各种类型的由 α 射线诱发的核蜕变的研究，卢瑟福和查德威克对于存在这种粒子的证据进行了广泛的寻找。然而，通过波特(Bothe)和约里奥-居里(Joliot-Curie)夫妇对于由 α 粒子轰击铍而得到的一种穿透性辐射的观察，问题就达到了高潮。起初这种辐射被假设为属于 γ 射线类型，但是，查德威克是完全熟悉辐射现象的形形色色的方面的，他清楚地感到实验资料和这种观点不能相容。

事实上，在一种精巧的研究中揭示了现象的一些新特点，查德威克依据这种研究就能够证明，人们所遇到的是通过中性粒子进行的动量交换和能量交换。按照他的测定，这种粒子的质量和质子质量相差不到千分之一。由于中子比带电粒子更容易不将能量传给电子而穿一透物质和进入原子核，查德威克的发现就提供了产生新型的核嬗变的巨大可能性。这种新效应的某些最有兴趣的事例，很快就由费瑟(Feather)在卡文迪许实验室演示出来了，他得到了表明氮核通过中子轰击而在放出 α 粒子时发生蜕变的云室照片。如众所周知，在很多实验室中沿这种路线继续进行的研究，很快地增加了我们关于核构造和核嬗变过程的知识。

在 1932 年春季，我们在哥本哈根研究所召开了一年一度的会议，在这种场合我们一向有幸看到很多我们的老同事。在这次年会上，主要的讨论题目之一当然就是发现中子的含意，而出现的一个特殊问题就是一种表观上很奇异的情况：在狄(Dee)的美丽的云室图片中，没有观察到中子和原子中束缚电子之间的任何相互作用。与此有关，我们提出了这样的论点：由于量子力学中散射截面对碰撞粒子的约化质量的依赖性，达一事实看来甚至和关于中子、电子间的短程相互作用的假设都不相容，该假设认为这种相互作用和中子、质子间的相互作用强度相近。几天以后，我得到卢瑟福一封信，这封信偶然地接触到了这一问题。我禁不住要把这封信的全文引述于此：

1932 年 4 月 21 日

亲爱的玻尔，

福勒已回剑桥，我很高兴地从他那里听到关于你们的近况，并知道你们和老朋友们开了一个很精彩的会。听到你的中子理论，我很感兴趣。我看到《曼彻斯特卫报》的科学通信员克罗塞很精致地描述了这种理论，他对这种事情是很有理解力的。听到你对中子有好感我很高兴。我想，查德威克等人得到的支持中子的资料，现在在主要方面已经完备了。除了和原子核的碰撞以外，将要产生或应该产生多大电离才能说明吸收现象，这还是一个有待讨论的问题。

“不雨则已，雨必倾盆”，因而我要告诉你另一个有趣的发展——在下周的《自然》上将发表的一篇短讯。你知道，我们有一个高电压实验室，在那里很容易得到 600 千伏或更高一些的直流电压。他们最近正在检查用质子轰击轻元素的效应。质子射在和管轴成 45°角的物质表面上，所产生的效应则在旁边用闪灼法进行观察，硫化锌荧光屏用足够的云母遮盖了起来，以阻止质子。在锂的情况下，观察到很亮的闪光，闪光从大约 125 千伏的电压下开始而随电压很快地增加，用几个毫安的质子流可以得到每分钟若干百次的闪光。α 粒子显然有一个确定的、实际上依赖于电压的射程，在空气中其射程为 8 厘米。所能提出的最简单的假设就是，锂 7 俘获一个质子而分裂成两个普通的 α 粒子。按照这种观点，所释放的总能量大约是 16 兆伏，而在能量守恒的假设下这对于所涉及的质量改变也恰恰是正确的数量级。

以后将作些特定的实验来检验粒子的本性，但是，根据闪光的亮度和云室中的径迹看来，它们或许是 α 粒子。在最近几天的实验中，在硼和氟中也观察到了同样的效应，但是粒子的射程较小，虽然它们显得像是 α 粒子。很可能，硼 11 俘获一个质子而分裂成三个 α 粒子，而氟则分裂成氧和 α 粒子。能量的改变量是差不多和这些结论相适应的。我确信您对这些新结果一定很感兴趣，我们希望在不久的将来还要扩大这些结果。

很清楚，α 粒子、中子和质子可能会引起不同类型的蜕变，而迄今为止只在质量数为

$4n+3$ 的元素中观察到结果，这也可能是很有意义的。看来好像第四个质子的加入会立刻导致一个 α 粒子的形成并导致随之而来的蜕变。然而，我设想，整个问题应该看成一个过程的结果而不是几个步骤的结果。

我很高兴，为得到高电压而付出的精力和费用已经通过确定的和有兴趣的结果而获得报偿了。事实上，他们在一两年前就应该已经观察到这种效应了，但他们没有按照正确的方法进行试验。您可以很容易地理解到，这些结果可能打开一条普遍地研究嬗变的广阔路线。

我们家中都很好，而我明天就要开始讲课了。谨向您和玻尔夫人致意

卢瑟福谨启

铍显示了某些奇特的效应——尚待确定。

我可能于 4 月 25 日星期四在皇家学会关于原子核的讨论中提到这些实验。

当然，在阅读这封信时必须记得，以前我到剑桥的那些访问已使我熟悉了卡文迪许实验室中正在进行的工作，从而卢瑟福没有必要特别指明他的同事们的个人贡献。这封信确实很自发地表现了他在当年那些伟大成就中所获得的完满喜悦，表现了他在追求这些成就的后果方面的热切心情。

Ⅺ

作为一个真正的开创者，卢瑟福从来不仅仅依靠直觉，不论直觉能带他走多远，他永远不忘寻求可以导致出人意料的进步的那种知识的新来源。例如，也是在剑桥，卢瑟福和他的同事们用巨大的精力和不断改进的仪器继续研究了关于 α 衰变和 β 衰变的放射过程。卢瑟福和埃利斯关于 β 射线谱的重要工作，揭示了明白区分核内效应同 β 粒子和外围电子系的相互作用的可能性，并且导致了关于内变换机制的阐明。

而且，埃利斯关于直接由核放出的电子的连续能谱分布的演证，掀起了一个有关能量守恒的难以捉摸的问题。这一问题终于被泡利关于同时发射一个中微子的大胆假说所回答了，这种假说给费米关于 β 衰变的巧妙理论提供了基础。

通过卢瑟福、维恩-威廉姆斯(Wynn-Williams)等人在测量 α 射线谱的精确度方面进行的巨大改进，这种射线谱的精细结构以及它们和由 α 衰变而得到的剩余核的能级的关系，都得到了大大的揭示。早期阶段的一个特殊的进展就是 α 射线对电子的俘获的发现；在 1922 年亨德森(Henderson)对此现象的第一次观察以后，卢瑟福就在他的最精通的研究之一中对这种俘获进行了探索。如众所周知，带来了这么多关于电子俘获过程的知识的这一工作，在卢瑟福逝世几年以后即将引起新的注意，那时，随着中子撞击所引起的重核裂变过程的发现，研究高度带电的核碎片在物质中的穿透就变得特别重要了。在这种研究中，电子俘获是一种主要的特点。

不论是从一般前景还是从实验技术来看，巨大的进步是从 1933 年菲德利·约里奥

(Frédéric Joliot)和爱伦·居里(Iréne Curie)的所谓人工 β 放射性的发现开始的,这种放射性是由 α 射线轰击所引起的核嬗变产生的。我几乎用不着在这儿重述,通过恩里克·费米(Enrico Fermi)对由中子诱发的核嬗变所进行的光辉的系统研究,发现了许多种元素的放射性同位素,并得到了关于由慢中子俘获所引起的核过程的大量知识。特别是这种过程的继续研究揭示了最引人注意的共振效应,其尖锐度远远超过由包斯(Pose)首次观察过的 α 射线所诱发的反应的截面中的峰值尖锐度,而且,伽莫夫立刻就使卢瑟福注意了哥尔内依据势阱模型对此现象所作的解释。

布莱克特用其巧妙的自动云室技术进行的观测已经证明,在卢瑟福用有关人工核蜕变的原始实验研究过的那种过程中,入射的 α 粒子就是留在质子逸出后的剩余核中的。现在问题变得很清楚,在一个很大的能量范围中,一切类型的核嬗变都要经过划分得相当开的两步:其中第一步是形成一个寿命较长的复核;而第二步则是释放复核的激发能,这一步是各种可能的蜕变方式和辐射过程彼此竞争的结果。卢瑟福对它很感兴趣的这种观点,就是我在 1936 年应卢瑟福的邀请在卡文迪许实验室所作最后一次系统演讲的主题。

在卢瑟福于 1937 年逝世以后,不到两年,他在蒙特利尔时的老朋友和老同事,当时和弗里茨·斯特拉斯曼(Fritz Strassmann)在柏林一起工作的奥托·哈恩(Otto Hahn),就发现了最重元素的裂变过程,而这一发现就开始了一种新的戏剧性的发展。紧接在这一发现之后,当时在斯德哥尔摩和哥本哈根工作而现在则都在剑桥工作的丽丝·迈特娜(Lise Meitner)和奥托·弗里施(Otto Frish)就对这一现象的理解作出了重要的贡献——他们提出,高电荷核的稳定性的临界减低,乃是核组分间的内聚力和静电斥力相平衡的一种简单后果。我和惠勒(Wheeler)合作进行的对裂变过程的更详细的研究已经证明,该过程的很多特征都可以借助于以复核的形成作为第一步的那种核反应机制来加以说明。

在卢瑟福一生的最后几年中,他和马尔卡斯·奥里凡(Marcus Oliphant)成了同事和朋友,后者本人的一般态度和工作能力都是令我们非常想念的。在那时候,尤里(Urey)发现了重氢同位素^{2}H 或氘,而劳伦斯(Lawrence)则建造了回旋加速器并在用氘核束引起的核蜕变的初期研究中得到了一些惊人的新效应。这些都开辟了进行研究的新的可能性。在卢瑟福和奥里凡的经典性实验中,他们在用质子和氘核轰击分离出来的锂同位素时发现了^{3}H 或氚,并发现了^{3}He。这些实验确实已经给应用热核反应来将原子能源的全部指望付诸实现的那种精力充沛的现代企图奠定了基础。

从卢瑟福刚刚开始研究放射性时起,他就敏锐地认识到了这些研究将在许多方向上打开的广阔前景。具体说来,他很早就对估计地球年龄和理解地壳热平衡的可能性深感兴趣。尽管当时还不能为了技术的目的而释放核能,但是,能够在生前看到对于一向未知的太阳能源所作的解释已经作为自己所开始的那种发展的结果而在远方出现,这对卢瑟福想必是一种巨大的满足吧!

Ⅻ

当我们回顾卢瑟福的一生时，我们当然是在他的划时代科学成就的独一无二的背景上来理解它的，但是，我们的回忆将永远受到他人格魅力的照耀。在较早的那些纪念讲座中，卢瑟福的很多最亲密的同事曾经提到从他的精力和热诚中放射出来的灵感，提到他的冲动态度的魅力。事实上，尽管卢瑟福的科学活动和行政活动有着很大的和迅速增长的范围，但是，我们大家在早期曼彻斯特时代就如此欣赏的那种精神，在卡文迪许也是同样占据统治地位的。

关于卢瑟福从童年到晚年的丰富生活的一个忠实写照，已经由他在蒙特利尔时期的老友 A. S. 伊伍(A. S. Eve)写成了。伊伍书中引自卢瑟福数量惊人的通信中的那很多引文，特别使人对于他和全世界的同道及学生们的关系得到一个生动的印象。伊伍也很成功地报道了经常发生在卢瑟福周围的某些幽默的故事，而当卢瑟福于 1932 年第二次亦即最后一次到哥本哈根访问我们时，我曾经在一次演讲中提到这些故事。那篇演讲也重印在伊伍的书中了。

作为卢瑟福整个态度的特征的，是他对曾经和他在短期或长期内接触过的许多青年物理学家中的每一个都抱有浓厚的兴趣。例如，我生动地记得我在卡文迪许的卢瑟福办公室中和年轻的罗伯特·奥本海默(Robert Oppenheimer)初次相遇时的情况，奥本海默后来是和我产生了非常亲密的友谊的。事实上，在奥本海默进入办公室以前，卢瑟福已经用他对于才能的敏锐感觉描述了这一年轻人的优秀天赋；在随后的时间进程中，这种天赋为奥本海默创造了他在美国的科学生活中的显著地位。

如众所周知，在访问剑桥以后不久，奥本海默当在哥廷根学习时就已成为让人们注意到粒子穿透势垒这一现象的最早人物之一，这种现象以后将成为伽莫夫等人对 α 衰变的巧妙解释的基础。伽莫夫在哥本哈根停留了一段时期以后，于 1929 年到了剑桥，在那儿，他对解释核现象所作的持续贡献得到了卢瑟福的很高评价；他也很欣赏伽莫夫在日常交往中所保持的那种奇妙而轻松的幽默，后来伽莫夫在其写的著名的通俗书籍中充分地表现了这种幽默。

在当时在卡文迪许实验室工作的很多从外国来的青年物理学家中，色彩最鲜明的人物之一就是卡皮查，卢瑟福对他作为一个物理工程师的那种想象力和才能大为赞赏。卢瑟福和卡皮查之间的关系，对他们两人都是很有特征性的，而且，尽管不可避免地在情感上有些冲突，但是这种关系自始至终却以深深的互相欣赏作为标志的。在卡皮查于 1934 年回到苏联以后，卢瑟福仍然努力支持他的工作，隐藏在这种支持的后面的也正是上述那些感情；而在卡皮查那方面，在卢瑟福逝世以后我接到他的一封信，这封信也很令人动容地表达了那些感情。

在 20 世纪 30 年代的初期，为了实施卡皮查的很有希望的计划，在卢瑟福的倡议下作为卡文迪许实验室的附属单位建立了蒙德实验室，当时，卡皮查希望在该实验室的装饰上表现他在和卢瑟福的友谊中得到的喜悦。但是，外壁上的一个鳄鱼雕像却引起了议论，只是当提到有关动物生活的特殊的俄罗斯民间故事时，这些议论才得以平息[1]。然而，最重要的是，放在门廊中按照伊瑞克·吉耳(Eric Gill)的艺术笔调作成的卢瑟福浮雕像，使卢瑟福的很多朋友都深为震惊。在一次到剑桥的访问中，我承认我不能同意这种愤慨之情。我的意见是如此地受到欢迎，以致卡皮查和狄拉克把一个雕像复制品送给了我；这个复制品放在我在哥本哈根研究所的办公室中的壁炉上，从那时起，他一直给我以每日视觉上的享受。

当卢瑟福因其在科学上的地位而被封为英国贵族时，他对自己作为贵族院的一员而负有的新责任感到了敏锐的兴趣，但是，他在行为的直率和淳朴方面肯定是没有任何改变的。例如，在一次皇家学会俱乐部的宴会上，在和他的一些朋友交谈时我用第三人称提到卢瑟福勋爵，他愤怒地转身向我喊道："你把我叫作'勋爵'吗"？这就是我所能记得的他对我说过的最严厉的话了。

直到他逝世为止，卢瑟福以其不衰的精力在剑桥工作了将近二十年。在这二十来年中，我的妻子和我都一直同他和他的家庭保持了密切的接触：几乎每一年我们都会在他们的纽汉别墅里的优美的家中受到殷切的款待，他们的别墅位于古老学院的后面，别墅里有一个可爱的花园，卢瑟福可以在这里得到休息，而打理花园也是玛丽·卢瑟福的很有乐趣的工作。我记得在很多平静的晚间，我们在卢瑟福的书房中不但讨论物理科学的新前景，而且讨论人类兴趣所涉的很多其他领域中的课题。在这种谈话中，一个人永远不会受到引诱去过高估计他自己的贡献的兴趣，因为，在一天的工作以后，只要觉得谈话和自己无关，卢瑟福就很容易沉沉地睡去。于是，人们就必须等他醒来，然后他就重新用他常有的精力加入谈话，就像什么事也没有发生一样。

在星期天，卢瑟福照例在早晨和几个亲密的友人玩玩高尔夫球，而在晚上则到三一学院用餐，在那里，他会遇到许多杰出的学者并欣赏关于各式各样问题的讨论。带着对生活的一切方面都不知满足的好奇心，卢瑟福对他的有学问的同事们是很尊重的，但是，我记得在我们有一次从三一学院回来的路上他曾经谈到，在他看来，当所谓人文学家们因为不知道为什么在他们的门口按一下电钮，他们厨房中的铃子就会响起来而感到骄傲时，他们是有点太过分了。

卢瑟福的某些说法曾经引起误解，使人们认为他不能充分认识数学形式体系在物理科学的进步中的价值。事实上完全相反，当主要是由他创立的那一物理学分支迅速地发展起来时，卢瑟福是常常对新的理论方法表示赞赏的，他甚至对量子论的哲学涵义问题也很感兴趣。我特别记得，在他逝世前几个星期，当我和他最后一次在一起时，他对于生物学问题和社会问题的互补处理方式是何等地醉心，以及他多么热心地讨论了通过在民族之间交换初生婴儿之类的不寻常的程序而以此得到有关民族传统和民族偏见之根源

---

① 有一个俄罗斯民间故事，说的是一群孩子为了防御鳄鱼而设法让它吞下了一个马蹄表，结果，孩子们每当听到表的滴答声时就知道鳄鱼来了。据说，卢瑟福在谈笑时声音很大。如果有人在工作中偷懒，听到他的声音就可以赶快开始工作，所以卢瑟福有一个绰号叫作"鳄鱼"——译者。

的实验资料的可能性。

几星期以后，在波洛纳的伽瓦尼二百周年诞辰纪念会上，我们悲痛而震惊地听到了卢瑟福逝世的消息，而我立刻就赶到英格兰参加了他的葬礼。我在不久以前还和卢瑟福夫妇在一起，并且看到卢瑟福完全健康并像往常那样地神采奕奕，因此，当我又见到玛丽·卢瑟福时，她确实是处于悲痛的氛围之中了。我们谈到了欧内斯特[①]的伟大的一生，在他的这一生中，从很早的青年时代她就是他如此忠诚的伴侣；而他对于我则几乎是像第二个父亲一样的。过了些天，卢瑟福就被安葬在威斯敏斯特教堂的牛顿墓地附近了。

卢瑟福没有活到能够看见因为他的原子核的发现以及随后的基本研究而引起伟大技术革命的时候。但是，对于和我们的知识及能力的任一增长相联系的责任，他一直是很清楚的。我们现在正面临着对于我们整个文明的最严重的挑战：我们必须阻止人类已经掌握了的可怕力量的灾难性的应用，而将巨大的进步转移到促进全人类的福利方面来。我们中间被召唤参加了战争设计的某些人常常想到卢瑟福，并且很恭谨地努力按照我们设想的卢瑟福所会采取的方式来行动。

卢瑟福留给我们的回忆，对于有幸认识他并接近他的每一个人都永远是鼓励和坚毅的丰富源泉。今后要对原子世界进行探索的世世代代，将继续从这一伟大开创者的工作和生活中吸取灵感。

① 即卢瑟福——译者

(六)

量子力学的创立[①]

(1962)

在谈论我关于旧日的某些追忆时,我首先想到的,就是要强调来自很多国家的整整一代物理学家的密切合作,怎样在一步一步地在一个巨大的新知识领域中创造秩序方面取得了成功。经历物理科学的这一发展时期,是一种妙不可言的探险,而沃尔纳·海森伯则在这一期间占据着突出的地位。

——玻尔

① 据德文文章"Die Entstehung der Quantenmechanik"译成。——英文原注

STRABAG
AUTOBUS
HALTESTELLE
www.richard.at

沃纳·海森伯的六十寿辰，使我得到一个受欢迎的机会来谈谈我对当年的某些回忆，那时他在哥本哈根和我们一起工作并以那样的天才创立了量子力学的基础。

在将近四十年前，在1922年的春天，我初次遇到了青年大学生海森伯。那是在哥廷根，我被邀到那里进行一系列关于原子构造的量子论现状的演讲。索末菲及其学派，由于十分精通哈密顿和雅各比发展起来的利用作用量子不变量来处理力学体系的那些方法而得到了很大的进步，但是，将作用量子纳入经典物理学的无矛盾推广中的问题，却仍然包含着深刻的困难。对待这一问题的各种不同态度，引起了很活跃的讨论，而我很高兴地想起，当我强调对应原理作为进一步发展的指导时，人们，特别是青年听众们都很感兴趣。

在这一场合下，我们讨论了索末菲以为最有希望的两个青年学生到哥本哈根来的可能性。泡利在同一年就已经参加了我们的集体，而海森伯则按照索末菲的建议还要在慕尼黑停留一年，以完成他的博士论文。在海森伯于1924年秋天到哥本哈根来住一较长时期之前，我在前一年春天已经很高兴地在哥本哈根短期地见到了他。那时，我们就继续进行了在哥廷根开始的讨论，既在研究所中，也在长时间的散步中，而我因此对海森伯的少有的天赋得到了更强烈的印象。

我们的谈话接触到物理学和哲学中的许多问题，而且特别强调了对于有关概念的无歧义定义的要求。原子物理学问题的讨论，最重要地涉及作用量子在同描述全部实验结果所用各概念的关系方面的奇特性质，而且，联系到这一点，我们也谈到了数学抽象在这儿也像在相对论中一样被证实为有用的那种可能性。在当时，我们面前还没有这种前景，但是物理概念的发展却刚刚进入一个新的阶段。

我曾经和克拉默斯及斯莱特(Slater)合作，试图将个体的原子反应纳入经典辐射理论的构架中。虽然我们起初在能量和动量的严格守恒方面遭遇到一些困难，但是，这些研究却导致了作为原子和辐射场之间的联系纽带的虚振子这一概念的进一步发展。不久以后，克拉默斯沿对应原理的路线发展起来的色散理论就将问题向前推进了一大步，这种理论同爱因斯坦关于吸收过程及自发发射、诱发发射等过程的普遍概率法则建立了直接的联系。

海森伯和克拉默斯很快就进行了密切的合作，结果得到了色散理论的一次扩充。特别说来，他们研究了一种新颖的原子反应，这种反应和由辐射场引起的微扰有关。然而，在下述意义上这种处理仍然是半经验性的，那就是，仍然没有自圆其说的基础来推导原子的谱项或原子的反应概率。当时只有这样一种模模糊糊的希望：刚才谈到的色散效应和微扰效应之间的那种联系，或许可以用来逐渐地重新表述理论，通过这种再表述，可以一步一步地把经典概念的每一不适当的应用都消掉。我们深切感到这样一种程序的困难，因此，当二十三岁的海森伯发现可以如何一蹴而就地达到目的时，我们大家都感到深为钦佩。

通过用非对易符号来巧妙地表示运动学的和动力学的量，事实上他已经奠定了进一

◀位于维也纳的国际原子能机构总部

步的发展所即将依据的基础。新量子力学的形式化的完成，很快地就在他和玻恩及约尔丹的密切合作中得到了。在这方面我愿意提到，当收到约尔丹的一封信时，海森伯描述了他的感想，他的话大致是这样："现在有学问的哥廷根数学家们这样起劲地谈论什么厄密矩阵，而我却甚至连什么是矩阵都不知道。"在访问剑桥时，海森伯曾把自己的新见解告诉了狄拉克，不久以后，狄拉克就成了能够针对自己的工作自己创造适当数学工具的那种青年物理学家的另一个光辉范例。

虽然新的形式体系显然已在量子问题的无矛盾表示方面得到了决定性的进步，但是，在一段时间之内，对应性要求却似乎还没有完全得到满足。例如，我记得，泡利对氢原子能态的处理就是海森伯观点的早期的成果应用之一，但是泡利本人就对当时的形势表示过不满意。他强调指出，月球在其绕地轨道上的位置可以测定，这应该是显而易见的，但是，按照矩阵力学，具有明确规定的能量的二体体系的每一个态，在有关的运动学量方面却只有统计的期许值。

正是在这一方面，当时即将从物质粒子的运动和光子的波动传播之间的类比中看到新的光明，这种类比是德布罗意在 1924 年已经提到过的。在这种基础上，通过建立他的著名的波动方程，薛定谔在 1926 年在应用函数论这一有力工具来处理很多原子问题方面得到了辉煌的成功。至于对应性问题，最重要的是薛定谔方程的每一个解都可以表示成谐和本征函数的叠加，这就使人们有可能详细追寻如何可以将粒子的运动和波包的传播相对比。

然而，在开始时，关于量子问题的表面上如此不同的两种数学处理之间的相互关系，仍然是有点不大清楚的。作为当时的争论的一个例子，我可以提到，海森伯对依据波的传播来解释斯特恩-盖拉赫(Stern-Gerlach)效应的可能性表示过的一种怀疑，是怎样被奥斯卡・克莱因打消了的。克莱因特别熟悉哈密顿所指出的力学和光学之间的类比，从而他本人已经走上了波动方程的道路，他简单地提到惠更斯(Huygens)对于晶体中的双折射的旧解释，这样就解决了问题。薛定谔于 1926 年秋天到哥本哈根的访问，提供了活跃地交换观点的一个特殊机会。在这一场合下，海森伯和我曾试图使他相信，如果不把吸收过程和发射过程的个体特性明显地考虑在内，他对色散现象的优美处理就不可能和普朗克的黑体辐射定律相协调。

薛定谔波动力学的统计诠释，不久就通过玻恩对碰撞问题的研究而被阐明了。不同方法的完全等效性，也在 1926 年就已通过狄拉克和约尔丹的变换理论而确立了①。在这方面，我记得海森伯在一次研究所讨论会上曾指出，矩阵力学使我们不但能够确定一个物理量的期许值，而且可以确定该量的任意乘幂的期许值；而在下一次讨论中，狄拉克就说这一见解给他提供了普遍变换的线索。

在 1925—1926 年的冬季，海森伯是在哥廷根工作的，而我也到那里去过几天，我们特别谈到了电子自旋这一发现的戏剧性的历史，近来这在泡利纪念文集中曾得到各方面的阐明。使得哥本哈根集体感到很高兴的是，在这一次访问中，海森伯同意到我们研究

---

① 参阅 J. Mehra 所编的《物理学家的自然观》(The Physicist's Conception of Nature, D. Reidel Publishing Company, 1973)，第 276—293 页。——译者

所来接替克拉默斯的讲座职位，那时克拉默斯已经受聘为乌特勒支的理论物理学教授了。海森伯在下一学年中的讲课，不但在内容方面，而且在他对于丹麦语言的完善掌握方面也受到了学生们的赞赏。

这一年，对于海森伯的基本科学工作的继续来说是特别有成果的一年。一个突出的成就就是对氦光谱双线性的阐明，这一问题是原子构造量子论中久经考虑的最大困难之一。有了海森伯联系到波函数的对称特性来对电子自旋进行的处理，泡利原理也变得清楚多了，而这立刻就带来了一些最重要的后果。海森伯本人被直接引导到了铁磁性的理解，而且不久就出现了海特勒和伦敦对同极化学键的阐明，同样也出现了丹尼森对于氢比热这一老难题的解答。

联系到那几年中原子物理学的迅速发展，人们的兴趣越来越集中到丰富经验数据的整理问题上去了。海森伯对这些问题的深入考察，在“量子论中运动学和力学的形象化内容”这篇著名的论文中得到了表现；该文是在他停留在哥本哈根的末期出现的，文中第一次表述了测不准关系式。从一开始，对待量子论中那些表观佯谬的态度，就以重视和作用量子有关的基元过程的整体性特点为其特征。尽管一直都很清楚，能量和其他不变量只有对于孤立体系才能严格地定义，但是，海森伯的分析却揭示了原子体系的态在任何观察过程中会在多大程度上受到和测量工具间不可避免的相互作用的影响。

对于观察问题的强调，又把海森伯在第一次访问哥本哈根时和我谈到的那些问题提到了首要地位，而且引起了关于一般认识论问题的进一步讨论。应该可能用无歧义的方式传达实验上的发现，而正是这一要求，就意味着实验装置和观察结果，必须用我们为了适应环境而采用的普通语言表示出来。例如，量子现象的描述要求在原理上把所考察的客体和用来确定实验条件的测量仪器区分开来。特别说来，此处遇到的迄今在物理学中如此陌生的这些对立，强调了将获得经验时所处的条件考虑在内的必要性，这种必要性在其他经验领域中是人所共知的。

在谈论我关于旧日的某些追忆时，我首先想到的，就是要强调来自很多国家的整整一代物理学家的密切合作，怎样一步一步地在一个巨大的新知识领域中创造秩序方面取得了成功。经历物理科学的这一发展阶段，是一种妙不可言的探险时期，而沃纳·海森伯则在这一期间占据着突出的地位。

普林斯顿高等研究院徽章

（七）

索尔维会议和量子物理学的发展

（1962）

希望关于历史发展的某些特点的这一回顾，能够表明物理学家们对索尔维研究所的谢意，也能够表明我们大家对该研究所的今后活动的期望。

——玻尔

恰恰在五十年前在欧内斯特·索尔维的高瞻远瞩的首倡下开始召集的、并在他所建立的国际物理学研究所的主持下陆续召开的一系列会议，对于物理学家们说来，曾经是讨论作为不同时期兴趣中心的那些基本问题的一种独一无二的机会，从而也在许多方面刺激了物理科学的近代发展。

每一届会议上的报告和随后的讨论都有详细的记录。对于试图要对在20世纪初期兴起的那些新问题的探索过程有一个印象的治科学史的人们来说，这些记录将来将是最有价值的情报源泉。事实上，通过整整一代物理学家们的共同努力而对这些问题进行的逐步澄清，在随后的年代中不但如此巨大地拓展了我们对于物质原子构造的洞察，而且甚至也导致了在物理经验的概括方面的一种新前景。

作为在时间过程中曾经参加过很多次索尔维会议并在最早的几次会议上和许多与会者有过个人接触的人员之一，我欣然接受邀请，来借此机会谈谈我关于各次讨论在阐明我们所面临的问题方面所起作用的若干回忆。在处理这一工作时，我将力图在原子物理学在过去五十年中所经历的多方面发展的背景上来介绍这些讨论。

I

1911年的第一届索尔维会议的题目是“辐射理论和量子”，这一题目本身就指示着当时的讨论的背景。19世纪物理学中最重要的进展，或许就是对辐射现象提供了如此影响深远的解释的麦克斯韦电磁理论的发展以及热力学原理的统计诠释，这种诠释以玻尔兹曼(Boltzmann)对于熵和复杂力学体系的状态概率之间的关系的认识为其顶峰。但是，和周围器壁处于热平衡的空腔辐射，其波谱分布的说明却带来了出人意料的困难，这些困难通过瑞利的精辟分析而得到了特别的显露。

在20世纪的第一年，普朗克关于普适作用量子的发现，形成了发展中的一个转折点。这一发现揭示了原子过程中的一种整体性特点，这是完全超出于经典物理概念之外的，甚至是超越了物质有限可分性这一古代学说的。在这种新背景上，爱因斯坦在早期就强调了在详细描述辐射和物质之间的相互作用的任何企图中都会涉及的表观佯谬——他不但使人们注意到低温下固体比热的研究给普朗克的见解提供的支持，而且，联系到他对光电效应所作的创造性处理，他也引入了基元辐射过程中作为能量和动量的负载者的光量子或光子的概念。

事实上，光子概念的引入，意味着牛顿和惠更斯时代关于光的颗粒构造或波动构造的古老两难推论的复活；通过辐射的电磁理论的建立，这种两难推论似乎已经在有利于波动学说的条件下解决了。当时的形势是相当奇特的，因为普朗克常量乘以辐射的频率

◀玻尔家夏屋的一角(戈革摄)

或波数就得到的光子能量或光子动量，而这种定义本身就直接涉及波动图景的一些特征。于是，我们面临着经典物理学中不同基本概念的应用之间的一种新颖的互补关系的研究——在时间过程中将使决定论描述方式的有限范围明朗化，并且甚至对最基本的原子过程也要求本质上是统计性的说明。

会上的讨论是由洛伦兹的一次精彩演讲开始的，他说明了一种以经典概念为基础的论证，这种论证导致了能量在物理体系的不同自由度之间的均分原理。这里的自由度不但包括构成体系的各物质粒子的运动，而且也包括附属于粒子电荷的电磁场的简正振动模式。然而，遵循着瑞利关于热辐射平衡的分析路线却导致了众所周知的佯谬结果，那就是，任何温度平衡都是不可能的，因为体系的全部能量都要逐渐传给频率递增的电磁振动。

表面看来，使辐射理论和普通的统计力学原理相互调和的唯一方法，就是金斯提出的下述建议：在实验条件下，我们所遇到的不是真正的平衡，而是一种似稳态，在这种似稳态中我们是看不到高频辐射的产生的。人们在感受到辐射理论中的困难时的那种深切性，可以用会议上宣读的瑞利勋爵的一封来信作为标本，他在信中劝告人们仔细考虑金斯的建议。但是，通过进一步的检查，很快就发现金斯的建议是不可能成立的。

在很多方面，会上的报告和讨论是极有启发性的。例如，在沃伯格(Warburg)和鲁宾斯(Rubens)报告了支持普朗克温度辐射定律的实验资料以后，普朗克自己对于引导他发现了作用量子的论证进行了说明。他在评论将这种新特点和经典物理学观念构架调和起来的困难时强调指出，本质性的问题不在于新的能量子假说的引入，而在于作用量概念本身的重新塑造，他并且表示确信，在相对论中也能成立的最小作用量原理将成为量子论进一步发展的指南。

在会上的最后一次报告中，爱因斯坦总结了量子概念的很多应用，并且特别处理了他对在低温下比热反常性的解释中所用的基本论证。这些现象的讨论，已在能斯特(Nernst)在会上所作的一次报告中被引入了。他在报告中特别考虑了很低温度下的物质属性，报告还论及量子论对物理学和化学的各种问题的应用。读一读能斯特的报告是很令人感兴趣的——他在报告中指出，他从 1906 年起曾经作了许多重要应用的关于绝对零度下的熵的众所周知的定理，现在成为从量子理论导出的一个更普遍定律的特例了。但是，喀麦林·昂内(Kamerlingh Onnes)报告了他所发现的某些金属在极低温度下的超导现象却带来了一个很大的疑难，这种疑难在很多年以后才初次得到了解释。

受到各方面评论的一种新特点，就是能斯特关于气体分子的量子化转动的概念，这种概念在红外吸收谱线精细结构的测量中终于得到了如此美好的证实。量子论的类似应用，也由朗之万(Langevin)在他关于物质磁性随温度变化的成功理论的报告中提出了——报告中特别提到了磁子概念，这种概念是由韦斯(Weiss)引入的，目的在于解释由分析他的测量结果而推出的原子基元磁矩强度之间的引人注意的数值关系。事实上，正如朗之万所证明的，磁子的值无论如何可以近似地由一个假设中推出，那就是，电子在原子中是转动的，其角动量和一个普朗克量子相对应。

索末菲描述了在很多物质属性中探索量子特点的另一些生气勃勃的和目的论的企图，他特别讨论了用高速电子来产生 X 射线的问题，也讨论了有关光电效应中的或由电子撞击而引起的原子电离的问题。在评论后一问题时，索末菲要求人们注意，他的某些考虑和哈斯在一篇最近论文中所显示的那些考虑具有类似性：哈斯试图应用量子概念来说明电子在原子中的结合，他所用的原子模型是涉及一个均匀带正电的球的模型，正如J. J. 汤姆逊所建议的一样——他曾经得到和光谱频率具有相同数量级的公转频率。至于索末菲自己的意见，他说他不想从这样一些考虑中推出普朗克常量，而宁愿将作用量子的存在看成原子构造和分子构造问题的任何处理方式的基础。从最近发展趋势的背景上来看，这一说法确实具有差不多是预言的性质。

尽管在开会的当时当然还谈不到概括地处理普朗克的发现时所引起的那些问题，但是人们普遍地意识到，物理科学的巨大的新远景已经升起了。尽管这里需要对无歧义应用基本物理概念的基础进行根本的修正，但是，对于所有的人都是一种鼓励的是：恰恰是在这些年中，经典方式在处理稀薄气体的属性方面和应用统计起伏来确定原子数方面所得到的新胜利，已经如此突出地证实了建筑基础的巩固性。在会议的进行中，马丁·努森(Martin Knudsen)和让·佩兰(Jean Perrin)很恰当地作了有关这些进展的详细报告。

当我于1911年在曼彻斯特遇到卢瑟福时，正是他刚刚从布鲁塞尔回来以后，我从他那里听到了关于第一届索尔维会议上这些讨论的生动叙述。然而，在这一场合下，有一件事是卢瑟福没有告诉我而我在最近几个月以前翻阅会议记录才知道了的——在会上的讨论过程中，人们完全没有提到对以后的发展发生了如此深刻影响的新近事件，即卢瑟福自己关于原子核的发现。事实上，卢瑟福的发现用如此出人意料的方式完善了关于原子结构可以用简单的力学概念来加以解说的资料，而同时又揭示了这些概念对任何有关原子体系稳定性的问题的不适用性。这一发现不但应该起一种指南的作用，而且在后来的很多量子物理学发展阶段中也仍然是一种挑战。

Ⅱ

1913年的第二届索尔维会议的题目是“物质结构”。当时，通过劳厄在1912年关于伦琴射线在晶体中的衍射的发现，已经获得了最重要的新知识。这一发现确实消除了对于必须赋予这种穿透性辐射以波动性质的一切怀疑，而正如威廉·布拉格所特别强调的，这种辐射在和物质相互作用时所显示的颗粒特性则已经由威尔逊云室表示着气体吸收辐射而放出的高速电子的径迹的图片突出地显示了出来。如众所周知，劳厄的发现直接推动了威廉·布拉格和劳伦斯·布拉格对于晶体结构的光辉探索——通过分析单频辐射在晶体点阵中不同序列的原子平行面位形上的反射，他们既能测定辐射的波长，又能推求点阵的对称类型。

对于这些发展的讨论，形成了此次会议的主题。这种讨论以J. J. 汤姆逊一篇有关原子中电子组分的巧妙概念的报告为其先导，利用这些概念，他就能够至少是用定性的方式探索出物质的许多一般属性而不背离经典物理学原理。为了理解当时物理学家们的一般态度，有一件事实是很能说明问题的——卢瑟福关于原子核的发现为上述这种探索提供了基础，而这种基础的唯一性则尚未得到普遍的承认。唯一提到这一发现的是卢瑟福自己，他在汤姆逊报告以后的讨论中坚持了支持有核原子模型的实验资料的丰富性和精确性。

实际上，在会议的几个月以前，我的关于原了构造量子论的第一篇论文已经发表了——在这篇论文中，已经开始了最初的几个步骤，以应用卢瑟福原子模型来解释元素的依赖于核周围的电子结合的那些特定属性。正如已经指出的，当用普通的力学概念和电动力学概念来处理时，这一问题带来了一些不可克服的困难——按照这些概念，任何点电荷系都不能有稳定的静态平衡，而电子绕核的任何运动都会通过电磁辐射而引起能量的耗散，伴随着这种耗散，电子轨道将迅速地收缩成远小于由一般物理经验及化学经验推得的原子大小的一个电中性体系。因此，这种形势就暗示着，稳定性问题的处理，要直接建筑在由作用量子的发现所证明了的原子过程的个体性上。

一个出发点已由元素光谱所显示的经验规律性提供了出来，正如里德伯所首先认识到的那样，这种规律性可以用并合原理来表示——任一谱线的频率可以极端准确地表示为一组谱项中二项之差的形式，该组谱项是元素的特征。直接依据爱因斯坦对光电效应的处理，事实上就可能将并合定律解释为一些基元过程——原子通过单频辐射的发射或吸收而被从原子的一个所谓的稳定态移入另一稳定态中——的证据。按照这种观点，可以将普朗克常量和任一谱项的乘积同相应稳定态中的电子结合能等同起来，也给线系谱中发射谱线和吸收谱线之间的表观上难以捉摸的关系提供了简单解释。因为在发射谱线中我们面临的是从原子的受激态到某一较低能态的跃迁，而在吸收谱线中我们一般遇到的是从能量最低的基态到受激态之一的跃迁。

暂时将电子体系的这些态描绘为服从开普勒定律的行星运动，我们发现就有可能通过和普朗克原来的谐振子能态表示式进行适当对比而推出里德伯常量。和卢瑟福原子模型的密切关系，同样表现在氢原子光谱和氦离子光谱之间的简单关系中——我们需要处理由一个电子和一个核结合而成的体系，核的体积很小，并分别带有一个或两个基元电荷。在这方面，可以很有兴趣地重提下述事实：恰恰是在开会的时候，莫斯莱就正在应用劳厄-布拉格方法研究元素的高频辐射谱，并且已经发现了惊人简单的定律，这些定律不但使我们能够确定任意元素的核电荷，而且甚至后来给出了原子中电子组态的壳层结构的第一种直接的指示，这种壳层结构正是著名的门捷列夫表中显示出来的那种奇特周期性的起因。

Ⅲ

由于第一次世界大战打乱了国际的科学合作，索尔维会议直到 1921 年春天才算能够重新召开。以“原子和电子”为题的这次会议，是由洛伦兹关于经典电子论原理的一篇清晰的概述开始的，该理论特别对塞曼效应的基本特点提供了解释，如此直接地提示了作为光谱起源的原子中的电子运动。

作为第二个发言人，卢瑟福对这段时间内通过他的原子模型而得到了如此有说服力的解释的大量现象作出了详细的说明。除了这种模型所提供的对于放射性嬗变的基本特点和同位素的存在的直接理解以外，量子论对于电子在原子中的结合的应用当时也取得了相当的进步。特别是通过应用不变作用量积分而对量子稳定态进行的更完善的分类，已经在索末菲及其学派的手中导致了关于光谱结构的很多细节的解释；特别是关于史塔克效应的解释——史塔克效应的发现，曾经如此肯定地排除了将线光谱的出现归结为原子中电子的谐振动的那种可能性。

在以后几年中，通过西格巴恩和卡塔兰(Catalan)等人对于高频辐射谱和光谱的继续研究，确实已经能够得到原子基态中电子分布的壳层结构的详细图景，这种结构清楚地反映了门捷列夫表的周期性特点。这样一些进展蕴涵了许多重要问题的澄清，例如等效量子态的泡利不相容原理和电子内禀自旋这种涉及和电子束缚态的中心对称性的分歧的发现，它们对于依据卢瑟福原子模型来说明反常塞曼效应来说是必要的。

当着理论概念的这样一些发展尚未到来时，会上却也提出了关于辐射和物质间相互作用之本征特点的最近实验进展的一些报告。例如，莫里斯·德布罗意(Maurice de Broglie)讨论了在他用X射线作的实验中所遇到的某些最有兴趣的效应，这些效应特别揭示了吸收过程和发射过程之间的关系，它使人联想到可见光区域中的光谱所显示的那种关系。而且，密立根(Milikan)报告了他对光电效应的系统研究的继续，如众所周知，这种研究在普朗克常量的经验性测定的精确度方面导致了如此大的改进。

对量子论基础的一个有着基本重要性的贡献，已于战时由爱因斯坦作出——他已证明怎样可以用同样一些假设简单地导出普朗克辐射公式，那些假设对于解释光谱规律已被证实为如此富有成果，而且在弗兰克和赫兹关于用电子轰击来激发原子的著名研究中已得到如此突出的支持。确实，爱因斯坦关于发生稳定态间自发辐射跃迁以及由辐射诱发的跃迁的普遍概率定律的巧妙表述，尤其是他对发射过程和吸收过程中的能量和动量的守恒的分析，对于以后的发展已被证实为带有基本性的。

在会议召开时，通过一般论证的应用来保证热力学原理的成立，并保证经典物理学理论描述在所涉及的作用量足够大以致可以忽略个体量子的极限情况下的浸渐处理的成立，已经得到了预备性的进步。在第一个方面，艾伦菲斯特已经引入了稳定态的浸渐不变性原理。后一要求已经通过所谓对应原理的表述而得到了表达；这一原理从一开始就给很多不同的原子现象的定性探索提供了指导，而该原理的目的则在于要使个体量子过程的统计说明成为经典物理学的决定论描述的一种合理推广。

在这一场合，我应邀报告有关量子论的这些最近发展的一般概述。但是，由于我因病不能参加会议，所以很感谢艾伦菲斯特，他代我宣读了论文，并在该论文后面增加了一篇关于对应论证的要点的很清晰的总结。通过对于缺点的敏锐认识和对即使是很平常的进展的满怀热诚(这是艾伦菲斯特的整个态度的特征)，他的介绍忠实地反映了当时我们的思想活动状况，同样也反映了我们期待着决定性进步即将到来的那种感觉。

Ⅳ

为了得到关于物质属性的更为概括的描述，在能够发展适当方法之前还有多少工作要作，这一点，已由 1924 年的下一届索尔维会上的讨论表明了——会议的题目是“金属导电问题”。洛伦兹针对利用经典物理学原理来处理这一问题的可能手续进行了概述，他在一系列著名论文中追寻了一个假设的推论——金属中的电子表现得像服从麦克斯韦速度分布定律的气体一样。尽管这种考虑在开始时是成功的，但是，对于基本假设的适用性的严重怀疑却逐渐产生了。这些困难在会上的讨论中得到了进一步的强调——由布里奇曼(Bridgman)、喀麦林·昂内、罗森赫恩(Rosenhain)和霍尔(Hall)这一些专家作了关于实验进展的报告，而当时形势的理论方面则特别得到了理查德森(Richardson)的评论，他也试探性地按照在原子问题中所用的方式应用了量子论。

但是，在会议召开时，问题已经变得越来越明显了：当处理更复杂的问题时，甚至在对应处理中一直保留下来的那种力学图景的有限应用都是不能成立的。回顾那些年月，想到对于以后的发展将有巨大重要性的各种进步在当时都已开始，这确实是很令人感兴趣的。例如，亚瑟·康普顿(Arthur Compton)已于 1923 年发现了 X 射线受到自由电子散射时的频率改变，而且，同德拜一样，他自己也强调了这一发现对爱因斯坦光子概念给予的支持，虽然按照解释原子光谱时所用的简单方式来描绘电子吸收光子及发射光子这两种过程之间的关联是困难更多了。

然而，不到一年，这样一些问题就通过路易·德布罗意对于粒子运动和波动传播的巧妙对比而被刷新了面貌——这种对比很快就在戴维森和革末的以及乔治·汤姆逊的关于电子在晶体中发生衍射的实验中得到了惊人的证实。我在这里不需要详细回顾德布罗意的创造性见解后来怎样在薛定谔手中成为建立普遍波动方程的基础；通过高度发展的数理物理学方法的新颖应用，这种波动方程后来给阐明形形色色的原子问题提供了如此有力的工具。

正如每个人都知道的，对于量子物理学基本问题的另一处理曾始于克拉默斯——他于 1924 年开始，在召开会议的一个月以前就已经成功地发展了一种由原子体系引起的辐射色散的普遍理论。色散的处理从一开始就曾经是辐射问题的经典处理的重要部分，而且，可以很有兴趣地回想到，洛伦兹本人就曾反复地指出量子论中缺少这样的指导。然而，依靠着对应论证，克拉默斯已经证明，色散效应可以怎样和爱因斯坦所表述的关于自发的和诱发的个体辐射过程的概率定律直接联系起来。

为了将电磁场对原子体系态的微扰所引起新效应包括在内，克拉默斯和海森伯进一步发展了色散理论。事实上，正是在这种理论中，海森伯竟然找到了发展一种量子力学形式体系的阶梯，在这种形式体系中，超出渐近对应性以外的任何有关经典图景的说法都完全被消除了。通过玻恩、海森伯和约尔丹的工作，同样也通过狄拉克的工作，这一大胆而巧妙的观念不久就得到了普遍的表述——经典的运动学变量和动力学变量被换成了服从涉及普朗克常量的非对易代数学的一些符号性的算符。

量子论问题的海森伯处理和薛定谔处理之间的关系，以及这些形式体系的诠释的全部能力，不久以后就由狄拉克和约尔丹进行了最有教育意义的阐明——他们利用了变量的正则变换，遵循的路线和哈密顿对经典力学问题的原始处理相同。具体说来，这种考虑完成了澄清波动力学中的叠加原理和基元量子过程的个体性公设之间的表现对立的任务。狄拉克甚至在把这些考虑应用于电磁场问题方面得到了成功——通过用电磁场谐振分量的振幅和周相来作为共轭变量，他发展了一种辐射量子论，而把爱因斯坦的原始光子概念很合理地纳入了这一理论之中。整个这一革命性的发展，应该成为下届会议的背景，而该次会议是我能够参加了的第一次索尔维会议。

V

1927 年的会议是以“电子和光子”为主题的。会议以劳伦斯·布拉格和亚瑟·康普顿的关于电子对高频辐射的散射方面的丰富新实验资料的报告作为开头——这种电子牢固地结合在重物质的晶体结构中，它们和在轻气体原子中实际上处于自由状态时显示着很不相同的特点。在这些报告以后，路易·德布罗意、玻恩和海森伯，同样还有薛定谔，都对量子论的无矛盾表述方面的巨大进展作了最有教育意义的说明。关于这些进展，我已经谈到过了。

讨论的一个主题就是新方法所蕴涵的对于形象化的决定论描述的放弃。特别有争论的是这样一个问题：从一开始，作用量子的发现就引起了很多佯谬，在解决这些佯谬问题的一切企图中，人们都觉察到必须根本地离开普通的物理描述，波动力学究竟在多大程度上指示着离开得更少一些的可能性呢？但是，不但波动图景对物理经验所进行的诠释的本质统计性已经在玻恩对碰撞问题的成功处理中显示得很清楚，而且，整个观念的符号性特点，也许可以最突出地由下述必要性中看出：必须将普通的三维空间中的标定，换成在一个位形空间中用一个波函数来表示多粒子体系的态，该空间的坐标个数和体系的总自由度数一样多。

在讨论过程中，上述问题受到了特别的重视，这和在处理涉及同质量、同电荷及同自旋粒子的体系方面已经得到的巨大进步有关。在这种“等同”粒子的情况下，这种进步揭示了蕴涵在经典颗粒概念中的那种粒子个性方面的局限性。关于电子，这种新颖特点的指示已经包括在不相容原理的泡利表述中了，而且，联系到辐射量子的粒子概念，玻色(Bose)甚至在更早的阶段就已指出了通过应用一种统计学来推导普朗克温度辐射公式的简单可能性，这种统计学包括着和玻尔兹曼在计算多粒子体系的配容数时所用方法的一种分歧，而玻尔兹曼的方法对于经典统计力学的很多应用是如此适用的。

早在 1926 年，海森伯对氦光谱的奇特双线性的解释就对处理多电子原子作出了决定性的贡献，这种双线性多少年来一直是原子构造量子论的主要障碍之一。海森伯探索了波函数在位形空间中的对称性质，而狄拉克也独立地进行了这种考虑，后来费米又继续进行了这种考虑。通过这些研究，海森伯成功地证明了下述事实：氦原子的稳定态分为两类，和两组不相并合的谱项相对应，并且分别用和反向电子自旋及平行电子自旋相联系的对称的和反对称的空间波函数来表示。

我几乎用不着重述这一惊人成就如何引起了后续进步的真正"雪崩"(avalanche)，以及海特勒和伦敦关于氢分子电子构造的类似处理怎样在一年之内就给出了理解非极性化学键的第一个线索。此外，转动氢分子的质子波函数的类似考虑也引导人们给质子指定了一个自旋，并从而导致了对于正态和仲态之间的差距的理解。正如丹尼森所证明的，这种差距就对氢气在低温下的比热中的那些一直很神秘的反常性提供了解释。

整个这一发展，通过认识到两类粒子的存在而达到了顶点，这两类粒子现在称为费米子和玻色子。例如，对于由具有半整数自旋的粒子(例如电子或质子)组成的体系，任一态都必须用反对称的波函数来表示。所谓反对称，其意义如下：当把两个同类粒子的坐标互相交换时，波函数就变号。相反地，对于光子，则只有对称波函数需要加以考虑；按照狄拉克的辐射理论，必须认为光子的自旋为1。对于像α粒子这样的无自旋的客体，情况也相同。

这种情况很快就被莫特很优美地阐明了——他在等同粒子之间，例如α粒子和氦核之间或质子和氢核之间的碰撞情况下，解释了所得到的和卢瑟福著名散射公式之间的显著偏差。随着形式体系的这样一些应用，我们确实不但面临着轨道图景的不适用性，而且甚至面临着对于所涉及粒子之间的区分的放弃。事实上，每当可以通过确定粒子在相互分离的空间域中的定位而将习见的关于粒子个体性的见解保留下来时，费米-狄拉克统计学和玻色-爱因斯坦统计学就会导致相同的粒子概率密度表示式。在这种意义上，两种统计学的一切应用就都是无可无不可的了。

仅仅在召开会议的几个月以前，海森伯就通过表述所谓测不准原理而在阐明量子力学的物理内容方面作出了一次最重要的贡献，该原理表示着确定正则共轭变量时的成反比的变动范围。这一限制不但作为这些变量之间的对易关系式的直接推论而出现，而且也直接反映着被观察体系和测量工具之间的相互作用。然而，对上述这一决定性问题的充分认识，却牵涉到在说明原子现象时无歧义地应用经典物理概念的范围问题。

为了引导有关这种问题的讨论，我应邀在会上作了关于我们在量子物理学中所遇到的认识论问题的报告，而且借此机会谈到了适当术语问题并强调了互补性观点。主要的论证在于，物理资料的无歧义传达，要求利用已用经典物理学词汇适当改进了的普通语言来表达实验装置和观察记录。在一切实际的实验过程中，这一要求是通过应用光阑、透镜和照相底片之类的物体作为测量仪器来加以满足的；这些物体足够重和足够大，因此，尽管作用量子在这些物体的稳定性和各种属性方面起着决定性的作用，但是在说明各该物体的位置及运动时却可以完全不考虑任何量子效应。

在经典物理学范围之内，我们所处理的是一种理想化。按照这种理想化，一切现象都可以任意地加以分划，而测量仪器和所观察的客体之间的相互作用则可以忽略不计或至少是可以设法予以补偿；但是，我却强调指出，这种相互作用在量子物理学中却代表着现象的一个不可分割的部分，它不能分开来加以说明，如果仪器应该起到定义获得观察结果时所处条件的作用的话。与此有关，也必须记得，观察结果的记录归根结蒂要以测量仪器上产生永久性的记号为依据，例如由于光子或电子的撞击而在照相底片上产生一个斑点。这种记录牵涉到本质上不可逆的物理过程和化学过程，这并不会引入任何特别的麻烦，而是强调了观察概念本身所蕴涵的不可逆性这一要素。量子物理学中特征性的新特点仅仅是现象的有限可分性，为了无歧义地描述这些现象，这种有限可分性要求我们指明实验装置的一切重要部件。

既然在同一装置中一般会观察到很多不同的个体效应，那么，在量子物理学中应用统计学就是在原理上不可避免的了。而且，不论在表现上有什么对立，在不同条件下得到的并且不能概括于单独一个图景中的那些资料，必须在下述意义下被认为是互补的：它们的总和就详尽无遗地包括了关于原子客体的一切明确定义的知识。按照这种观点，量子论形式体系的整个目的，就在于导出在给定实验条件下得到各种观测结果的期许值。与此有关，我们强调了这种事实：一切矛盾的消除，是由形式体系的数学一致性来保证的，而这种描述在它自己的范围内的详尽无遗性则由其对于任意可设想的实验装置的适用性指示了出来。

洛伦兹以其广阔的胸怀和不偏不倚的态度尽力沿有成果的方向引导了有关这些问题的很活跃的讨论——讨论中，术语上的歧义性给在认识论问题上取得一致造成了很大的困难。这种形势由艾伦菲斯特很幽默地表述了出来——他在黑板上写下了圣经中描述扰乱了通天塔(Babel tower)的建筑的那种语言混乱的句子①。

在会场上开始的观点的交换，在晚间也在较小的范围中热烈地继续进行了，而且，对我来说，和爱因斯坦及艾伦菲斯特长谈的机会乃是一种最受欢迎的经验。爱因斯坦特别表示不同意在原理上放弃决定论的描述，他用一些暗示着将原子客体和测量仪器之间的相互作用更明显地考虑在内的可能性的论证向我们挑战。虽然我们关于这种前景的无效性所作的答辩并没有说服爱因斯坦，以致他在下一届会议上又回到了这些问题上来，但是，那些讨论却是一种启示，使我们进一步探索了关于量子物理学中的分析和综合方面的形势，探索了这种形势在其他的人类知识领域中的类例。在那些领域中，习见的术语蕴涵着对于获得经验时所处条件的注意。

Ⅵ

在1930年的会议上，在洛伦兹逝世以后，朗之万第一次主持了会议并且谈到了索尔维研究所由于欧内斯特·索尔维的逝世而遭受的损失，该研究所就是在索尔维的倡议和

① 据《圣经》创世纪第十一章的记载，人类起源于巴比伦，他们计划建筑一个高塔以便和天上往来。“上帝”为了保持天庭的尊严，就在人民之间制造语言分歧，遂使通天塔未能建成，而人类遂分散于整个地球之上。——译者

慷慨资助下创立起来的。主席也盛赞了洛伦兹在领导以前各届索尔维会议方面所采用的无与伦比的方式,并谈到了洛伦兹继续其光辉的科学研究直至平生最后一日的那种精力。会议的题目是"物质的磁性"。对于理解这种问题,朗之万本人就作过非常重要的贡献,而关于这种问题的实验知识在那几年中也有了很大的增加,特别是通过韦斯及其学派的研究。

会议是以索末菲的有关磁性和光谱学的报告开始的。在报告中,他特别讨论了关于角动量和磁矩的知识,这种知识是由对于原子的电子构造进行的研究导出的,这种研究导致了周期表的解释。至于磁矩在稀土族元素中的奇特变化这一有趣问题,范·弗莱克(van Vleck)也作了关于最近的结果及其理论解释的报告。费米也作了关于原子核的磁矩的报告。正如泡利所首次指出的,谱线的所谓超精细结构的根源,正是要到这种磁矩中去找。

卡布雷拉(Cabrera)和韦斯,在报告中对于有关物质磁性的迅速增长的实验资料进行了一般的概述——他们讨论了铁磁性材料的物态方程,方程中概括了这种材料的属性在居里点之类的确定温度下的突然变化。从前人们曾经企图将这些效应联系起来,特别是韦斯曾经引入了和铁磁态相联系的一种内磁场。撇开这些不谈,理解这些现象的线索,新近刚由海森伯的创造性的对比初次得出,他将铁磁性材料中的电子自旋的整齐排列和支配着波函数对称性质的量子统计学进行了对比;而在海特勒和伦敦关于分子的形成的理论中,化学键就是起源于波函数的这种对称性质的。

在会议上,泡利在一篇报告中对磁现象的理论处理作了概括的说明。他以其特有的清晰和对本质问题的强调,讨论了狄拉克的巧妙的电子量子论所引起的问题——在这种理论中,克莱因和戈登(Gordon)所提出的相对论波动方程,被换成了一组一次方程,这些一次方程可以将电子的内禀自旋和内禀磁矩很协调地包括在内。在这方面经过讨论的一个特殊问题——人们可以在多大程度上在和测量电子质量、电子电荷相同的意义下认为自旋和磁矩是可以测量的,要知道,电子质量和电子电荷的定义是建筑在完全可以用经典术语来说明的现象的分析上的。然而,正如作用量子本身的应用一样,自旋概念的任何合理应用都涉及不能这样加以分析的现象,特别说来,自旋概念就是使我们可以得到角动量守恒的推广表述的一种抽象。这一形势起源于测量自由电子磁矩的不可能性,泡利在报告中详细地讨论了这种不可能性。

在会上,科顿(Cotton)和卡皮查报告了最近实验技术的发展给进一步考察磁现象开拓的前景。通过卡皮查的大胆制造,已经可能在有限的空间范围和时间阶段中产生当时无法超过的强磁场,而科顿很巧妙地设计的巨大永久磁铁则使人们可以得到比直至当时所能应用的磁场更稳定的和范围更大的磁场。在对于科顿报告的补充发言中,居里夫人使人们特别注意了这种磁铁在研究放射过程方面的应用;特别是通过罗森布鲁姆(Rosenblum)的工作,这种研究后来在 α 射线谱的精细结构方面是给出了重要的新结果的。

尽管会议的主题是磁现象,但也可以令人很有兴趣地回想到,当时对于物质属性的其他方面的处理也已经得到了巨大的进展。例如,人们在 1924 年会议的讨论中如此深切感到的阻碍着对金属中电传导的理解的很多困难,在这一期间已被克服了。早在 1928

年,通过将电子的麦克斯韦速度分布换成费米分布,索末菲就在阐明这一问题上得到了最有希望的结果。如众所周知,在这种基础上,通过波动力学的适当应用,布洛赫(Bloch)在发展一种详细的金属导电理论方面得到了成功,这种理论可以解释很多特点,特别是现象对温度的依赖关系方面的特点。但是,这种理论却不能说明超导性——理解超导性的线索,只是在最近几年,通过处理多体体系中各种相互作用的精密方法的发展才找到了的。这种方法似乎也适于用来说明近来得到的关于超流的量子化性质的惊人资料。

然而,关于 1930 年会议的一种特殊回忆,是和它所提供的继续讨论在 1927 年会议上争论过的那些认识论问题的机会联系着的。在这一场合下,爱因斯坦提出了新的论证,他试图利用这种论证通过应用由相对论导出的能量和质量的等效性来战胜测不准原理。例如,他建议说,通过称量一件仪器的重量,应该能够以无限的精确度来测定一个定时辐射脉冲的能量,该仪器中含有一个和放出该脉冲的快门相连的时钟。然而,通过较详细的考虑,这种表观佯谬因为认识到引力场对时钟快慢的影响而得到了解决。利用这种影响,爱因斯坦本人在早先曾经预言了重天体所发光的光谱分布中的红移。但是,这个最有教育意义地强调了在量子物理学中明确区分客体和测量仪器的必要性的问题,多年以来却仍然是热烈争论的对象,特别是在哲学界。

在德国的政治发展迫使爱因斯坦迁居美国以前,这是他参加的最后一次会议。在 1933 年的次一届会议前不久,我们大家都受到了艾伦菲斯特过早逝世的消息的震动;当我们重新聚会时,朗之万用动人的词句谈到了艾伦菲斯特的感人的性格。

Ⅶ

1933 年的会议特别致力于"原子核的结构和属性",在会议召开时这一课题正处于最迅速和最丰富的发展阶段中。这次会议是以考克劳夫特的报告开始的。在报告中,在简短地谈到了关于卢瑟福及其合作者们在前些年得到的用 α 粒子撞击而引起的核蜕变的丰富资料以后,考克劳夫特详细地描述了用已加速质子来轰击核时所得到的重要的新结果,这种质子是用适当的高压设备加速到很大速度的。

如众所周知,考克劳夫特和沃尔顿关于用质子撞击锂核而得到高速 α 粒子的开创性的实验,给能量和质量之间的爱因斯坦普遍关系式提供了第一次直接的验证,这一关系式在以后的年月里为原子核的研究提供了坚实的指导。而且,考克劳夫也描述了关于过程中截面随质子速度的变化的精确测量和波动力学的预言符合得如何密切,这种预言是伽莫夫联系到他自己和别人发展起来的自发 α 衰变理论而得出的。在包括着当时所有的关于所谓人工核蜕变的全部资料的这篇报告中,考克劳夫特也比较了在剑桥用质子轰击得到的实验结果和刚刚在伯克利用在劳伦斯新制成的回旋加速器中加速了的氘核轰击所得到的结果。

随之而来的讨论是由卢瑟福开始的。他在表示了他所常说的近代炼金术的最近发展所给予他的巨大快乐以后,谈到了某些最令人感兴趣的新结果,这是他和奥里凡在用质子和氘核轰击锂时刚刚得到的。事实上,这些实验提供了关于存在前所未知的原子质量为 3 的氢同位素和氦同位素的证据,这些同位素的属性近年以来吸引了广泛的注意。劳伦斯在更加详细地描述他的回旋加速器的构造时,也论述了伯克利集体的最近的研究。

另一极端重要的进步就是查德威克的发现中子,这代表着一种如此戏剧化的发展,其结果证实了卢瑟福关于原子核中的重的中性成分的预见。查德威克的报告,在开始时描述了在剑桥怎样有目的地寻索了 α 散射中的反常性,而在结束时则非常恰当地考虑了中子在核结构中所占的地位以及它在引起核嬗变方面所起的重要作用。在人们在会上讨论这一发展的理论方面以前,与会者们又听到了另一种决定性的进步,那就是由人工控制的核蜕变引起的所谓人工放射性的发现。

这一发现是在会前仅仅几个月的时候得出的。对这一发现的说明,包括在菲德利·约里奥和爱伦·居里的一篇报告中——该报告包含着关于他们的有成果研究的很多方面的概述,在这些研究中,发射正电子和发射负电子的 β 衰变过程都被肯定了。在报告以后的讨论中,布莱克特讲了他自己和安德森在宇宙射线的研究中发现正电子的故事,并且谈到了借助于狄拉克的相对论式的电子论来对正电子进行的解释。人们在这里确实面临着量子物理学发展中一个新阶段的开始,这关系到物质粒子的产生和质湮,它们和光子形成及光子消失的发射辐射及吸收辐射的过程相类似。

如众所周知,狄拉克的出发点是基于他对于下述事实的认识:他的相对论不变式的量子力学表述,当应用于电子时,除了普通的物理态之间的跃迁概率以外,也包含了从这些态到负能态的跃迁的期许值。为了避免这种不需要的推论,他引入了所谓狄拉克海(Dirac sea)这种巧妙的想法——在狄拉克海中,一切负能态都已在等效稳定态的不相容原理所允许的程度下充分被占满了。在这种图景中,电子的产生是成对地进行的,其中带有通常的[负]电荷的一个电子只是简单地从海中脱出,而另一个带异号电荷的电子则用海中的一个空穴来代表。如众所周知,这一观念为后来的反粒子的概念作好了准备——反粒子具有相反的电荷和相对于自旋轴而言的反向磁矩,这被证实为物质的一种基本属性。

在会议上,讨论了放射过程的许多特点,而且伽莫夫也作了关于 γ 射线谱的解释的最有教育意义的报告,其解释是建筑在他的关于自发的和诱发的 α 射线发射和质子发射以及它们和 α 射线谱精细结构的关系的理论上的。经过热烈讨论的 10 个特殊问题就是连续 β 射线谱的问题。埃利斯对由于吸收被发射出来的电子而引起的热效应的研究,似乎和 β 衰变过程中细致的能量平衡及动量平衡特别不能调和。而且,关于过程中所涉及的那些核的自旋的资料,也似乎和角动量的守恒相矛盾。事实上,正是为了避免这样一些困难,泡利才引入了对于以后的发展最富有成果的大胆想法——在 β 衰变中,和电子一起还发射出一种穿透性很强的辐射,这种辐射由静止质量极小而自旋为二分之一的粒子,即所谓中微子构成。

海森伯在一篇最有分量的报告中处理了关于原子核的结构和稳定性的整个问题。从测不准原理的观点出发,他深切地感到,设想在像原子核那样小的空间范围内存在像电子那样轻的粒子是很困难的。因此,他把握住中子的发现,并以此作为只把中子和质子看成真正的核组分的那种看法的基础，而且，在这种基础上，他发展了关于核的很多属性的解释。特别说来，海森伯的观念意味着将 β 射线衰变现象看成下述事实的证据：当伴随着从中子到质子或从质子到中子的变化而释放能量时，会产生正电子和中微子或负电子和中微子。事实上，在会议以后不久，费米就在这——方向上得到了巨大的进步：他在这种基础上发展了一种前后一致的 β 衰变理论，该理论在以后的发展中要成为最重要的指南。

卢瑟福以惯有的精力参加了很多的讨论，他在 1933 年的索尔维会议上当然是一个中心人物，这是他在 1937 年逝世以前有机会参加的最后一次索尔维会议。他的逝世结束了在物理科学史上很少先例的硕果累累的终身事业。

Ⅷ

导致第二次世界大战的那些政治事件，使索尔维会议的正常进程中断了很多年，只有到了 1948 年会议才得以重新召开。在这些混乱的年月中，核物理学的进步并没有放慢，而且甚至导致了释放储藏在原子核中的巨大能量的可能性的实现。虽然每个人的心中都想到了这一发展的严重涵义，但在会议上人们并没有提到这些问题。这次会议的主题是“基本粒子”问题。由于静止质量介于电子质量和核子质量之间的那些粒子的发现，基本粒子问题是其中已经开辟了新前景的一个领域。如众所周知，在安德森于 1937 年在宇宙射线中发现这样的介子以前，介子的存在已经作为核子间短程力场的量子而由汤川秀树预见到了，这种力场和在量子物理学的早期处理中所研究的电磁场有着非常本质的不同。

恰恰在会议召开以前，粒子问题的这些新方面的丰富性已经由鲍威尔(Powell)及其同事们在布里斯托对曝露于宇宙射线中的照相底片上的径迹所作的系统考察揭示了出来，并且也由关于在伯克利巨型回旋加速器中初次产生的高能核子碰撞效应的研究揭示了出来。事实上，问题已经很清楚，这种碰撞直接导致所谓 π 介子的产生，这种 π 介子随后就发射中微子而衰变为 μ 介子。和 π 介子有所不同，人们发现 μ 介子并不显示对核子的强耦合，而且它们自己会发射两个中微子而衰变为电子。在会议上，在关于新实验资料的详细报告之后，从很多方面对资料的理论解释进行了最有兴趣的评论。尽管在各种方向上都得到了有希望的进展，但是，大家却普遍意识到，人们正面临着一种发展的开端，这种发展需要新的理论观点。

所讨论的一个特殊问题，就是如何克服和量子电动力学中发散性的出现有关的那些困难，这种发散性在带电粒子的自身能量问题中更为突出。对于对应处理方式有着基本重要性的通过重新表述经典电子论来解决问题的企图，很清楚地受到了奇点强度对被研究粒子所服从的量子统计类型的依赖性的阻碍。事实上，正如魏斯科普夫(Weisskopf)所首次指出的，在费米子的情况下，量子电动力学中的奇点是大大地减弱了的；而在玻色子的情况下，自身能量却比在经典电动力学中发散得还要强烈。正如在 1927 年会议的讨论中已经强调的那样，在经典电动力学的构架内，不同量子统计学之间的一切区别都是被排除了的。

尽管我们在这儿所涉及的是和决定论形象化描述的根本分歧，但是，通过将那些竞争着的个体过程和在一个普通时空范围内定义的波函数的简单叠加联系起来，我们却在对应处理方式中保留了关于因果性的习见想法的基本特点。然而，正如在讨论中所强调的那样，这样处理的可能性是以粒子和场之间的比较弱的耦合为基础的——这种耦合的微弱性用无量纲[①]常数 $\alpha=e^2/\hbar c$ 的微小值来表示，它使我们有可能在高级近似下将电子系的态和它对电磁场的辐射反作用区分开来。至于量子电动力学，当时却刚刚由施温格(Schwinger)和朝永振一郎(Tomonaga)的工作而引起了巨大的进步。这种进步导致了涉及和 α 同数量级的改正项的所谓重整化手续，这在兰姆(Lamb)效应的发现中表现得特别突出。

然而，核子和 π 介子场之间的强耦合却阻碍了简单的对应论证的适当应用，而且，其中有很多 π 介子产生的那种碰撞过程的研究，特别指示了离开基本方程之线性特点的必要性，而且，正如海森伯所建议的，这种研究甚至指示了引入代表着时空标定本身的最终限制的一个基本长度的必要性。从观察的观点看来，这种限制可能是和一切仪器的原子构造对时空测量所加的限制密切联系着的。关于在物理经验的任何明确定义了的描述中不可能将所考察的原子客体同观察仪器之间的相互作用明显地考虑在内，当前的形势当然和这种论证绝不冲突，而只是给这种论证提供了逻辑地概括更进一步规律性的充分范围。

在召开会议时，人们还没有试图实现那些前景，它们涉及作为整个处理方式之一致性的条件来定出常数 α 的可能性，也涉及基本粒子质量和耦合常数之间的其他无量纲关系式的导出。然而，同时，人们在对称性关系的研究中寻求了前进的途径，而且，从那时起，通过很多种粒子的迅速的相继发现，这种途径已被提到了重要的地位——所发现的那些粒子显示着如此出人意料的性能，以致人们用不同度数的“奇异性”来表征了它们。想到最近的发展，大家知道，一个巨大的进展已经由李政道和杨振宁开始了，他们于 1957 年提出的关于宇称守恒的有限适用范围的大胆建议已得到了吴健雄女士及其合作者们的优美实验的验证。中微子螺性(helicity)的证明，确实重新提出了自然现象的描述中的左右之间的区别这一古老问题。但是，这方面的认识论佯谬，却由于认识到时空反射对称性和粒子-反粒子对称性之间的关系而得到了避免。

当然，我并不企图通过这些粗略的评述，来在任何方面预言行将形成本届会议的讨论主题的那些问题。这次会议是在得到了新的重大的实验进展和理论进展的时候召开的，关于这些进展，我们大家都热诚地希望从青年一代的与会者们那里听到。但是，我们将常常因为得不到我们已经逝世的同道和朋友们，例如克拉默斯、泡利和薛定谔等人的帮助而感到遗憾，他们都参加了 1948 年的会议，那是我迄今参加的最近一次会议。同样，我们也为了马克斯·玻恩因病不能出席而深感遗憾。

在结束时，我愿意表示这样的希望：希望关于历史发展的某些特点的这一回顾，能够表明物理学家们对索尔维研究所的谢意，也能够表明我们大家对该研究所的今后活动的期望。

① “量纲为 1”的说法更为准确。——本书编辑注

附录Ⅰ

玻尔年谱

(1885—1962)

· *Appendix* Ⅰ ·

事实上,光子概念的引入,意味着牛顿和惠更斯时代关于光的颗粒构造或波动构造的古老两难推论的复活。

——玻尔

1815—1820 年

德国物理学家夫琅禾费(Joseph Fraunhofer,1787—1826)注意到几种元素的光谱线,得到了第一个光栅光谱,并观察到太阳光谱的吸收线。

1869 年

俄国化学家门捷列夫(Dmitri Ivanovich Mendelèyev,1834—1907)和德国化学家迈耶尔(Julius Lothar Meyer,1830—1895)各自独立地引入元素周期表,作为若干年来实验化学和理论化学的一种简练的总结。

1884 年

瑞士人巴尔末(Johann Jokob Balmer,1825—1898)发现了氢光谱中一个线系的波长经验公式。这是光谱学上发现的第一个线系公式。

1885 年

10 月 7 日,玻尔诞生于丹麦首都哥本哈根。父亲克里斯蒂安(Christian Bohr,1855—1911)是位生理学家,哥本哈根大学教授,对玻尔的一生影响很大。

1892 年　玻尔七岁

开始上学,在伽莫霍姆学校学习期间,数学、物理的学习成绩优异。

在家里,他在父亲的引导下观察自然,阅读歌德、狄更斯等人的作品。

1895 年　玻尔十岁

德国物理学家伦琴(Wilhelm Conrad Röentgen,1845—1923)发现 X 射线。

法国物理学家佩兰(Jean Perrin,1870—1942)决定性地证实阴极射线是带负电的。

1896 年　玻尔十一岁

法国物理学家贝克勒尔(Antoine Henri Becquerel,1852—1908)首次发现铀的天然放射性。

荷兰物理学家塞曼(Pieter Zeeman,1865—1943)发现磁场能够引起光谱线的分裂。这种效应后来由荷兰物理学家洛伦兹(Hendrik Antoon Lorentz,1853—1928)按照经典理论作出了初步解释。

1897 年　玻尔十二岁

英国物理学家 J. J. 汤姆逊(Joseph John Thomson,1856—1940)测定了阴极射线的荷质比,由此而逐步证实了电子的存在。他被称为电子的发现者。

英国物理学家卢瑟福(Ernest Rutherford,1871—1937,原籍新西兰)证实放射线中包含"软""硬"不同的成分。他后来成为玻尔的导师和亲密的朋友,对玻尔一生的学术活动影响最大。

1900 年　玻尔十五岁

◀戈革、玻尔第五子 E. 玻尔与玻尔文献馆馆长芬(由左及右)在馆外英国物理学家瑞利(即斯特拉特 John William Strutt,1842—1919)初次导出黑体辐射公式。

德国物理学家普朗克(Max Karl Ernst Ludwig Planck,1858—1947)在研究辐射问题时引入能量子的概念。

1903 年　玻尔十八岁

在哥本哈根大学物理系学习。物理导师克里斯琴森(Christianson)是他父亲的好友,在教学中兼重英、德两国的物理传统,对玻尔影响很大。

卢瑟福和英国物理学家索迪(Frederic Soddy,1877—1956)证实每一放射过程都是元素的嬗变过程。

1905 年　玻尔二十岁

丹麦皇家科学文学院就"液体的表面张力"问题发起征文。玻尔决意应征。

爱因斯坦(Albert Einstein,1879—1955)发表狭义相对论,同年发表关于布朗运动和关于光电效应的论文。在后一论文中,他引入了光量子的概念。

1907 年　玻尔二十二岁

玻尔应征论文获得丹麦皇家科学文学院的金质奖章。该文用自行设计的实验方法验证了瑞利关于表面张力的理论。这一工作无意中为他以后关于原子核裂变的研究准备了线索。

1908 年　玻尔二十三岁

应征论文的修订本在英国《哲学学报》(*Philosophical Transactions*)上发表。

瑞士物理学家里兹(Walter Ritz,1878—1909)提出了关于光谱线频率的并合原理。

1909 年　玻尔二十四岁

以金属电子论的论文获得哥本哈根大学硕士学位。

洛伦兹正式提出"电子"名称。

1910 年　玻尔二十五岁

完成以金属电子论为主题的博士论文。该文发展了当时的理论,并首次触及普朗克理论的涵义问题。

1911 年　玻尔二十六岁

春季,获得哥本哈根大学博士学位。当时丹麦学者对新发展的电子论多不熟悉,不理解论文内容,无法提问,论文答辩历时之短(约一个半小时)创该校纪录。夏季,与玛格丽特(Margrethe Nørlund)订婚。9 月,赴英国剑桥大学,在 J. J. 汤姆逊主持的卡文迪许实验室学习和工作。他的博士论文指出了汤姆逊理论中的错误,结果论文未能在英国发表。

卢瑟福在曼彻斯特,经长期探索,于 3 月间确定原子有核。10 月,赴剑桥参加卡文迪许实验室的年会,并作报告,受到热烈欢迎。11 月,玻尔赴曼彻斯特,与卢瑟福会见。

1912 年　玻尔二十七岁

3 月中旬开始在曼彻斯特研究原子有核模型,7 月即向卢瑟福汇报论文内容,认为有可能依据有核模型解释元素周期表乃至化学反应。

7月底，玻尔回丹麦。8月1日，与玛格丽特结婚。同年秋，回丹麦，任哥本哈根大学编外讲师，讲授“热力学的力学基础”等课程。

1913年　玻尔二十八岁

1月底将有关α粒子散射的论文稿寄给卢瑟福。3月6日，将有关原子结构的第一篇论文稿寄给卢瑟福。卢瑟福复信，建议删简。为此，玻尔赴曼彻斯特与卢瑟福商讨，回国后继续写论文，于6月和8月间寄出第二篇和第三篇论文底稿。这三篇论文经卢瑟福推荐，先后在《哲学杂志》(*Philosophical Magazine*)上发表，成为原子物理学中划时代的文献。9月7日，英国科学促进协会在伯明翰开会。经卢瑟福推荐，玻尔应邀参加。会上讨论了玻尔的新理论，老一辈学者多未深信，但是金斯(James Hopwood Jeans，1877—1946)表示赞成。在讨论中，玻尔预言了氚的存在。

英国物理学家莫斯莱(Henry Mosley，1884—1915)发表关于X射线谱的研究工作，建立了莫斯莱定律，引入了原子序数的概念。

德国物理学家史塔克(Johannes Stark，1874—1957)观察了强电场引起的光谱线的分裂。

德国物理学家(后入美籍)弗兰克(James Franck，1882—1964)和赫兹(Gustav Hertz，1887—1975)通过测量共振电位和电离电位而确证了原子稳定态的存在。

英国物理学家埃文斯(Evans)在实验中证实二十年前发现的皮克林线系不是氢光谱而是氦光谱，突出地证实了玻尔的预言，轰动一时。

1914年　玻尔二十九岁

卢瑟福聘请玻尔主持“舒斯特讲座”。8月4日，德军入侵比利时，欧战爆发。9月初，玻尔夫妇冒险渡海赴英。

1915年　玻尔三十岁

莫斯莱阵亡于加里波利，玻尔等人深感痛惜。

德国物理学家索末菲(Arnold Sommerfeld，1868—1951)改进玻尔理论，引入椭圆轨道概念及相对论效应。

爱因斯坦发表广义相对论。

哥本哈根大学决定设立理论物理学教授职位，邀请玻尔回国，玻尔反复考虑后同意。

1916年　玻尔三十一岁

玻尔夫妇回国。玻尔在哥本哈根继续研究光谱线的多重性问题，并建议创办理论物理研究所。他很赞赏索末菲的理论。

十一月，玻尔长子克利斯蒂安(Christian)出生。

1917年　玻尔三十二岁

玻尔被选为丹麦皇家科学文学院院士。

12月9日，卢瑟福在给玻尔的信中说准备作实验，分裂原子核以引起原子的人工嬗变。

1918 年　玻尔三十三岁

哥本哈根大学决定筹办理论物理研究所。

玻尔次子汉斯(Hans)出生。

1919 年　玻尔三十四岁

3 月,J. J. 汤姆逊就任剑桥大学三一学院院长。该校聘请卢瑟福任卡文迪许实验室主任教授。

卢瑟福在剑桥用 α 粒子轰击氮原子,得到了氢原子和氧原子。这是第一次人工核嬗变。

英国物理学家阿斯顿(Francis William Aston,1877—1945)发明质谱仪,初次精确测定了同位素的质量。

玻尔应邀赴荷兰莱顿大学讲学,同洛伦兹和奥地利物理学家艾伦菲斯特(Paul Ehrenfest)等人会见。

1920 年　玻尔三十五岁

玻尔应邀赴柏林讲学,同普朗克、爱因斯坦等人会见。在认识论上初次和爱因斯坦发生分歧。

9 月 15 日,哥本哈根大学理论物理研究所举行落成典礼。

玻尔三子埃里克(Erik)出生。

1921 年　玻尔三十六岁

正式迁入研究所工作。当时在该所工作的有奥地利(后入瑞典籍)女物理学家迈特娜(Lise Meitner,1878—1968)、荷兰物理学家克拉默斯(Hans Kramers)、瑞典物理学家克莱因(Oscar Klein)和匈牙利物理学家(后入瑞典籍)赫维西(George Charles de Hevesy,1885—1966)等人。这个研究所后来成为研究量子物理学的重要中心。

德国物理学家(后入美籍)斯特恩(Otto Stern,1888—1969)和盖拉赫(Walter Gerlach,1888—1969)证实银原子在磁场中的"空间量子化"。

苏联物理学家卡皮查到剑桥大学卡文迪许实验室工作,凡十三年。

1922 年　玻尔三十七岁

玻尔四子奥格(Aage)。此人后成著名核物理学家,获得 1975 年诺贝尔物理学奖。玻尔逝世后,哥本哈根理论物理研究所改名为尼尔斯·玻尔理论物理研究所,奥格一直主持该所工作。

6 月,玻尔赴德国哥廷根大学讲学,同海森伯(Werner Heisenberg,1901—1976)和奥地利籍学生(后入瑞士籍)泡利(Wolfgang Pauli,1900—1958)会见。秋季,泡利即赴哥本哈根作短期逗留。

按照玻尔的安排,赫维西和科斯特(Coster)于年底发现第 72 号元素。该元素按哥本哈根古名 Hafina 定名为铪。

12 月 10 日,诺贝尔诞辰百周年,玻尔在瑞典首都斯德哥尔摩接受诺贝尔物理学奖金。

1923 年　玻尔三十八岁

在英国接受曼彻斯特大学和剑桥大学名誉博士学位,后即去美国访问。

1924 年　玻尔三十九岁

海森伯到哥本哈根。

法国物理学家德布罗意(Louis Victor de Broglie,1892—1987)在学位论文中提出物质波的观点,这是波动力学的起点。

玻尔五子欧内斯特(Ernest)出生。

1925 年　玻尔四十岁

泡利发现原子中每一个稳定态轨道上最多只能容纳两个电子。这就是"不相容原理"的最初形式。

荷兰物理学家(后入美籍)乌伦贝克(George Eugene Uhlenbeck,1900—1988)和古德斯密特(Samuel Abraham Goudsmit,1902—1978)受泡利的启发,分析了光谱线的精细结构,引入了电子自旋的概念。

海森伯和克拉默斯一起研究光的散射问题。6 月,海森伯用一种新的数学形式表述了玻尔的对应原理,引起玻尔的极大注意。这就是矩阵力学的开端。海森伯回到哥廷根,和玻恩(Max Born,1882—1970)、约尔丹(Pascual Jordan,1902—1980)合作,在三个星期的短时间内,把他的发现用矩阵论的形式表示了出来,成为新量子力学的最初形式。

狄拉克(Paul Adrien Maurice Dirac,1902—1984)受到海森伯的启发,开始发展他自己的量子力学形式。

玻尔和他的同事们热烈讨论量子力学。海森伯主张完全放弃轨道概念而只研究"可观测的量",泡利反对。

英国物理学家布莱克特(Patrick Maynarqd Stuart Blackett,1897—1974)获得人工核嬗变的云室照片。

8 月,玻尔在斯堪的纳维亚数学会议上发表题为"量子论和力学"的演讲,概括地叙述了量子论的发展过程,提到了海森伯的工作。

1926 年　玻尔四十一岁

薛定谔(Erwin Schröedinger,1887—1962)提出氢原子的波动力学。消息传到哥本哈根,引起起极大震动。许多学者先后从欧洲各国赶来哥本哈根,分析、讨论新出现的矩阵力学和波动力学。经过研究,逐渐证实了二者的等价性。狄拉克到哥本哈根,发展了"变换理论",约尔丹在哥廷根也作了类似的工作;玻恩提出波函数的统计解释。于是量子力学的理论体系逐渐完善。9 月,玻尔邀请薛定谔到哥本哈根讲学。薛定谔详细介绍了自己的理论,很受重视;但是,他在报告结尾提出,应放弃量子跃迁概念,而代之以三维空间中的波(他一直不赞成统计解释)。这种观点引起许多人的反对或疑问,会场大乱。玻尔和薛定谔展开激烈的辩论。

1927 年　玻尔四十二岁

海森伯提出测不准原理。玻尔分析量子力学的哲学涵义,提出互补原理。

9 月,为纪念伏特诞辰百周年,在意大利科莫城举行国际物理学会议。玻尔在会上宣读长篇论文"量子公设和原子论的最近发展",系统阐述了互补原理。

10 月,比利时首都布鲁塞尔的索尔维研究所召开第五届物理学会议。爱因斯坦和玻尔就互补原理问题初次交锋，进行了热烈的辩论。

美国物理学家戴维森(C. J. Davisson，1881—1958)和革末(L. H. Germer，1896—1971)得到电子束的单晶衍射，英国物理学家汤姆逊(G. P. Thomson，1892—1975)得到电子束的多晶衍射，从而在实验上证明了微观客体的波粒二象性。

1928 年　玻尔四十三岁

狄拉克提出电子的相对论性波动方程，预见了正电子的存在。

1929 年　玻尔四十四岁

海森伯、泡利和比利时物理学家罗森菲尔德(Lèon Rosenfeld，1904—1974)研究量子电动力学；罗森菲尔德当时是玻尔的助手，精通数学。玻尔仍致力于量子力学基础的分析。

1930 年　玻尔四十五岁

秋季，在第六届索尔维会议上，爱因斯坦提出所谓“爱因斯坦光匣”的论证来向玻尔挑战；玻尔大为震动，但经过思索和研究，终于得出了答案。

1931 年　玻尔四十六岁

苏联物理学家朗道(L. D. Landau)提出电磁量的客观测性问题和玻尔辩论。为了解决这一问题，玻尔和罗森菲尔德进行了两年多的紧张工作。

泡利在研究 β 衰变时提出，应有一种“新的”、小的中性粒子和电子一起放出。

1932 年　玻尔四十七岁

8 月，在哥本哈根召开国际光疗会议，玻尔在开幕式上发表演讲：《光和生命》，开始把互补性观点用于物理学以外的学科。

英国物理学家查德威克(James Chadwick，1891—1974)发现中子。

美国物理学家安德森(Carl David Anderson，1905—1991)在研究宇宙射线时发现了正电子。

美国物理学家劳伦斯(Ernest Orlando Lawrence，1901—1958)制成回旋加速器。

英国物理学家考克劳夫特(John Douglas Cockcroft，1897—1967)和爱尔兰物理学家沃尔顿(E. T. S. Walton，1903—1995)利用人工加速的质子轰击锂而得到了核嬗变，证实了爱因斯坦的质量-能量关系式。

1933 年　玻尔四十八岁

1 月 30 日，希特勒任德国总理，迫害共产党，迫害犹太人。玻尔赴德了解学术界的情况，归国后积极从事援助德国流亡知识分子的工作。

1934 年　玻尔四十九岁

法国物理学家爱伦・居里(Irene Joliot-Curie，1897—1956)和她的丈夫约里奥(Frederic Joliot，1900—1958)发现人工放射性。

意大利物理学家(后入美籍)费米(Enrico Fermi，1901—1954)发展了泡利的 β 衰变理论，并正式命名那一小的中性粒子为“中微子”。

玻尔访问苏联。

在玻尔倡议下，哥本哈根大学设立数学研究所，由其弟海拉德・玻尔主持。

年底，玻尔长子克里斯蒂安于乘船出游时溺死，玻尔不胜痛悼。

1935年　玻尔五十岁

日本物理学家汤川秀树（Hideki Yukawa，1907—1981）在研究核力时提出一种假说，认为有一种质量约比电子质量大二百倍的粒子。这就是后来的介子。

爱因斯坦及其合作者在美国《物理评论》上发表论文“能够认为物理实在的量子力学描述是完备的吗？”，反驳哥本哈根学派的观点。玻尔用相同的题目撰文答辩。

1936年　玻尔五十一岁

玻尔的注意力逐渐转向原子核物理学；2月，提出原子核的液滴模型。

安德森及其合作者在宇宙射线中发现μ粒子。起初以为这就是汤川所假设的粒子，后来才知道不是，汤川假设的粒子后来也被发现，现在叫作π介子。

1937年　玻尔五十二岁

年初，玻尔同夫人及次子汉斯周游世界。先到美国，在各大学发表演讲。由美国到日本；然后到中国，游历了北京、南京、杭州等地，并发表了学术演讲；后由西伯利亚铁路去苏联。9月底，应邀去意大利参加学术会议，发表题为《生物学和原子物理学》的演讲。10月19日，卢瑟福逝世。玻尔闻讯即从意赴英，参加葬礼。

1938年　玻尔五十三岁

3月，希特勒吞并奥地利。奥籍犹太女物理学家迈特纳在玻尔的援助下逃到瑞典。

夏季，希特勒大肆宣扬反动的日尔曼人优越论。8月，在丹麦召开国际人类学及人种学会议，玻尔发表题为《自然哲学和人类文化》的演讲，一方面推广他的互补论点，一方面提出和希特勒针锋相对的关于人类文化的观点。演讲中间，德国代表团退场抗议。

德国物理学家哈恩（Otto Hahn，1879—1968）及其合作者，法国物理学家爱伦·居里及其合作者在用中子轰击铀时发现了奇特的现象，使当时的学者感到困惑。12月，迈特娜的侄子弗里施（Otto Rotber Frisch 1904—1979）从哥本哈根到瑞典和她共度圣诞时提出了原子核裂变概念。玻尔得悉后十分激动。

费米全家在玻尔的协助下，以领取诺贝尔奖金为名，逃出意大利，先到哥本哈根，后去美国。

1939年　玻尔五十四岁

年初，玻尔赴美访问，罗森菲尔德同行。二人在船上研究裂变理论，获初步结果。美国科学家了解裂变现象后纷纷进行实验。当年，美国期刊发表这方面的论文达百篇左右。

3月，玻尔在普林斯顿。丹麦科学文学院选举玻尔为该院主席。这时，费米等已证实每次裂变可以放出两个中子。人们认识到有可能实现链式反应，制造原子弹。4月，玻尔回国。9月，玻尔和惠勒（John Archibald Wheeler，1911—2008）合写的关于裂变的文章在《物理评论》上发表。

1940年　玻尔五十五岁

2月，罗森菲尔德回比利时，波兰物理学家罗森塔尔（S. Rozental）继任玻尔的助手。

这时，外籍物理学家几乎已经全部离开研究所。4 月，德军侵占丹麦，国王不战而降。玻尔留在丹麦，继续研究裂变碎片问题。

邓宁(John Ray Dunning，1907—1975)及其合作者证实了玻尔的预见，慢中子引起裂变的不是铀 238，而是铀 235。

西伯格(Glenn Theodore Seaborg，1912—1999)和麦克米伦(Edwin Mattison MacMillan，1907—1991)制成并分离出最初的两种铀后元素——镎和钚。

1941 年　玻尔五十六岁

玻尔应丹麦学会的邀请，为《丹麦文化》一书撰写前言，并与丹麦人民地下抵抗组织有密切联系，因而受到德国秘密警察的严密监视。

6 月，希特勒德国大举进攻苏联。

秋，海森伯去哥本哈根演讲，并拟联合著名科学家出面否认制造原子弹的可能。玻尔加以抵制。

1942 年　玻尔五十七岁

费米和匈牙利物理学家(后入美籍)西拉德(Leo Szilard，1898—1964)等和美国工人一起在芝加哥大学建成了第一座原子反应堆，功率不到 0.5 瓦。

1943 年　玻尔五十八岁

8 月，美总统罗斯福和英首相丘吉尔在加拿大魁北克会谈并签订全面合作协议，决定联合研制原子弹。

英国政府秘密邀请玻尔去英国。8 月 28 日，德国法西斯迫使丹麦傀儡政府下台，并决定逮捕玻尔。玻尔夫妇在抗战组织的协助下于夜间乘渔船到瑞典。10 月 6 日，英国政府派专机迎接。一周以后，奥格·玻尔也到伦敦，作为玻尔助手。玻尔在英国停留了两个月，年底即与奥格一同赴美。

10 月 28 日，苏联物理学家卡皮查致函玻尔，邀请玻尔去苏联。玻尔直到次年 4 月才接到这封信。

12 月，德国法西斯突然接收哥本哈根理论物理研究所。

1944 年　玻尔五十九岁

玻尔到美国，参加制造原子弹的工作。

玻尔在英时即曾与英国官方接触，建议将原子情报通知各盟国。至美后，又作相同宣传。4 月，玻尔去英，拟与丘吉尔会晤。但当时丘吉尔因卡皮查信件等问题对玻尔发生误会，候至 5 月中旬，二人始晤面，话不投机，不欢而散。玻尔回美后，又设法与罗斯福接触，晤谈甚洽。当时苏军向德军发动强大夏季攻势，德军节节败退。9 月，丘、罗又在魁北克秘密会谈；罗为丘所动，有意拘捕玻尔。但知情人士都不同意，争相为玻尔辩护，遂作罢。

1945 年　玻尔六十岁

其时原弹接近完成，玻尔提出了引爆钚弹的“爆聚”(implosion)方法。

2 月，斯大林、罗斯福、丘吉尔在雅尔塔商谈战后问题。玻尔来往英美间，宣传自己的主张。4 月 12 日，罗斯福病逝，杜鲁门继任美国总统。

5月4日，丹麦的德军总部投降；次日，英美驻军空降哥本哈根。5月7日，德国最高司令部无条件投降。尽管科学家们反复宣传原子能的国际化，美英决策人却仍置若罔闻。玻尔不得已，遂离美返英；本拟立即回国，但仍需等待原子弹试验结果。

7月16日，斯大林、杜鲁门、丘吉尔在波茨坦开会，商谈战后问题。同日清晨，在美国新墨西哥州的沙漠中举行了世界上第一颗原子弹爆炸试验，试验结果立即电告杜鲁门和丘吉尔。7月24日，三巨头会议即将结束时，杜鲁门采用突然袭击方式，口头通知斯大林，谓已有一种威力非凡的新武器。斯大林神情自若，不置可否。杜、丘二人以为斯大林被他们愚弄，对原子弹迄无所知，实则苏联自1943年即已开始从在美国工作的某一科技人员获得经常的情报。

8月6日，美军单机向日本广岛投掷原子弹，欧美震动，各阶层人士皆感焦虑。玻尔认为向公众公开呼吁的时机已到，立即草拟给《泰晤士报》的信。8月9日，美机又在日本长畸投掷原子弹。8月11日，《泰晤士报》发表玻尔的信，题为“科学和文明”。其时玻尔夫人已从瑞典来到伦敦。

8月底，玻尔夫妇返回丹麦。25日，玻尔回到研究所，受到全体人员的热烈欢迎，玻尔深受感动，他接受了研究所的钥匙，巡视了各处。战争结束后，研究所进行了大规模扩建，但巨大设备皆在地下，研究所的外貌仍甚优美，玻尔为此事费尽心力。

1946年　玻尔六十一岁

荷兰人派斯（Abraham Pais）来到哥本哈根，这是战后来到研究所的第一个外国研究生。当时玻尔将去剑桥，在基本粒子物理学国际会议上致开幕词，他请派斯为助手，共同起草这篇文稿。

10月，玻尔赴美，参加美国科学院主办的“科学的当前趋势和国际问题”讨论会，并参加普林斯顿大学二百周年庆祝活动。10月21日，在讨论会上宣读题为“原子物理学和国际合作”的论文。在普林斯顿，应哲学家希尔普（P. A. Schilpp）的邀请为纪念爱因斯坦七十寿辰的文集撰写文章。事后即去纽约，与政界人士会晤，阐明自己的观点。11月底离美回国。

1947年　玻尔六十二岁

英国物理学家鲍威尔（Cecil Frank Powell，1903—1969）及其合作者发现π介子。英国物理学家罗彻斯特（George Dixon Rochester，1908—2001）及其合作者发现V粒子和超子。

美国物理学家费因曼（Richard P. Feynman，1918—1988）发表别具一格的量子理论。

1948年　玻尔六十三岁

2月，玻尔去美国普林斯顿高级研究所，与爱因斯坦相晤，继续争论。

1949年　玻尔六十四岁

庆祝爱因斯坦寿辰的论文集《阿尔伯特·爱因斯坦：哲学家—科学家》出版。爱因斯坦在文集末尾撰长篇答词，尖锐地反驳玻恩、泡利、海特勒（Heitler）、玻尔等人的观点。

德国物理学家迈耶（女）（Maria Goeppert Mayer，1906—1972）以及哈克塞耳（Otto Haxel，1909—1998）、金森（J. H. D. Jensen）、休斯（Hans E. Suess，1909—1993）三人，独

立地提出了原子核的壳层模型。

1950 年　玻尔六十五岁

6 月 12 日，玻尔发表《致联合国的公开信》，呼吁和平，反对军备竞争。

玻尔支持募集“以色列基金”，用以救济迁往以色列的犹太人。

1951 年　玻尔六十六岁

在研究所旧友的一次集会上报告原子物理学的发展，历时 2 小时，提到许多人的贡献，却一次也没提到自己。

1952 年　玻尔六十七岁

奥格·玻尔和莫特尔逊(B. R. Mottelson)提出原子核的集体壳层模型。

在玻尔的倡议下，欧洲 14 国代表在哥本哈根开会，商议建立欧洲原子核研究组织(CERN)，由玻尔任主席；决定在瑞士日内瓦建造巨大加速器，只用于学术研究，不用于商业或军事目的；其理论部暂设哥本哈根，亦由玻尔负责。

1953 年　玻尔六十八岁

访问以色列。

海森伯提出非线性场论。

美国物理学家盖尔曼(Murray Gell-Mann，1929—　)引入重粒子的奇异数，并提出强相互作用下的奇异数守恒定律。

1954 年　玻尔六十九岁

12 月，联合国通过决议，设立国际原子能机构。

1955 年　玻尔七十岁

4 月 18 日，爱因斯坦在美逝世，玻尔撰文纪念。

8 月，来自 72 国的 1200 名代表在日内瓦举行“和平利用原子能”会议。在开幕式上，玻尔应邀作了题为“物理科学和人的地位”的演讲。

10 月 7 日，玻尔七十岁生日，泡利编选的祝寿文集《尼尔斯·玻尔和物理学的发展》出版。14 日，丹麦科学院举行庆祝会，玻尔在会上发表了题为“原子和人类知识”的演讲。

丹麦设立原子能委员会，玻尔任主席。

瑞典政府邀请斯堪的纳维亚各国科学家开会，协议成立北欧理论原子物理学研究所(NORDITA)，设在哥本哈根，玻尔任管理委员会主席，罗森塔尔任主任。

1956 年　玻尔七十一岁

玻尔致函联合国秘书长哈马舍尔德，提倡国际合作。

美国物理学家莱因斯(Frederic Reines，1918—1998)和柯万(Clyde Lorrain Cowan，Jr，1919—1974)等在实验中证实了中微子的存在。

中国物理学家(后入美籍)杨振宁(1922—　)和李政道(1926—　)提出弱相互作用下宇称不守恒的理论。

1957 年　玻尔七十二岁

玻尔在麻省理工学院(MIT)，为纪念康普顿(Carl T. Compton)发表六次演讲，题为

"量子力学和互补性"。

玻尔到格陵兰，为原子能委员会了解铀矿勘探情况。

中国物理学家（后人美籍）吴健雄（1912—1997）及其合作者在实验上证实了弱相互作用下宇称不守恒。

1958年　玻尔七十三岁

6月6日，丹麦原子能委员会的研究中心（Riso）落成。

1959年　玻尔七十四岁

4月3日，玻尔最后一次连任丹麦科学院主席。

1960年　玻尔七十五岁

8月和10月，先后在两次学术会议上发表演讲，题目为"各门科学间的联系"和"人类知识的统一性"。

1961年　玻尔七十六岁

5月，玻尔访问苏联。

9月，英国纪念卢瑟福发现原子核五十周年。玻尔应邀发表演讲。

海森伯六十岁，友人出版文集庆祝，玻尔为其撰"量子力学的创立"一文。

10月，参加第十二届索尔维会议，发表演讲历述各届索尔维会议的概况。

1962年　玻尔七十七岁

7月，玻尔夫妇去德国参加学术会议；玻尔偶患轻微脑溢血，休养三周后痊愈。

11月16日，玻尔主持丹麦科学院一次会议。

11月18日，与夫人及几位友人共进午餐，偶觉头痛，于午睡中离世。

12月14日，丹麦科学院举行追悼会。

中华读书报　人物　7

尼耳斯·玻尔与中国

——纪念玻尔逝世50周年

《中华读书报》专文报道戈革先生翻译的12卷《尼尔斯·玻尔集》中文版

附录Ⅱ

玻尔学术著作要目[①]

· Appendix Ⅱ ·

在20世纪的第一年，普朗克关于普适作用量子的发现，形成了发展中的一个转折点；这一发现揭示了原子过程中的一种整体性特点，这是完全超出于经典物理概念之外的，甚至是超越了物质有限可分性这一古代学说的。

——玻尔

① 本目录主要依据《化学文摘》(*Chemical Abstracts*)和《物理文摘》(*Physics Abstracts*)并参考其他资料辑录而成。采自该二"文摘"的条目原有简短摘要，今从略，仅在个别地方加以一两句说明；较不重要的条目也从略。限于客观条件，不能遍查原始文献，故所注发表年份容或有一两年的出入。——译者

A. 论文部分

1. 用水注振动法测定水的表面张力。

(Determination of the Surface Tension of Water by the Methaod of Jet Vibration.)

Phil. Trans. Roy. Soc. London, A, 209, 281—317(1908).

2. 刚刚形成的水表面的张力测定。

(The Determination of the Tension of a Recently Formed Water Surface.)

Proc. Roy. Soc. London, A, 84, 395—402(1910).

3. 金属电子论

(Metallernes Elektronteori. 1911.)

哥本哈根大学哲学博士学位沦文。

4. 运动带电粒子通过物质时的减速理论。

(Theory of the Decrease of Velocity of Moving Electrified Particles on Passing through Matter.)

Phil. Mag., 25, 10—31(1913).

采用卢瑟福的原子模型,由 α 吸收的实验结果推定氢原子中只有一个电子和氦原子中共有两个电子。

5—7. 原子构造和分子构造。Ⅰ—Ⅲ。

(The Constitution of Atoms and Molecules. Ⅰ—Ⅲ.)

Phil. Mag., 26, 1—25, 476—502, 857—875(1913).

三篇长论文,玻尔的成名之作,原子物理学和物理学史的重要文献。

8. 氢和氦的光谱。

(The Spectra of Hydrogen and Helium.)

Nature, 92, 231(1913).

9. 原子模型和X射线谱。

(Atomic Models, and X-ray Spectra.)

Nature, 92, 553—554(1914).

10. 电场和磁场对光谱线的效应。

(The Effect of Electric and Magnetic Fields on Spectral Lines.)

Phil. Mag., 27, 506—524(1914).

解释史塔克效应和塞曼效应的一种尝试。

11. 氢的线系谱和原子结构。

(The Selies Spectrum of Hydrogen and the Structure of the Atom.)

Phil. Mag., 29, 332—333(1915).

1913 年 11 月 20 日在哥本哈根丹麦物理学会上的演讲。

◀丹麦大使白慕申为戈革佩戴丹麦国旗骑士勋章

---

12. 氢和氦的光谱。

(The Spectra of Hydrogen and Helium.)

Nature,95,6—7(1915).

13. 辐射的量子论和原子结构。

(The Quantum Theory of Radiation and the Structure of the Atom.)

Phil. Mag.,30,394—415(1915).

综述性文章。爱因斯坦—德哈斯效应被认为是稳定态假设的证据。解释斯塔克效应。

14. 高速带电粒子通过物质时的减速。

(The Decrease of Velocity of Swiftly Moving Electrified Particles in Passing through Matter.)

Phil. Mag.,30. 581—612(1915).

15. 量子论对周期性体系的应用。

(The Application of Quantum Theory to Periodic Systems.)

原拟在 *Phil. Mag.*,1916 年 4 月号刊出的论文,因故未发表。

16. 线光谱的量子论。

(Quantum Theory of Line Spectra.)

Kgl. Danske Videnskab. Selskab. Skrifter. Naturvidenskab.

Math. Afdel.,〔8〕,4,1—100(1918).

17. 原子和分子的问题。

(Problems of the Atoms and the Molecules.)

Chem. Weekblad,16,621—625(1919).

关于卢瑟福、巴尔末、里兹、普朗克、爱因斯坦、索秉菲等人工作的总结和讨论。

18. 三原子的氢分子。

(Triatomic Hydrogen Molecules.)

Nobelinst. Meddel.,5,No. 28,1—16(1919).

19. 元素的线系谱。

(Series Spectra of the Elemcnts.)

Z. Physik,6,423—469(1920).

1920 年 4 月 27 日在柏林物理学会的演讲,阐述了“对应原理”。

20. 量子论中的辐射偏振。

(Polarization of Radiation in Quantum Theory.)

Z. Physik,6,1—9(1921).

21. 原子结构。

(Atomic Structure.)

Nature,108,208—209(1921).

22. 原子结构和元素的物理属性及化学属性。

(Atomic Structure and the Physical and Chemical Properties of the Elements.)

Z. Physik,9,1—67(1922).

1921年10月18日在哥本哈根物理学会和化学学会的联合会上的长篇演讲,企图按照原子结构观点并联系光谱资料来详细地解释元素周期表。

23. 量子论中的选择原理。

(The Selection Principle of the Quantum Theory.)

Phil Mag.,43,1112—1116(1922).

24. 论量子论对原子结构的应用。I. 量子论的基本公设。

(On the Application of the Quantum Theory to Atomic Structure. I. The Fundamental Postulates of the Quantum Theory.)

Z. Physik,13,117—165(1923).

原系德文,有英文单行本(Cambridge Univ. Press,1924).

25. 原子结构。

(The Structure of the Atom.)

Nature,112,Suppl. No. 2801,29—44(1923).

1922年度诺贝尔物理学奖金领奖演说。

26. 线光谱和原子结构。

(Line Spectra and Atomic Structure.)

Ann. Physik,71,228—288(1923).

对当时量子论状况的综述。

27. 伦琴射线谱和元素周期系。

(Röntgen Spectra and the Periodic System of the Elements.)

(和 Coster 合作。)

Z. Physik,12,342—375(1923).

28. 电场和磁场对光谱线的效应。

(The Effect of Electric and Magnetic Fields on Spectral Lines.)

Proc. Roy. Soc. London,35,275—302(1923).

29. 辐射的量子论。

(The Quantum Theory of Radiation.)

(和 H. A. Kramers 及 J. C. Slater 合作。)

Phil. Mag.,47,785—802(1924).

文中对原子过程中的能量守恒规律表示了怀疑态度。

30. 荧光偏振。

(The Polarization of Fluorescent Light.)

Naturwissenschaften,12,1115—1117(1924).

31. 原子的碰撞。

(The Collision of Atoms.)

Z. Physik,34,142—157(1925).

32. 原子论和力学。

(Atomic Theory and Mechanics.)

Naturwissenschaften,14,1—10(1926).

1925 年 8 月在斯堪底纳维亚数学会议上的演讲。

33. 量子公设和原子论的最近发展。

(The Quantum Postulates and the Recent Development of Atomic Theory.)

Naturwissenschaften,16,245—257;Nature,121,580—590(1927).

1927 年 9 月在意大利科摩召开的纪念伏打逝世百周年的国际物理学会议上的演讲,首次提出"互补原理"。

34. 索末菲和原子论。

(Sommerfeld and Atomic Theory.)

Naturwissenschaften,16,1036(1928).

35. 作用量子和自然的描述。

(Quantum of Action and the Description of Nature.)

Naturwissenschaften,17,483—486(1929).

为纪念普朗克七十寿辰而作。

36. 原子论和描述自然所依据的基本原理。

(The Atomic Theory and the Fundamental Principles Underlying the Description of Nature.)

Naturwissenschaften,18,73—78(1930).

1929 年斯堪的纳维亚自然科学家会议上的演讲。

37. 麦克斯韦和近代理论物理学。

(Maxwell and Modern Theoretical Physics.)

Nature,128,691—692(1931).

38. 化学和原子构造的量子论。

(Chemistry and the Quantum Theory of Atomic Constitution.)

J. Chem. Soc.,1932 年份,347—384。

法拉第纪念讲座,长篇演讲。

39. 原子稳定性和守恒定律。

(Atomic Stability and Conservation Laws.)

Acad. Italia convergno fisica nucleare,1931,119——132(1932).

40. 光和生命。

(Light and Life.)

Nature,131,421(1933).

1932 年 8 月在哥本哈根国际光疗法会议开幕式上的演讲。

41. 论电磁场量的可测性问题。

(Zur Frage der Messbarkeit der Elektromagnetischen Feldgrossen.)

(和 L. Rosenfeld 合作。)

Dan. Mat-fys. Medd.,12,No. 8(1933).

关于量子电动力学的很有名的文章,参阅 Rosenfeld 为《尼尔斯·玻尔和物理学的发展》(*Niels Bohr and the Development of Physics*)一书所撰“论量子电动力学”一文中的生动描写。

42. 福瑞德里许·帕邢的七十寿辰。

(Friedrich Paschen′s 70th Birthday.)

Naturwissenschaften,23,73(1934).

43. 能够认为物理实在的量子力学描述是完备的吗?

(Can Quantum——mechanical Description of Physical Reality be Considered Completer?)

Phys. Rev.,48,696—702(1935).

对于爱因斯坦等人所著一篇同题目文章的答复。

44. 中子俘获和核构造。

(Neutron Capture and Nuclear Constitution.)

Nature,137,344—348(1936).

复核概念的提出。

45. 中子俘获和原子核。

(Neutron Capture and Atomic Nuclei.)

Nature,137—245(1936).

46. 量子力学中的守恒定律。

(Conservation Laws in Quantum Mechanics.)

Nature,138,25—26(1936).

利用 Jacobsen 的数据,肯定了微观过程中的守恒定律。

47. 因果性和互补性。

(Causality and Complementarity.)

Philosophy of Science,4,289—298(1937).

1936 年 6 月在哥本哈根关于科学统一性的国际会议上的演讲。

48. 由物质粒子的碰撞而引起的原子核的嬗变。I. 一般理论评述。

(Transmutation of Atomic Nuclei by Impact of Material Particles.

I. General Theoretical Remarks.)

Dan. Mat-fys. Medd.,14,No. 10(1937).

49. 光-核效应。

(Nuclear-Photo Effect.)

Nature,141,326—327(1938).

50. 作用量子和原子核。

(The Quantum of Action and Nucleus.)

Ann. Physik,32,5—19(1938).

51. 光核效应中的共振。

(Resonance in Nuclear Photoeffect.)

Nature,141,1096—1097(1938).

52. 生物学和原子物理学。

(Biology and Atomic Physics.)

Nuovo Cimento,15,429—438(1938).

纪念伽瓦尼二百周年诞辰的演讲,1937 年 10 月发表于在波罗那召开的物理学和生物学会议上。

53. 自然哲学和人类文化。

(Natural Philosophy and Human Cultures.)

Nature,143,268(1939).

1938 年 8 月在哥本哈根人类学及人种学国际会议上的演讲。

54. 重核的蜕变。

(Disintegration of Heavy Nuclear.)

Nature,143,330(1939).

55. 铀和钍的蜕变中的共振和原子核裂变现象。

(Resonance in Uranium and Thorium Disintegration and the Phenomenon of Nuclear Fission.)

Phys. Rev.,55,418—419(1939).

56. 连续能域中的核反应。

(Nuclear Reaction in the Continous Energy Region.)

(和 R. Peierls 及 G. Placzek 合作。)

Nature,144,200—201(1939).

57. 原子核裂变的机制。

(The Mechanism of Nuclear Fission.)

(和 J. A. Wheeler 合作。)

Phys. Rev.,56,426—450(1939).

58. 镤的裂变。

(The Fission of Protoactinium.)

(和 J. A. Wheeler 合作。)

Phys. Rev.,56,1065—1066(1939).

59. 核裂变中的逐次转变。

(Successive Transformation in Nudear Fission.)

Phys. Rev.,58,864—866(1940).

60. 裂变碎片的散射和阻止。

(Scattering and Stopping of Fission Fragments.)

Phys. Rev.,58,654—655(1940).

61. 裂变碎片的速度-射程关系。

(Velocky-Range Relation for Fission Fragments.)

Phys. Rev.,58,839—840(1940).

62. 原子能的利用.

(Utilization of Atomic Energy.)

Tek Ukeblad.,87,199—203(1940).

63. 裂变碎片的速度-射程关系。

(Velocity-Range Relation for Fission Fragments.)

Phys. Rev.,59,270—276(1941).

64. 氘核引起的裂变的机制。

(Mechanism of Deuterion-Induced Fission.)

Phys. Rev.,59,1042(1941).

65. 原子级粒子对物质的穿透。

(The Penetration of Atomic Particles through Matter.)

Dan. Mat-fys Medd.,18,No. 8(1948).

综合多年研究结果用英文写成的长篇论文,共 144 页。

66. 论因果性概念和互补性概念。

(On the Notions of Causality and Complementarity.)

Dialectic,7/8,312(1948);*Science*,111,51(1950).

67. 就原子物理学中的认识论问题和爱因斯坦进行的商榷。

(Discussions with Einstein on Epistemological Problems in Atomic Physics.)

为《阿耳伯特·爱因斯坦:哲学家-科学家》(Albert Einstein: Philosopher-Scientist,Inc.,Evanston,Illinois,1949)一书而作,见该书原文本第 201—241 页。文中针对作者和爱因斯坦的争论进行了系统的说明。

68. 论量子电动力学中的场和电荷的测量问题。

(Field and Charge Measurement in Quantum Electrodynamics.)

(和 L. Rosenfeld 合作。)

Phys. Rev.,78,794—798(1950).

论文 41 的姊妹篇,颇为有名的文章。

69. H. A. 克拉默斯(行述)。

(Hendrik Anthony Kramers.)

Ned. Tijdschr. Natuurk.,18,161—166(1952).

70. 重离子穿透物质时引起的电子俘获和电子损失。

(Electron Capture and Loss by Heavy Ion Penetration through Matter.)

(和 J. Lindhard 合作。)

Dan. Mat-fys Medd.,28,No. 7(1954).

71. 里德伯的光潜定律的发现。

(Rydberg's Discovery of Spectral Laws.)

Kgl. Fysiograf. Sallskap. Lund,Handl.,65,15—21(1954).

72. 知识的统一性。

(Unity of Knowledge.)

纪念哥伦比亚大学二百周年的演讲。见《知识的统一性》(The Unity of Knowledge, Doublcday & Co., 1955)一书第47页。

73. 原子和人类知识。

(Atoms and Human Knowledge.)

1955年10月在丹麦皇家科学院所作的一次演讲。

74. 物理科学和生命问题。

(Physical Science and the Problem of Life.)

1949年2月应丹麦医学会之邀所作的斯坦孙讲座,1957年补充改写为论文。

75. 论量子物理学的理解问题。

(Über Erkenntnisrragen der Quantenphysik.)

《M.普朗克纪念文集》(Max Planck Festschrift, 1958)中的抽印本,北京图书馆藏书。

76. 量子物理学和哲学——因果性和互补性。

(Quantum Physics and Philosophy——Causality and Complementarity.)

为R. Klibansky所编《世纪中叶的哲学》(Philosophy in Mid-Century, La Nuovo Ralia Editriee, Florence, 1958)一书而作。

77. 量子物理学和生物学。

(Кванговая физика биология.)

1959年9月在英国布里斯特召开的仿生学讨论会上的演讲,出处不详。

78. 《二十世纪之理论物理学》前言。

(Theoretical Physics in the Twentieth Century, Intersciene Publishers Inc., 1960, pp. 1—4.)泡利小传。

79. 各门科学间的联系。

(Thc Connection between the Sciences.)

1960年8月在哥本哈根国际制药科学会议上的演讲。

80. 人类知识的统一性。

(The Unity of Human Knowledge.)

1960年10月,应欧洲文化基金会(La Fondation Europeene de la Culture)之邀,在哥本哈根的一次会议上发表的演讲。

81. 物理模型和生物视体。

(Physieal Models and Living Organization.)

John Hopkins Univ., Mc Collum-Pratt Inst. Contrib. No. 302, 1—3 (1961).

82. 关于原子核科学的奠基人以及以他的工作为基础的若干发展的一些回忆。

(Reminiscences of the Founder of Nuclear Science and of Some Developments Based on His Work.)

Proc. Phys. Soc., 78, 1083—1115(1961).

卢瑟福纪念讲座,1958年11月,以无底稿的形式在伦敦物理学会的一次会议上发表的演讲,1961年完成增订稿。

83. 量子力学的创立。

(The Genesis of Quantum Mechanics.)

为《威尔纳·海森伯和当代物理学》(Werner Heisenberg und die Physik unsere Zeit, Verlag Wieweg und Sohn, Braunschweig, 1961)一书而作。

84. 索尔维会议和量子物理学的发展。

(The Solvay Meetings and the Development of Quantum Physics.)

1961 年 10 月在布鲁塞尔第十二届索尔维会议上的演讲,载于《量子场论》一书(La Theorie Quantique des Champts, Interscience Publishers, New York, 1962).

85. 再论光和生命。

(Light and Life Revisited.)

1962 年 6 月在科伦实验遗传学研究所开幕式上的演讲,修订未完成稿。

B. 书籍文集部分

论文 16、24、48、65、70 皆系单行本或另有单行本,与书籍无异。其他书籍也大多是论文集(演讲录),但所收各文有的经过改写,与期刊发表者有出入。各文集多有长序,构成该书的重要组成部分。

1. 1913—1916 年的原子结构论文集。

德文,Abhandlungen Über Atombau aus den Jahren 1913—1916. 论文集,包括论文 5—7、8、9、10、11、12、13 和 15。

2. 光谱理论和原子结构。

德文,Drei Aufsatze ubcr Spektren und Atombau. Vieweg & Sohn, 1922.

英文,The Theory of Spectra and Atomic Constitution. Cambridge Univ. Press, 1922, 1924.

论文集,包括论文 11、19 和 22,英文第二版增有附录。

3. 原子论和自然的描述。

丹麦文,Atomteori og Naturbeskrivelse. B. Lunos, 1931;又,J. H. Schultz, 1958.

德文,Atomtheorie und Naturbeschtreibung. Springer, 1932.

法文,La Théorie Atomique et la Description des Phenomenes, Gauthier-Villars, 1933.

英文,Atomic Theory and the Description of Nature. Cambridge Univ. Press, 1934.

汉译本据英文本译出,商务,1964.

论文集,包括论文 32、33 和 35,德、英、法、汉文本皆多论文 36。

4. 国际稳定同位素表。

International Tables of Stable Isotopes. 1937.

(和 F. W. Aston 等人合作。)

国际化学联合会原子委员会的报告。

5. 原子核物理学。

Physique Nuclearie. Hermann & Cie., 1939.

（和 N. Scherrer 等人合作。）

6. 作用量子和原子核。

Quantum d'action et Noyaux Atomiques. Hermann & Cie. ,1941.

原书未见，疑系论文 50 的法译本。

7. 原子物理学和人类知识。

英文，Atomic Physics and Human Knowledge. John Wiley & Sons，1958.

德文，Atomphysik und Menschliche Erkenntnis. Vieweg & Sohn，1958.

俄文，Атомная физика и человеческое познание. ил. 1960.

汉译本据英文本译出，商务，1964.

论文集，包括论文 40、52、53、67、72、73 和 74，俄译本多论文 76 和 77，但最后中篇系节译本。

8. 原子物理学和人类知识论文续编（1958—1962）。

Essays 1958—1962 on Atomic Physics and Human Knowledge. Richard Clay & Co. ,1963.

论文集，包括论文 76、79、80、82、83、84 和 85。

科学元典丛书

1	天体运行论	［波兰］哥白尼
2	关于托勒密和哥白尼两大世界体系的对话	［意］伽利略
3	心血运动论	［英］威廉·哈维
4	薛定谔讲演录	［奥地利］薛定谔
5	自然哲学之数学原理	［英］牛顿
6	牛顿光学	［英］牛顿
7	惠更斯光论（附《惠更斯评传》）	［荷兰］惠更斯
8	怀疑的化学家	［英］波义耳
9	化学哲学新体系	［英］道尔顿
10	控制论	［美］维纳
11	海陆的起源	［德］魏格纳
12	物种起源（增订版）	［英］达尔文
13	热的解析理论	［法］傅立叶
14	化学基础论	［法］拉瓦锡
15	笛卡儿几何	［法］笛卡儿
16	狭义与广义相对论浅说	［美］爱因斯坦
17	人类在自然界的位置（全译本）	［英］赫胥黎
18	基因论	［美］摩尔根
19	进化论与伦理学（全译本）（附《天演论》）	［英］赫胥黎
20	从存在到演化	［比利时］普里戈金
21	地质学原理	［英］莱伊尔
22	人类的由来及性选择	［英］达尔文
23	希尔伯特几何基础	［德］希尔伯特
24	人类和动物的表情	［英］达尔文
25	条件反射：动物高级神经活动	［俄］巴甫洛夫
26	电磁通论	［英］麦克斯韦
27	居里夫人文选	［法］玛丽·居里
28	计算机与人脑	［美］冯·诺伊曼
29	人有人的用处——控制论与社会	［美］维纳
30	李比希文选	［德］李比希
31	世界的和谐	［德］开普勒
32	遗传学经典文选	［奥地利］孟德尔 等
33	德布罗意文选	［法］德布罗意
34	行为主义	［美］华生
35	人类与动物心理学讲义	［德］冯特
36	心理学原理	［美］詹姆斯
37	大脑两半球机能讲义	［俄］巴甫洛夫
38	相对论的意义	［美］爱因斯坦
39	关于两门新科学的对谈	［意大利］伽利略
40	玻尔讲演录	［丹麦］玻尔
41	动物和植物在家养下的变异	［英］达尔文
42	攀援植物的运动和习性	［英］达尔文
43	食虫植物	［英］达尔文

44	宇宙发展史概论	［德］康德
45	兰科植物的受精	［英］达尔文
46	星云世界	［美］哈勃
47	费米讲演录	［美］费米
48	宇宙体系	［英］牛顿
49	对称	［德］外尔
50	植物的运动本领	［英］达尔文
51	博弈论与经济行为（60 周年纪念版）	［美］冯·诺伊曼 摩根斯坦
52	生命是什么（附《我的世界观》）	［奥地利］薛定谔
53	同种植物的不同花型	［英］达尔文
54	生命的奇迹	［德］海克尔
55	阿基米德经典著作	［古希腊］阿基米德
56	性心理学	［英］霭理士
57	宇宙之谜	［德］海克尔
58	圆锥曲线论	［古希腊］阿波罗尼奥斯
	化学键的本质	［美］鲍林
	九章算术（白话译讲）	张苍 等辑撰，郭书春 译讲

即将出版

动物的地理分布	［英］华莱士
植物界异花受精和自花受精	［英］达尔文
腐殖土与蚯蚓	［英］达尔文
植物学哲学	［瑞典］林奈
动物学哲学	［法］拉马克
普朗克经典文选	［德］普朗克
宇宙体系论	［法］拉普拉斯
玻尔兹曼讲演录	［奥地利］玻尔兹曼
高斯算术探究	［德］高斯
欧拉无穷分析引论	［瑞士］欧拉
至大论	［古罗马］托勒密
超穷数理论基础	［德］康托
数学与自然科学之哲学	［德］外尔
几何原本	［古希腊］欧几里得
希波克拉底文选	［古希腊］希波克拉底
普林尼博物志	［古罗马］老普林尼

科学元典丛书（彩图珍藏版）

自然哲学之数学原理（彩图珍藏版）	［英］牛顿
物种起源（彩图珍藏版）（附《进化论的十大猜想》）	［英］达尔文
狭义与广义相对论浅说（彩图珍藏版）	［美］爱因斯坦
关于两门新科学的对话（彩图珍藏版）	［意大利］伽利略

扫描二维码，收看科学元典丛书微课。